社会主义市场经济条件下城市规划工作框架研究

陈晓丽　主编

中国建筑工业出版社

图书在版编目（CIP）数据

社会主义市场经济条件下城市规划工作框架研究/陈晓丽主编.
北京：中国建筑工业出版社，2006
ISBN 978 – 7 – 112 – 08519 – 4

Ⅰ. 社... Ⅱ. 陈... Ⅲ. 城市规划 – 研究 – 中国 Ⅳ. TU984. 2

中国版本图书馆 CIP 数据核字（2006）第 104182 号

责任编辑：陆新之
责任设计：崔兰萍
责任校对：邵鸣军 王雪竹

社会主义市场经济条件下
城市规划工作框架研究

陈晓丽 主编

*

中国建筑工业出版社出版、发行（北京西郊百万庄）
各地新华书店、建筑书店经销
北京嘉泰利德公司制版
北京中科印刷有限公司印刷

*

开本：880×1230 毫米 1/16 印张：19¼ 字数：594 千字
2007 年 8 月第一版 2007 年 8 月第一次印刷
印数：1—2500 册 定价：**58. 00** 元
ISBN 978 – 7 – 112 – 08519 – 4
　　　（15183）

序

我们身处变革的时代。

在经济、社会和科学技术迅猛发展的形势下，城市在人类物质文明和精神文明建设中发挥着越来越重要的作用。我国要在本世纪中叶基本实现现代化，建成富强、民主、文明的社会主义强大国家，就必须高度重视城市建设和发展，不断提高城市现代化水平。为此，城乡规划工作需要积极做出调整应对，从而适应国家发展的新形势和新要求，充分发挥出城乡规划在经济、社会、人口、资源、环境等多种领域的综合调控作用。

建国以来，伴随着新中国城乡建设的历史步伐，在党和政府的领导下，城乡规划工作做出了持久、艰辛的努力，走出了一条非常曲折但前景广阔的道路，我们积累了大量宝贵的经验，同时也有不少的教训。可以讲，经过一代又一代规划工作者坚持不懈的努力，我们取得了来之不易的成绩。同国际上城乡规划事业的发展相比，我国城乡规划工作虽然还有不少需要完善的地方，但是，在世界上人口最多的国度里，在半个多世纪中，城乡发展没有重蹈许多发达国家和发展中国家城镇化进程的覆辙，这一事实本身表明国家在城乡发展方面的公共政策整体上是正确的，城乡规划事业的发展方向和指导原则是正确的。

"一五"和"二五"时期，新中国城市规划事业在国家大规模工业建设的过程中孕育和产生。1960～1970年代，规划工作经历了非常曲折的道路；从党的十一届三中全会开始，特别是1980年全国城市规划工作会议之后，我国城市规划事业蒸蒸日上，进入了一个新的发展时期。在关注国际规划界理论和技术发展的同时，我国城市规划工作制度的建设迈出了很大的步伐。1984年《城市规划条例》和1990年《城市规划法》的颁布实施，将我国城市规划工作引入了一个制度化、法制化的轨道。

进入1990年代后，随着社会主义市场经济体制的建立和发展，城市建设和经营中引入了许多新的机制，规划工作和政府其他工作一样也出现了一些不适应。这里不仅是因为思路和理念的问题，不仅是因为规划的理论方法和技术的问题，而是因为城市规划的制度建设相对于社会主义市场经济的发展而言越来越显得滞后。虽然从中央到地方，各级规划主管部门结合实际不断探索新的管理措施，探索规划技术方面的改进方法，但从总体来说，往往缺乏一个有效的、完整的改革思路。

从1997年起，在建设部党组的领导下，当时的城市规划司（现城乡规划司）组织国内规划管理、规划设计部门以及高校科研机构，开展了《社会主义市场经济条件下城市规划工作框架》的课题研究，目的在于：围绕社会主义市场经济体制条件下城乡规划工作的总体思路，做出比较全面和具有一定前瞻性的研究和把握。这一课题研究前后持续数年，整个工作的开展，积聚了国内规划界各个方面的主要技术力量，汇集了国内规划管理、规划科研、规划设计领域多年来的思想和经验。同时，在外事司（现国际合作司）的合作支持下，有重点地开展了《中外城市规划管理体制的比较研究》，围绕建立社会主义市场经济体制过程中城市规划领域出现的热点问题和容易混淆的问题，澄清认识，理清思路，并且立足长远，认真思考、研究、构建符合我国国情的空间规划工作体系。现在看来，这是一项十分难得的、非常有意义的规划工作研究，具有超前的思路和眼光，研究成果中有不少的观点和建议对我们当前和今后的工作大有裨益。

未来我国要实现城乡统筹发展，提高城乡管理水平势在必行，城乡规划工作的改革和完善是一项关系重大的任务。在新世纪，构建有中国特色的城乡规划体系是历史赋予我们的光荣任务和重大使命。加强规划研究，从更高的高度、更长远的视角来审视和思考我们的事业及其发展问题，应当成为一项经常性的工作。当时规划司在"工作框架课题"研究中正是体现出了这种求索的精神。这种精神应当得到提倡和发扬。

愿全国的城市规划工作者同心协力，在党中央各项方针政策的指引下，深入研究新的历史阶段规划工作中遇到的各种问题，努力探索求新，不断完善改进，使城乡规划在中国的现代化建设中有更大的作为。以此共勉，是为序。

2007 年 6 月，建设部

目　　录

第一部分

社会主义市场经济条件下城乡规划工作框架总报告

第一章　建国以来、特别是改革开放以来规划工作的回顾总结

回顾过去的50年来，特别是改革开放20年来城市和城市规划的发展历史，有助于更好地把握历史的发展脉络，更好地展望未来城市的发展，指导未来的城市规划工作。

总体来说，建国50年来，我国城市规划事业的发展经历了20世纪50年代创建发展时期、60～70年代大起大落时期、80年代全面恢复和发展时期、90年代继承和创新时期的曲折奋进的历程。

一、改革开放以前30年的回顾分析

1. 发展轨迹

这一时期，我国实行的是典型的计划经济体制。在这一体制下，对城市规划工作的基本认识和指导思想，是定位于"城市规划是国民经济计划的继续和具体化"。这期间，城市规划机构的设置则是屡次变迁，历经曲折。

（1）建国之初和"一五"期间，城市规划的指导思想是明确和清晰的，城市规划的质量是好的，具备综合协调、统领建设的地位和职能，是城市规划顺利开展、成效卓著的一段时期，是新中国城市规划发展史上的第一个春天。

"一五"期间，在城市建设中坚持以城市规划为指导，以国民经济计划为依据，配合重点工程的建设，全面组织城市的生产和生活。从重大工业项目的联合选址，到处理好工业项目与城市的关系、基础设施的配套建设，乃至原有城市的改扩建、各项建设的标准等方面，这一时期城市规划都发挥了极其重要的综合指导作用，为新中国工业体系的迅速建立作出了贡献，有力地促进了经济发展和城市建

设。不少城市的规划和建设，一直影响至今。

（2）1958年大跃进以后，城市规划指导思想开始出现了偏差和失误，城市规划和建设工作开始脱离实际。此后一直到"十年内乱"结束，我国城市规划陷入了反复、徘徊、停滞乃至削弱的境地。

1958年7月召开的青岛会议，总结交流了各地建国近10年来的经验，会议的总结报告中提出了10个问题，其中如在区域规划的指导下进行城市规划、城市发展要大中小城市相结合并以发展中小城市为主、城市规划的标准和定额应当因地制宜、近期规划和远景规划相结合的问题，逐步建立现代化城市的问题等等，都有相当的认识水平，不少观点在今天看来仍有现实意义。但随之而来的"大跃进"，使青岛会议上的一些正确认识未能得以推行。从桂林会议（1960年4月）后，开始了城市建设的"大跃进"，在实际工作中不按城市发展的内在规律和城市规划的基本原则行事，主观臆断、盲目冒进取代了科学的规划和决策过程，因而导致了后来的"三年不搞城市规划"，对我国的城市规划工作形成了很大的冲击和削弱。

到了"十年内乱"期间，城市规划被认为扩大了城乡差别、工农差别，是修正主义，规划工作被废弛，规划管理被说成是"管、卡、压"，全国从上到下，纷纷撤销城市规划建设的管理机构，下放规划人员，从而导致城市的规划建设活动陷入了无人管理、极为混乱的无政府状态。"文革"后期，情况虽然稍有转变，但并未完全步入正常的轨道。

2. 经验教训

建国后前30年的城市规划工作给我们留下了宝

贵的经验和值得汲取的教训，归纳起来可以有如下几点：

第一，城市规划要与国家的社会经济发展紧密结合，处理好与国民经济计划工作的关系。前30年我们实行的是计划经济体制，城市规划作为计划的继续和具体化，在建国之初和"一五"时期由于与计划紧密结合取得了显著的效果，单从为计划服务的技术角度出发，城市规划工作是十分有效的。20世纪60、70年代脱离了社会经济的发展实际，城市规划只能成为无本之木。

第二，城市规划在城市建设与管理中的综合指导作用应该明确。纵观前30年，当城市规划作为综合指导部门时，城市建设就走上健康有序的轨道，否则，如果城市规划只是基本建设的一个分支，那么城市的综合协调发展就是一句空话。"一五"时期156项重点工程的成功经验就是明证。从大的方面而言，整个国家的工业化和城市化进程也难以平衡。

第三，城市规划的基本原则必须坚持。城市规划是门科学，城市发展存在着基本规律，在任何形势下，坚持科学的态度，处理好城市发展中的矛盾和各种关系是城市规划工作取得成绩的重要保障。区域问题、近远期问题、建设标准问题、现代化问题等都要以科学的态度进行研究和确定。"一五"时期的成功经验和"大跃进"、"文革"十年的惨痛教训从正反两方面说明了这一问题。

第四，城市规划的理论和方法要因地制宜，结合中国的实际情况。苏联的城市规划理论为新中国城市规划事业的发展作出了历史性贡献。但是城市发展有着浓厚的地域经济、人文背景，所以，中国的城市规划理论必须以中国的国情为基础，简单照搬不能解决问题。兰州、洛阳、包头的规划之所以经得起时间的考验，就是坚持了因地制宜的原则。

第五，群众路线是我们做好一切工作的基础。三年恢复时期人民政府通过改善居住、环境等方面的条件，树立了新生的人民政府的威望，"文革"十年涉及群众生活的诸多问题得不到解决，则损害了政府的形象，而"大跃进"时期、"文革"十年一些城市建设中形式主义的做法脱离了群众，同样得不到人民的支持。社会主义城市规划是为人民服务

的，真正做到这一点并不容易。这一点对于今天我国城市的规划和建设同样具有相当的现实意义和借鉴作用。

二、改革开放以后20年的回顾分析

1. 发展轨迹

改革开放20年来，城市规划事业的大发展是和整个国家政治经济变革的大背景分不开的。随着全党工作重心转移到以经济建设为中心的轨道上来，在邓小平建设有中国特色社会主义理论指导下，政治经济体制改革不断推进，城市经济得到迅速发展，为城市规划的大发展奠定了基础，提供了环境。

这一时期城市规划的观念较之前30年有了极大的变化，对城市规划的基本认识和指导思想定位于"促进经济建设和社会的全面协调发展"上。在实际工作中，围绕"以经济建设为中心"的基本思路，坚持实事求是，不断创新。

这20年的发展可分为20世纪80年代和90年代两个阶段。

（1）20世纪80年代城市规划工作开始了拨乱反正、全面恢复的时期，社会经济的发展对城市规划的需求明显增加，由此而带来了新中国历史上规划工作的第二个春天。面对经济社会发展的大背景，规划工作适时更新观念，进行相应的调整，通过积极探索和不断进取，初步建立和形成了较为系统的城市规划理论和方法；同时，国土规划、区域规划工作也开始起步。对城市功能的认识，开始跳出过去片面强调生产功能、"重生产轻生活"的认识框框，开始推动城市规划工作走向法制化的轨道。

——在1980年10月召开的全国城市规划工作会议上，国务院副总理谷牧代表国务院首次提出了"市长的主要职责就是规划、建设、管理好城市"的著名论断，并指出要建设好一个城市应当先有一个好的规划，此后近20年来，这一观念日益深入人心；会议系统地总结了城市规划和规划管理工作的历史经验，批判了取消城市规划和忽视规划管理的错误；会议讨论通过了《城市规划法草案》，并开始推动城市规划工作走向法制化的轨道，为城市规划

工作指出了正确的方向；会议提出了22字的城市发展方针；提出了城市土地有偿使用的建议，对队伍建设和人才培养也提出了要求。这次会议极大地推动了整个20世纪80年代的我国城市规划工作。此后，全国设市城市开始了第二轮城市总体规划的编制和审批工作，城镇体系规划工作也开始得到重视和加强，城市和区域发展缺乏规划指导的局面得到改变。

——20世纪80年代初国家确定了"控制大城市规模，合理发展中等城市，积极发展小城市"的城市发展方针。根据形势的发展，1990年在《城市规划法》中调整为"严格控制大城市规模，合理发展中等城市和小城市"。这些方针政策对指导全国不同规模城市的发展，形成比较合理的城镇体系，发挥了积极作用。

——城市土地使用制度的改革是20世纪80年代城市规划思想上具有突破性意义的进展。1980年全国城市规划工作会议由规划部门首先提出土地有偿使用的建议并上报国务院，1989年修改宪法，允许土地使用权有偿转让，从此城市土地进入了"两轨（行政划拨、有偿使用）三式（协议、拍卖、招标）"并存的阶段。城市土地使用制度的改革，对城市规划理论和实践产生了内在而深刻的影响，并对城市建设机制和模式以及城市建设的资金来源等都产生了影响，1980年全国城市规划工作会议上开始正式提出在城市建设中实行综合开发的方式，这为城市规划的实施和管理找到了一条有效的途径，从而建立起一种综合开发、房地产经营与城市规划管理之间的互动机制。这是对城市规划观念、方法的一次突破，并使城市规划工作的核心环节——城市土地和空间资源的合理配置真正转向以市场为基础进行配置，适应了转轨时期的城市建设和发展。

——20世纪80年代后期，随着城市建设机制的变化和房地产开发活动的深入，为了更好地适应规划管理的要求，在全国范围内开展了控制性详细规划的探索与研究，改变了过去"摆房子"式的规划，在规划编制与规划管理的结合上迈进了一大步，对规划的观念和认识的转变产生了积极的推动作用。

——在1984年《城市规划条例》的基础上，

1990年颁布实施了《城市规划法》，这是建国以后有关城市规划与建设的第一部重要法律，使得城市的规划和管理摆脱了40年单纯依靠行政命令的工作方式，标志着中国的城市规划从此走上了有法可依的法制化轨道，也意味着城市规划指导思想的重大进步。《城市规划法》中完整地提出了城市发展方针、城市规划的基本原则、城市规划的编制要求及"两证一书"的实施管理制度等，初步建立了中国城市规划的体系。尽管《城市规划法》从起草到正式颁布前后历时10年，带有1980年城市规划工作会议对城市规划认识的色彩，但从思想上说，基本反映了中国城市规划40年来建立在经验和教训上的对城市规划的理解和把握。

——在规划工作大环境较为有利的背景下，这一时期规划管理机构和人员队伍建设也同时得到了加强。国家对规划全行业的工作提出了要求，要求设市城市设立规划局、规划院，在省一级设立省（自治区）城乡规划设计研究院，同时还逐步开始了规划设计单位的资质认定工作，队伍力量不断壮大。城市规划师作为一种独立的技术职称也得到了确认。与此同时，大专院校的城市规划专业也雨后春笋般地发展了起来。

（2）20世纪90年代面对新的经济体制转轨，城市规划处在逐步完善原有行之有效的方法，同时积极探索市场经济体制下的新思想、新方法的时期，城市发展遇到了前所未有的复杂性和矛盾性，规划工作也面临着前所未有的机遇和挑战。

——1991年9月召开了全国城市规划工作会议，邹家华副总理在讲话中提出了"城市规划具有计划工作的某些特征，是一项综合性很强的工作"。同时，面对经济体制改革带来的挑战和要求，开始认识到了"城市规划不完全是国民经济计划的继续和具体化，城市作为经济和各项活动的载体，将日益按照市场来运作"，这一认识对20世纪90年代的城市规划工作产生了影响。

——1992年、1993年的"房地产热"和"开发区热"也带来了城市发展宏观失控的现象，由于开发区占地过大，多头管理，肢解城市规划的统一管理和协调发展，严重干扰了城市的正常发展，对城市规划工作造成了大的冲击，特别是土地的出让、转让、置换等流转过程中规划失控、约束无力的问题开始暴露出来，城市规划对土地的供应和投放缺乏有效的调控机制。有学者认为，这是继1958年"大跃进"之后的又一次城市发展的失控。针对这一问题，建设部适时召开了全国沿海大城市规划工作会议，积极推广温州市的成功经验（以规划为龙头，充分发挥规划对土地市场价格和潜在价值的关键性作用，运用规划的调控手段和级差地租的杠杆作用，引导和完善房地产市场，制定开发规划，严格控制土地投放总量，科学合理地确定投放地段，坚持适度开发，稳步推进城市土地开发和批租工作），对遏制和扭转上述现象起到了积极作用；但是，由于整个规划工作体制上的不足和制约，总体来说，城市土地使用中的规划失控问题仍然相当突出。

——1996年5月国务院及时下发《国务院关于加强城市规划工作的通知》（18号文件），文件明确了在新形势下，"需要切实发挥城市规划对城市土地和空间资源的调控作用，促进城市经济和社会协调发展"，文件对于新的市场经济体制下城市规划的定位是："城市规划工作的基本任务，是统筹安排各类用地及空间资源，综合部署各项建设，实现经济和社会的可持续发展。"18号文件对"开发区热"、"房地产热"起到了强有力的抑制和调整作用。

经过这一阶段的冲击，对城市规划的目的、作用、地位、原则等的认识有了进一步的深化，城市规划作为一项重要政府职能的作用，城市规划作为一种宏观调控手段的作用，城市规划维护公平、保障公众利益的作用等，开始逐渐被认识和接受，并得到了实践的检验。这些认识来之不易。

——近年来，生态观和可持续发展的思想，使城市规划工作逐步改变了以往定位于"促进增长"的单一思路，开始更多地关注和考虑我国资源相对短缺的现实，更多地正视中国的国情。"适度增长"和"适度规模"是我国规划界对城市发展的深刻反思。

——20世纪90年代，城市规划行业工作继续得到推进。以注册规划师为核心的执业制度建设艰难起步，并逐步得到健康发展，经过多年不懈的努力，

目前已进入到了具体实施的阶段。同时，新技术在城市规划中的应用进一步加强，有了长足的发展。

——20世纪90年代后期城市总体规划审批工作逐步走上正轨，建立了部际联席会议制度。同时，区域规划工作在新形势下也有了新的推进，省域城镇体系规划开始上报国务院，并经国务院同意后由建设部批复，其地位和权威性得到了提高。

2. 经验教训

总结改革开放20年来城市规划工作所取得的经验和教训，可以归纳为以下几点认识：

第一，城市规划具有促进经济发展和社会全面进步的重要作用。改革开放20年经济的持续快速发展，城市和城市规划功不可没，据统计，1997年城市经济创造了全国77%的非农产值和工业利税。城市规划作为协调城市健康有序发展的重要手段，在20年的发展历程中起着举足轻重的作用。深圳、上海、大连、厦门、中山、张家港等一批沿海发达地区以城市规划促进城市的健康快速发展，创造了相当成功的经验，令人信服。

第二，城市规划是政府对城市发展实施宏观调控的重要依据和基本手段，市场经济条件下，城市规划工作只能加强，不能削弱。

城市发展涉及方方面面，市场经济体制下公众利益与集团利益、个人利益的冲突也更加尖锐，各方面的利益只有通过城市规划才能进行综合平衡。尤其在土地利用、空间资源配置以及基础设施的建设上只有通过城市规划才能真正体现最大的公平，统筹兼顾，实现最大的整体利益和公共利益，所以其工作只能加强，不能削弱。1992年、1993年的"开发区热"和"房地产热"则从反面证明了这一点。

就区域问题而言，目前不同城市间的经济利益和大型基础设施建设方面日益突出的矛盾，从另一方面说明除了需要考虑城市内部的规划工作之外，更高层次（国家、省一级）的城市规划工作更有加强的必要性。

第三，城市规划的理论和方法要适应新形势不断变革和完善。改革开放20年来，中国城市规划理

论和实践有了很大的发展，20 年来，城市及城市规划工作之所以取得很大的成绩，一个重要的原因就在于能够实事求是，因地制宜地不断探索。值得注意的是，越是经济发达地区其思想越活跃，方法越多样，反过来对规划工作的促进也愈大，城市的发展也愈快。

第四，在目前中国城市规划所处的发展阶段，城市规划的管理权不能轻易下放。近年来的实践证明，一些城市由于规划管理比较严格、科学、有序，城市建设就比较成功，城市的面貌和环境在较短的时间内有了很大的变化。相反，一些地区和城市由于管理权限下放，政出多门，分头管理，缺乏统一协调，造成开发区失控、建设混乱、土地闲置等问题，这也从反面说明城市规划统一管理的重要性。

第五，在实际工作中，城市规划仍然面临着较多的问题，在将认识落实到具体工作方面，还缺乏有效的手段和机制，规划的地位和作用还有待进一步加强。

三、50 年历史的回顾总结中得到的有益启示

总结 50 年来的发展历程，我们可以得出这样一个基本结论，即城市规划工作是我国社会主义建设中的重要组成部分，在社会经济全面协调发展中的地位和作用是其他任何学科都不能替代的。特别是改革开放 20 年来，城市规划对城市发展的巨大推动，基本改变了过去 30 年城市化进程大大滞后于工业化进程的历史，使中国的现代化、工业化、城市化逐步走上了一条相互协调的道路。从 50 年历史的回顾中，可以得出以下的基本认识：

1. 城市规划与社会经济的发展密切相关，规划管理体制必须适应一定阶段的社会经济体制，并随社会经济体制的变化而不断调整完善自身，其地位才能得到加强，其作用才能得以发挥；正如芒福德说过的那样："真正影响城市规划的莫过于经济社会的深刻变革。"50 年间我们经历了两种不同的经济体制，"一五"时期城市规划之所以能够发挥巨大作用就在于与计划紧密结合，从宏观上把握好了工业建设与城市发展的关系，适应了计划经济体制的要求。改革开放 20 年，城市规划在社会经济发展中的贡献也得益于紧扣时代脉搏，在经济体制转轨的不同阶段创造性地开展工作，才使规划的作用得到发挥。深圳等沿海城市的建设成就，城市土地有偿使用的顺利实施，都是城市规划主动顺应社会经济体制的要求而取得成功的范例。

历史经验表明，凡是规划工作健康发展的时期，总是因为规划适应了当时社会经济发展的需要，契合了政治经济体制，从而发挥了较好的促进作用。

2. 城市规划是政府对城市发展实施宏观调控的重要依据和基本手段，它在城市建设和管理中的综合指导作用必须明确。应该说，加强城市规划在城市建设和管理中的综合指导地位和作用是历史换来的深刻教训，这样的认识来之不易。50 年的历史表明，当城市规划作为综合指导部门时，城市建设和管理就会走上健康有序的轨道，否则就会出现城市发展和建设的不协调。"一五"时期和改革开放后深圳、中山等城市的实践从正面说明了这一点，20 世纪 60、70 年代抛开规划或将规划置于建设从属地位造成失误以及 1992、1993 年的"开发区热"的历史，则从反面证明了这一点。应该说，加强城市规划在城市建设和管理中的综合指导地位和作用是历史换来的深刻教训。"市长的主要职责就是规划、建设、管理好城市"的观点，不仅符合拨乱反正时期的城市工作，而且符合市场经济条件下城市政府职能的重大转变。作为重要政府职能的城市规划，在市场经济的新体制下只能加强，不能削弱。

3. 土地资源的合理利用和空间资源的合理配置是城市规划工作的核心和关键环节。总结 50 年尤其是近 20 年的经验，城市规划工作的难点和能够真正发挥作用的地方就在于此，因此必须牢牢抓住这一环节，强化对土地用途的规划管制权。在市场经济体制下，城市土地作为城市政府惟一可以掌握的巨大资源（财源），如何合理配置体现最大的公共利益，城市规划最有发言权。另外，城市作为人类生活的重要空间，城市环境的好坏在很大程度上取决于城市规划，需要从城市的整体利益出发进行安排。

4. 城市规划的管理机制必须适应社会主义市场

经济新体制的要求。计划经济体制下，城市规划作为计划的继续和具体化，主要是依靠计划和行政命令解决问题，但在"左"倾思想泛滥和以权代法的时代，城市建设还是陷入混乱之中。市场经济条件下，城市建设中的各种矛盾和利害冲突只有通过政府调控和法制手段才能协调。城市规划管理作为一种政府行为，要发挥宏观调控的职能，需要处理好城市内部、城市之间的方方面面矛盾，因而必须建立起一整套行之有效的确保公共利益的管理机制。

5. 加强城市规划的科学性是城市规划事业赖以发展的重要基础。城市规划涉及城市生活的方方面面，作为一门科学，有其基本的理论和方法，它的基本原则在任何时候都要坚持，任何时候都必须反对和避免违反城市发展客观规律和规划科学原则的

"超常规划"、"遵命规划"等等。此外，城市规划的理论和方法要在坚持基本原则的条件下，因地制宜，因时制宜，不断提高其科学性。城市规划是门与社会经济密切相关的学科，它的科学性也充分体现在它随社会经济不断变化而及时调整和适应上。

6. 为公众利益服务是城市规划工作的出发点和归宿，也是城市规划得到社会广泛支持的社会基础。城市的主人是市民，以人为本的原则，不仅体现在城市规划设计中的技术细节中，更体现在解决城市中存在的与广大市民生活密切相关的问题上，体现在广大市民对规划的广泛参与和监督中。当城市的市民真正关心城市生活质量的提高，关心城市的规划建设意识的时候，城市规划工作的社会基础也就得到了巩固。

第二章　推动城市规划工作变革的外部环境和动因

一、国民经济持续快速增长是推动城市规划工作变革的直接动因

经过几十年的曲折发展，我国的工业化和城市化进程取得了很大的成就，城市的综合实力全面增强，综合素质不断提高，城市化水平已达到30%，但仍然远远低于发达国家的水平（75%）和世界平均水平（47%），也低于发展中国家的平均水平（37%）。根据世界城市化的基本经验和一般规律，一个国家的城市化水平达到30%以后，将进入城市化加速发展阶段。

在当今发展中国家都致力于推进城市化进程、提高城市化水平的潮流和趋势下，在我国城市化水平已处于30%的临界值、即将步入城市化加速增长期的背景下，需要清醒认识和研究城市的发展问题，并给以足够的重视和正确的引导。城市化将推动国家的经济结构、社会结构和空间结构发生深刻的变化。可以预见的是，随着国民经济持续稳定的发展和改革的进一步深入，随着扩大国内需求、调整产业结构、确保经济增长率等宏观经济政策的进一步落实和引导，今后一段时间将是我国城市发展的关键时期，对我国国民经济和社会发展关系重大，将会直接影响和决定我国城市的整体水平和竞争能力，我国的城市将面临和进入一个大发展的阶段，对于这一重大转变和趋势，城市规划必须及早做好准备。

面对世界城市发展的新趋势和新背景，我国城市发展也会出现很多新情况、新问题。可持续发展观的深入人心，使得城市规划在城市发展中统筹兼顾协调引导的作用前所未有地凸显出来；而经济活动的全球化和空间的分散化，使得城市之间、区域之间、国家之间的竞争、交流和合作将进一步加强。这些都需要城市规划的有效指导，也将对城市规划工作提出更高的要求，而现行的城市规划模式和体系，将难以十分有效地应对和担负这一艰巨而复杂的任务。因此，面对新的挑战和机遇，规划工作的体制和方法必须作出调整和适应，才有可能适应城市发展的要求。

在今后一段关键时期内，城市规划的作用应该进一步得到加强，需要通过有效的规划手段，更加有效地把握城市发展的客观规律，加强对城市发展的协调引导，保障城市健康发展有序建设，增强城市的竞争力，更好地促进国民经济和社会的整体发展。

二、规划的外部制度环境变革提出的要求

1. 经济体制的改革

长期以来，在计划经济体制下，国家经济发展计划在我国城市的发展和规划建设中发挥着重要的作用。随着经济体制的改革，需要通过城市规划的引导，合理利用市场经济体制来规范配置各类资源（包括土地和资金），发挥城市发展动力因素的作用。在市场经济体制逐步建立和完善的背景下，财政税收体制、投融资体制和建设模式都在发生很大的变化，这使得空间资源利用和土地等生产要素配置过程中，国家计划的影响越来越小，而市场调控的机制和作用越来越明显，例如城市建设投资中，国家计划内投资的比例已从1978年的65%下降到1997

年的3%，投资结构发生了重大变化。这就要求城市规划必须变革传统的观念、方法和手段，才能有效地促进城市发展，协调城市建设中的各种矛盾和利益冲突。

今后，随着社会主义市场经济体制的逐步完善，规划和财政投资、金融税收的手段一样，将日益成为政府应对和调节市场发展的有效调控手段，成为各级政府突出和强化的重要职责。如何利用市场经济机制，制订恰当的城市规划调控手段，将对城市发展产生越来越大的影响。在一般市场经济国家中行之有效的一些规划调控机制和手段，将会逐步地引入到我国的城市规划和建设实践中，并发生深刻的影响。

城市土地使用制度改革和城市建设体制改革的深入推进，将促进城市规划工作向科学化、制度化方面进一步发展，目前城市规划对城市土地利用的管理主要审查项目用地是否符合城市规划的功能布局和安排，基本上属于项目管理，缺乏相应的经济手段，难以十分有效地对城市建设的市场行为进行长远和整体的引导。可以预计，随着与经济措施相配套的城市规划调控手段的加强，对城市规划工作的要求也将越来越高，规划工作必须适应这一趋势。

2. 政治体制的改革

政治体制改革与经济体制改革是相辅相成的，政治体制改革的基本目标是不断完善社会主义民主与法制，建立一个高效、廉洁、制度化运行的政府。政治体制改革过程中，决策体制的改革是其中重要的方面。决策的成功是最大的成功，决策的失误是最大的失误，改革中政府决策的正确是改革顺利推进的关键。当前，受领导者政治素质、知识水平、决策能力以及决策环境的影响，我国城市发展和规划、建设过程中，不同程度存在着长官意志作怪、急功近利、不讲科学、盲目拍板等问题，严重制约着城市规划和建设决策的科学化和民主化。为此，迫切需要建立一套包括专家咨询、项目监察、效益评估等程序在内的科学决策的管理机制。随着政治体制改革的推进，实现决策的民主化和科学化，是提高政府决策水平重要的、必然的途径，代表着决

策体制改革的方向，公众参与、政务公开、稽查监督等方面的改革将日益受到关注和重视。总体来说，政治体制改革对城市政府和城市管理的要求越来越高，这就要求作为政府职能的城市规划工作尽快适应这一变化趋势。

在城市规划的决策事务中，应该加大政府决策的透明度，公众应当享有对城市发展和建设的知情权、质询权，长远来看，公众参与是一种不可回避的方式。城市规划中的公众参与和程序安排，除了有益于规划决策的民主化之外，也有利于调节和规范规划过程中出现的个人利益与社会整体利益之间的矛盾，也有利于社会的稳定协调发展，因而是非常重要的。目前我国一些城市已经在城市规划工作中探索尝试了一定的政务公开制度、公众参与制度（如上海市），也取得了较好的效果。今后，改革的深入发展必将推动规划工作中公众参与制度、政务公开制度、稽查监督制度等的逐步建立和完善，必将建立起一种针对决策和管理过程的民主监督机制。

此外，人大对政府的监督和制约将不断加强，建立听证会制度等一系列的监督机制将逐步完善，《行政诉讼法》、《国家赔偿法》等法律的颁布，也对政府依法行政、自觉接受人大监督等提出了更高更新的要求，包括城市规划在内的各项政府行为都必须更加规范，更加高效。

3. 行政管理体制的改革

一些市场经济国家的理论和实践表明，市场经济下，政府的基本职能应定位在5个方面，即调控宏观经济，提供公共物品，消除外部效应，维护市场秩序，进行收入及财富的再分配。我国行政管理体制改革的基本目标，就是要切实转变政府职能，明确政府在经济运行中真正应该扮演的角色，建立起符合市场经济特点和要求的行政管理过程。

随着市场经济体制的建立和政治体制改革，与过去相比，城市政府的工作职能会发生较大的变化，政府不再直接参与经营活动，从直接参与城市经济发展转变为管理城市经济的外部环境，城市的规划和建设将成为城市政府管理城市的重要手段，城市政府在促进经济发展方面的主要任务是提供相应的

技术基础设施和社会基础设施。可以预见，未来我国各级城市政府将更多地关心城市的公共事务和城市建设的管理，政府的职能将真正转向对公共事务的决策和管理，收缩投资领域，集中组织公共物品和公共服务的供应。在这种趋势下，城市规划作为公共事务管理中保障公众利益的一个有效手段，其作用会日益突出，从而对规划自身的要求也日益增强。城市的规划、建设、管理机制也将进入更为广阔的改革领域，在更为宽泛的层面上面临改革的要求和推动。

此外，行政管理体制的改革和调整是一个逐步的过程，需要分阶段进行。1998 年我国政府着手进行了大规模的机构改革，但从长远来看，由于经济和社会发展的需要，机构的改革和调整还将进一步推进和深化，加以中央政府和地方政府事权关系的调整等外部环境的变化；长远来看，权力下放、管理重心下移将是一个大的趋势，就城市规划整个系统而言，对自身管理体制以及机构设置等提出一个大背景下的整体思路和长远对策，已显得十分必要。

此外，行政区划对城市规划工作也有着不可忽视的影响。由于我国目前的多数城市政府都是区域政府，一个有目共睹的现象是，物质形态的城市与行政概念上的城市往往并不一致，而在过去计划经济时代这种情况是比较少的。在市场经济条件下，我国的行政区划工作也将围绕经济建设的中心工作而展开，以适应社会主义市场经济体制的要求、促进社会经济的整体发展为目标，行政区划的改革和调整必将对城市规划工作带来直接的影响。

三、社会的快速发展和整体变革对城市规划的促进

城市是经济发展和社会进步的主要载体，反过来，社会的进步和经济的发展也直接决定着城市的未来，影响和促进着城市的规划和建设。在城市化进入起飞发展的阶段，社会将面临快速发展和整体变革的趋势，城乡发展中面临的社会问题与以往相比有很大的不同；而城市化进程，从根本上来说，就是社会重整和进步的一个过程。推进积极有序的

城市化，是一件绝不仅仅只限于规划界的事情，更为重要的是，城市化将推动全社会的深刻变革和整体进步。

随着国民经济的快速发展，我国城乡关系正在发生巨大变化，城乡之间的联系和分工的方式，比以往更加复杂、多样，传统的以"二元结构"为特征的社会正在出现一些新的情况和特点，沿袭多年的户籍制度正越来越受到质疑而面临调整的可能。例如城镇密集地区的分布形式和城乡人口的社会结构类型，更多地表现为城乡混合的特征，这种状况加上城镇建设的管理水平不高，容易造成城乡建设的混乱，城与乡不同地域功能的集约效应难以发挥。换言之，城乡的快速发展使得城市规划面临了城乡社会的重新组织和城乡建设管理等方面的新的挑战，这就决定了城市规划，特别是城乡规划进行新的变革的必要。

在城市内部，也面临一些新的趋势，如社会结构的变化，社会各个阶层的分衍，人口的老龄化，社区组织及管理形式的变化，社区的安全和文化建设等，都会对城市规划工作产生深刻而内在的影响，社区规划将逐步引起规划工作者的重视；在一些更加具体的层面上，诸如居民在衣食住行各个方面的价值观念、生活方式、行为特征等的变化，对更高城市生活质量的追求等等，更会直接而适时地反映到城市规划、建设的实践中来。城市居民对环境质量、文化活动等精神上的需求越来越强烈，对这种需求的关注将越来越受到重视，诸如此类，都将为城市规划工作者提出一个个新的问题。

四、科技进步对城市规划工作的推动

随着"科教兴国"战略的落实和推进，科学技术的进步将渗透到各行各业中，对城市及城市规划的影响也是显而易见的，科技的发展构成了城市规划工作变革的技术基础。

科学技术的发展，使得交通方式、通信联系、基础设施的建设更新等方面不断进步，表现出越来越强的高科技、智能化趋向。20 世纪计算机技术的突破，使人类进入了信息时代。同时，区域及城市

之间的人口和信息的交流更加频繁和便捷，交易方式也在变化，区域之间、城市之间传统的联系方式发生了很大的变化，城市内涵也在逐步发生着变化，基于城市的时空概念、生存观念也在发生变化，城市的功能正在向更为广泛的方向发展，城市本身在形态、结构等方面与过去相比有了很大变化，城市及区域的发展越来越具有不同于以往的一些新的特征和趋势。在此前提下，城市规划再也不能以传统的观念、手段和模式去对待这些问题，必须适应并跟上科技进步的步伐，积极主动去迎接新技术带来的挑战；只有这样，才能立于不败之地，在科技不断进步并渗透到城市生活的方方面面的今天，不至于陷于被动和盲目的境地而束手无策。

另一方面，随着科学技术的进步，城市规划领域的各种技术手段会越来越先进和发达，将会促进城市规划的科学性不断提高。由于技术手段的改进和完善，规划可以针对城市发展的实际情况，更灵活、更主动地适时进行调整，规划界呼吁多年的增强规划动态性的设想在技术上得到保障。

Auto CAD、GIS、RS 等技术的发展，使城市规划编制工作在技术上有所突破，同时宏观上也要求更多地应用新技术，使决策的科学化水平不断提高。所有这些技术手段的发展，也为城市规划的改革提供了重要的技术条件。

五、全球化和国际交流带来的影响

随着全球化的发展和国际交流的深入，以及加入 WTO 后中国社会将发生的全面而深刻的变化，借鉴市场经济国家城乡规划的观念、方法、体制等，学习其先进的经验和做法，加快与国际惯例的接轨，已成为我国城乡规划工作面临的必然趋势，这是因为：大部分发达国家都先于我国开始工业化的进程，建立有一套相对完整的法制化的规划管理系统，并在不同的政治体制下，采用综合的手段达到对土地使用的统一管理，既较好地顺应了城市发展的客观需要，又在城市与乡村之间实现了较为均衡的发展。这种借鉴和学习的过程，必将有力地推动我国规划工作的变革趋于深入，成为促进规划工作变革的一个重要动因。

第三章 城市规划的作用与地位

城市规划的作用和地位是一个学术界关注的问题，同时更是一个城市规划实务中难以回避的问题。对城市规划作用和地位的认识直接影响到规划从业者看待工作、处理问题的基本理念。在我国政治和经济改革进入一个新的历史时期之际，这一问题之所以显得更为重要、更为迫切，就在于对规划作用和地位的认识同规划工作能否在变化的社会政治环境中有一个正确的定位、规划观念的转变能否保持一个正确的方向有着非常密切的联系。

面临我国经济体制改革和政治体制改革的形势，城市规划在城市发展中能否发挥出应有的作用，关系到城市规划生存和发展的依据。在一个时期内，对于城市规划的作用效果，众说不一，许多人持有疑虑，一定程度影响了规划事业的健康发展。未来10年是社会主义市场经济体制建设的重要10年，也是我国城市化加速发展的重要10年，城镇建设的规模将非常庞大。高质量地实现建设目标，改善城镇环境质量，同时有效地保护耕地，促进社会和经济的可持续发展，是摆在城市规划工作者面前的任务，因为城市规划是影响城市发展的重要因素之一，在建设管理中担负了不可替代的作用。

本报告认为，在当前和今后的国家建设中城市规划应当而且可能发挥出越来越大的作用，城市规划综合协调的宏观调控功能将进一步的凸现出来，这个基本认识首先必须在规划界建立起来。

一、城市规划对国家发展的作用

在江泽民同志关于城市规划工作的谈话中，提到了"国家的规划"，而不单是对城市的城市规划。应当认识到，城市规划作为一种政府行为，同时作为自成一体的职业技术，已经发展成为一种政治性的工具，在土地使用和空间资源分配领域平衡着社会集团和个人的利益，其作用不可或缺。尽管在各国不同政治体制之下可以形成具有不同形态和结构的规划体系，但其目标可以说是相似的，即在城市发展中维护整体利益和公共利益，保护自然和文化的遗产，促进社会经济的可持续发展。

在我国，经过50年曲折艰苦的发展，城市规划已经逐步体制化为国家结构的一个组成部分。在50年的发展中，城市规划维系于特定的国家意识形态与实际的社会背景，发挥着不可取代的作用，这个作用的实质，在市场经济下和原来的计划经济下相比，没有发生根本的变化。城市规划作用的本质都是通过对城市土地使用和空间的管理，服务于社会经济的发展与稳定，服务于国家制度。但是经济体制的不同决定了城市规划面临的具体问题以及产生这些问题的机制有所不同，解决问题所要采取的措施和途径也有所不同。在社会主义市场经济下，作为一项更为突出的任务，城市规划必须尽一切可能服务于城市的整体利益和公共利益，维护区域和城市的可持续发展。

城市规划是国家对城市发展实行宏观调控的重要依据和基本手段，是国家和政府调节城市和区域经济的一种直接或者间接的手段。在市场经济下，基于对"市场失败"的认识，国家从社会利益出发可以通过城市规划对土地使用的管理来干预土地市场的运作。城市规划在土地使用和空间资源配置的过程中体现了国家和政府干预及调整宏观经济发展的意志，因此城市规划本身可以说是一种具有经济意义的活动，是宏观经济调节的手段之一。当然，城市规划对经济关系所起的作用是调节，而不是修正和变革，发挥作用的空间是限定在特定的社会经济和政治框架之中的。

从历史的角度看，城市规划由一种社会运动逐步演化成为国家管理城市、管理社会经济的制度化的活动，根本地反映了土地和空间是国家操纵社会经济发展、促进社会公平的一种重要因素，而不是社会经济活动的被动的载体。在我们这样一个有计划传统的国家里，国民经济计划和社会发展计划固然是国家管理社会经济的重要手段，但城市规划也是同等重要的管理手段。一切社会经济活动具有的空间属性决定了城市规划在国家和区域发展中的作用是非常独特的，而且这种作用往往不是一种地方性的，它首先需要服务于国家发展的整体目标。一个具有合法性的规划首先必然是能够反映国家利益和意志的规划。

从根本上说，区域发展的问题是国家整体发展的问题，在我国区域规划体制尚未完善的时期，具有区域观点的城市规划应当担当起这个方面的作用，至少是其中的一个部分，即对区域的整体发展提供一些必要的框架，以指导区域中各个城市所制定的建设规划。实际上，区域规划与城市规划本身是不可分的，欧洲的空间规划本身是这两个部分的结合。同时，对于乡村地区的发展在城市规划中也应当给予必要的关注，而且从长远看，城市与乡村的共同发展和建设需要有统一的规划作为建设管理的依据，更进一步地体现城市规划促进城乡协调发展的作用。

在国民经济发展中，城市占据着主导的地位。通过国际比较可以发现，在世界上一些发达的、以市场经济为基础的国家，"城市规划"的所指并不仅仅是对城市的规划，而是把区域和乡村地区的发展置于其工作考虑之内，而且这些国家并不是将"城市规划"理解为仅仅是城市的事务，对它的建设活动听之任之，更没有哪个国家是将"城市规划"理解为仅仅是建筑学范畴的工程设计活动，而持技术的眼光忽略其社会、经济、政治的意义。在我国就"城市规划"的这些基本认识还在一定范围内存在分歧，从认识和体制上都并没有建立起一个更为广义的、涉及区域、涉及乡村发展的"城市规划"系统，这不可避免地影响到城市规划在国家发展中的作用

的发挥。应当看到，随着市场经济下政府职能的转移，城市规划作为国家干预市场的一种手段，在宏观经济的调控、区域的协调、城市化的推进、土地与空间的有效利用等方面都具有非常重要的、潜在的作用，需要不断完善和加强。

二、城市规划对城市发展的作用

如前所说，城市规划需要体现国家的意志。在城市的层面上，城市规划同时还要体现城市的整体利益和公共利益。在城市发展中，城市规划的作用首先表现为对城市各种功能、各个利益集团的综合平衡作用。城市规划的活动一定程度地减少了城市发展的不定性，将各个部门的利益整合在城市和区域发展的总体目标之下。作为一种重要的公共政策，城市规划提供了具有综合性的政策框架，它直接的意义存在于土地使用和空间方面，但实质上有丰富的社会、政治和经济的意义。

城市规划是编制—实施的连续统一体，规划编制的文件是建设管理的依据，建设管理是实施规划的主要手段和途径，通过对具体建设项目在选址和建设过程中重要环节的管理达到控制和引导城市发展的目标。

在城市层面，城市规划施加对土地使用的作用，可以分为四种类型：

（1）控制作用：对妨碍城市整体利益和公共利益的行为进行约束。这个作用是城市规划建设管理的主要特征和在社会中形成已久的认知，也是现代城市规划最初的作用。在现实中，规划管理工作对控制作用的研究是主要的，研究如何能够加强控制，这实质表现了对于规划社会作用的基本理解。

（2）激励作用：对有益于改善城市物质环境、有益于形成城市规划确立的城市空间秩序的行为给予激励，从而能够更加明确地引导城市建设的方向。激励作用反映了城市规划较为灵活的管理手段，在不损害原则的前提下，激励措施可以加强规划的引导作用，对城市规划的控制效应起到积极的补充作用。在我国城市规划实施管理中开始推行的奖励制度，有一部分是效法国外的做法，附带在规划设计

条件中，例如转移空权，或者奖励容积率，另外还有一些是为了吸引投资或者推动建设采取的规划条件或者许可上的优惠等等。

（3）整合作用：城市规划以城市的整体利益和公共利益为准则，对城市土地使用中存在的矛盾进行调节，实质上是对冲突的利益的平衡。城市规划所具有的综合作用是建立在自身没有直接开发建设利益的基础之上的，因此，城市规划通常可以以中立的身份对土地和空间资源的分配作出公断，使得冲突各方的土地使用活动能够有效纳入共同接受的规则中来。由此可见，规划价值的中立是有效发挥整合作用的基本前提。

（4）保障作用：对于关系到公共物品、基础设施、公用设施、低收入者住房以及那些在社会价值和目标方面有特别意义的土地使用活动，给予土地资源分配方面的优先考虑，通过城市规划的途径对空间资源进行有效的再分配，促进社会分配的公平。保障作用实际体现了政府在社会发展中的作用，是一种社会财富再分配的过程，是为了使城市发展的利益能够更合理地兼顾。所以说，城市规划是一种重要的公共政策，不仅要体现政府政策具有的效率，而且更要体现政策的公平性。因为在市场条件下，自然有市场的机制可以推动效率的提高，而公平性的考虑不能指望市场，政府职能中促进社会公平的作用因此成为政府政策的关键内容，城市规划的保障作用恰恰体现了这一点。

城市规划正是通过采取控制、激励、整合、保障这四类作用，才使得城市土地使用的活动能够既有效率，同时又体现公平，能够符合城市规划所认定的目标。城市规划是一种可以调节各种土地使用活动中利益冲突的介质。这个调配利益的过程，通过城市规划的管理作用使得土地使用活动的各个主体的相互作用能够物化为城市空间系统的结构和形态，这是规划作用具体体现在城市和区域环境系统演化中的基本逻辑。

三、城市规划有效作用的基本标准

控制城市土地使用及其变化是城市规划工作的

技术要点，但是城市规划的技术内容并不止于此，城市规划的目标试图改善的内容具有社会、经济、环境的综合意义，工作内容和目标的综合性是城市规划的特征之一。城市规划在维护城市公共利益和整体利益的前提下，要提出未来一定时限内城市空间发展的战略，并以此作为具体实施土地使用控制的指导依据，而实现目标的行动过程是社会的过程，是需要动员全社会的各个阶层，各种利益的个人和团体，各种公共的和私人的机构共同致力于推动城市的发展。

在这个社会的过程中，城市规划是否正确体现国家整体发展的利益，是否能够服务于城市的整体利益和公共利益，是衡量城市规划作用有效性的重要标准。在实际工作中，许多城市的政府将发展经济作为根本的目标，城市规划部门的工作也在围绕这个目标开展，为了吸引投资，往往不仅简化城市规划审批的程序，同时也在放松规划条件，强调市场的效率，忽视了对城市整体利益和公共利益的考虑，环境问题以及政策的公平问题不能很好地解决，造成公众对规划工作和政府工作公正性的怀疑。对此，有必要明确的是，城市规划作为一种政府行为，在市场经济环境下不仅要考虑对城市经济增长的促进作用，更要有综合的观念，在社会、经济、政治、环境效益方面作全面的权衡，在决策中讲求科学决策，民主决策，推动城市可持续的发展。

四、城市规划作用的有限性

城市规划实质上是城市发展过程中控制目标偏离的一种作用机制，它独有的技术范围是通过控制城市土地使用及其变化，来维护或者改善当前的并建立未来的城市空间系统的秩序，使之更能符合社会价值。但是由于社会的目标和价值为城市规划提供了若干的界面，实质上限定了城市规划作用的范围，使城市规划的作用表现出一定的有限性。

应当看到，城市规划的活动只是整个社会计划中间的一部分，它有自己的作用性质和活动范围，主要针对的是土地使用的管理，所以城市发展的某种结果无论理想与否，都不应当是城市规划的全部责任。以城市发展有时出现的负面问题来判断城市规划的失败（例如一个时期以来全国范围的耕地流失问题）是不妥当的。

我国城市规划的发展曾经经历几次起伏，其作用和地位曾一度被贬低。分析其原因，可以归纳为如下几点：

（1）过去的问题往往首先是认识问题，对于城市规划没有建立起一个较为完整科学的认识，由局部工作中的得失来判定整体上的作用。

（2）同时反映出的是我国城市规划体系上的漏洞，在城市规划的编制体系、城市规划的法规体系、管理系统、城市规划的行政系统方面都存在各种问题，根本地说，体制问题是城市规划地位作用发生问题的主要原因。

（3）在规划界外，对规划的认识是有一定局限性的。与此同时，在规划界内大量的规划人员缺乏较为系统的专业培训，他们常常把规划理解为一种简单的行政行为，把规划管理理解为建筑管理，设计人员把规划的政策性也没有摆在一个恰当的地位，把规划理解为一般的设计，政府的职能在规划的编制中不能很好地反映；而在理论界，对规划一些基本问题的研究还很薄弱，认识也不够统一。很多研究简单将规划的失效归咎于领导的干涉，而忽视对于规划真实过程的研究，不利于更好地调整和改进工作。

（4）在实际工作中，通常将城市规划作用形象地比作"龙头"作用，但这个说法不是专业术语，没有在理论和实际的系统研究中来证实这个说法，太高的目标以及不严格的表达也造成认识混乱和集体的失落感。

有必要指出，所谓的"龙头"作用，表明了在建设决策和实施过程中城市规划所处的位置是一个统率和综合的位置，而不意味着城市规划在城市发展中的决定作用。城市规划作用的发挥是建立在合乎整个社会、经济、政治发展的基础上，不可能单独在城市发展和社会进步中担当作用，因此，对于诸多的城市和区域问题，城市规划不应当承担全责。而对诸多实例的研究说明，现在问题的出现往往不是规划掌握了过多的权力，而是规划的统率综合作用没有得到足够重视。这表明，规划界对于规划作用应当有一个客观的认识和理解，要澄清现今很多的模糊认识，防止各种夸大其辞的做法，同时在体制中又要积极地争取合理的位置和管理权限，以更有效地发挥自身的作用。

小　结

《国务院关于加强城市规划工作的通知》（国发[1996] 18号文件）指出，"城市规划工作的基本任务是统筹安排城市各类用地及空间资源，综合部署各项建设，实现经济和社会的可持续发展"。城市规划在社会、经济、政治、环境的协调发展中发挥着不可替代的作用，它对于城市土地使用和空间配置起到控制、激励、整合、保障作用来影响城市发展，但是并不是由城市规划来直接决定城市的发展。城市规划为城市发展提供了空间的政策框架，使城市功能在空间上扩展得更加有序，而这种秩序的设定正是由城市发展过程内在的社会、经济、政治的机制支配的；换言之，城市发展又在一定程度上影响着城市规划，两者之间存在着一种相互作用的关系。

城市规划的作用是有一定限度的，但很显然，城市规划对现实问题的关注并不排斥它所具有的理想性，它贯穿了城市社会实践的不同层次，在社会行动的过程中从思想层面到实质层面都有一套机制来保障其基本思想、原则得到贯彻。在我国，为了使城市规划作用更好地发挥出来，需要进行更为广泛的体制上的改革，释放城市规划在区域发展和城乡发展方面具有的潜在作用。本报告建议在我国逐步建立空间规划体系，正是基于充分发挥规划作用的认识。而在我国的空间规划体系建立之前，城市规划将作为重要的手段，在保护环境、促进可持续发展方面发挥作用。

第四章 城市规划编制体系

目前的城市规划编制体系，包括了总体规划和详细规划两个阶段，这是 1990 年《城市规划法》规定的。这个结构的形成伴随着新中国城市规划的历史经历了一个较为漫长的过程。50 年来，表面上这个体系的结构形式没有太大的变化，但它所包含的功能意义则随着社会经济的发展而有所转变。

"一五"时期，总体规划是以国家计划部门提供的建设项目作为城市发展的基础，同时由省市提出相应的配套项目，通过国家计划部门的综合平衡，确定下来就成为制定城市规划的依据。在某些情况下，采取初步规划代替总体规划的变通办法，对基础资料、图纸数量和内容的要求均加以简化。在规划实践的基础上，1956 年国家建委颁布了《城市规划编制暂行办法》，初步确认了总体规划—详细规划两阶段的模式。

在城市规划经历了"大跃进"和"文化大革命"等一系列运动之后，1980 年第一次全国城市规划工作会议召开，不久国家建委颁布了新的《城市规划编制审批暂行办法》，同时颁布了《城市规划定额指标暂行规定》。这个《暂行办法》规定了"城市规划按其内容和深度的不同，分为总体规划和详细规划两个设计阶段"（总则第四条）。这个表述一定程度反映了当时仍然将规划理解为设计的范畴。

在 1990 年《城市规划法》的法律前提下，1991年建设部颁布《城市规划编制办法》。有了 20 世纪80 年代的实践和探索，城市规划编制的技术路线日臻成熟。所以，新的《编制办法》基本总结了新出现的技术类型，比 1980 年的《暂行办法》更加详细地规定了总体规划和详细规划的技术内容，并且在《城市规划法》明确审批办法后，将《暂行办法》中审批的部分删除。之后 10 年，全国的城市规划编制工作基本依照《编制办法》来进行。制度化方面较大的进展是在 1994 年由建设部颁布施行的《城镇体系规划编制审批暂行办法》，这个规范性文件规定了全国、省域、市域、县域四个基本层次上的城镇体系规划的编制内容和审批办法，市域和县域部分实质是对 1991 年《编制办法》中"总体规划的编制"的进一步说明和补充。此外，城市规划编制的指导和管理还辅以一系列的国家技术标准。

这个发展的过程中，城市总体规划明确了规划自身综合研究城市国民经济和社会发展条件的任务，而不单纯依照国民经济长远规划；本应作为前提的区域规划，由规划自身编制的市域或县域城镇体系规划替代，成为总体规划的依据。详细规划阶段的技术内容也大大丰富，提出控制性详细规划，并与修建性详细规划加以区分。可以看到，从 1980 年到1991 年的 10 多年间，规划编制制度的改革是明显的，供给导向型的规划基本转变为对于现实需求加以控制管理的规划。

一、现行编制体系的评价

1. 编制体系的基本价值取向

《城市规划法》作为基本的法律性文件，表明了编制体系的基本价值取向，实际从整体上对我国城市规划工作的许多重大原则给以了明确，这些方面主要包括：

从实际出发，科学预测城市远景发展的需要；

使城市的发展规模、各项建设标准、定额指标、开发程序同国家和地方的经济技术发展水平相适应；（第十三条）

保护和改善城市生态环境；

保护历史文化遗产、城市传统风貌、地方特色和自然景观；（第十四条）

利于城市经济的发展；

促进科技文化教育事业的发展；

防灾减灾的作用；（第十五条）

合理用地、节约用地。（第十六条）

在此基础上，《城市规划法》对于总体规划和详细规划两个阶段的技术内容有进一步的规定，但是对这些阶段必须进一步发挥的主要作用和技术目的的表述则很笼统。这些方面在《〈城市规划法〉解说》中得到补充说明。

总体规划实际是20年期间发展的规划安排；

对远景发展进程和方向有轮廓性的规划安排；

近期5年内的发展布局和主要建设项目的选址定位；

分区规划是对城市土地使用、人口分布、公共设施和基础设施的配置作出进一步的规划安排，作为详细规划和规划管理的依据；

详细规划详细规定建设用地的各项控制指标和规划管理要求，或直接对建设项目作具体的安排和规划设计；其中，控制性详细规划作为城市规划管理和综合开发、土地有偿使用的依据。

总体来说，现行编制体系的设计思路，在技术逻辑上是严密的。其目标是贯彻落实国家的城市发展方针，保证建设的科学性和城市发展的合理性。

2. 编制体系存在的主要问题

从技术角度来判断，现行编制体系有其合理性。它的形成主要是在计划经济占主导地位时期，因此反映了当时的社会政治关系，即国家在政治和经济生活中的作用具有绝对支配性。城市发展的机制基本是一种供给导向型的模式。将国民经济计划通过城市总体规划以及与其衔接关系良好的规划层次逐步落实到建设的规划管理层面，是这个编制体系需要承担的主要作用。

事实上，20世纪80年代中央和地方在金融、税收、财政方面的关系调整，已经使城市发展的动力机制有所改变，但是编制体系对此采取的调整比较有限，较为重大的变化是增加了控制性详细规划，

以与传统的"修建性"详细规划加以区分。但是，这个时期的整体思路是着眼于技术性的调整和衔接，在规划的管理制度方面没有及时采取对策，换言之，编制体系调整的同时，管理系统没有作相应制度性的调整，因此其收效是有限的。

如果进一步反思编制工作中的局限性，可以有如下的发现。

第一，城市规划的编制缺乏更高层次的区域规划作为依据，较多地就城市论城市；偏重空间的布局，缺少综合的观念；虽然有市域或县域城镇体系规划作为总体规划的区域研究的前提，但仅限于行政区划的范围；城市周边的乡村地区，其城市化的发展没有整体地纳入城市规划的通盘考虑；因此，城乡协调发展和区域协调发展的基本原理，并没有在现行的编制体系中得到很好的体现。

第二，现行的编制体系，其合理性建立在一个基本的假设前提下，即规划对于未来的预测是可信的。现行的城市总体规划重点考虑的是城市20年后的发展，但规划对城市自身的发展规律和进程的了解非常有限，无法保证城市的可持续发展，因此，尽管规划界不断批评将规划作为城市发展的终极蓝图，但是规划确立的战略性内容往往缺乏逐步实施的策略和手段，也没有建立一种根据环境变化不断调整目标和手段的机制，可以说，目前的编制办法和制度没有有效地避免规划成为"终极蓝图"。

第三，现行的编制体系中，法制化的内容非常缺乏。城市规划是政府管理城市发展建设的手段之一，在城市的层次上，城市规划服务的目标是城市的整体利益和公共利益。规划编制无疑必须体现这种价值，并且需要有相应的制度保证价值的实现，其中法律是必须给以重视的方面，特别是在市场经济的条件下，法律是调节城市发展中复杂利益关系的必备手段。在现行的编制体系中，法制化的内容是非常缺乏的，所谓规划文件具有法律效力的说法，往往一厢情愿，没有真正法律意义上的具体界定。

第四，现行编制体系的技术意义大于管理意义。不同的规划层面具有的共同特点之一，就是非常缺乏有关规划实施的内容，无论从考虑问题的出发点还是工作的内容和深度上，都缺乏对建设需求的考

虑，这在市场条件下是致命的。同时作为政府管理建设的手段，规划的政策性也没有很好地对市场机制作出回应，所谓的原则性和灵活性，在规划中没有很好研究，使规划文件在使用中既缺少刚性又缺少弹性。

第五，现行编制体系没有就编制过程中公众参与作出具体规定。市场经济条件下，城市建设主体的多元化导致利益的多元与冲突，城市规划的制定过程应当成为有效协调利益冲突的过程，尤其在维护弱势群体的利益方面更应有所作为。建立公众参与制度，给各种社会群体提供平等参与规划过程的机会，正是达到这一目标的重要手段。

第六，规划编制目的是提供政府管理城市建设的行政依据，不完全是技术性的工作，所以审批过程对于编制体系的完善同样至关重要。目前审批过程影响规划编制主要有两个方面。一是审批的周期冗长，突出表现在城市总体规划的审批上。由于总体规划编制要求的内容庞杂，编制过程本身就花费了大量的人力和时间，审批中又往往受到环境影响，在政策的掌握上有很大的变数，加之《城市规划法》并没有对上级政府的审批周期作出规定，所以审批通过时，城市总体规划所管理的对象已经发生很大变化，规划文件的时效性往往得不到保障。一般讲，上级政府的批复下达时，按常规已经是规划文件需要滚动调整的时候了。二是审批的方式影响了规划文件的法律属性。目前编制和修改分区规划和控制性详细规划都是由城市政府来审批，谈不上是有法律效力的规范性文件，即使是城市总体规划，实际上也不是有法律效力的文件。经验表明，要完善编制体系，审批制度必须作出相应的改革。

第七，如果说目前的规划编制体系是一个过于技术性的体系，那么还应看到，除了审批制度的影响外，规划编制的组织方式也在影响编制的实际效果。现在编制规划主要由规划院完成，企业化的管理促使规划技术人员把规划当作单项工程设计来对待，任务完成，规划工作也就结束，没有必要的资料积累和人员衔接，规划管理部门和设计部门有各自的体制，后者难以成为前者真正的技术支持者，没有任何机制保证规划可以实现连续性的检讨和调整，使规划文件及时适应城市的变化。

综上所述，现行的城市规划编制体系的根本问题在于，原先编制体系形成时期，规划编制的主要目的不是制定政策，而是以技术落实政策，编制的体系不是追求对政策环境和发展现实的开放性，而是不断追求体系在技术意义上的完备，构造一个自持的技术体系。本报告认为，随着社会主义市场经济体制的建立，城市规划的编制体系需要以体系的目的作用的调整为基础，对体系的结构作出必要的改革。

二、新时期城市规划编制的目的与作用

经济体制的"市场化"以及政治体制的改革，改变了传统的政府与社会的关系，政府之间的关系，以及政府与市场的关系，因此，城市规划所要管理和调节的关系主要对象，就从以有建设行为的单位和个人为主，转向范围更为全面的包括政府在内的管理。这里的管理不仅包括城市层次的建设管理，而且包括了政府间行政管理的内容。所以，作为管理的依据，规划文件必然要适应这些功能变化的要求，对城市规划编制的目的与作用重新加以认识。

首先，市场经济条件下政府的职能从直接管理经济，转变成为从宏观上调节经济活动。城市规划正是一项具有战略性、综合性的工作，是国家指导和管理城市的重要手段。所以，城市规划编制要体现这种工作的特征和性质，强调政府管什么不管什么，从而确定规划编什么不编什么。

第二，作为政府调控城市建设活动的依据，编制的规划文件包括两个层面的内容。一是提供政府间行政管理的内容，通过规划文件的审批达到上下级政府之间的意见统一；二是在城市管理的层面上，政府把达成一致的政策转译为城市发展战略，同时在需要时，进一步细化为可以与建设行为结合起来的内容。

第三，在新的制度环境中，规划编制从落实国民经济计划转变为制定城市建设的政策纲要，这个主要作用的转变意味着编制体系的政策性在加强，而技术性相对减弱，因此编制的过程从规划技术人

员和政府人员的小范围操作，转变为社会的开放性的过程，目的是使规划文件成为社会成员共同认可、从而共同遵守的建设规则。

第四，与此同时，规划过程的效率也亟待提高，目的是为了对市场机制下的城市发展变化作出及时的响应，这是规划文件发挥作用的必要条件。因此，编制的内容势必采取相对现行编制办法更为务实的策略，结合管理的需要作出全面的简化，缩短编制的时间。

第五，规划编制的简化，在技术上采取以解决实际问题为原则，面向对象，需要什么样的规划，就编什么样的规划，需要什么深度，就做到什么深度，不拘泥于技术体系上的"周全"和"完美"，当然这里所说都是在符合城市规划的职业道德规范和技术原则的前提下进行的。

第六，改进规划编制工作，规划的审批效率必须提高。从我国目前城市化的速度以及市场发展的状况要求看，审批时间过程的缩短，可以强化规划文件的实用性，较快地消除发展方向的不定性，促进城市建设，树立规划部门的威信和工作的严肃性。

第七，政府管理城市建设的行为法制化，是市场经济发展的必然趋势，作为规划管理的依据，编制的规划文件中关键性的部分也必须借助法律工具确定下来，以保证规划政策目标的实现。

对社会主义市场经济下的城市规划编制体系的设计，需要考虑上述的内容。为了使编制体系发挥新的功能作用，本报告认为对现行的编制体系的调整思路，主要不是技术层面的，而主要是管理层面的，因此，新的编制体系是在梳理现有的编制类型的基础上，对体系作结构性的调整。

三、城市规划编制体系新框架

1. 构建新框架的基本思路

面对国家经济的高速发展、工业化和城市化进程的加快，城市规划编制体系的调整和完善其长远目标是进一步构建国家的空间规划体系，全方位地管理和控制城乡土地和空间资源的使用。

目前，从名义上讲，在城市规划之上还有国土

规划和区域规划，但是这两个层次在编制、审批和执行方面都缺乏有效的主体，因此，城市规划的制定实质上缺少必要的前提条件。权宜之计是在城市规划的编制过程中增加城镇体系规划的内容，替代区域规划的前提。

考虑到现实的制度环境，构建新的城市规划编制体系采取的思路是在现行的编制体系中进一步强化区域规划的内容，体现国家和政府在空间发展上的宏观调控职能。进一步改进区域政府职责不清的问题，逐步建立行政区内部各城市发展的协调机制，以及跨行政区的协调机制，从根本上改进区域规划实施的有效性。

本报告认为，对现在的城市总体规划编制办法需要作出重大的改动。基本的原则是摒弃城市总体规划编制内容过于繁冗的做法，以务实的态度编制总体规划，加强总体规划文件的时效性，加强宏观策略的研究，通过城市总体规划加强政府间的协调和统一。

属于城市政府规划管理范畴的规划文件，例如分区规划和详细规划，原则上由城市政府根据城市建设的实际需要来编制审批，但是中央政府不放弃对于该工作的指导和监督，以保证审批后的城市总体规划能够通过地方建立的"规划率先"的管理系统加以实施。

必须面对的现实是，我国正处在一个城市化快速发展的阶段，城市规划行政管理系统还仅仅是在一个发展的初级阶段，一些地方行政管理系统不完善，规划编制的技术力量的分布也不平衡，完全放开可能有损政府宏观调控职能的有效发挥，所以新的编制体系也同时考虑了这些文件在城市建设管理中的作用，有针对性地加强其中某些规划编制内容。

在这个层面上，本报告强调与实施管理密切联系的规划编制内容。确切地说，城市政府必须完善发放规划许可所依据的所有规划文件的编制以及技术法规的制定，目的是严格管理，并且为城市发展的各种变化作好技术上应变的准备。

综上所述，新的编制体系构建的基本方向是加强宏观管理和微观管理两端的编制内容，对于规划行政管理而言，宏观管理针对的是上级政府与下级

政府间的关系，微观管理针对的是城市政府与建设主体（包括政府本身）的关系；从中央政府管理规划事务的性质而言，有关宏观管理的编制内容主要是法定的和强制性的，同时作为城市政府微观管理依据的规划也将是法定性的和强制性的，这些法定的和强制性的规划可以划入规划体系的基本序列。只有在那些根据地方发展的具体需要所编制的规划内容可以是非法定的和指导性的，这个部分可以在法定规划限定的政策前提下开展，属于非基本序列。

2. 新编制体系的基本内容

新的城市规划编制体系将包括"基本序列"和"非基本序列"两个部分。

（1）基本序列

基本序列通过规划基本法律确定，所有城市必须编制此类规划，并且按相应的制度进行审批，以作为规划行政管理的依据。该部分分为"战略规划"、"城市总体规划"、"详细规划"三个层次。

战略规划：覆盖的空间地域范围是整个市域，包括所带的县、市、镇、乡。规划重点制定市域经济、社会、空间发展的战略，明确城镇的功能分工，确定市域大型基础设施和服务设施的网络布局，促进该地域内部与地域外部城乡的协调发展和城镇之间合理关系的形成。其实质是城市发展的纲要，是区域性的、结构性的和战略性的规划文件。

战略规划实行分级审批制度，是上级政府审批的主要规划文件。战略规划审批通过后，成为上级政府管理、监督下级政府建设决策的基本依据。

总体规划：在战略规划基础上对城市内各个规划管理单元的地域分别进行的综合规划。具体内容包括城镇功能的用地布局，空间结构，基础设施，历史保护，环境生态保护等。其实质是对上级政府认可的战略性的发展纲要的细化。

总体规划的审批也采取与战略规划相同的分级审批制度。但审批的内容将主要集中在审查总体规划是否与通过的战略规划有在政策上相悖的地方，其审批的方式决定了审批的周期将大大缩短。

战略规划与总体规划的分离，目的是在总体规划阶段加强战略性和政策性的内容，战略规划内容

相对于现行城市总体规划会大大简化，有助于缩短审批的周期，同时突出审批的重点，而总体规划的审批也不再沉溺于大量技术层面的问题，专注于战略规划中有关政策性内容的落实情况。

详细规划：在各个城市中，对地块的土地使用性质、建筑形态、工程管线和各项控制指标作详细的规定，目的是落实战略规划和总体规划所确定的规划意图，并且进一步融入城市设计的内容，作为城市建设规划管理的依据，改进城市建设实施的质量。

（2）非基本序列

非基本序列的规划是在战略规划、总体规划和详细规划等层面之下，在地域范围和对象上不断趋于具体的规划层次，其目的是使规划政策内容进一步得到落实。属于非基本序列的规划层次和内容完全取决于城市一时一地的发展需要，并无需中央政府统一作出编制审批的规定，而且统一由中央政府加以规定是不现实的，也是没有必要的。

但是也应看到，由于我国规划管理事业发展仍不均衡，技术力量参差不齐，过去积累的规划编制经验不应轻易放弃，按照需要，中央的城市规划部门对这些规划类型保留指导和监督的权力，而作为一般性原则，城市政府有义务接受中央政府相关技术政策的指导。

非基本序列的规划可以多种多样，有按照专项编制的，有按照发展地域单元编制的，有按照管理期限编制的。从我国目前规划实践的现状看，非基本序列的规划至少有下列类型。

分区规划：在特大城市、大城市和中等城市对总体规划的进一步细化。

专业规划：如城市的防灾规划，历史名城保护规划等。

特定地区规划：如城市中心地区规划，开发区规划，旧城更新规划等。

城市设计：城市重点地区的城市设计，滨水地区的城市设计等。

行动规划：结合一些大型建设项目，对项目本身和周边地区的建设统一规划。

基地规划：对待开发的基地做综合的分析筹划，

用于规划报建。

非基本序列规划的审批由于情况复杂，可以区别对待，属于全局性的和重要地区的规划，应由规划行政主管部门和/或者有关主管部门分别组织编制，由规划行政主管部门综合平衡，报同级人民政府审批。

小　结

为了适应社会主义市场经济的要求，新的城市规划编制体系主要在如下方面改进原有的编制体系。

首先，城市规划的编制必须与政府管理城市建设的实际方式结合起来，体现政府职能的转变，体现政府在管理国家和城市的空间资源和土地资源方面不可替代的作用。

第二，为了进一步突出市场经济条件下政府的调控职能，规划编制体系需要做出结构调整，即通过划分基本序列和非基本序列，加强对基本序列中规划编制审批的管理，以及非基本序列规划在编制审批中的灵活性，更好地适应新世纪我国城市发展的需要。

第三，城市规划编制的政策意义将大于技术意义，这样在编制、审批和实施管理过程中，规划应被视为公共政策的一个组成部分。

第四，城市规划编制体系应体现城市规划工作具有的地方性，中央对地方的规划编制主要采取指导和监督，城市政府在规划编制中的作用应充分发挥。

第五，规划编制体系中接近于规划实施管理的层次和内容，将逐步演化为法规性的文件，这是规划管理法制化必须迈出的一步。

新的城市规划编制体系将通过规划法加以确立，同时必须配套的改革还有公众参与制度的法律化，规划设计部门的改革，以及一系列城市规划技术标准和准则的修正和修改。这些外部的支撑将在很大程度上影响新的规划编制体系作用的发挥。

第五章　城市规划管理

城市规划管理包含的内容非常宽泛，它既可以指城市规划系统内部的管理，也可以指对城市规划系统以外的相关行为的管理。在实际的工作过程中，城市规划管理可以包括规划的编制管理、审批管理、实施管理、行业管理等，而这些不同内容和性质的管理，无论在方法上还是在组织结构上，乃至管理机制上都是完全不同的，因此，要集中在一起进行讨论是困难的，甚至几乎是不可能的。这样，我们只能从狭义上去理解城市规划管理这个概念，通常所说的城市规划管理一般是指城市规划的实施管理，它是政府的一项重要职能活动，实施城市规划是规划管理工作的基本任务，规划管理是体现政府意志的过程。在此过程中，规划行政管理部门按照城市规划的要求，通过法制的、经济的、行政的、社会的管理手段和科学的管理方法，对城市各项建设用地和建设活动进行控制、引导和监督，从而实施城市规划，促进城市协调发展。

在本报告中，这里我们提到的城市规划管理即特指城市规划建设的实施管理，着重讨论规划实施过程中的管理问题。

一、目前规划管理工作中存在的问题

改革开放以来，特别是20世纪90年代《城市规划法》颁布以后，我国逐步建立起了城市规划管理工作的基本制度和体系，使规划管理工作走上了正轨，取得了很大的成绩。近年来各地城市规划管理部门积极进行探索和尝试，推动规划管理工作的改革，积累了不少有益的经验和做法，如制定完善地方性法规，改进规划审批运行机制，加强土地出让转让中的规划管理，多部门协作治理违法建设，规范社会服务制度，实行政务公开制度等。

总的来说，在各地规划部门积极探索和改进规划管理工作并取得成绩的同时，实际工作中仍然存在和暴露出一些问题和不足，其中既有外部环境方面的因素，也有内部机制方面的因素，有待进一步改进和完善。随着市场经济的发育，规划工作中许多行之有效的方法现在行不通了，迫切要求制度上的创新。事实上，和发达国家相比，我国城市规划工作的差距，主要的不是规划编制等技术问题，更多的是表现在规划管理方面。

1. 国家对地方政府的建设和管理行为缺乏强有力的调控和制约手段

在目前的体制下，国家和省一级的规划管理力量较为薄弱，职能不全，事权有限，对地方政府的重大规划决策和建设行为缺乏十分有效的调控和监督，对地方城市规划实施过程缺少监督制约的机制和手段，对地方的规划建设行为更多的只是给以技术指导，实践证明，这种制约的手段和效果是十分有限的。一方面是重复建设难以遏止，另一方面是城市建设中的领导违法、政府部门违法、越权审批、带头破坏规划的现象时有发生，给规划管理工作带来难度，也破坏了城市规划的严肃性和权威性。

2. 管理体制不顺，规划的集中统一管理有待加强

一是城乡地域分割。本应是一个整体的规划管理工作分成了"城"和"乡"两部分，城市规划管理范围只是落在了城区部分或城市规划区内，而对城市规划区以外的用地和建设活动难以有效地加以控制和引导。在具体管理工作中，"城市规划区"的概念以及界定等也存在着很大的矛盾，影响了城乡

统筹兼顾和协调发展，造成了土地及空间资源的浪费，与国际惯例和做法也不接轨。

二是多头管理。一方面，目前我国完善的空间规划体系尚未建立，有关空间规划的职能分别由不同的几个部门承担，部门之间的职能互相交叉和重叠，有关法律衔接不够，甚至相互矛盾，因此造成实际工作中的互相扯皮、打架、多头管理等现象。另一方面，即使建设系统内部，由于有关法规、条例间的不协调和相互扯皮，也存在多头管理的矛盾。此外，近年来一些地方的各类开发区中，在规划管理上也不同程度地存在脱离城市规划主管部门指导的现象。

三是规划管理权下放问题。近年来，部分城市将规划管理权从市一级下放到区一级，对城市规划的集中管理造成了一定的冲击，产生了不良影响。尽管《国务院关于加强城市规划工作的通知》明确指出："城市规划应由城市人民政府集中管理，不得下放规划管理权"，目前许多城市也在逐渐认识到这一点，但规划管理权下放的问题仍不容忽视。

3. 城市规划在土地有偿使用过程中应有的作用难以发挥

城市土地实行有偿使用制度以后，城市土地利用呈现出越来越复杂的情况，土地的出让转让活动越来越频繁。随着改革的深入和土地市场的发育，土地使用性质的置换也越来越频繁，但在土地有偿使用制度推进的过程中，一直未能建立起一种有效发挥城市规划作用的机制，国家缺乏有效的宏观调控的能力和制约手段。城市土地使用权流转过程中的规划管理一直相当薄弱，城市土地的供应脱离城市规划的指导，这是造成不少城市土地使用失控的重要原因。不少城市在制定土地出让计划时缺少城市规划部门参与，出让合同中也没有反映规划部门提出的规划要求，甚至出现未经规划部门同意而对出让转让合同中有关规划要求等内容随意变更的情况。虽然一些经济发展较快的城市，近年来经过规划部门不断摸索和努力，加强了这方面的工作，但是总的来说，城市规划对土地的供应和投放缺乏有效的调控机制和手段，规划管理应有的作用难以充分发挥出来。

4. 缺乏有效的批后管理和实施监督机制，"一书两证"制度有待完善

"一书两证"是现行《城市规划法》中确立的规划管理的基本制度。但现行管理模式对城市规划实施还未形成一个有效的实施和检查机制，对核发"一书两证"后的建设项目运作情况没有有效的监督手段，批后管理是目前规划管理过程中明显存在的一个薄弱环节。由于批后管理、监督检查制度的不健全，使得规划管理过程未能形成一个完整严密的管理系统。实际管理工作中经常遇到的情况是，建设单位在通过规划部门的规划许可审批后，开工建设中有时不按规划要求进行建设，还有的是按规划许可证的规定进行建设，而在建成后擅自改变建筑物的使用性质，影响城市规划、城市环境等，客观上形成了对规划的破坏。因此，应对现行的"一书两证"制度加以完善，特别应加强建设工程竣工的规划验收制度。

5. 违法建设屡禁不止，规划执法力度不够，效率不高

近年来，各地的违法用地、违法建设现象大量存在，领导违法、法人违法的现象时有发生。违法建设屡禁不止的原因之一是规划部门对违反规划的建设活动的管理措施不硬，执法力度不够，执法效率不高，缺乏有效的手段。由于规划部门缺乏强制执行权，对于在建的或已建成使用的违法建设的处罚，必须申请法院强制执行，而申请的程序繁杂冗长，时间长、效率低，往往使处罚执行的过程拖得很长，甚至不少违法建设形成既成事实后，最终难以执行，无法拆除，严重损害城市规划的严肃性和规划管理部门的形象。如果规划部门对违法建设强行制止或强行拆除，又造成程序违法，被认为不按《城市规划法》办事，处于十分尴尬的境地。这是违法建设至今难以遏止的重要原因。

6. 规划实施的机制不健全，手段单一

长期以来，受计划经济体制下形成的规划观念

的影响，我国的城市规划实施管理工作，研究直接调控比较多，对间接调控重视得不够，城市规划的实施机制不健全，实施的手段单一，缺乏综合性手段，在引导和制约方面缺乏十分有效的手段。立法、处罚和许可手段有待进一步完善，其他如金融、税收等手段还需逐步研究引入。

7. 规划管理缺乏法定依据，规划法制化有待加强

二、规划管理工作改革的目标

市场经济体制下，由于投资主体的多元化导致利益主体的多元化，城市发展和城市建设活动更为复杂，因而发挥市场的基础性作用和加强政府有效的宏观调控是城乡规划管理必不可少的两个方面。城市规划必须通过对空间和项目的开发管制，协调和平衡各方面利益，通过对资源保护与开发的规划管理，保障城市与区域经济、社会协调有序发展。

城市规划依法行政包含机制、体制和法制三个方面的内容。三者的关系是，一定的机制寓于一定的体制中，并通过一定的法制手段固定和反映出来。规划管理机制在特定的规划管理体制下形成，规划管理体制改革则是对规划运行机制的选择，两者相互联系，相互作用，维持着城市规划管理系统的秩序。规划管理法制是横贯其间的横向作用力，使之更加稳定、可靠、规范。

城乡规划管理工作改革的目标是：建立高效有序的规划管理机制，理顺和完善规划管理体制，健全规划管理法制；从法律、行政、经济等方面进一步保障城市规划的实施，适应我国市场经济和土地管理体制的要求，对城市开发和建设进行有效的控制和引导，促进城市协调发展，真正确立城市规划在城市建设和发展中的应有地位。

三、构建行政管理的整体框架

1. 建立决策和执行相对分离的行政体系

根据管理学的原理，决策行为与执行行为应该相对分离。目前政府规划部门既是规划的编制、审定者，又是实施规划的部门，集决策与执行行为于一身，不利于决策的民主化和科学化，不利于规划决策过程中的各方参与和制约机制的形成，也难以保证规划决策结果的法定效力。

决策系统在城乡规划行政体系中起主导作用，其作用职能是统筹考虑决策目标和决策方案，并组织领导整个决策工作。目前国家一级实行的"部委联席会议制度"以及深圳等部分城市建立的规划委员会决策制度，取得了较好的效果，积累了一定的经验。从长远来看，逐步推动和实施不同层次规划委员会为主体的决策系统，是必要的。这包括：①国家城乡规划委员会；②省（自治区）城乡规划委员会；③设市城市城乡规划委员会。规划委员会的构成必须有广泛的代表性。

执行系统在城市规划行政体系中起关键作用，缺乏强有力的行政执行系统，城市规划的决策就会落空，就无法得到实施与完善。城乡规划的行政执行系统，是由国家、省、市、县、乡（镇）的城乡规划行政主管部门构成的有机整体。

城乡规划工作具有综合性、战略性的特点，同时，市场经济条件下，城市发展和建设中的因素变得日趋复杂，规划工作的难度加大，综合和协调的特征更加突出，对规划执行系统的要求也进一步提高。从长远看，为了更好地发挥城乡规划的综合、调控、指导的作用，必须提高规划管理部门在政府组成中的地位和规格，不能局限于城市建设的管理。

2. 纵向结构上合理划分事权：国家—省—城市各级规划部门的关系

针对目前国家和省一级规划部门力量薄弱、调控无力、事权有限等问题，借鉴国外的有益经验，有必要强化国家、省级规划部门的宏观调控手段，强化对地方城市政府的规划管理活动的监察能力，同时合理界定城市政府的规划管理权限和范围，明确划分事权，建立一种有效的纵向制约和反馈关系。

从我国的政体出发考虑，作为中央政府的城乡规划主管部门，其重要的职能应是制定全国城市发

展战略和城市发展方针，协调跨区域的发展，编制全国性规划和跨省区区域规划，并对地方政府的城市规划进行指导、审查和监督，使地方的发展建设行为符合国家的整体利益和长远利益。

对于国家和省一级规划部门，在现有的职能和权限基础上，在划分事权、明确职责的过程中，应重点加强和完善五个方面的权力，即决定权、否决权、监督检查权、考核权、处罚权。对城市一级的规划行政主管部门，其权限主要集中为决定权、处罚权、监督权。

在地域空间规划的制定和实施方面，总的原则应是一级政府负责一级规划。在中央政府，国家规划主管部门除了组织审查报批城市总体规划、省域城镇体系规划外，应当负责组织制定国土规划、区域规划并推进其实施。相应的，省域规划等有关规划应由省级政府规划主管部门组织推动。

3. 横向结构上理顺管理体制：各级规划主管部门与相关部门的关系

城市规划涉及城市发展和建设的方方面面，在规划工作的各个层面、各个阶段，都存在着如何与相关部门协同工作的问题。如果不建立良好的协同机制，势必造成多头管理（争着管）或管理真空（不愿管）的现象。目前规划部门主要的协同关系，在宏观层面上，是与计划、土地部门的关系，在微观层面上，比较突出的是和消防、房产、环保、卫生、交通等部门的关系。

由于历史的原因，我国目前的规划管理体制不顺，突出的问题是部门分割，职能交叉，相互扯皮，地域分割，造成了部门规划强于综合规划的不正常现象，区域和城市的整体发展规划面临着被部门规划肢解和取代的威胁，部门规划之间、部门规划与地域空间规划之间的矛盾和冲突越来越突出。在宏观层面：计划部门和规划政策的脱节，土地批租计划与规划政策的脱节，土地利用规划与城市总体规划的脱节，使规划实施偏离了城市总体规划的目标。在微观层面：相关部门的管理程序融入规划管理程序，增加了工作层次，造成职责不明、程序复杂、效率低下。

规划部门与相关部门的关系，实质上是《城市规划法》定位以及与相关法律的关系问题，由于相关部门在立法中过分强调部门利益，造成职能交叉，而各相关法都是针对管理中存在的实际问题而制定的，相互关系不够明晰。因此，部门扯皮的源头在于国家法律之间存在的不协调。

实际工作中必须理顺规划管理体制，强化城乡规划应有的综合协调职能。为此，应当从以下几方面加以改进：

（1）根据《城市规划法》作为建设领域基本法的地位，相关规划与城市规划矛盾之处均应与城市规划作好协调。要从法律上充分赋予和保证城市规划的龙头地位，明确界定城市规划部门在政府组成中的职责、义务和相应的权限，充分发挥城市规划在协调各方利益、维护公平和效率方面等方面的作用，理顺部门规划与综合性规划的关系，做到部门分工明确、协调有序，树立高效、精干的政府形象。

（2）为保障地域空间规划的连贯性和整体性，应改变目前国土规划、区域规划和城市规划分别由不同部门管理的体制，有关国土规划的职能应与城市规划职能合并，由一个部门统一管理。

（3）由于城市规划工作的核心内容就是城市土地及空间资源的配置和合理使用，在城市规划区内，城市规划是安排和使用城市土地的依据，因此，应分清职责，由城市规划部门负责制定城市规划区内土地开发利用的规划指导原则，包括土地投放的总量控制、开发建设时序的确定，指导并参与土地的分等定级和出让转让等。此外，在城市内不应脱离城市规划再重复编制单独的土地利用总体规划，造成不必要的重复劳动、二次规划，耗费大量的人力和财力。

（4）确立利于协调的行政程序和各环节的运行规则，对于大量需要协同管理的规则内容，即在建设项目的审批程序中需取得相关部门意见的，必须对规划部门与相关部门之间职责、权力和义务界定清楚，各相关部门在整个程序中参与的环节，以及参与审批的权限、时限和违规应承担的责任等，均应从法制的高度作出规定。

四、完善规划实施的运行体系

传统的计划经济背景下，城市的开发和改造都是政府行为，规划实施过程中的矛盾不大，而在市场经济条件下，出现了投资方式的市场化和投资主体的多元化，政府应由投资主体的角色调整为调控主体的角色，因此，需要建立和完善与此相适应的城市规划实施机制，依靠法律、行政、经济等管理方式，从规划管理依据、管理手段、管理内容及管理模式等入手，建立新的运行体系。

1. 管理的依据

城乡规划是通过规划管理来实施的，而实施规划必须具有法定的依据。现行的规划管理体制下，规划编制在内容上与规划实施衔接不够，在程序上与规划管理分离，管理的依据过于简单、原则，难以适应市场经济条件下量大面广的城市建设活动的要求。总体规划的编制内容庞杂，审批周期漫长，花费了各地规划编制人员的主要精力，但实际所能起的作用主要是长远的目标和宏观的指导，对日常大量的规划管理工作缺少可操作性。

适应市场经济的要求，城市规划实施管理的依据应当从两个方面加强，即实体性方面的依据和程序性方面的依据。

（1）在实体性依据方面，核心的问题是与规划编制体系的衔接。按照新的规划编制体系的设想，逐步将规划编制体系中接近于规划实施管理的层次和内容，经过法定的审批程序，演化为法规性的文件，直接用作规划管理的依据。

（2）在程序性依据方面，现行《城市规划法》中的规定几乎是空白，是一个薄弱环节。对照发达国家和地区的规划管理经验，国家和地方层次的立法中应增加程序性方面的内容和规定，从规划编制与审批，发放规划许可，到监督检查管理，明确每一步骤的管理环节、责任主体和时限要求等，逐步建立一套严密的决策程序体系，作为规划管理可以操作的依据。

2. 管理的手段

城市规划管理要面对城市中的所有系统、部门、组织直至个人，规划的实施要通过他们的建设行为和活动来实现。规划管理部门必须通过探索有效的方法和手段来影响建设者行为，管制各类建设活动，仅仅依靠行政手段是很难充分奏效的。目前以权代法、行政干预造成违反规划、破坏规划的现象有一定的普遍性，规划得不到应有的实施，管理的约束力不够，规划实施还缺乏有效的手段。

为了改变目前规划实施不尽如人意的状况，必须改变过去单纯依靠行政手段的方法，探索更为有效的手段。在市场经济不断发育的今天，政府管理公共事务走依法行政之路已成为人们的共识，是必然的趋势和选择。在城乡规划的制定、实施、监察全过程的各个方面，行政管理的各项工作都必须纳入法制的轨道。而在规划管理的方法中，在行政手段的基础上，最关键的问题是要建立法制化的核心手段，按照法规所规范的方式和程序进行管理，同时佐以经济调节、协调谈判等辅助手段。

（1）法律手段

市场经济是法制经济，规划的实施管理是对建设行为的一种社会调整。规划要得到切实执行，必须把规划管理这种社会调整提高到法律调整的高度。也就是要使规划法制化，使编制的规划成果具有"明确、肯定、有国家强制力作保障"这样的特征，通过法律手段的强制力来保证规划的实施。在市场经济体制下，只有经过法定程序批准的规划，只有按照法定程序公布的规划才能在管理实践中得到运用，才能成为规划管理决策的依据。而经过法定程序审批的规划成果（文本和图则）其实质就是社会、政府以及所涉利益各方之间的"契约"，体现了规划实施和管理的意图、组织方式和操作途径。规划成果审定通过并生效后，应由权力机关以法规的形式予以颁布，城市规划管理主客体都应共同遵守，以维护城市规划的严肃性和权威性。

（2）经济手段

市场经济条件下，城市规划的实施和城市的开发建设，是规划管理部门与开发者之间的一种联动机制。规划管理要直接面对开发者的经济利益问题，而规划恰恰又是必须考虑城市的整体利益、长远利益和综合利益的。在某些时候，局部地段的开发和改造，如果没有相应的实施机制，就难以要求和约束开发者承担其义务和责任之外的职责，规划难免陷入局部效益或短期效应的尴尬、被动中。这种情况下，单纯依靠法律、行政手段显然不能应付实施中各种复杂的情况，需要在规划实施中引入经济手段作为一种重要的调控手段。但目前我国大多数规划管理部门并没有掌握经济调控权，因此，在法律手段的同时，必须以一定的方式保障规划管理部门掌握一定的经济调控权，不至于使开发建设行为只能建立在就地平衡的基础上，建立"以丰补歉，以肥养瘦"的土地开发平衡机制，切实发挥规划的引导和调控作用。

（3）谈判、协议手段

规划实施管理不仅是一项技术活动，也是一项社会经济活动，在市场经济条件下，为促进规划的实施，既保证公共利益，又保护开发者应得利益，在规划实施管理实践中应逐步引入谈判、协议手段，作为一种辅助手段，以此来平衡各方利益，达到最大的社会效益。在实际操作中，规划部门通过协调，可将量化成为一定货币数量的利益通过协议形式确定下来，作为实施管理的依据，但目前法律并未赋予规划部门这种权力，对经济利益的评估确定，以及协议的法律效力等，都有待进一步明确，应对谈判和协议的行为赋予明确的法律地位并建立相应的规范化程序。

3. 管理的内容

尽管规划实施管理的内容较为广泛，但其核心和关键是进行开发管制。就城市规划所要达到的基本目标而言，规划控制的内容包括：土地使用的规划管理、建筑或工程建设的规划管理、建筑物或工程物使用的规划管理。

现行《城市规划法》对规划管理的内容和对象有了一个基本的描述，但还是比较笼统、简单，在实际操作中，由于缺乏解释，许多问题难以操作到位。在实际工作中，有些该管的没有管起来，有些不该管的却管得太细，程序过分复杂，有些特殊工程，例如政府的重点工程没有特殊的管理程序规定，实际上又都不按一般管理程序执行，造成很大的负面影响。

在开发管制的过程中，参照国外经验，结合我国的实际，以下几点需要给予重视：

（1）必须限定"开发"的准确含义和所指，明确规定哪些项目构成开发，哪些项目不构成开发，并且根据管理过程中实际情况的变化，不断地及时进行调整、修改和补充。如在英国，由环境部颁布的一般开发规定（GDO）、专项开发规定（SDO）和土地使用分类规定（UCO）中，明确了哪些项目不必申请即可自动获得许可，哪些项目属于不受地方规划部门管理的特别开发类型等。

（2）改变规划管理包揽一切的做法，"有所为有所不为"，对不同的管理内容，区别采取不同的管理深度，承担不同的管理责任。

（3）通过开发管制，确保政府对公共物品的提供，同时对非公共物品的供应按市场规律进行调节。

（4）在现有用地管理、建筑管理、工程管线管理的基础上，重视和加强对建筑物（工程物）的使用管理，其工作重点在于保证这些已建设施的使用（包括户外广告的设置等）也能符合规划所寻求的目标，保证社会资源合理、充分的使用。而要进行这项工作，就需要规划管理部门与其他机构一起进行协调工作，如房产管理部门、工商管理部门等。

（5）在开发管制的地域范围方面，为了防止规划管理出现盲区，应改变现行"城市规划区"的控制方法。规划管理工作按行政区域进行，既有利于防止盲区，也符合城乡一体化的要求。当某一区域需要特别控制时，可通过地方立法的方式加以解决。

4. 管理的模式

就规划管理许可审批方式而言，世界各国和地区的规划管理模式主要有两种类型，即通则式和个案式（或称判例式）。

所谓通则式，是指法定规划作为开发控制的惟一依据，规划人员在审理开发申请个案时，不享有自由裁量权。只要开发活动符合规定，就肯定能够获得规定许可。通则式可以美国的区划（Zoning）

为代表。

所谓判例式，是指法定规划作为开发控制的主要依据，规划部门在审理开发中申请个案时，有权附加特定的规划条件，享有自由裁量的权力。判例式可以以英国的规划许可（Planning permission）为代表。

	规划行政体系		开发管制体系	
	中央集权	地方自治	通则式	判例式
英国	√			√
美国		√	√	
德国	√	√	√	√
瑞士		√	√	√
日本	√	√	√	√
新加坡	√			√
香港	√			√

各国（地区）的实践表明，通则式和判例式各有优缺点。通则式开发控制具有透明和确定的优点，但在灵活性和适应性方面较为欠缺，而判例式开发控制具有灵活性和针对性，但难免会存在不透明和不确定的问题。无论通则式还是判例式，要真正有效地施行，都是有条件的。

事实上，通则式和判例式都不是绝对的，两者也不是互相排斥的。通则式也有灵活性，有自由裁量，即使实行严格区划管理的国家，也在注意赋予规划决策一定的弹性；判例式也有一定的法规作依据，有羁束裁量。各国和地区都在两者之间寻求更为完善的开发管制体系。如美国的一些城市在传统区划的基础上，增加了个案审理的环节。英国自20世纪80年代以来，传统的开发控制体系也经历了一些重要变化，如在企业特区进行了通则式的开发管制的试验。

我国目前的状况，实质上是类似于判例式的。从比较理想的角度来说，实行判例式的模式，应具备以下条件：有完善的城市规划法规体系及相关的法规，公民有良好的法律意识，有守法、执法的社会氛围；规划管理部门及其管理人员有较高的素质，熟悉业务；有有效的监督和约束机制；城市化水平

已经很高，城市的建设量相对较少。显然我国绝大多数城市并不具备这样的条件。但在另一方面，我国城市多，类型复杂，各地社会经济文化背景差别很大，再细致的法规、规范也难以十分有效地覆盖和适应当地的实际情况，管理实践中，不可能要求所有决策内容都能找到法定的依据。我国转轨时期尚不成熟的市场经济条件下规划工作的复杂性，许多方面的难以预见性，也都要求在规划管理模式上留有一定的自由裁量的余地。因此，我国城市的规划管理，应采用通则式和判例式相结合的开发控制模式，在第一层面上，针对整个城市地区，制定一般的规划要求，进行通则式控制，对完全符合规划的建设申请，可以减少规划管理审批的程序，缩短审批时间；在第二个层面上，针对各类重点地区，制定特别的规划要求，采取审批方式，进行判例式控制。但在当前，主要的任务是应逐步加强通则式的开发控制。

五、建立规划实施的监察评估制度

针对目前普遍存在的批后管理薄弱的问题，为了确保规划得到有效实施，必须建立和强化规划实施的监察评估制度。规划监察作为保证规划实施的重要手段，其任务是依法查处各种违反城市规划法律法规的行为，包括违法用地行为和违法建设行为。

近年来各地违法建设、违法用地现象大量存在、屡禁不止的原因，除了规划法制意识淡薄外，现行规划管理法规体系中处罚依据不充分、处罚结果不严厉、处罚强制力不足是根本原因。因此，应从解决这几个方面的问题入手，建立起一套高效有力的监察制度。

1. 明确处罚依据

在现有法规体系中，对违法建设行为的处罚，惟一依据是违法行为对城市规划的影响程度，可分两种情况：一是严重影响城市规划的；二是影响城市规划、尚可采取改正措施的。相应的，对违法行为的处罚结果也分两种。但是，对"严重影响城市规划"情形的界定，无论是国家级的法律法规，还

是地方法规，都不够详细，过于原则，不具操作性。

从城市规划监察管理实践看，对违法建设行为的处罚，可以从以下方面的角度考虑，增加处罚时的判定依据：

（1）技术经济指标。技术经济指标应作为处罚违法建设行为的法律依据，凡是违法建设的实际技术经济指标超过规定顶限的，均应视为"严重影响城市规划"的情形。

（2）建设程序。应明确规定建设工程及其附属设施的建设顺序，并作为是否"严重影响城市规划"的依据。凡是超越建设程序的违法建设行为，均应视为"严重影响城市规划"的情形。

（3）违法建设的情节性质。违法情节的轻重，反映了违法者遵守法律的自觉性和服从规划管理的主观性。现有的处罚依据只以客观状况为判别标准，忽视了违法情节的性质。事实上，对一些情节严重的违法建设行为（例如责令停工后仍强行建设的），即使其建筑物对规划影响不大，也应视为"严重影响城市规划"实施的行为。

（4）经济价值。进行违法建设的动机大都是直接或间接地获得非法经济利益，违法者一方面可能因违法建设活动而获得超额非法利益，另一方面违法建设行为可能损害城市利益或他人利益，而且上述利益是可以估算出来的。因此，把经济价值作为处罚依据时，应以违法者无从获得经济利益为原则。

2. 加重处罚结果

为了避免大量违法建设给国家和社会造成的巨大经济损失，从根本上遏制违法活动的发生，对违法建设、违法用地、违法审批和越权审批等违法行为造成严重影响规划、造成极大危害或重大经济损失的，必须加大对违法建设行为的处罚力度，给予最严厉的处罚结果，起到震慑作用。一是加大经济处罚的力度和罚款数额，使违法建设业主在经济上无利可图，而且对不按时履行处罚的，加处滞纳金；二是对违法审批、越权审批等法人违法现象，由纪检监察介入，配合处罚，追究违法建设单位的有关责任人或违法者的行政责任。

3. 赋予强制手段

现行规划管理体制没有赋予规划行政主管部门任何强制权力，以致规划部门对不遵守城市规划、不服从规划管理、违法用地和违法建设等行为缺乏强制手段而难以制止。由于城市建设是一种巨大有形的特殊经济活动，具有不可逆转性，违法活动造成的危害和损失难以挽回，严重地损害规划的严肃性和政府部门的形象。为了维护规划的严肃性和权威性，应当赋予规划部门一定的强制执行手段。

（1）对违法建设行为，可借鉴英国城市规划管理中的"中止通告"的形式，规划部门发出责令停止建设通知书后、当事人拒不执行的，则构成犯罪，而且规划部门有权强制拆除继续建设的部分。规划部门有权对已批准的项目强制进行检查。

（2）建立多部门协同强制制止违法行为的机制，规划部门有权责令相关部门不得为违法建设者提供便利，如工商执照、供水、供电等，违反规定则承担明确的法律责任。

（3）对规划编制过程中需要收集的基础资料，规划部门有权责令有关单位无偿提供。

六、强化规划实施的监督制约机制

市场经济条件下，权力的运行和实施规律要求，行政主体行使权力必须以法律为依据，同时受法律的约束，对行政权力进行控制、监督和驾驭；政府的一切决策和行政行为，都必须建立相应的监督制约机制。

城乡规划管理权力是政府的一种行政权力，而且是一种平衡多种利益关系的重要行政权力，它的行使必须遵守权力控制原理和准则。目前在国家和地方两个层次的规划法规中，有关监督制约的内容很少，即使有，也是非常原则的，难以操作。长官意志、不合法的行政干预，以权代法、权大于法等现象的存在和泛滥，就是监督机制不完善的具体反映。因此，在有关规划实施管理的制度建设中，应把寻求权力制约的机制作为重要主题，从保证依法行政的角度来看，也必须建立和完善监督制约机制，可以说，没有权力制约，规划管理的依法行政就是一句空话。

1. 行政系统的监督

在城市规划管理体制改革过程中，健全和加强自上而下的监督管理程序是非常必要的。在明确各级政府规划管理部门的权力和义务的基础上，当前要重点加强上级政府对下级政府的监督职能，确保上级机构对下级机构的不当决策能够快速有效，不受干扰地予以纠正、否决，或进行其他形式的干预，下级决策行为失误遭上级否决而造成的赔偿责任，应由下级决策部门承担。

建议设立督察特派员制度。督察特派员由国家和省政府派驻各城市，其职责是监督、检查下级地方政府对上级政府批准的城市规划的实施和执行情况，可以有权随时抽查地方城市政府的规划审批情况，及时发现和纠正下级政府在规划管理审批及决策方面的错误，督察对象是政府规划部门的管理行为，以保证地方城乡建设符合上级政府的各项政策，符合区域整体利益和长远利益。督察特派员的另外一项重要职责是及时发现和纠正城市计划、土地管理部门未取得城市规划主管部门相应许可并违反《城市规划法》规定程序的立项、批地行为。督察特派员的人事、经费均属上级部门管理，依法独立行使督察权，根据授权对违反城市规划实施的管理行为作出处理。

作为行政监督的一种形式，应提倡并继续推行上级规划部门与监察部门协作开展的联合监督，其运行机制是由上级规划部门（或督察特派员）负责检查下级部门的违法审批、违章建设情况。并由监察部门负责查处违法责任人的违法违纪情况，直至启动司法程序，追究其刑事责任。辽宁等省的实践证明，这种方法是行之有效的。

此外，可明确建立由上级政府受理下属地区发生的城市规划纠纷和违法建设的制度。重点城市的规划主管部门"一把手"的任免应获得国家城市规划行政主管部门的认可同意。

2. 人大及政协的监督

改变目前城市规划由政府编制、政府审批、政府实施、政府调整的状况，加强人大对规划工作监督的力度，城市规划的重大决策，人大应予以把关。城市人民代表大会及其常委会应对由其审查同意并报上级政府批准的城市规划的执行情况进行定期或不定期的检查，对于违反城市规划的行为，要督促城市人民政府依法处理。市长要就城乡规划的执行及实施情况每年向人大作出专题报告，接受人大代表的质询。市长要对规划实施负总责，并实行离任时的人大审议评定制度。

提倡政协部门以提案形式向政府反映城乡规划建设的意见和建议，以及对存在的问题提出批评，政府规划部门应虚心接受并采取补救、改正措施。

3. 法律监督

行政权力的法律性说明，无法律即无行政，规划管理权力必须受法律制约和监督。随着城市规划诉讼案件的日益增多，应借鉴国外的有益经验，研究建立行政法庭的必要性和可能性。对滥用规划管理权的行为，应明确规定其责任和追究办法。当事人及责任单位除承担经济处罚和行政处罚等责任外，应考虑逐步上升到刑事责任的高度。

4. 政务公开及申诉制度

作为外部监督的前提和基础，必须建立和推行政务公开制度，即规划的编制、审批、报建项目的申报和审批实现公开化。已有部分城市作了一些有益的探讨和尝试，如上海市城市规划局从1997年起向社会推行政务公开制度，实行"五公开"，逐渐形成了开放型的规划管理模式。从长远看，这是对规划管理工作的必然要求，必须加强这方面的工作。

管理客体也有对管理主体行使监督的权利，在政务公开的同时，有必要借鉴国外的经验，逐步建立一套适合规划工作特点的规划申诉制度。现行的规划管理审批过程是一个单向输出的系统，建设单位在此过程中对规划管理部门的决定缺少申诉渠道，尽管有申请复议的权利，但一般都用在对违法建设的处罚或在建设工程规划许可证发放施工后引起矛盾的情况下进行。在方案审定阶段，基本上不会发生行政复议。建设单位对主管部门有保留意见，大多是通过非正式渠道进行的。

"申诉制度"建立后，当规划申请被否决或规划许可附有条件时，开发申请者（建设单位）如认为管理主体的行为不合法、不合理，侵犯了管理客体的合法权益，可以有权通过有效、合法的渠道向相关机构提出申诉意见。如申诉意见得到批准，规划管理部门要承担由此造成损失的责任赔偿。通过管理客体的这种监督行为，可在一定程度上增强管理主体的依法行政意识，提高行政水平。

5. 公众参与

市场经济条件下，公众参与是确保规划管理做到公开、公正和决策民主化的重要环节。我国目前的规划管理过程中，公众参与的程度和水平较低，管理者和管理相对人在信息、权利、责任、义务等方面是非对称的。

良好的公众参与制度就是要给规划管理涉及的各个阶层提供参与的机会，实现信息、权力、权利、责任、义务等相对合理的对称。

基于上述情况，建立市场经济条件下的城乡规划管理新机制，应以立法形式确定公众参与的必要性、地位、内容及程序，确保公众享有对城市发展和建设的知情权、质询权。在城市规划实施过程中，建立一种具有更大透明度和最大限度地反映公众要求的公众参与制度，有效地消除政府部门或官员随意变更规划的权力，遏制城市规划腐败的产生。

借鉴国外的经验，结合我国的实际，规划管理中的公众参与可采取以下一些形式：

（1）征询

在规划制定和实施过程中，通过公开的形式收集公众的意见，并让公众意见发挥作用，是国际通用的公众参与形式。

根据我国国情，在规划编制阶段、规划修订和规划实施阶段，均应就规划内容公开展示，征询公众意见。公众意见可由规划委员会进行裁决。

（2）听证

《行政处罚法》规定了听证程序，在规划制定和实施过程中，听证应当成为公众参与的有效形式。对于即将作出拆除、没收、较大数额罚款的处罚决定的规划案例，城市规划行政主管部门应建立听证制度，以保障当事人合法权益，充分发挥广大市民对实施城市规划的监督作用。一些对他人或公众有显著影响的开发项目，也应举行听证会。

第六章 城市规划的法制体系

引 言

法制建设是城市规划事业的重要组成部分，是实施城市规划的主要保障，城市规划法制建设的状况直接反映了一个国家城市规划事业发展的情况和水平。建国50年来，城市规划法制建设在国家政治经济形势影响下，经历了从无到有，从单一到综合的过程，初步形成了具有中国特色的城市规划法规体系。

建国初期，城市规划的法制建设处于起步阶段。在法规的形式上，严格意义上的法律文件还很少，主要是一些具有规范效力的党和政府的文件。在法规的内容上也比较单一，主要是提出规划原则、要求编制城市规划，规定规划编制及审批程序等，城市规划实施管理、监督管理的内容和法律责任条款几乎没有，而城市规划的方法步骤、定额指标等技术性规定主要照搬苏联的做法。这个时期出台的规范性文件主要有1951年中央财政经济委员会的《基本建设工作程序暂行办法》，1953年中共中央的《关于城市建设中几个问题的指示》，以及1956年国家建委的《城市规划编制暂行办法》。

从1958年开始到1970年代初期，城市规划工作在全国范围内几乎废弛，规划的法制建设处于停滞。1972年国务院批转国家计委、国家建委、财政部《关于加强基本建设管理的几项意见》，重新肯定了城市规划的地位。1974年国家建委城建局试行《关于编制与审批城市规划工作的暂行规定》和《城市规划居住区用地控制指标》，为随后的规划立法工作奠定了必要基础。

1980年的全国城市规划工作会议起草了《城市规划法》草案，颁布了《城市规划编制审批暂行办法》和《城市规划定额指标暂行规定》两个部门规章，并且特别提出"尽快建立我国的城市规划法制"，改变"只有人治，没有法治"的局面，这标志着我国城市规划工作理念的重大进步。1984年新中国第一部城市规划法规《城市规划条例》由国务院颁布，许多省、市、自治区相继制定和颁布了相应的条例、细则或管理办法。1988年建设部在吉林召开了第一次全国城市规划法规体系研讨会，提出建立以《城市规划条例》为核心由有关法律、行政法规、部门规章、地方性法规、地方规章以及技术规范共同组成的城市规划法规体系。

1990年以来，城市规划法规体系建设进入了一个重要的阶段。1990年4月1日，《城市规划法》开始施行，《城市规划条例》废止。1991年11月建设部发布了《建设法律体系规划方案》，提出在《城市规划法》基础上，制定国家行政法规《城市规划实施条例》和8项部门规章。至今这项计划得到部分实施，建设部先后出台了《城市规划编制办法》（1991）、《建设项目选址规划管理办法》（1991）、《城镇体系规划编制审批办法》（1994）等部门规章。地方性规划法规和技术规范制定方面的进展非常显著，使城市规划法规体系的基本框架得到初步确立。

在城市规划法规体系的外围，《土地管理法》（1986/1998）、《环境保护法》（1989）、《城市房地产管理法》（1994）、《建筑法》（1998）等法律不断丰富了城乡建设管理的法律途径和手段。

与此同时，对政府行政管理理念和方式具有重大影响的法律相继颁布，最重要的包括《行政复议法》（1999）、《行政诉讼法》（1990）、《行政处罚法》（1996）和《国家赔偿法》（1994），这些法律的重要意义在于它们改变了以往行政法律关系的单方面性，强调了行政过程中公民、法人和组织具有的合法权益，从外部改变了城市规划法制建设的很多前提性内容，使政府的规划权力和法律责任都有了更全面的意义，也使过去只有在规划理论中研究的公众参与城市规划可能成为现实。

因此，新的社会政治背景事实上已经对城市规划法制建设提出了新的要求，城市规划法规体系的完善需要重新认识和研究，而且正如规划界一些有识之士所说，目前规划界需要努力的已经不仅仅是一部规划法的问题了，关键的问题是加强规划的法制建设，强化依法管理和依法监督。

一、现行规划法规体系的评价

1. 法规体系的评价

从法律体系的结构上看，城市规划法规还没有形成完整的体系，主要表现在三个方面：

一是虽然《城市规划法》形成了城市规划法规体系的核心，但还缺少多方面深化、细化的辅助法，而且已经存在的辅助法由于立法活动中的本位主义倾向，造成法律之间的不协调，甚至是在一些基本权限上也存在分歧，从基础上破坏了城市规划法规体系内在结构的严谨性和完整性；

二是城市规划法规体系内部还没有形成一个符合城市规划工作特点的构造，虽然从原理上讲城市规划法规体系由法律、行政法规、部门规章、地方性法规、地方规章以及技术规范共同组成，但是在实际的立法活动中，有畸重畸轻的特点，针对我国城市建设和发展具体情况的专项法律几乎没有，比如当我国的开发区建设兴旺时，开发区的规划管理缺乏一个明确的法律和政策指导，最后只能完全依靠城市政府一把手对规划的认识水平，反映的还是人治的逻辑。对规划管理的规定单靠《城市规划法》中的笼统规定远远不够，对一些新的经济活动现象的管理，应当从立法的方面建立有效及时的规划手段来引导和促进经济社会的发展。

三是由于在立法机关方面，省级以下城市缺乏立法权限，沿海与内地、平原与山地、各地方、各

民族情况各异，光靠国家法律或者省、自治区的法规，难以完全解决某个城市的实际问题，各省、自治区的城市规划实施性法规由于管辖范围较广，城市情况不一，失之粗疏，难免造成规划的操作性差的问题。由于《城市规划法》较多地局限于原则性的规定，缺乏对社会主义市场经济条件下城市发展机制转变的应对，使下位法的完善也存在困难。

四是在技术规范方面，与规划密切相关的国家标准主要还是由建设部归口制定的。统一的技术标准可以避免一些最坏的事情发生，但是往往难以很好地适用于地方的实际情况，许多的技术内容虽然由主管部门固定下来，但是在地方实际上采用另一套"标准"，虽然地方名义上也注重对自己标准合法性的解释，但是却与颁布国家标准的初衷相悖。

全国统一颁布技术规范的做法始于20世纪50年代计划经济初创时期，至今，虽然从改革大的环境上讲政府职能逐步趋向宏观调控，但是从技术标准的制定上却依然趋向比较具体的内容，例如政府对上报总体规划的审批，仍然依赖用地和人口规模指标的核定，但批复执行的效果和地方的信服程度往往不够理想；再比如主管部门颁布城市规划专业术语的国家标准，名义上有助于学术研究，但实际上没有太多的约束力，有些还值得学术界讨论的术语和定义即使靠国家的强制也固定不下来，换言之，术语的问题完全应当由学术机构来考虑，不属于政府的职能范围。因此，作为城市规划法规体系组成部分的技术规范面临两个方面的问题，一是在市场经济时期还需要不需要统一的技术规范，如果答案肯定，那么哪些技术规范符合政府职能范围，而且具有可操作性；二是在市场经济时期随着城市建设机制的改变，技术规范系统的结构设计应当如何来适应中央和地方的关系，并且更好地适应我国城市和区域的差异性。

2. 《城市规划法》的评价

首先，通过比较1984年《城市规划条例》和1990年《城市规划法》，可以清晰地感受到规划制度化的前进步伐，特别值得一提的是城市规划实施管理的"一书两证"制度的正式确立。这一法定程

序，是城市规划发挥作用的重要途径，同时该制度的稳定性，为规划工作在城市出现极为复杂的建设局面时（20世纪90年代），赢得了政治的地位。

第二，《城市规划法》起草、通过、颁布均发生于计划经济体制为主导的时期。虽然从20世纪80年代早期财政、税收、金融体制的改革已经开始，但政府（地方）和公共部门（单位）在城市建设中的投资主体的地位仍旧很牢固。《城市规划法》的管理相对人主要指向"单位和个人"（第一章第十条），没有对中央政府和地方政府应具有的法律责任作明确的界定，仅仅规定了县以上人民政府是城市规划行政主管部门，在这一点上规划法表现出了传统行政法的特征，即对行政法律关系单方面性的强调。缺乏城市规划公众参与、听证与规划仲裁等方面制度性的规定，影响到规划工作政务公开、公正执法。法律的起点显然是对政府的行政主管部门及人员有良好政治道德的预设，因此对屡见不鲜的政府违法行为不可能提出任何法律意义上的对策。

第三，《城市规划法》兼有实体法与程序法的内容。正因为上述的原因，《城市规划法》的实体部分没有反映出在市场经济下城市发展和建设过程中管理相对人的复杂构成，没有反映出城市规划工作较强的地方性带来的不同级别政府之间的法律关系，政府与公共部门、私人部门以及个人等市场主体之间的法律关系，因此无法提供不同管理相对人行为的可行界限和合法与否的标准，从根本上造成《城市规划法》在新时期法律约束力的下降。

第四，实体是法的内核，它对程序有着相当大的制约力，决定了程序的内容。

（1）在城市规划编制的程序规定中，规划文件在行政关系中的作用意义不明确，使得规划编制表现为一种技术工作，政策实施的作用不突出。规划法的大量篇幅是在规定规划文件的内容和编制方法，使规划工作技术的色彩很浓厚，模糊了规划工作的政策意义。

（2）尽管明确了规划文件作为实施管理的依据，但是规划文件的适用范围没有限定，管理相对人含糊不清，带来编制技术应用的盲目性。例如城市总体规划，这部规划文件之所以用分级审批的办法，其本质是为了协调不同级别政府之间的政策行为，对一般的开发建设者并不具有约束力。但是实际中，城市总体规划的这个特征极为不明确，许多地方直接以它作为审批建设申请的依据。

（3）城市规划分级审批制度没有进一步对于下级政府在审批程序中保留的权利以及上级政府应有权利范围和义务作出程序上的规定，一方面审批时间冗长、效率不高的问题影响了规划的时效性和审批的严肃性，另一方面审批应当发挥的政策控制与引导作用大大削弱。20世纪90年代中期以来，中央政府一方面大量上收城市总体规划的审批权，另一方面却又实质上将审批的焦点从战略性和政策性问题转向技术性问题，如人口与用地规模的核定。这种行为的矛盾性正反映了审批制度在完善和健全程序方面还有相当距离。

第五，城市规划实施的程序设计，深刻地反映了在计划经济体制下中国社会的政治形态，其基础是社会直接具有政治性质，而个人完全隶属于具有强大政治功能和社会功能的单位组织，社会和个人基本上消失于国家生活中。政府管理建设的权力高度集中，实施管理的过程实际上留有大量"黑箱"操作的空间。

第六，《城市规划法》在法律责任的规定方面，主要采取的是计划经济体制下的行政处罚措施。但在市场化的经济体制下，经济活动频繁，与土地开发相关的经济活动利润丰厚，传统上的行政处罚手段已不能适应现实需要。总体上，行政处罚力度不足，对违法行为起不到制止或威慑作用。

第七，现行《城市规划法》基本上表达了计划经济时期对于"城市规划"的理解，也反映了"文革"后期特别是20世纪80年代以来规划改革的道路，以及所创立的规划制度的基本内容。其原则化的表达方式可以理解为是对我国现实存在的地方差异的考虑，也是为地方立法留有余地，或者在规划技术力量薄弱和分布不平衡的条件下保证规划的最低水平。在此之外，现行《城市规划法》条文过于原则化，规定了大量的技术问题，但有些关键性的原则并没有明白地表达出来，城市与乡村在规划中的关系问题就是一个被回避了的问题。

1990 年《城市规划法》将建制镇作为小城市纳入规划法的管理范围。但在许多有关的条款中，并没有相应地针对小城市的城市职能特点，同大中城市作原则性的区别。20 世纪 80 年代农村改革中出现的乡镇企业和集体所有制土地使用的新情况没有得到制度上的回应。《城市规划法》总则第一条明确，针对的是城市规划和城市建设。但要"合理地"制定规划进行建设，乡村地区的城市化如何有效纳入必须的法律途径却没有在规划法中作制度的界定，这不能不说是法律内在的缺陷。

在《城市规划法》之外，村镇建设的法规和技术标准在不断增加，其概念基础和城市规划在学理上是同一的，管理的对象实质上和城市规划的管理对象是一个有机关联的整体，历史的人为分割给实际的工作带来很多困难。以长久的观点，维持城市与乡村规划管理的"双轨制"将有害于建设规划体制的完善和政府职能的发挥。

第八，《城市规划法》目前给人以强烈的"部门"法的印象。城市规划法部门性的特征，基本突出的是建设的规划管理的程序和编制审批程序，没有更为综合的表达，如在规划工作中强调的环境保护和可持续发展等概念，都没有针对性的规划手段，也没有和其他相应的国家法律对应的条文。而在制定规划法的过程中这些作为国家法律起码的协调可能被视为越权。问题是这个现象决不是仅在规划法律制定中存在的，可能有一定共性，或者被立法部门视为一种游戏规则。

显然，规划需要的是一部国家的法律，而不是某个部门的法律。现行的《城市规划法》的表达还不能很清楚地反映这个特性，似乎是针对规划专业人员的法律。例如，城市规划区的概念明确了城市规划部门权力有效的地域界线，表面上保证了规划权力的实施，但内涵又有很多的不确定性，它在土地有偿使用制度下，缺乏土地权力方面的法律基础，有一定的随意性。但靠城市规划区内"一书两证"的管理，很难反映规划工作的综合性，也难以有效率地达到宏观管理的目标。而这一点又恰恰是市场经济体制下，政府职能转变要求城市规划加强的内容。

二、规划法规体系完善的基本定位

总起来说，城市规划法规体系的建设还处在一个初级阶段。作为一个大的判断，城市规划法规体系的改革应当符合我国社会经济发展的大趋势。在法规体系的基本构成形式方面，城市规划法规体系由法律、行政法规、部门规章、地方性法规、地方规章以及技术规范组成，但仅这一点还远远不能描述出社会主义市场经济下城市规划法规体系的图景。

本报告认为，在目前这个阶段需要作进一步研讨的是，规划法规体系在经济市场化的条件下应当具有什么样的功能，这些要素应具有的特征以及相互之间保持的结构关系。而作为法规体系的核心，《城市规划法》也必须通过修改和调整来为整个规划法规体系的建立奠定必要的法律基础，并且相应地从功能和形式上提供可供延伸、有一定适应性、并内在一致的框架。从整体着眼，城市规划法规体系完善需要作如下基本的定位。

首先，可持续发展的国家战略与人居环境的建设要求城市规划法规体系不能局限于目前的城市范围，不能局限于以"一书两证"为核心的建设规划管理，应将可持续性的追求作为规划的目标，把城乡的人居环境建设纳入统一的规划是发展的大趋势。这是城乡规划法规体系建设目标的一个基本定位。

第二，随着传统概念上的城市、乡村在经济的促动下发生变化，农村社会在劳动分工的基础上成为工业社会的一个组成部分，使乡村的传统特征丧失，"城市"作为规划工作的对象在发达地区往往已经很难有明晰的空间界限。人为划分的城市规划区，从我国目前城市与乡村的发展态势上看不符合社会经济发展的要求，规划法制管理应该覆盖重要的城市和乡村地带。

因此，需要广泛借鉴相关法律的立法成果，促进城市规划法规同相关法律的内在契合，扭转法规建设中"部门法"的倾向，采取规划权力覆盖整个国土的策略，结合土地管理和环境保护等方面的法律，逐步建立具有中国特色的空间规划法规系统，并将奠定空间规划体系的必要基础作为近期规划法规体系建设的目标。

第三，社会主义市场经济的发展促使国家与社会的两元关系，从计划经济下的国家全面主导社会的模式，转变为以社会相对自主为前提的国家与社会互动的模式。随着乡村政治的发展和城乡关系的发展，各级政府的职能将越来越侧重在宏观方面的调控，政府之间，政府与社会、与经济组织、与个人的关系需要倚重法制。规划要发挥其宏观调控的作用，需要《城乡规划法》的实体部分以及整个法规体系中间反映城乡发展新的动力特点，明确发展主体之间有关土地使用权属的法律关系，以及在规划编制和实施管理过程中政府之间、政府与利益集团之间的法律关系，改变过去行政法规"单方面行政"的特征，强调政府行政的法律责任，体现依法管理的特征。

第四，规划法规体系的基本价值定位需要明确体现城市规划守卫城市整体利益和公共利益的重要职责。所谓整体利益，是指以规划专业知识为基础所判定的城乡各个物质系统之间协调发展的整体利益，它体现规划综合长远的技术原则。而公共利益体现的是城市规划的政治道德意义，体现城市规划职业的道德标准。在计划经济时期，由于政府在城市发展的资源供给方面占据主导地位，公共利益和整体利益往往是规划工作者无需考虑的问题，城市规划工作的技术特征更为明显。在市场经济条件下，政府自身的利益正如其他利益集团一样表现在城市发展的过程之中，因此，对于公共利益和城市整体利益的判断，是对规划工作的一种考验。要在市场经济条件下体现城市规划的公正性和价值判断的独立性，就有必要在法律法规的制定中将规划的价值问题摆在一个优先的地位上思考。换言之，强调规划价值判断和在规划法律中强调政府的法律责任是相联系的。规划价值问题在新时期规划法规体系建设中需要摆在重要位置上面，而且法规的价值有必要明确。

最后，作为法规体系建设的一个重要定位，总体上需要讲求规范的严肃性和灵活性。一方面规划法规一旦制定下来，就需要有绝对的权威性，除非通过法定的程序来修改或者从一开始就通过条文说明执行的前提条件，否则必须严格执行。在这一点上目前的《城市规划法》还远远没有达到。规划法规的权威性甚至在规划人员那里也难以确立。在市场经济的条件下，从整体上非常需要一个具有约束性的法律作为城市建设与规划活动的基本规则，这些基本规则在实践中首先具有基础性和高度的合理性，然后根据不同的发展状况作出具体的演绎和细化。另一方面，法规体系需要具备足够的弹性，这并不意味着丧失原则，而是根据我国城市建设的具体情况和经济社会发展的地域特征留有的自由量裁的空间，其目的也是为了更好地维护基本法律的严肃性和权威性。灵活性可能表现的方面：一是在行政法规和部门规章方面，二是体现在各种技术规范必须有足够丰富的适用性，同时在国家技术标准的框架下逐步建立完善的地方技术标准系统，适应我国快速的经济发展和城市建设，以及较大的地域差异。

三、规划法规体系的基本功能

我国的城市规划法规体系还处在一个初创阶段。在目前的社会经济发展条件下，尤其在向社会主义市场经济转轨的过程中，规划法规体系需要不断完善。这个过程应尽可能满足以下两个原则：

一是法制统一原则。城市规划法规体系是国家法律体系的重要组成部分，同时又是具有一定独立性的系统，因此规划法规体系必须服从国家法律体系的总要求，与宪法和相关法律保持一致，行政法规、部门规章和地方性法规、技术规范等不得与上位法相抵触。

二是协调配套原则。城市规划工作包括了城市规划的编制、审批管理、实施管理和行业管理等组成部分，各个部分各有特点，同时又相辅相成，合力发挥出城市规划的综合作用。城市规划与相关行业和领域关联密切，社会关系调整范围相当广泛复杂，因此规划法规体系的完善具有相当的难度。有关的法律、行政法规、部门规章、地方性法规、技术规范应当能够覆盖城市规划的全过程，使各个方面的事务都能够有法可依，有章可循，不留有任何的漏洞和空白。而且规划的法规体系作为国家法律的子系统，应当与其他法律衔接配套。

在这两个原则基础上，城市规划法规体系建设的重点将需要作较大的转移。1991年完成的建设法规体系规划提出，在《城市规划法》以下制定行政法规《城市规划实施条例》和8个围绕规划编制和审批展开的部门规章（其中4个半法律文件的主题是关于编制与审批规划的），这实际上是1990年《城市规划法》将大量篇幅置于规划编制与审批的立法思路的延续，体现了我国在城市规划重新走上正轨后头10年间，解决城市建设有无规划文件指导的工作重点，而对规划管理过程的复杂性还没有作非常深入细致的法律预设，特别是针对市场经济条件的管理过程更没有严格的法律界定。

所以，在下一个阶段中，作为对20世纪80年代立法思路的完善和对20世纪90年代暴露的规划现实问题的应对和弥补，城市规划法规体系的建设应当更加突出城市规划从编制到实施、从职业组织规则到行政监督、从机构建设到政府职能发挥等多维的发展特点，使法规体系的建设同我国城市规划实务发展的复杂性和丰富性联系起来，更好地适应我国城乡发展的需要。与此同时，将法规体系的建设重点定位在规范以城乡建设和土地开发为核心的经济关系和法律关系方面，约束包括政府在内的各种利益集团和个人在开发建设中的行为，保护包括个人在内的合法权益，梳理和限定出有效的政府职能，以更好地符合市场经济的发展规律。

总之，社会主义市场经济条件下城市规划法规体系具有的基本功能应包括：

第一，保障城市规划在国家系统中应有的法律地位

城市规划从编制到实施涉及的社会、经济、政治的关系极为复杂，城市规划对这些复杂关系能够具有一定的调节能力，就需要从国家法律的层面上确立城市规划这种政府行为的合法性和权威性，并且赋予城市规划足够稳定、严肃和体现综合协调特点的权力。这又包括两个方面：

首先这种法律地位反映在规划的编制方面。我国处在一个城市化加速发展的历史阶段，复杂的城

乡空间发展过程必须纳入一个具有可持续性的秩序当中，城市规划的编制必须作为各级政府的法定职责，而且一些重要的规划文件必须通过审批制度而使国家利益在城市建设发展中得到保障，编制体系的基本结构和依从关系因此必须作结构性的统一。

其次这种法律地位也反映在规划的实施方面。所有规划文件对城市建设以及政府管理建设的行为都具有程度不同的约束力。对那些在调节政府与政府、政府与开发者之间关系方面具有重要影响力的规划文件，必须通过法律来确立其法定性。编制的任何法定规划文件都应成为所有政府和个人必须服从的建设管理依据。

第二，支撑具有中国特色的空间规划体系

未来我国城市规划体系需要逐步地演化成为更加完整的空间规划体系，覆盖所有重要的城乡发展地区，这是实现城乡一体化发展的基本要求。从目前来看，在城市规划之上，国土规划和区域规划在20世纪90年代以来都因种种原因没有开展起来，城市规划通过工作内容上的调整实际上是在一定范围内处理区域发展的协调问题，尽管从长远看加强国土规划和区域规划还有待于中央和省级政府的努力，但规划内部仍然应当坚持在区域规划方面的努力，不失时机地扩大工作范围，为一个更加理性、更符合国家发展需要的空间规划体系的建立奠定必要的技术和制度基础，因此，规划法规体系的建设也应当以此为目标，为空间规划体系的形成提供有力的法律支撑。

第三，保障城市规划管理体制的健全

建国以来的大部分时间里，我国城市规划的管理体制都处于变动状态，城市规划的地位时高时低。要保证城市规划在我国城乡建设中发挥持续有效的作用，就需要通过法律途径来规范规划的管理体制，包括管理机构的设置、管理权限的划分、管理方法的确定、管理机制的运作等等。1980年的《城市规划法》草案中曾经对城市规划机构的设置提出设想，但是这个部分在《城市规划条例》和随后颁布的《城市规划法》中都被略去了。应当看到，依法行政不仅仅是指政府实施规划管理时依法而行，更要求对规划管理者自身管理能够依法而行，就是说，城

市规划作为政府行为的一种，要依法行政，其前提和基础要求政府规划机构的组织、职能、编制、工作程序能够依法确定，这对保障城市规划管理体制和机制的完整性具有重要的意义。

第四，确立科学、民主的规划决策机制

城市规划过程中，规划行政部门无论是组织编制、规划审批还是工程项目的规划审批，都是决策行为，而且任何一个环节的决策行为对于城市建设都具有一定的影响力。因此，规范城市规划的决策行为，保证城市建设的合理有序，是城市规划法规体系建设的重要目标。本着民主、科学、合理、合法、可行、有效率和对决策后果负责的原则，法规体系应从决策系统、决策依据、决策程序方面加强法律约束和保障。

在决策系统方面有如下重点：一是以法律的形式确定城市规划决策的纵向结构，明确中央、省（自治区、直辖市）、市（县）各级政府决策权限及相应的义务和责任，尤其是重新考虑地方人大在城市规划决策方面的权限；二是确定城市规划决策的横向结构，即在政府组成中的决策及相应的义务和责任，尤其是对城市规划委员会的城市规划决策权限作出考虑；三是健全城市规划管理部门决策的内容结构，通过法律途径保证决策层与操作层的分离。

在决策依据方面，城市规划要依法行政，其决策必须具有法律依据。一方面，规划的法律法规强调执行规划的严格性，另一方面，针对建设中的复杂性、动态性以及许多难以预见的问题，规划决策必须留有自由裁量的余地，因此规划法规体系中必须对自由裁量的程序作出严格规定，填补目前我国规划法律的空白。

在决策程序方面，目前规划法律法规在程序问题上都缺乏细致的规定，对编制审批、建设规划管理、监督检查都没有建立严密的决策程序。在公正、公开的原则下，基于法律调节的利益实体关系，规划法规须就编制和实施过程中的重要环节作出程序性的规定。

第五，强化城市规划实施的协调综合能力

城市规划实施过程涉及计划、土地、房产、环境保护、环境卫生、交通、绿化、气象、防汛、抗震、消防、国防等方方面面，是一项综合性非常强的工作。在实际管理过程中，和一般的专业管理相比，规划管理工作的难度之所以很大，是因为规划工作虽然与其他管理部门处在完全平行的位置上面，但却要在专业意义上起统率作用。目前，我国城市规划工作虽然受到中央的高度重视，但是其实际综合权限并没有取得制度上强有力的保障，甚至城市规划是否是一项综合性的工作还在受到质疑。随着社会主义市场经济制度的建立，城市规划在防止城市土地使用和开发建设中的"市场失败"方面的作用会日益体现出来。从长远考虑，城市规划的综合协调权力应当被定位为一个代表国家行使建设管理的行政权力，而不是建设部一个部门的狭窄事务。城市规划法规体系的建设应从规划实施协调机制和城市开发调控机制的完善入手，不断弥补现行行政系统中规划协调综合能力在目标与手段之间的错位，从制度上使规划工作的地位名副其实。

在规划实施协调机制方面，目前的经济社会发展规划与城市规划是脱节的，在大部分城市，土地供应计划以及地价的制定是没有规划部门介入的，土地利用总体规划和城市规划之间还存在权限不清的问题，而且相关部门的管理和规划管理之间职责不清，程序交错，行政效率低下。城市规划法规体系的一个根本建设目标就是从基本的国家法律入手确立城市规划的绝对地位，使城市规划能够参与到国民经济中长期规划的制定过程，并且彻底打破一些政府职能部门利用立法在行政管理中的"圈'权'运动"，对现行的相互冲突的法律法规进行检视清理。

在城市开发调控机制方面，应通过立法保证规划管理部门掌握一定的经济调控手段，使规划手段与财政税收等措施结合起来，加强城市规划对城市土地使用和空间发展的调控能力。

第六，加强城市规划依法管理和依法行政

城市规划管理是一项技术行政管理工作，依法行政需要有足够的法定的管理手段来作为保障。但是目前影响规划管理效能的一个突出问题就是法定的管理手段的匮乏，单靠"一书两证"的原则性规定根本无法适应建设工程规划管理和对违法建设查处的复杂情况。在规划法规体系的建设中应注重从我国规划管理实践中归纳和设计各种更有针对性和适应性的管理措施手段，例如加强与管理相关的各种技术规定和政策指南，在处理违法建设中赋予城市政府以强制拆除违法建筑的权力，加大对违法建设的处罚力度，在追究民事责任之外保留追究刑事责任的空间，提高执法的可操作性和对位性。

第七，建立完善城市规划依法监督机制

随着经济市场化和社会主义民主建设，城市规划行政活动的公正是必然趋势。规划法规体系应围绕规划的依法行政从多方面建立和完善监督机制，构造一个符合我国国情和规划专业特点的监督体系。一是通过加强人大法律监督的力度，使地方除上报审批之外的规划文件在审批、修改调整时都能够纳入人大或者人大授权的机构来处理，使规划具有更强的法律效力。二是强化行政监督的职能，保障上级对下级规划机构的监督职能，使上级对下级违反规划、违反法规的决策和建设活动能够快速、有效、富有权威地进行纠正、否决和其他形式的干预。三是建立社会监督的渠道，通过法律规定政务公开和公众参与城市规划，使城市规划的编制、审批、建设管理公开化，保障公民的知情、参与、监督的合法权利。四是加强城市规划监督、申诉机构的建设，建立我国的规划监察员制度，使中央政府的规划政策和法令能够有效地在地方政府执行。

第八，规范城市规划个人与组织的职业行为

作为政府调控社会经济发展的重要手段，城市规划的编制与实施必须科学、合理，体现公共利益和整体利益，并具有可操作性，因而参与整个过程的规划组织和人员要具有相应的专业技术水准和职业道德操守。在过去规划界的讨论中，通常将规划编制视为技术的范畴，实际上随着社会主义市场经济的发展，将编制和实施以技术和行政来作区分是不恰当的，而无论是规划编制还是规划实施，实质上都是政府行政的内容，那些接受委托的、以市场方式运作的规划咨询机构，在为政府提供咨询的过程中，其准入的资格应当依法管理，这是在目前已经建立的规划编制单位资质管理基础上，在大量原规划事业单位进行企业化改制背景下的重新规范，

包括规划人员的市场准入资格等等也需要通过法规来加以确定。那些作为企业行为的规划编制工作，其市场管理和职业道德规范则主要交给行业组织来加以规范。

四、城市规划法规体系的基本结构设想

我国城市规划法规体系应当至少具有上述八项主要功能，从法规体系的要素上看，这些功能的发挥需要由国家法律、行政法规、部门规章、地方法规、技术规范等规范性文件通过内在的相互结合共同产生，而从法规体系内部的功能组合上看，规划法规体系内部的一系列规范性文件可以因功能的侧重不同存在多项分类。鉴于现阶段研究的目的，本报告尝试性地提出社会主义市场经济条件下城市规划法规体系的基本框架，其构成需要在今后的实践中不断论证修改直至完善。

首先法规体系从管理性质分包括行政的规范性文件和技术的规范性文件两大部分。

1. 行政的规范性文件

第一层次：国家法律——《城乡规划法》，确立城市规划在国家系统中的基本地位以及空间规划体系的基本框架；

第二层次：行政法规——国务院颁布的有关城乡规划的规范性文件，如《城乡规划法实施条例》等；

第三层次：部门规章——建设部颁布的有关城乡规划的规范性文件；

第四层次：地方法规——根据上位的规范性文件和城市自身发展的特点，由地方颁布的规范性文件，如各省、市、自治区的《城乡规划法实施办法》等。

上述四个层面的行政规范性文件所涉及的规划事务大致可以包括以下四个部分：

第一部分：规划的编制与审批，明确空间规划的基本序列和非基本序列，以及各主要规划类型的主要任务、内容、审批的规定和要求。

第二部分：规划实施管理，明确实施管理的基本制度（"一书两证"制度基础上的改进）以及针

对我国城乡建设具体问题展开的主要管理技术类型和管理程序，大致包括城市土地用途管理、建筑工程规划管理、市政工程规划管理、特殊地区的建设规划管理、历史保护的规划管理、公共环境的规划管理、规划实施的监督检查等等。

第三部分：规划行业管理，主要针对规划市场准入的咨询机构资质、规划师注册制度等的规定。

第四部分：规划行政实施保障，规定针对上下级政府之间的行政监察监督系统的构成和基本程序，以及公众参与城市规划的方式和程序。

2. 技术的规范性文件

第一层次：国家技术规范——针对全国规划系统的行政管理需要和规范行业技术所制定的，具有强制性或指导性的技术规范。包括两个部分：

第一部分：强制性技术标准。对于规划行政过程中重要的政务信息收集方法、行业内部和相关行业之间比较分析的重要的分类技术等采取全国统一的标准。例如，建立全国规划管理统计的技术标准，城市用地分类标准，城市规划地理信息系统的信息分类和编码规范标准等等，这些标准的应用必须是强制执行，目的是达到国家对城市发展信息的准确统一的把握。

第二部分：指导性技术标准。对于专业规划的编制技术要点，重要的工程技术指标采取的全国标准。例如，城市地下空间规划规范，城市环境保护规划规范，城市绿地规划规范，以及城市给水工程规划规范，城市燃气工程规划规范等等，这些标准制定的意图有两个方面，一是保证全国范围专业规划编制能够达到最低的技术质量标准，同时使标准在地方保持较为广泛的适用性。二是提供一个基本的标准框架和指标系统，促进地方技术标准的制定。

第二层次：地方技术规范——各省、直辖市、自治区在符合国家的强制性标准和基本的标准框架前提下，根据地方的自然条件、社会经济状况和城市发展具体情况而制定的规范。

总体来说，技术的规范性文件无论是国家层次的还是地方层次的，都必须是符合国家法律和中央政府的规划政策，从长远发展来看，应对国家技术标准作进一步的筛选，对于强制性的标准需严格执行，同时将技术标准的制定重心向地方倾斜，更好地适应社会经济发展的要求。

五、规划法规体系建设的近期任务

在完善规划法规体系的过程中，需要本着实用有效的原则开展工作。在国家层面上，我国立法工作通常是先制定行政法规或者部门规章，待条件成熟以后再上升为高一层的法律法规。同时，城市规划工作的地方性很强，而且随着政治体制改革会有更多的权力不断下放到地方，地方的立法活动也会越来越活跃。除那些有立法权的城市之外，很多城市也在不断通过合法途径来加强地方的规划立法，使得规划的编制审批和管理逐步发展出一套适合本地情况的制度，而且在现行规划法律的原则性条文所留有的空间中，一些地方常常能够作出对上位法完善具有重要参考价值的改进和突破。这些现象说明了规划法规体系的完善不是简单依照从上位法到下位法的立法过程，而是在考虑立法序列的同时，根据实际需要对于城市建设和规划出现的新情况、新问题展开及时的立法工作。

在现阶段，规划法规建设的重点是修改《城市规划法》，这个基本法律目前已经很难适应实际需要。本报告认为，城市规划法的修订应当定位在建立具有中国特色的空间规划体系的目标上面，在近期初步完成《城乡规划法》的制定。

在规划法的修改中，同时还要从内容上加强和完善对规划机构设置、规划编制审批的法律程序、建设用地的规划管理、"一书两证"制度、规划监督检查、公众参与城市规划等方面的制度建设，保障城市规划的科学决策、民主决策和依法行政。

在部门规章和行政法规方面初步对城市规划和村镇建设的法规规章进行有计划的梳理，对明显的不协调和重复、冲突的内容进行改进，以适应城市化快速发展的现实需要。

在技术规范方面仍然将重点放在国家技术标准的修改完善上，废止那些无法适应市场经济条件的技术规范，通过修正那些强制性的技术标准来体现国家技术管理的权威性，同时逐步将指导性的技术标准区分出来，有计划地构造规划技术标准系统以指导未来地方规划技术标准系统的建立。

　　总而言之，城市规划法规体系的完善应面向两大目标。一是通过完善城市规划法规，促进城市规划行政权的合理运用，适应市场经济条件下政府职能的转换和宏观调控的需要；二是在城市规划领域探索建立具有中国特色的民主政治的表达方式，通过规划的申诉制度、监察制度、公众参与制度的建设，推动规划决策实施过程的科学化和民主化。

第七章　若干建议

通过本报告前面各章节的论述，我们已基本勾勒出了市场经济条件下中国城市规划工作的基本框架和思路。城市规划工作有很强的整体性和综合性，和其他领域的改革一样，城市规划的改革是一个艰巨的系统工程。改进和完善我国的规划工作，逐步建立和形成适应市场经济要求的工作框架，需要运用综合的手段，从经济、法制、行政、技术等多个方面入手，从理论和实践两个方面积极尝试，不断探索。尽管改革的过程不一定会一帆风顺，但毫无疑问，值得大家去努力。

有关规划工作涉及的各个方面，对其存在的问题、改进的方向，应采取的措施等内容，在前面各章节中均已阐述，这也正是《框架》课题对"如何改进城市规划工作"的一个回答，实际上也包含了本报告对当前我国规划工作的建议。

基于以上考虑，为了避免内容上的重复，在这一部分中，仅就当前及今后一段时期内，关乎规划工作发展的、较为迫切和紧要的方面，扼要提出以下若干意见和建议。

一、正确认识市场经济条件下城乡规划的地位和作用，确立规划工作的指导思想和整体思路

1. 借鉴和学习市场经济国家将城市规划作为政府重要调控手段的成功经验和有益做法，充分发挥城乡规划的综合协调和宏观调控能力

在市场经济国家，城乡规划已成为各国中央和地方政府调控土地和空间资源配置，维护国家和全局利益，协调各方利益矛盾的一个重要手段。各国都是把城市规划作为各级政府的重要职责，将城市规划部门列为各级政府的重要综合部门，每一级政府负责相应地域范围的规划。

受计划经济体制的影响，多年来我国对城市和城市规划的地位和作用一直认识不足，城市规划工作被局限于偏重建设的安排方面，未能充分发挥规划在空间上的综合协调和宏观调控作用。

随着国民经济持续稳定的发展和改革的进一步深入，随着扩大国内需求、调整产业结构、确保经济增长率等宏观经济政策的进一步落实和引导，今后一段时间将是我国城市发展的关键时期，对我国国民经济和社会发展关系重大，将会直接影响和决定我国城市的整体水平和竞争能力。在这一过程中，城市规划的地位和作用将日益突出，必须重新正确认识，给以准确的定位，城市规划应成为国家对城市发展实行宏观调控的重要依据和基本手段。

2. 把规划工作提高到与土地、环境问题相当的地位来认识

规划工作直接关系到经济社会的可持续发展问题，健全的城乡规划不仅可以实行对资源的保护，而且可以促进资源的增值，维护资源的永续利用，维护资源利用收益的公平分配。规划一旦失控，必然导致土地的失控和环境的失控，因此，规划问题丝毫不亚于土地和环境问题。

3. 转变观念，确立规划工作的指导思想和整体思路

在城市化进入加速发展的阶段，我国城市的发展面临着前所未有的复杂性和矛盾性，城市的发展、建设与经济社会环境的关联日益密切，城市化的推进将直接导致城市乃至国家的经济结构、社会结构

和空间结构发生深刻的变化。在这一背景和趋势下，在整个规划工作的指导思想和思路上，必须跳出传统的思维和认识框框，转变观念，避免把城市规划和发展简单地等同于城市建设；必须认识到城市规划不同于工程设计，不能认为规划编制完成之后"按蓝图实施"就行；必须跳出工程技术或建筑学的狭隘思路的局限，自觉接受法律、行政、经济、社会等知识的交叉渗透。在实践中，努力转变规划工作的思路和观念，改变"重编制轻管理、重技术轻法制、重建设问题轻土地问题"的传统思维定势，重视规划实施管理问题，加强规划法制建设，重视土地的调控问题。

二、尽快建立和完善我国的地域空间规划体系

目前我国的国土规划、区域规划与城市规划、乡村规划分别由不同的部门管理，缺乏健全的法制手段和必要的实施机制来保障各级规划相互协调、同步推进，割裂了地域空间规划及管理的连贯性和整体性，造成土地和空间等资源开发利用的随意性很大，而国家缺乏有效的制约手段。

为此，从实施可持续发展战略的角度出发，必须尽快建立和完善以国土规划、区域规划和城市规划为中心的地域空间规划体系，加大中央政府宏观规划事权的控制力度，以切实加强整个地域空间规划的综合协调职能，加强国家对区域和城市发展和建设等活动在地域空间上的宏观调控管理，确保国民经济和社会发展计划在空间地域上落到实处。

从我国的实际出发，针对区域规划薄弱的现实情况，加强国土规划、区域规划工作，力争在制度创新或管理体制方面有所突破，强化不同层次空间规划对资源配置、土地利用的宏观调控和微观管制，这既是当务之急，又是长远大计。

三、改进和完善规划编制体系（从规划编制体系入手，推动规划工作的改革）

我国城市规划工作的改革千头万绪，从实际出

发，当务之急是要加强和改进城乡规划的编制工作，从规划编制体系入手，对现行的规划编制的层次类型、阶段划分等模式加以改进，推动整个规划工作的变革，逐步建立起适应市场经济要求、与国际惯例接轨的工作框架和规划体系。应尽快着手修改《城市规划编制办法》，按照新的规划编制框架体系，对各层次规划的任务、内容等作出界定。

四、进一步加强城乡规划法规体系建设，推进法治化进程

1. 尽快修改《城市规划法》

法制不健全是制约和影响规划工作的重要因素，解决好城乡规划法规体系的缺陷和不足，是确保规划工作向新阶段顺利推进的关键。当前，首要任务是要尽快修改《城市规划法》，制定新的《城乡规划法》。结合《城市规划法》的修改，要逐步建立健全规划法规体系，加强相关配套的辅助性法规、规章的制定和完善工作，同时要特别重视地方性规划法规的建设和完善，全力推动各级地方政府制定和完善有关的规划法规。

2. 逐步建立和推行以分区制为核心的开发管制制度

针对我国规划实施管理相对薄弱、规划失控、建设混乱的突出问题，应当紧紧抓住城市使用的规划管理环节，加强对土地使用性质、开发强度和环境容量等的开发管制，在控制性详细规划近10年来丰富实践的基础上，吸取其中成功和有益的经验，弥补其法定效力不足等方面的缺陷，同时借鉴国外的有益做法，推行开发管制制度。以此为突破口，逐步扭转规划管理失控的被动局面。

3. 加强依法行政

城乡规划工作是政府依法行政的重要组成部分，法治化的管理是对市场经济下城乡规划的一个基本要求，城乡规划必须具备法定的强制性，同时对城乡规划的制定和实施应当建立高度权威的监督机制，这些只能来自逐步完善和发育的法治化进程。从规

划工作的长远目标着眼，必须加快规划的依法行政步伐，最大限度地改变随意突破和修改规划的现象，实现从人治向法治的转变。

五、开展规划管理体制的试点工作，探索新的管理制度

为总结经验，探索前进，建议选取部分城市开展城市规划改革的试点工作，探索新的管理制度。试点城市应优先在市场经济体制较为完善、经济较为发达、具有地方立法权的部分经济特区城市和沿海开放城市中选定。推行城市规划制度创新的目的在于：通过试点为社会主义市场经济体制下城乡规划管理工作框架的建立提供经验，同时也为《城市规划法》的修改及其他规划法规建设工作提供参考依据。

六、重视和加强城乡规划的研究工作

改革的深入，必将促使规划工作面临的社会经济环境发生深刻的变化，市场经济对城乡规划工作的要求越来越高，将不断提出新的课题。为此，必须解放思想，鼓励探索，重视在规划领域开展一些前瞻性、战略性的研究工作，加强对区域和城市发展中各类问题的研究，加强城乡规划理论的研究，加强规划政策的研究，以及对规划自身发展问题的研究，以切实增强城乡规划的预见性、针对性和有效性。

七、加强规划队伍的自身建设，提高从业人员的职业道德和整体素质

各级城乡规划管理机构的设置，要有利于城乡统一管理，满足实际工作的要求。同时要加强以资格准入为特征的执业制度建设，加强职业道德方面的教育和约束，提倡和树立高尚的敬业精神，不断提高全行业的整体素质和水平。

第二部分

城乡规划工作框架部分
专题报告

第一章　城市规划编制体系

引　言

目前的城市规划编制体系，包括了总体规划和详细规划两个阶段，这是 1990 年《城市规划法》规定的。这个结构的形成伴随着新中国城市规划的历史经历了一个较为漫长的过程。50 年来，表面上这个体系的结构形式没有太大的变化，但它所包含的功能意义则随着社会经济的发展而有所转变。

"一五"时期，总体规划是以国家计划部门提供的建设项目作为城市发展的基础，同时由省市提出相应的配套项目，通过国家计划部门的综合平衡，确定下来就成为制定城市规划的依据。在某些情况下，采取初步规划代替总体规划的变通办法，对基础资料、图纸数量和内容的要求均加以简化。在规划实践的基础上，1956 年国家建委颁布了《城市规划编制暂行办法》，初步确认了总体规划——详细规划两阶段的模式。

在城市规划经历了"大跃进"和"文化大革命"等一系列运动之后，1980 年第一次全国城市规划工作会议召开，不久国家建委颁布了新的《城市规划编制审批暂行办法》，同时颁布了《城市规划定额指标暂行规定》。这个《暂行办法》规定了"城市规划按其内容和深度的不同，分为总体规划和详细规划两个设计阶段"（总则第四条）。这个表述一定程度反映了当时仍然将规划理解为设计的范畴。

在 1990 年《城市规划法》的法律前提下，1991 年建设部颁布《城市规划编制办法》。有了 20 世纪 80 年代的实践和探索，城市规划编制的技术路线日臻成熟。所以，新的《编制办法》基本总结了新出现的技术类型，比 1980 年的《暂行办法》更加详细

地规定了总体规划和详细规划的技术内容，并且在《城市规划法》明确审批办法后，将《暂行办法》中审批的部分删除。之后 10 年，全国的城市规划编制工作基本依照《编制办法》来进行。制度化方面较大的进展是在 1994 年由建设部颁布施行的《城镇体系规划编制审批暂行办法》，这个规范性文件规定了全国、省域、市域、县域四个基本层次上的城镇体系规划的编制内容和审批办法，市域和县域部分实质是对 1991 年《编制办法》中"总体规划的编制"的进一步说明和补充。此外，城市规划编制的指导和管理还辅以一系列的国家技术标准。

这个发展的过程中，城市总体规划明确了规划自身综合研究城市国民经济和社会发展条件的任务，而不单纯依照国民经济长远规划；本应作为前提的区域规划，由规划自身编制的市域或县域城镇体系规划替代，成为建设规划的依据。详细规划阶段的技术内容也大大丰富，提出控制性详细规划，并于修建性详细规划加以区分。可以看到，从 1980 年到 1991 年的 10 多年间，规划编制制度的改革是明显的，供给导向型的规划基本转变为对于现实需求加以控制管理的规划。

一、现行编制体系的评价

1. 编制体系的基本价值取向

《城市规划法》作为基本的法律性文件，规定了编制体系的基本价值取向，实际从整体上对我国城市规划工作的许多重大原则给以了明确，这些方面主要包括：

从实际出发，科学预测城市远景发展的需要；

使城市的发展规模、各项建设标准、定额指标、

开发程序同国家和地方的经济技术发展水平相适应；（第十三条）

　　保护和改善城市生态环境；

　　保护历史文化遗产、城市传统风貌、地方特色和自然景观；（第十四条）

　　利于城市经济的发展；

　　促进科技文化教育事业的发展；

　　防灾减灾的作用；（第十五条）

　　合理用地、节约用地；（第十六条）

　　在此基础上，《城市规划法》对于总体规划和详细规划两个阶段的技术内容有进一步的规定，但是这些阶段必须进一步发挥的主要作用和技术目的的表述则很笼统。这些方面在《〈城市规划法〉解说》中得到补充说明。

　　总体规划实际是20年期间发展的规划安排；

　　对远景发展进程和方向有轮廓性的规划安排；

　　近期5年内的发展布局和主要建设项目的选址定位；

　　分区规划是对城市土地使用、人口分布、公共设施和基础设施的配置作出进一步的规划安排，作为详细规划和规划管理的依据；

　　详细规划详细规定建设用地的各项控制指标和规划管理要求；

　　详细规划直接对建设项目作具体的安排和规划设计；

　　控制性详细规划作为城市规划管理和综合开发、土地有偿使用的依据；

　　总体来说，现行编制体系的设计思路，在技术逻辑上是严密的。其目标是贯彻落实国家的城市发展方针，保证建设的科学性和城市发展的合理性。

2. 编制体系存在的主要问题

　　从技术角度来判断，现行编制体系有其合理性。它的形成主要是在计划经济占主导地位时期，因此反映了当时的社会政治关系，即国家在政治和经济生活中的作用具有绝对支配性。城市发展的机制基本是一种供给导向型的模式。将国民经济计划通过城市总体规划以及与其衔接关系良好的规划层次逐步落实到建设的规划管理层面，是这个编制体系需

要承担的主要作用。

　　事实上，20世纪80年代中央和地方在金融、税收、财政方面的关系调整，已经使城市发展的动力机制有所改变，但是编制体系对此采取的调整比较有限，较为重大的变化是增加了控制性详细规划，以与传统的"修建性"详细规划加以区分。但是，这个时期的整体思路是着眼于技术性的调整和衔接，在规划的管理制度方面没有及时采取对策，换言之，编制体系调整的同时，管理系统没有作相应制度性的调整，因此其收效是有限的。

　　如果进一步反思编制工作中的局限性，可以有如下的发现。

　　第一，城市规划的编制缺乏更高层次的区域规划作为依据，较多地就城市论城市；偏重空间的布局，缺少综合的观念；虽然有市域或县域城镇体系规划作为总体规划的区域研究的前提，但仅限于行政法定区划的范围；城市周边的乡村地区，其城市化的发展没有整体的纳入城市规划的通盘考虑；因此，城乡协调发展和区域协调发展的基本原理，并没有在现行的编制体系中得到体现。

　　第二，现行的编制体系，其合理性建立在一个基本的假设前提下，即规划对于未来的预测是可信的。现行的城市总体规划重点考虑的是城市20年后的发展，但规划对城市自身的发展规律和进程了解非常有限，无法保证城市的可持续发展，因此，尽管规划界不断批评将规划作为城市发展的终极蓝图，但是规划确立的战略性内容往往缺乏逐步实施的策略和手段，也没有建立一种根据环境变化不断调整目标和手段的机制，可以说，目前的编制办法和制度没有有效地避免规划成为"终极蓝图"。

　　第三，城市规划是政府管理城市发展建设的手段之一。在城市的层次上，其服务的目标是城市的整体利益和公共利益。规划编制无疑必须体现这种价值，并且需要有相应的制度保证价值的实现，其中法律是必须给以重视的方面，特别是在市场经济的条件下，法律是调节城市发展中复杂利益关系的必备手段。在现行的编制体系中，法制化的内容是非常缺乏的，所谓规划文件具有法律效力的说法，往往一厢情愿，没有真正法律意义上的具体界定。

第四，现行编制体系的技术意义大于管理意义。不同的规划层面具有的共同特点之一，就是非常缺乏有关规划实施的内容，无论从考虑问题的出发点还是工作的内容和深度上，都缺乏对建设需求的考虑，这在市场条件下是致命的。同时作为政府管理建设的手段，规划的政策性也没有很好对市场机制作出回应，所谓的原则性和灵活性，在规划中没有很好研究，使规划文件在使用中既缺少刚性又缺少弹性。

第五，现行编制体系没有就编制过程中公众参与作出具体规定。市场经济条件下，城市建设主体的多元化导致利益的多元与冲突，城市规划的过程应当成为有效协调利益冲突的过程，尤其在维护弱势群体的利益方面更应有所作为。建立公众参与制度，给各种社会群体提供平等参与规划过程的机会，正是达到这一目标的重要手段。

第六，规划编制目的是提供政府管理城市建设的行政依据，不完全是技术性的工作，所以审批过程对于编制体系的完善同样至关重要。目前审批过程影响规划编制主要有两个方面。一是审批的周期冗长，突出表现在城市总体规划的审批上。由于总体规划编制要求的内容庞杂，编制过程本身就花费了大量的人力和时间，审批中又往往受到环境影响，在政策的掌握上有很大的变数，加之《城市规划法》并没有对上级政府的审批周期作出规定，所以审批通过时，城市总体规划所管理的对象已经发生很大变化，规划文件的时效性根本得不到保障。一般讲，上级政府的批复下达时，按常规已经是规划文件需要滚动调整的时候了。二是审批的方式影响了规划文件的法律属性。目前编制和修改分区规划和控制性详细规划都是由城市政府来审批，谈不上是有法律效力的规范性文件，即使是城市总体规划，实际上也不是有法律效力的文件。经验表明，要完善编制体系，审批制度必须作出相应的改革。

第七，如果说目前的规划编制体系是一个过于技术性的体系，那么还应看到，除了审批制度的影响外，规划编制的组织方式也在影响编制的实际效果。现在编制规划主要由规划院完成，企业化的管理促使规划技术人员把规划当作单项工程设计来对待，

任务完成，规划工作也就结束，没有必要的资料积累和人员衔接，规划管理部门和设计部门有各自的体制，后者难以成为前者真正的技术支持者，没有任何机制保证规划可以实现连续性的检讨和调整，使规划文件及时适应城市的变化。

综上所述，现行的城市规划编制体系的根本问题在于，原先编制体系形成时期，规划编制的主要目的不是制定政策，而是以技术落实政策；编制的体系不是追求对政策环境和发展现实的开放性，而是不断追求体系在技术意义上的完备，构造一个自持的技术体系。本报告认为，随着社会主义市场经济体制的建立，城市规划的编制体系需要以体系的目的作用的调整为基础，对体系的结构作出必要的改革。

3. 新时期城市规划编制的目的与作用

经济体制的"市场化"以及政治体制的改革，改变了传统的政府与社会的关系，政府之间的关系，以及政府与市场的关系，因此，城市规划所要管理和调节的关系主要对象，就从以有建设行为的单位和个人为主，转向范围更为全面的包括政府在内的管理。这里的管理不仅包括城市层次的建设管理，而且包括了政府间行政管理的内容。所以，作为管理的依据，规划文件必然要适应这些功能变化的要求，对城市规划编制的目的与作用重新加以认识。

首先，市场经济条件下政府的职能从直接管理经济，转变成为从宏观上调节经济活动。城市规划正是一项具有战略性、综合性的工作，是国家指导和管理城市的重要手段。所以，城市规划编制要体现这种工作的特征和性质，强调政府管什么不管什么，从而确定规划编什么不编什么。

第二，作为政府调控城市建设活动的依据，编制的规划文件包括两个层面的内容。一是提供政府间行政管理的内容，通过规划文件的审批达到上下级政府之间的意见统一；二是在城市管理的层面上，政府把达成一致的政策转译为城市发展战略，同时在需要时，进一步细化为可以与建设行为结合起来的内容。

第三，在新的制度环境中，规划编制从落实国

民经济计划转变为制定城市建设的政策纲要，这个主要作用的转变意味着编制体系的政策性在加强，而技术性相对减弱，因此编制的过程从规划技术人员和政府人员的小范围操作，转变为社会的开放性的过程，目的是使规划文件成为社会成员共同认可、从而共同遵守的建设规则。

第四，与此同时，规划过程的效率也亟待提高，目的是为了对市场机制下的城市发展变化作出及时的响应，这是规划文件发挥作用的必要条件。因此，编制的内容势必采取相对现行编制办法更为务实的策略，结合管理的需要作出全面的简化，缩短编制的时间预算。

第五，规划编制的简化，在技术上采取以解决实际问题为原则，需要什么样的规划，就编什么样的规划，需要什么深度，就做到什么深度，不拘泥于技术体系上的"周全"和"完美"。

第六，改进规划编制工作，规划的审批效率必须提高。从我国目前城市化的速度以及市场发展的状况要求看，审批时间过程的缩短，可以强化规划文件的实用性，较快地消除发展方向的不定性，促进城市建设，树立规划部门的威信和工作的严肃性。

第七，政府管理城市建设的行为法制化，是市场经济发展的必然趋势，作为规划管理的依据，编制的规划文件中关键性的部分也必须借助法律工具确定下来，以保证规划政策目标的实现。

对社会主义市场经济下的城市规划编制体系的设计，需要考虑上述的内容。为了使编制体系发挥新的功能作用，本报告认为对现行的编制体系的调整思路，主要不是技术层面的，而主要是管理层面的，因此，新的编制体系是在梳理现有的编制类型的基础上，对体系作结构性的调整。

二、城市规划编制体系新框架

1. 构建新框架的基本思路

在国家一系列的计划体系中，新的城市规划编制体系针对的是城市空间和土地使用的规划。在这个领域里，城市规划编制体系的调整和完善其长远目标是进一步构建国家的空间规划体系。

目前，从名义上讲，在城市规划之上还有国土规划和区域规划，但是这两个层次在编制、审批和执行方面都缺乏有效的实体，因此，城市规划的制定实质上缺少必要的前提条件。权宜之计是在城市规划的编制过程中增加城镇体系规划的内容，替代区域规划的前提。

构建新的城市规划编制体系考虑到现实的制度环境，采取的思路是在现行的编制体系中进一步强化区域规划的内容，体现国家和政府在空间发展上的宏观调控职能。

本报告认为，对现在的城市总体规划编制办法需要作出重大的改动。基本的原则是摒弃城市总体规划编制内容过于繁冗的做法，以务实的态度编制总体规划，加强总体规划文件的时效性，加强宏观策略的研究，通过城市总体规划加强政府间的协调和统一。

属于城市政府规划管理范畴的规划文件，例如分区规划和详细规划，本报告认为原则上由城市政府根据城市建设的实际需要来编制审批，但是中央政府不放弃对于该工作的指导和监督，以保证经过审批的城市总体规划能够通过地方建立的"规划率先"的管理系统加以实施。

必须面对的现实是，我国正处在一个城市化快速发展的阶段，城市规划行政管理系统还仅仅是在一个发展的初级阶段，一些地方行政管理系统不完善，规划编制的技术力量的分布也不平衡，完全放开可能有损政府宏观调控职能的有效发挥，所以新的编制体系也同时考虑了这些文件在城市建设管理中的作用，有针对性地加强其中某些规划编制内容。

在这个层面上，本报告强调与实施管理密切联系的规划编制内容。确切地说，城市政府必须完善规划许可依据的所有规划文件的编制以及技术法规的制定，目的是严格管理，并且为城市发展的各种变化做好技术上应变的准备。

综上所述，新的编制体系构建的基本方向是加强宏观管理和微观管理两端的编制内容，对于规划行政管理而言，宏观管理针对的是上级政府与下级政府间的关系，微观管理针对的是城市政府与建设主体（包括政府本身）的关系；从中央政府管理规划事务的性质而言，有关宏观管理的编制内容主要是法定的和强制性的，作为微观管理的编制内容则是非法定的和指导性的，由城市政府根据地方的情况而定。

2. 新编制体系的基本内容

新的城市规划编制体系将包括"法定性的"和"指导性的"两个部分。

（1）法定性规划

法定性规划，是规划宏观管理的依据，大致界于原编制体系的总体规划阶段，但不覆盖原所有内容。通过规划基本法律的确定，所有城市必须编制此类规划，并且按相应的制度接受审批，以作为政府间行政管理的依据。该部分分为"战略规划"和"城市总体规划"两个层次。

战略规划：覆盖的空间地域范围是整个市域，包括所带的县、市、镇、乡。规划重点制定市域经济社会发展战略，明确城镇的功能分工，确定市域大型基础设施和服务设施的网络布局，促进该地域内部与地域外部城乡的协调发展和城镇之间合理关系的形成。其实质是区域性的和战略性的，是城市发展的纲要。

战略规划实行分级审批制度，是上级政府审批的主要规划文件。战略规划审批通过后，成为上级政府管理、监督下级政府建设决策的基本依据。

总体规划：在战略规划基础上对城市内各个规划管理单元的地域分别进行的综合规划。具体内容包括城镇功能的用地布局，空间结构，基础设施，历史保护，环境生态保护等。其实质是对上级政府认可的战略性的发展纲要的细化。

总体规划的审批也采取与战略规划相同的分级审批制度。但审批的内容将主要集中在审查总体规划是否与通过的战略规划有相悖的地方，其审批的方式决定了审批的周期将大大缩短。

战略规划与总体规划的分离，目的是在总体规划阶段加强战略性和政策性的内容，战略规划内容相对于现城市总体规划会大大简化，有助于缩短审批的周期，同时突出审批的重点，而总体规划的审批也不再沉溺于大量技术层面的问题，专注于战略规划中有关政策性内容的落实情况。

（2）指导性规划

指导性规划，是规划微观管理的依据，大致界于原编制体系的详细规划阶段。从逻辑上讲，在战略规划和总体规划等整体层面之下，必然有一系列在地域范围和对象上不断趋于具体的规划层次来使政策内容落实到建设层面，这些层次和规划内容完全取决于城市一时一地的发展情况，统一由中央政府加以规定是不可能的，也是没有必要的。

但是，我国规划管理事业发展仍不均衡，技术力量参差不齐，过去积累的规划编制经验不应轻易放弃，按照需要，中央的城市规划部门对这些规划类型保留指导和监督的权力。作为一般性原则，城市政府可以根据城市发展的具体需要来编制指导性规划，同时有义务接受中央政府相关技术政策的指导。

指导性规划可以多种多样，有按照专项编制的，有按照发展地域单元编制的，有按照管理期限编制的。从我国目前规划实践的现状看，指导性规划至少有下列类型：

分区规划：在特大城市、大城市和中等城市对总体规划的进一步细化。

详细规划：对地块的土地使用性质、建筑形态、工程管线和各项控制指标作详细的规定。

专业规划：如城市的防灾规划，历史名城保护规划等。

特定地区规划：如城市中心地区规划，开发区规划，旧城更新规划等。

城市设计：城市重点地区的城市设计，滨水地区的城市设计等。

行动规划：结合一些大型建设项目，对项目本身和周边地区的建设统一规划。

基地规划：对待开发的基地作综合的分析筹划，用于规划报建。

指导性规划的审批由于情况复杂，可以区别对待，属于全局性的和重要地区的规划，应由规划行政主管部门和/或者有关主管部门分别组织编制，有规划行政主管部门综合平衡，报同级人民政府审批。

3. 关于法定图则

法定图则是从香港的规划体系中转借来的概念。它是由城市规划委员会根据《城市规划条例》制定的分区计划大纲图（Outline Zoning Plan），原来的发展审批地区图（Development Permission Area Plan）将近年内被分区计划大纲图取代。此外，作为对外的法定图则的技术支撑，政府内部图则更详尽地表明土地用途。

目前国内仅有深圳正式采用了法定图则的制度，其制度基础是建立了有政府官员和社会人士组成的城市规划委员会，审批、监督和修改法定图则。其领先的意义在于将规划管理依据法规化。这个工作刚刚开始一年多，效果如何值得观察。

国内其他城市对这个制度的关注，表明规划管理法制化是大势所趋。但是，本报告认为，建立法定图则的制度，绝不同于20世纪80年代末开展的控制性详细规划，前者就其实质，严格意义上不属于规划的范畴，更多是一个立法的工作，它需要地方具有一定的立法权限，授权给城市规划委员会，由委员会担当此任。但是目前已有的城市规划委员会在各地有不同的形式，法律授予的权限不同，大量的城市甚至没有地方立法权限，而城市人民代表大会究竟可以发挥什么样的作用，都还是没有定论的事情，也需要通过一些社会实验总结经验。此外，法定图则审批修改的复杂程序可能带来的规划时效的下降，也需要有一定的思想准备。

如果上述制度性的门槛能够克服，中央的城市规划主管部门应适时发布指导性的政策指南，引导城市在此方面的行动。

小　结

为了适应社会主义市场经济的要求，新的城市规划编制体系主要在如下方面取代原有的编制体系。

首先，城市规划的编制必须与政府管理城市建设的实际方式结合起来，体现政府职能的转变，体现政府在管理国家和城市的空间资源和土地资源上不可替代的作用。

第二，城市规划编制的政策意义将大于技术意义，这样在编制、审批和实施管理过程中，规划应被视为公共政策的一个组成部分。

第三，城市规划编制体系应体现城市规划工作具有的地方性，中央对地方的规划主要采取指导和监督，城市政府在规划编制中的作用应充分发挥。

第四，规划编制体系中接近于规划实施管理的层次和内容，将逐步演化为法规性的文件，这是规划管理法制化必须迈出的一步。

新的城市规划编制体系将通过规划法加以确立，同时必须配套的改革还有公众参与制度的法律化，规划设计部门的改革，以及一系列城市规划技术标准和准则的修正和修改。这些外部的支撑将很大程度影响新的规划编制体系作用的发挥。

第二章　城乡规划管理的政策、措施和建议

一、指导思想

正在建立的社会主义市场经济体制，是要使市场在国家宏观调控下对资源配置起基础性作用的一种体制。在经济体制由计划经济向市场经济转轨过程中，市场机制和非市场机制共同对城乡建设产生影响，并对城乡规划产生强烈的反作用。城市规划作为重要政府职能，应对市场有效情形下企业从事的建设活动履行引导（服务）职能；对市场失灵情形下企业从事的建设活动履行控制（调控）职能；对于处于非市场关系控制下城市政府的"政府失灵"行为，应由中央和省级政府对其建设行为实行有效宏观调控。因此，发挥市场基础性作用和加强国家宏观调控是城乡规划管理必不可少的两个方面。在市场经济体制下，由于投资主体的多元化导致利益主体的多元化，城市发展和城市建设活动更为复杂，城市规划必须通过对空间和项目的开发管制，协调和平衡各方面利益，通过对资源保护与开发的规划管理，保障城市与区域经济社会协调有序发展。

城市规划依法行政包含机制、体制和法制三个相互联系、相互制约、相互作用的内容，单一方面的政策，都不可能全面促进城市规划依法行政。因此，城市规划管理政策制定应突出确立地位、建立机制、理顺体制、健全法制四个方面内容。

城乡规划管理改革应注重科学确立城市规划理在城市建设和发展中的地位。城市规划是一种国家行为、政府行为，它代表全民的利益，是城市政府的主要职能。

城乡规划管理改革的目标是要从法律、行政、经济等方面进一步保障城市规划在调控城市土地和空间资源，促进城市协调发展中的作用，真正确立城市规划在城市建设和城市发展中的龙头地位，建立高效有序的城乡规划管理机制，理顺和完善城市规划管理体制，健全城乡规划管理法制。

城乡规划管理体制改革的目标就是要建立一个符合现代化和市场体制管理要求，具有中国城乡规划管理特色的功能齐全、结构合理、运转协调、灵活高效的城乡规划管理体系。城乡规划管理体制改革的基本原则应该是，从实际出发，通过改革，使城市规划管理体制与社会主义市场经济和城市现代建设的要求相适应，同城乡规划在国民经济发展中的地位相适应，实现城市规划管理科学化、城乡协调发展整体效益最优化。为此，应尽快充实和调整城市规划管理机构，进一步强化城市规划管理职能，以理顺城市规划管理体制；应调整城市规划区和所在行政区域之间的关系，促进城乡一体化进程，充分发挥城乡规划在城市建设和区域协调发展方面的作用，以缓和城乡区域发展中出现的矛盾。应运用城市规划的协调手段，因势利导，使城市规划与计划、土地、建设形成互动机制，以减少部门冲突，共同推动城市规划管理目标的实现。

城市规划管理机制建立的目标是与社会主义市场机制相适应的，以及科学、民主、公平、公正、高效的城乡规划管理内在机理和运行机制。

城市规划管理作为重要的调控手段之一，主要通过建立有效的调控机制，对城市运行实行引导和监控，克服市场机制本身的弱点和缺陷所带来的负面效应。城市规划管理过程实际上是城市土地和空间资源的配置和利用过程。在此过程中，涉及多种利益关系，应当建立高效的协调机制，不仅包括城市的整体利益与局部利益、长远利益与眼前利益，

还包括国家利益与地方利益、团体利益与个人利益、开发商利益与公众利益等。为此,应适当调整各级政府城市规划管理权限,既强化上级政府对下级政府建设管理行为的宏观控制力度,以加强中央和省级政府对城市建设规模、开发区设置、房地产开发的调控能力,又有选择有限度地下放部分规划管理权限,以适应社会主义市场经济体制下发挥市场机制在配置城市建设资源中的基础作用;应建立合法、稳定、充足的城市规划经费来源渠道,以保证城市规划管理实施必要的经费,保持城市规划管理行为的公正性。城乡规划管理法制建立的目标是:运用法律权威改变计划经济条件下落后的规划管理模式,健全法制,建立城市规划管理工作有法可依、有法必依、执法必严、违法必究的管理机制,促进城乡规划管理立法、执法、守法、监督的统一,以适应我国建立社会主义市场经济体制的要求,更好地为城市经济服务,全面促进城市的可持续发展。为此,应加强城市规划监督,城市规划编制、审批、实施过程应贯彻公开、公正的原则,建立城市规划公众参与制度、城市规划公布制度、稽查特派员制度、上级对下级政府在城市规划实施过程中的及时纠正制度,以防治规划腐败的产生;应加强城市规划对市场经济条件下参与城市建设活动企业的引导、协调和调控作用,有效实行政府对城市建设与城市发展的管制,最大限度地减少因市场失灵给城市建设与发展带来的负面影响。

城市规划政策和措施的制定和实施要受到多种因素的影响和制约。这些因素包括经济体制改革进程、行政体制改革趋势、社会经济发展水平、城市居民规划意识、城市规划技术水平、民主化法制化进程等。因此,城市规划政策制定和实施应相应地分为中近期和远期。本报告中所指近期是指今后 1～2 年,远期是指今后 3～10 年。

二、主要措施

1. 确立地位

措施一（近期）:

在规划机构设置、人事任免等方面提高规划管

理部门的行政地位。城市规划行政主管部门"一把手"的任免应商上一级城市规划行政主管部门同意。其中,重点城市的城市规划主管部门"一把手"的任免应商国家城市规划行政主管部门同意。应把管理城市,特别是管理重点城市作为中央政府和省（自治区）政府的重要职能。

措施二（近期）:

规划管理部门应拥有城建资金分配和地价调控职能,以保证规划管理部门在经济调控中的经济地位。在市场经济条件下,单纯依靠法律、行政手段不能满足城市规划实施中各种复杂情况,应将经济手段作为规划实施中的一种重要的调控手段。目前,我国大多数规划管理部门并没有掌握经济调控权。国家和省（自治区）城市规划主管部门应掌握必要的资金,用于引导相应区域的基础设施和公用设施的建设与布局。应扩大规划主管部门对城市配套费、城市开发费和违章建筑罚款的支配使用权,以保障规划管理部门掌握必要的经济调控权,建立城市土地开发平衡机制,强化政府对土地一级市场的规划调控力度。

措施三（近期）:

在法律法规上充分赋予和保证城市规划管理的龙头地位。

近期应在坚持的基础上改进和完善城市规划的"一书两证"制度。从很大意义上说,"一书"拥有对建设项目计划立项的否决权,"两证"又分别拥有对城市土地使用权出让和建设项目开工的否决权。因此,"一书两证"制度是城市规划对计划、土地、建设实行管制的有利法律武器。对于"一书两证"制度的实施应在坚持的基础上进一步改进和完善。改进和完善的方向是适当简化审批程序,加强城市规划对建设项目的引导作用,进一步强化与其他相关职能部门之间既管制又协调的合作关系。"一书两证"执行过程中,在向计划部门出具建设项目选址意见书时,应同时向土地部门出具建设用地规划蓝线图;在向土地部门出具建设用地规划许可证时,应同时出具建设用地规划控制红线图和建设用地规划设计指标通知书。这样,每个环节既"管制"了一个部门,又为对下个部门的"管制"事先做好引

导工作。通过改进和完善城市规划"一书两证"制度，可以在法律上保证凡是对区域和城市整体利益、长远利益有重大影响的建设项目，无论其投资来源如何，选址、布局和建设都必须取得同级政府城市规划行政主管部门的批准。在社会主义市场经济体制下，"一书两证"制度可以从法律上保障建设项目未经城市规划行政部门参与或许可计划部门不得立项，银行不得贷款、设计单位不得设计、施工单位不得施工，从而对违反城市规划的建设活动实行有效的管制。

措施四（近期）：

应加强城市规划研究工作。为使城市规划有效引导调控城市与区域经济社会协调发展，城市规划部门应加强规划调研、经济分析和政策研究，保证城市规划部门对城市房地产市场的开发总量、开发结构有比较全面的把握。应加强对区域城市化和城市发展战略的研究，加快区域城镇体系规划编制，发挥城市规划在协调和指导区域城镇发展中的作用，为审核城市人口、城市用地规模提供技术依据。应加大宣传力度，树立规划管理部门良好形象，在社会舆论中提高自身地位。城市规划部门应根据所在城市的社会经济发展计划结合国民经济发展目标从城市建设的角度对所在城市的人口规模、经济结构、产业布局、城镇体系结构、空间拓展等方面提出具体措施和建议，同时就规划期内一些重大建设项目和城市基础设施项目的安排配置提前进行协调和落实，从而保证在市场经济条件下政府对城市建设和经济发展的总体调控和领导实现城市规划和社会经济发展计划之间的紧密结合。应充分发挥规划部门在城市政府中的智囊和助手作用，同时加大对土地、旅游、水利等相关规划审批的参与力度，树立规划的技术权威，成为政府和企业宏观信息可信赖的提供者。

措施五（远期）：

增大规划执法中强制执行力度，直接赋予规划主管部门的强制执行职能，简化拆除违法建设的程序，并列入《城市规划法》中。应将"违反规划罪"列入《刑法》。违法建设处罚方面，应规定在规划主管部门发出停工通知书后继续违法的，可追究

刑事责任。

2. 充实机构

措施一（近期）：

规范城市规划管理机构设置，进一步强化城市规划管理职能。包括以下分项措施：

（1）在中央和省、自治区、直辖市和部分计划单列市推行规划建设合设制。在中央和省、自治区、直辖市和部分计划单列市推行。

规划建设合设制不仅有利于减少中央和省级政府机构设置数目，而且还发挥规划建设互动机制，强化综合管理职能和宏观调控能力，促进全国和区域性规划建设工作。

（2）在未设市的县级政府也可推行规划建设合设制。未设市的县级政府城市建设规模相对较小，城市规划机构人员编制少，推行规划建设合设制可以促进城乡规划建设管理一体化，减少《城市规划法》和《村镇规划建设条例》在执法范围、执法队伍方面存在的城乡交叉。

（3）在我国设市级城市政府中应全面推行规划机构单设制。

当前，在我国666个设市城市中，除4个直辖市和部分计划单列市外，城市政府大多是非高级地方政府（指地级及地级以下政府）。

鉴于设市非高级城市的城市规划在政府经济职能中地位和作用，设市城市应统一规划机构设置，逐步撤销中小城市建委，全面推行规划机构单设制，即单独设置城市规划局，以加强城市规划管理职能，适应城市规划机构的微观战术管理的需要。建委撤销后，可在城市党委系列成立城市规划环境工作委员会，分管城建的副市长进入领导组，并参与城建口的人事任免决策。

（4）在我国高级城市政府（指直辖市和计划单列市）中应逐步撤销建委，推行规划单设或规划土地合设模式。

在特大城市市域范围内，城市市区在全市行政区域中所占面积比重较大。然而，搞好城市规划可以在城市市区范围内最大程度地节约土地，城市土地的有效合理利用也同样有助于城市规划的实施，

加之特大城市城市化水平较高，城市建设和城市发展更需要土地和规划的协调和统一。在特大城市实行规划土地机构合并，可以使规划土地行政部门间的冲突转变为部门内部的协调，使两者和谐运作，高效运转。

（5）依据实际职能规范城市规划机构名称。

①实行规划建设合设制，履行城市规划、城市建设、城市管理综合职能的机构，在中央一级应称规划建设部，在省、自治区、直辖市应称规划建设厅（或局），在其他城市应称规划建设局；

②实行规划单设制的城市，城市规划主管部门应称城市规划局；相应的，城市建设、城市管理主管部门应称城市建设局；

③作为各级城市规划主管部门内设机构，应称司、处、科、股，一般不对外直接履行城市规划管理职能。

措施二（近期）：

建立较为完善的城市规划机构行政和职能体系。包括以下分项措施：

（1）设市城市应建立城市规划局、城市规划设计研究院、城市规划监察大队（中队）三位一体的行政体系。

在这一行政体系中，城市规划局作为行政执法主体，城市规划监察大队（中队）作为授权执法主体。城市规划设计研究院则作为所属事业单位，实行企业化管理，主要承担本行政区域内的总体规划、详细规划、城市设计、建筑设计及城市规划研究工作。

（2）赋予城市规划局城市规划管理、城市规划设计行业管理、城市规划监察三项基本职能。

城市规划管理只有同时取得城市规划行业管理、城市规划监察两项职能的配合才能全面履行城市规划管理职能。

（3）中央、省级城市规划行政主管部门应明确将城市规划设计分别从设市城市建设局（委）行使的勘察设计行业管理、城市建设管理监察职能中分离出来，由城市规划行政主管部门独立行使。这些职能由城市规划主管部门独立行使可以减少规划建设职权交叉，减少办事环节，提高办事效率；

（4）鼓励成立并扶持规划中介机构，承接规划

主管部门转卸的部分职能，如规划评优、招投标组织、咨询评估、代理服务等。

措施三（近期）：

在必要的区域设立城市规划与区域发展协调委员会。

在非特殊的区域或城市设置城市规划委员会应持慎重态度。目前，国内城市要求设置城市规划委员会的呼声较高。许多人认为政府城市规划部门既是规划制定部门，又是规划实施部门，集决策行为与执行行为于一身，不利于决策的民主化和科学化，因此，应设立规划委员会作为决策机构。这种意见有一定的片面性：

（1）目前，城市人民政府（而不是城市规划局）负责城市总体规划和控制性详细规划的编制、评审和审批，说明目前我国城市规划决策部门依然是城市人民政府，而不是城市规划局；

（2）在法律程序上，规划委员会不能代替人大对城市规划的审查职能；

（3）在目前机构人员大幅精简形势下，规划委员会机构设置虚实两难。

根据我国部分城市在市政府和城市规划局之间设立规划委员会的经验，对城市规划实行规划局和规划委员会实行两级管理体制后，城市规划行政主管部门由原来对市长和管线副市长负责变为对规划委员会负责，规划局成为城市规划决策的其中一票，虽然强化了部门协调，往往同时也削弱了城市规划行政主管部门在重大城市建设项目用地和建筑审批管理方面的权限，反而不利于城市规划职能的发挥。因此，在非特殊的区域或城市设置城市规划委员会应持慎重态度。

必要的区域是指城市总体规划范围与所在城市行政区域不一致，或者城市总体规划覆盖若干不同行政区域的地区。这一地区可由共同上级政府设立城市规划委员会，负责行政区域内城市总体规划实施的协调工作，但具体项目的审批仍按原有权限执行。

城市规划与区域发展协调委员会的主要职责是：

（1）负责协调区域内城市规划与城市管理、城市发展之间的关系，并对城市规划的实施提供指导

性的决策框架；

（2）负责协调区域内城市规划与国民经济计划、土地利用总体规划、国土规划等事关全局性规划、计划之间的关系；

（3）协调同一城市总体规划范围内、不同行政区域之间城市基础设施建设、市政工程建设的时空结构。

措施四（近、远期）：

建立城市规划机构条块双重领导、以条为主的体制，强化中央、省级政府对地方城市政府城市规划管理的宏观调控能力。包括以下分项措施：

（1）为强化中央、省级政府对地方城市政府城市规划管理的宏观调控能力，应对现有城市规划管理体制作适当的改革或调整。建议在今年的全国机构改革中，对省、自治区、直辖市、计划单列市的城市规划主管部门实行中央政府城市规划主管部门（建设部）与地方政府条块双重领导的规划管理体制。相应的，在组织人事制度上推行与机构条块双重领导相适应的城市规划机构主要领导任免程序：城市规划行政主管部门主要领导的任免要商上一级城市规划行政主管部门同意。其中，重点城市的城市规划主管部门主要领导要商国家城市规划行政主管部门同意。

（2）在省级及省级以下的政府机构远期改革中，建议逐步对非高级设市地方城市政府（包括地级及地级以下设市城市政府）实行由上级政府城市规划行政主管部门垂直领导的城市规划管理体制。这一体制的推行可以从宏观上解决中央政府城市规划行政主管部门人少事多，对地方城市规划行政主管部门由于管理环节过多、管理面太广而造成对全国城市规划管理力不从心的问题。

上述两项有关城市规划体制改革的措施如得以推行，可以形成中央对省、自治区、直辖市、计划单列市，省、自治区、直辖市、计划单列市对其下级城市政府的两级规划管理体制。中央政府城市规划行政主管部门只面对全国近50个高级地方政府的城市规划行政主管部门，可以集中精力做好全国性区域与城市发展的协调、宏观政策制定和对地方政府城市规划行政主管部门的宏观调控方面的工作。

（3）对于设区的城市政府，区级政府的城市规划行政主管部门一律归城市规划行政主管部门垂直领导。这一体制的建立可以从体制上消除城市规划管理权下放导致由区级政府局部利益引起城市规划管理混乱和城市建设失控的内在根源，从而为在社会主义市场经济条件下解决城市建设投资多元化、决策分散化与城市规划集中统一管理之间存在的矛盾，为城市规划管理（审批）权限实行市、区分级管理的制度创造条件。

3. 保障经费

除了现有的城市规划机构行政管理人员工资及办公经费外，城市规划经费还应包括以下几项：规划编制、规划研究、规划测绘以及规划技术开发费用，城建项目调节基金（如国家赔偿款、规划调整项目补偿等），城市开发示范建设基金，违法建设查处与无主建筑拆除费用等。

措施一（远期）：

国家和省（自治区）城市规划主管部门要掌握必要的资金，用于引导相应区域的基础设施和公用设施的建设与布局。

措施二（远期）：

各级城市政府应扩大规划主管部门对城市配套费、城市开发费和违章建筑罚款的支配使用权，以保障规划管理部门掌握必要的经济调控权，建立城市土地开发平衡机制，强化政府对土地一级市场的规划调控力度。

措施三（远期）：

对重大的社会公益项目，建议在收取土地开发费的基础上，由政府组织实施，保证社会公益设施建设的进度和质量。

措施四（近期）：

除加大对国家规定的各种规费的返还比例外，各级政府应将规划管理的经费纳入年度政府财政预算，使规划管理经费同城市经济增长保持相应比例。

4. 强化监督

措施一（近期）：

各级城市政府城市规划部门应建立公众参与制

度，实行规划部门政务公开，自觉接受群众监督。应引入公众参与制度，公开各级各类城市规划文本和图则，建立一种在城市规划实施过程中具有更大透明度和最大限度地反映公众要求的公众参与制度，可以有效地消除政府行政和规划官员任意决定修改和变更城市规划的权力，有助于遏制城市规划腐败的产生。各城市的总体规划和详细规划编制完成后，应在规定场所和规定的时间内向公众公开展示，广泛征求市民意见和建议，以此作为专家参与规划评审和规划院修改完善规划的重要依据。规划审批后也应在规定场所长期公布和展示。

措施二（近期）：

要强化上级政府对下级政府，人大对同级政府，群众对执法机关的监督。包括以下分项措施：

（1）强化上级政府对下级政府的监督。

建议上级政府对下级政府推行城乡规划稽查特派员制度，城乡规划实施管理的及时纠错制度。城乡规划稽查特派员，由上级政府委派，用以监督、检查下级地方政府对上级政府批准的城市规划的实施，及时发现和纠正规定期限内下级政府在城市规划审批及决策方面的错误。城乡规划稽查特派员的另外一项重要职责是及时发现和纠正城市计划、土地管理部门未取得城市规划主管部门相应许可违反《城市规划法》规定程序的立项、批地行为。

（2）强化人大对同级政府的监督。

城市人民代表大会及其常委会应对由其审查同意并报上级政府批准的城市规划的执行情况进行定期或不定期的检查，对于违反城市规划的行为，要督促城市人民政府依法处理。

（3）强化群众对城市规划执法机关的监督。

对于即将作出拆除、没收、较大数额罚款的处罚决定的规划案例，行政城市规划行政主管部门应建立听证制度，以保障当事人合法权益，充分发挥广大市民对实施城市规划的监督作用。

三、配套政策

1. 城市土地规划管理方面

在社会主义市场经济条件下，应充分体现城市

规划作为政府维护公众利益和调节市场运行的重要手段，强调城市规划在城市建设与发展中的协调地位，同时将城市规划融入市场运作，使其成为市场运行的机制和作用市场运行的规范而发挥作用。

对策一（近期）：

规划和土地管理部门应密切配合，加强对建设用地总量的控制。应逐步建立城市总体规划和城市土地利用总体规划编制与管理的联动机制。应在城市土地利用总体规划的"供"与城市总体规划的"需"之间找到两规划在城市用地规划上的契合点，提高城市规划在规划用地管理方面的可实施性。城市总体规划和城市土地利用规划应尽量同时报同时批。规划部门应将下年度的土地供应计划报土地部门审定后，在详细规划规定的、与规划期限相对应的规划范围内实施规划选址。实行规划土地机构合设的规划主管部门应利用国家在土地一级市场中的主导地位，通过土地出让的区位指向和价格指向引导城市开发向预定的方向发展。

对策二（近期）：

规划和建设部门应密切配合，根据社会经济发展的实际需要和积压商品房的数量，控制每年的建设项目开工总量。对各地方城市政府辖区内城市房地产开发经营方面的信息资料搜集、汇总，以及对城市房地产开发规模及其结构调控指令应由省级政府城市规划和城市建设行政主管部门下达。对省、自治区、直辖市、计划单列市的上述调控指令应由中央政府城市规划和城市建设行政主管部门下达。凡上级政府对城市房地产下达宏观调控指令后，城市规划主管部门在"两证一书"核发中，应严格按指令对其批准的用地面积、建筑报建面积实行严格控制。

对策三（近期）：

加强城市规划对城市房地产开发活动的管制。城市规划通过对城市土地及空间资源利用的控制而实行其对房地产开发进行有效的调控和管理，以缓解和化解由于房地产总量过剩和结构失衡引发的潜在金融危机。而实施城市规划调控和管理的重点内容是城市土地利用和建设活动。

应建立房地产开发的反馈机制，使城市规划的

土地和建筑审批量对房地产存量形成负反馈。为此，中央及省级城市建设和城市规划部门可对房地产存量超过开发总量6%以上城市的城市建设用地和建设工程规划审批权上收一级，以加强城市规划对城市房地产业发展的宏观调控能力。

对策四（近期）：

规划部门应受理建设单位用地规划许可证更名申请。应在建设单位提供土地局确认转让、合作手续后，办理用地规划许可证登记变更手续。

对策五（近期）：

城市出让用地的标的出让价，应由规划主管部门根据城市规划和城市开发计划来确定。

对策六（近期）：

加强对原单位用地上集资建房项目审批。审批要明确要求：一要小区规划，二要符合城市建设相关标准。规划主管部门还应统筹划出一些用地，以政府出让价出让给有关集资建房用地难以安排的单位，集中开发建设。

2. 村镇规划管理方面

党的十五大和十五届三中全会对城市化和小城镇发展做了重要部署。

值此关键时刻，针对当前存在的若干重大问题，加强对建制镇和村镇规划管理的研究，明确指导方针和政策措施，从根本上理顺城乡规划管理体制，促进城市和村镇的健康发展显得尤为重要。

对策一（近期）：

加强村镇规划编制工作。经济发达地区应在镇级财政预算中划出一部分资金用作村镇规划编制经费，在经济欠发达地区可采用集资方式筹措经费，全面开展村镇规划编制工作。

对策二（近期）：

加大村镇规划管理力度。应设立乡镇规划管理机构（可与土地建设合设），配备专门管理人员，在当前的土地管理收费中暂时解决相应管理费用。

对策三（近期）：

建立强有力的建制镇规划管理机构，明确责、权、利。应将建制镇驻地的城市规划与村庄集镇规划纳入到城乡一体化的管理轨道；有条件的建制镇

可试行村镇建房规划建设许可证制度。

对策四（近期）：

由城市政府或县政府城乡规划行政主管部门对其所辖建制镇规划建设管理机构实施规划建设管理实行有效监督。

3. 违法建设查处方面

应进一步明确城市规划在配置城市土地与空间资源、协调城市各项建设、保障公共利益和可持续发展方面的作用，强化城市规划对城市开发和建设的管制。

对策一（近期）：

由立法机构和行政机关联合清理规划相关法律法规，并由市县政府协调各行政执法主体，加强城市规划执法部门配合。对于违法建设施工现场实行水电部门不接水电，对于法人违法应由纪检监察部门介入，对于城乡结合部的违法建设采取联合执法等行政执法手段。

对策二（近期）：

由市县政府疏理并建成通畅的规划申诉渠道，形成规划仲裁、行政复议、民事诉讼三结合制度。

对策三（近期）：

增大群众监督力度，充分发挥社区管理机构的作用，并实行对正在进行的违法建设举报重奖制度。

对策四（近期）：

理顺规划监察队伍，使规划行政执法主体与授权行政执法主体合二为一。

对策五（近期）：

简化零星建筑报建程序，控制私房违法建设的泛滥。

对策六（近期）：

加大对违法建设的处罚力度和罚款幅度，使违法者得不偿失。应加大违法建设查处力度，将罚款标准由当前占工程总造价5%～10%提高到100%，使违法建设业主在经济上无利可图。

4. 提高人员素质方面
对策一（近期）：

应加强城市规划管理人员的后续教育，可采取

短期培训、经验交流等方式更新知识，提高技能。

对策二（近期）：

对城市规划高等教育进行改革，课程设置应注意设计与管理并重，强化规划管理教学，在部分重点院校设立城市规划管理专业。

对策三（近期）：

加强全社会城市规划知识的普及，重视规划宣传，不断强化居民城市规划意识。

对策四（近期）：

逐步推行城市规划执业制度，提高城市规划管理队伍业务和行政水平，提高城市规划编制水平和城市管理水平。随着注册规划师制度的推行，应将注册规划师资格作为大中城市规划行政主管部门主要领导和特大城市的城市规划行政主管部门中层以上行政主要领导任职资格的重要组成部分。

5. 规划决策方面

对策一（近期）：

提高城市规划决策科学化水平。包括以下分项对策：

（1）城市规划的科学决策需要对城市信息的充分把握，规划机构应建立健全城市信息资料库，完善决策支持系统。

（2）应给城市规划研究以充分的法律地位，注意城市经济社会发展研究，把握城市发展方向。可在城市规划行政机构内设立规划研究所（中心），参与市政府重大决策和开发商的投资决策；城市规划行政机构应当好市政府的参谋和智囊，为市政府科学决策提供依据。

（3）在地级以上城市规划主管部门设总工程师，负责城市规划技术工作。

对策二（近期）：

应对各级行政主体和行政执法主体的城市规划决策权限进行界定。应贯彻宏观收紧、微观激活的原则。应着力于解决当前城市规划对城市建设宏观失控和城市规划管理在具体项目管理中审批环节过多、周期过长两方面的问题。界定内容可以包括建设项目的规模、性质、路段、类型等因素。

对策三（近期）：

城市行政区域内重大建设项目的选址参与权应适度上收。包括以下分项对策：

（1）与计划部门审批权限相对应，中央政府城市规划行政主管部门应负责参与投资额3000万元以上的生产性城市建设项目的选址；省、自治区、直辖市城市规划行政主管部门应负责参与投资额3000万元以下生产性城市建设项目的选址。此外，为对城市用地的空间布局和城市发展加强宏观调控和区域协调，投资额3000万元以上的非生产性城市建设项目的选址也应由省、自治区和直辖市城市规划行政主管部门参与。

（2）城市重点特殊街区和路段建设工程的规划审批权应适度上收。省会城市的重要城市景观地段，由国家批准的历史文化名城中的历史文化重点街区，省级政府在城市规划区内划定的具有历史意义、革命纪念意义、文化艺术和科学价值的建筑物、文物古迹和风景名胜范围内实施的建设项目的规划审批权应上收至省级城市规划行政主管部门。

对策四（远期）：

在当前未设立规划委员会的城市，可以在市政府下设城市规划专家咨询委员会。对于重大项目，先由"专家咨询委员会"提出咨询意见，再由市政府按法定程序组织审批，以利于把住技术关，协调好各职能局的关系，提高决策的民主化和科学化水平。

对策五（远期）：

今后社会主义市场经济体制较为健全的阶段，可考虑有条件地试行部分规划管理权下放。

虽然从长远来看，为适应城市建设投资多元化的需要下放部分规划管理权与我国建立社会主义市场经济体制的要求是一致的，然而在经济体制转轨时期我国城市规划体制往往很不健全。在当前城市规划管理体制尚未理顺的情况下，不鼓励规划审批权的下放。因此，城市政府规划管理权部分下放必须持慎之又慎的态度。在今后社会主义市场经济体制较为健全的阶段，试行部分规划管理权下放的城市必须具备一个前提和四个条件。一个前提条件是：区级城市规划行政主管部门隶属于市级城市规划主管部门垂直领导。在这一前提下，城市规划行政主管部门部分审批权适度下放部分不完全是市政府向区政府下放规划审批权，而是市级城市规划主管部门（市城市规划局）向其下属的区级城市规划主管部门（区城市规划分局）有限度地下放区际相互影响相对较小、对全局不产生重大影响的一般性建设工程的规划审批权，有利于市规划局内部协调和分工合作，实行责、权、利的高度统一。四个条件是：人口在 100 万以上；人均 GNP 达 2 万元以上；在规划编制上，总体规划经过批准，且控规已经覆盖；管理人员素质较高，有一定数量的注册规划师。

在地域上，城乡结合部的规划权一律不能下放。

四、几点建议

建议一：

建议在《城市规划法》和《村镇规划建设管理条例》基础上，制定《城乡规划法》。

《城乡规划法》的制定可从城乡规划法制上保障城乡机构设置、区域发展、规划管理的协调一致，强化城乡规划建设管制，有利于改变当前城乡规划建设中"城市不像城市，农村不像农村"的局面。

建议二：

建议中央和省级政府的城市规划建设行政主管部门实行在大部委（建设部、厅、委）小局（城乡规划局）体制。在建设部下设国家城乡规划局，在省、自治区规划建设委员会（厅）下设城乡规划局。

这一改革一方面进一步突出城市规划在指导城市建设和城市发展方面的地位和作用，强化城市规划的政府职能；另一方面，使中央和省、自治区两高级政府更好地发挥对社会经济发展的宏观调控、协调职能，适应参与部分规划管理权限上收后重大建设项目规划选址、城市重点特殊街区和路段建设

工程的规划审批的需要。除了履行城市规划职能外，城乡规划局还应履行相关规划的综合审查和综合协调职能，以进一步协调城市规划与国土规划、土地利用总体规划、区域规划之间的关系，发挥城市规划在国家和省级各相关专业规划中的主导作用。

建议三：

建议由部中央机构编制委员会联合发文，明确将城市规划主管部门纳入政府行政系列，城市规划局为各级设市城市政府必设局。

所有设市城市都应将城市规划主管部门纳入政府行政系列。各级政府应切实加强城市规划管理机构，人员编制不应低于当地人口的 1.5/10000。其中，大中城市所辖区、县的城市规划管理部门应作为市城市规划行政主管部门的派出机构。

建议四：

建议在若干经济特区、沿海开放城市设立城市规划制度创新试点城市，以加快城市规划管理体制改革步伐。

城市规划制度创新试点城市可在拟试点城市提出申请后由中央城市规划行政主管部门审批确定。试点城市应优先在市场经济体制较为完善，经济较为发达，具有较高的对外开放水平，具有地方立法权的部分经济特区城市、沿海开放城市中选定。推行城市规划制度制创新的目的在于通过试点为建立社会主义市场经济体制下城乡规划管理框架的建立提供经验，同时也为《城市规划法》的修改提供参考依据。可供创新的城市规划制度主要包括：听证制度、公布制度、公众参与制度、稽查特派员制度、通则—登记制度、判例—审批制度、契约制度、城市规划师执业制度、特许报建人制度、报告制度、纠正制度等等。

第三章 我国城市规划法制体系

一、新中国城市规划法制建设 50 年回顾

城市规划是城市建设和发展的依据和蓝图，是实现城市经济和社会发展的必要条件。国内外的实践证明，要把城市建设好、管理好，首先必须规划好，城市规划在城市建设和管理中，处于重要的"龙头"地位。法是国家强制力保证的人们行为规范的总称，是国家治理的基本方略和保障，也是社会发展的客观要求。城市规划要实现其指导城市建设和发展的作用，必须依据法，依靠法的影响力、约束力和强制力。没有城市规划，城市的发展就没有了依据，没有法，城市规划就难以合理制定并顺利实施。可见，法制建设是城市规划事业的重要组成部分，是实施城市规划的主要保障。可以说，规划法制建设的状况直接反映了一个国家城市规划事业的发展情况和水平。新中国建国 50 年来，城市规划法制建设在国家政治经济形势影响下，伴随城市规划事业的发展和新中国法制建设的进程，经历了从无到有，从单一到配套，从不完善到逐步完善的过程，为我国城市规划事业的发展和新中国城市建设作出了重大贡献。

1. 城市规划法制初步创建时期（1949～1957 年）

1949 年到 1957 年，新中国经历了国民经济恢复和第一个五年计划时期，我国社会主义城市规划事业在百业待兴中诞生并初步发展，在这一时期的城市建设中发挥了重要作用。早在建国之初，中央就对城市规划给予高度重视和亲切关怀，不仅为其制定方针，建立机构，发布指示，聘请前苏联专家当顾问，而且在实际工作中确立了城市规划在实施有计划的国民经济建设和城市发展建设中的综合指导职能。这一时期，由于城市规划事业初步创建，新中国的法制建设也刚刚起步，因此，城市规划法制建设还处于起步阶段。在法的形式上，严格意义上的法律文件很少，主要是一些具有规范效力的党的、政府的文件。在法的内容上，也比较单一，主要是提出规划原则，要求编制城市规划，规定规划编制及审批程序等，城市规划实施管理、监督管理的内容和法律责任条款几乎没有，而城市规划的方法步骤、定额指标等技术性规定主要照搬前苏联的做法。

1951 年 2 月，中共中央提出："在城市建设计划中，应贯彻为生产、为工人阶级服务的观点"，"力争在增加生产的基础上逐步改善工人生活"的城市规划和建设的方针，这是新中国第一次提出的城市规划原则。当年，主管全国基本建设和城市建设工作的中央财政经济委员会还发布了《基本建设工作程序暂行办法》，对基本建设的范围、组织机构、设计施工，以及计划的编制与批准等都作了明文规定。这是新中国建国以来，涉及城市规划方面的第一个规章。1952 年，为使城市建设工作适应国家经济由恢复向发展的转变，中央财政经济委员会召开了新中国建国以来第一次城市建设座谈会，提出加强城市规划设计工作，要求制定城市远景发展的总体规划，在城市总体规划的指导下，有条不紊地建设城市，并要求在 39 个城市设置城市建设委员会领导规划和建设工作。城市规划的内容要求，参照前苏联专家帮助起草的《中华人民共和国编制城市规划设计与修建设计程序（初稿）》进行。这个初稿虽未正式颁行，却是第一个五年计划初期编制城市规划的主要依据。会后，中央财政经济委员会计划局基本

建设处会同建筑工程部城建处组成了工作组，到各地检查会议的执行情况，促进了重点城市的城市规划和城市建设工作的开展。从此，中国的城市建设工作进入了一个统一领导、按规划进行建设的新阶段。

第一个五年计划时期，是大规模的城市建设时期，城市规划工作得到了人民政府的充分重视。1953年9月，中共中央发出《关于城市建设中几个问题的指示》，要求加强重要工业城市的规划设计工作，迅速拟定城市总体规划草案。各地按指示精神，建立、健全了城市规划设计、管理机构，开展了从厂址选择、工业区和生活区布局、基础设施配套安排到城市的改建、扩建方案及其实施管理等一系列城市规划工作。全国150多个城市先后编制了城市总体规划。由于城市规划的指导性和重要性，在这一时期的政府文件、建设工作会议和领导讲话中被反复重申，以城市规划为指导，有计划、有步骤地建设城市，取得较好的成效，城市规划和建设在这一时期取得了很大成绩。这一时期，颁布了新中国第一部重要的城市规划立法，即1956年国家建委颁发的《城市规划编制暂行办法》，分7章44条，包括城市、规划基础资料、规划设计阶段、总体规划和详细规划等方面的内容以及设计文件及协议的编订办法。它以前苏联《城市规划编制办法》为蓝本，内容大体一致，这也是当时规划立法的一个显著特点。

2. 停滞和动荡时期（1958～1976年）

1958年至1976年近20年的时间里，由于国家政治的偏差，城市规划工作几乎濒临废弛的境地，法制建设直接反映了这期间城市规划工作的状况，出现了近20年的空白。

20世纪50年代末，在"大跃进"形势影响下，建工部提出了"用城内建设的大跃进来适应工业建设的大跃进"的号召，城市规划和城市建设也出现了"大跃进"的形势。工业建设盲目冒进，城市规模定得过大、指标过高，住房和市政公用设施紧张，城市发展失控。为纠正城市规划工作中的错误，当时采取了因噎废食的做法。在1960年召开的第9次

全国计划工作会议上宣布"三年不搞城市规划"。随后，城市规划机构撤销，规划技术人员精简，城市规划事业大为削弱。1964年和1965年，在"左"的思想影响下，城市规划工作又连续遭受几次挫折，内地建设实行"山、散、洞"的建设方针，无视城市规划的合理布局，给工业生产和人民生活造成了严重影响。1966年"文化大革命"开始，无政府主义盛行，城市规划被废弃，乱搭乱建成风，园林、文物遭破坏，城市布局混乱。1967年国家建委在《关于一九六六年北京地区的建房计划审查情况和对一九六七年建房计划的意见》中，指令停止执行北京市城内总体规划，提倡"见缝插针"和"干打垒精神"搞建设，波及全国。许多城市规划机构被撤销，人员下放，资料流失，城市规划工作基本停顿。"文化大革命"后期，在周恩来和邓小平同志主持工作期间，城市规划工作有所转机。1972年，国务院批转国家计委、建委、财政部《关于加强基本建设管理的几项意见》，其中规定"城市的改建和扩建，要作好规划"，重新肯定了城市规划的地位。1973年国家建委城建局在合肥市召开了部分省市城市规划座谈会，讨论了当时城市规划工作面临的形势和任务，并对《关于加强城市规划工作的意见》、《关于编制与审批城市规划工作的暂行规定》、《城市规划居住区用地控制指标》等几个文件草案进行了讨论。这次会议对全国恢复和开展城市规划工作是一次有力的推动。1974年，国家建委下发《关于城市规划编制和审批意见》和《城市规划居住区用地控制指标》试行，终于使10多年来被废弛的城市规划有了一个编制和审批的依据。"文革"后期，城市规划虽然有了一定的转机，但由于"四人帮"的干扰和破坏，下发执行的文件很多并未得到真正执行，城市规划工作仍未摆脱困境。总之，"文革"10年，城市规划工作遭受了空前浩劫，造成了许多难以挽救的损失和后遗症。

3. 恢复和发展时期（1977～1989年）

城市规划工作经历长期的曲折，在结束"文化大革命"后终于迎来了云开日出的新时期。经过多年的曲折，人们越来越深刻地认识到规划法制建设

的重要性，只有它才能从根本上保证城市规划工作走上一条科学制定、依法实施、高效管理的良性轨道。因此，这一时期规划法制建设呈现出蓬勃发展的局面，其主要特点是颁布了新中国第一部城市规划专业法规《城市规划条例》，初步建立了以《城市规划条例》为核心的包括规划编制、审批、规划管理以及监督实施、技术规范等内容的法规体系，并与《中华人民共和国土地管理法》等其他相关法律、法规共同构筑我国的城市规划法律制度。法律层次上，由于城市规划理论和实践处于发展阶段，一些重要的经济关系和管理体制有待理顺，规划法建设尚未成熟。因此效力层次不高，主要为行政法规和部委规章，这与当时的情况是基本适应的。同时，全国各地也根据本地的实际情况，制定相应的规划管理地方性法规或规章。这一时期，值得记述的规划法制建设大事主要有4件。

第一件大事是两次会议。1978年，针对"文化大革命"对城市建设各方面造成的严重破坏，为全面解决问题，完成城市建设的历史性转折，同年3月国务院召开了第三次城市工作会议，中共中央批准下发执行会议制定的《关于加强城市建设工作的意见》，进行拨乱反正，强调要"认真抓好城市规划"，明确城市规划的地位，"城市规划一经批准，必须认真执行，不得随意改变"，并对规划的审批程序作出了规定。这次会议对城市规划工作的恢复和发展起到了重要的作用。1980年10月国家建委召开全国城市规划工作会议，同年12月国务院批转《全国城市规划工作会议纪要》下发全国实施。《纪要》第一提出要"尽快建立我国的城市规划法制"，改变"只有人治，没有法治"的局面，这个方针的提出标志着新中国的规划法制建设真正受到应有的重视，并从此走上了一条康庄大道。《纪要》也第一次提出"城市市长的主要职责，是把城市规划、建设和管理好"。会议《纪要》对城市规划的"龙头"地位、城市发展的指导方针、规划编制的内容、方法和规划管理等内容都做了重要阐述。这次会议系统地总结了城市规划的历史经验，端正了城市规划思想，达到了拨乱反正的目的，在城市规划事业的发展历程中，占有重要的地位。

第二件大事是，为适应编制城市规划的需要，国家建委于1980年12月正式颁发了《城市规划编制审批暂行办法》和《城市规划定额指标暂行规定》两个部门规章。这两个规章的颁行，为第二轮城市规划的编制和审批提供了技术和法律的依据。1980年颁发的《城市规划编制审批暂行办法》与1956年制定的《城市规划编制暂行办法》相比，在城市规划的理论和方法上都有很大变化，反映了中国城市规划和管理工作的发展。首先，对城市规划的概念有所发展，总体规划已不被认为是固定不变的设计蓝图，而是城内发展的指导原则；其次，明确规定了城市政府制订规划的责任，界定了市政府和规划设计部门的关系；第三，强调了城市规划审批的重要性，提高了审批的层次，还规定了送审之前要征求有关部门和人民群众的意见；第四，强调了城市环境问题的重要性，加强了对环境质量的调查分析和保护；第五，在处理有关部门的关系方面，强调了政府协调的作用，放弃了20世纪50年代签订协议的办法。《城市规划定额指标暂行规定》是由城市规划设计研究部门在广泛调查研究的基础上提出的，它对详细规划需要的各类用地、人口和公共建筑面积的定额，以及总体规划所需的城市分类、不同类型城市的人口的构成比例、城市生活居住用地主要项目的指标。城市干道的分类等，都作了规定。自国家建委在1980年的全国城内规划工作会议后，全国各地城市都在这两个规章的指导下，开展了城市总体规划的编制工作。截止到1986年底，全国已有96%的设中城市和85%的县镇编制完成了城市总体规划，我国的城市建设普遍进入按照规划进行建设的新阶段。

第三件大事是，1984年国务院颁发了《城市规划条例》。这是新中国建国以来，城市规划专业领域第一部基本法规，是对建国30年来城市规划工作正反两方面经验的总结，标志着我国的城市规划步入法制管理的轨道。《条例》共分7章55条，从城市分类标准，到城市规划的任务、基本原则，从城市规划的编制和审批程序，到实施管理与有关部门的责任和义务，都作了较详细的规定。《条例》深刻地反映了我国城市规划工作的新变化、新发展。首先，根据经济体制的转变，明确提出城市规划的任务不仅是组织、驾驭土地和空间的手段，也具有"综合布置城市经济、文化、公共事业"的调节社会经济和生活的重要职能，从而跳出了城市规划是"国民经济计划的继续和具体化"的框子，使城市规划真正起到参与决策、综合指导的职能，推动经济社会的全面发展。其次，确立了集中统一的规划管理体制，保证了规划的正确实施。第三，首次将规划管理摆上重要位置，改变了过去"重规划，轻管理"的倾向，对"城市土地使用的规划管理"、"城市各项建设的规划管理"和不服从规划管理的"处罚"作出了规定。实践证明，科学的规划只有靠有效的管理才能实现它的价值。

第四件大事是，1988 年建设部在吉林召开了第一次全国城市规划法规体系研讨会，提出了以《城市规划法》为中心，建立我国包括有关法律、行政法规、部门规章、地方性法规和地方规章在内的城市规划法规体系。这次会议对推动我国城市规划立法工作，制定城市规划立法规划和计划奠定了基础。事实上，在《城市规划条例》颁布实施后，许多省、市、自治区相继制定和颁发了相应的条例、细则或管理办法。例如北京市发布了《北京市城市建设规划管理暂行办法》、天津市发布了《城市建设规划管理暂行办法》、湖北省颁发了《湖北省城市建设管理条例（试行)》、湖北省沙市市发布《沙市市城市规划管理实施细则》等，这些法规文件的制定，有效地保证了在我国经济体制变革时期，城市建设按规划有序进行。

总之，这一时期规划法规建设初步形成了体系，在内容上具有总结以往经验，并适应经济体制改革的需要，将城市规划观念、内容、方法、手段所发生的变化写入规范性文件中的特点，具有一定的开创性。10 多年来，在依法按照规划的指引下，合理安排了一批城市重点建设项目，取得了较好的综合效益，进行了城市新区开发和旧城改造工作，统筹安排了城镇住宅、基础设施建设，加强了历史文化名城的保护，增强了城市功能，提高了城市整体素质，促进了城市经济文化和社会的协调发展。

4. 蓬勃发展时期（1990～1999 年）

20 世纪 90 年代，我国社会主义经济飞速发展，民主法制建设方兴未艾，城市规划的理论和实践在新的经济形势下不断发展。20 世纪 80 年代的城市规划立法经过实践的检验，越来越需要根据理论的发展和实践的需要进行充实修改和完善，以适应城市规划管理的迫切需要。这一时期规划立法越来越丰富，涵盖面越来越广泛，内容越来越充实，立法形式越来越多样。从城市规划的基本大法到加强规划管理的部门规章，从规划编制和审批到城市规划设计单位的资质管理，从建设用地规划管理到建设工程规划管理，从城市规划实施的监督检查到法律责任，从城市勘测到城建档案，从国家大法到行政法规，从地方性法规到部门规章，从地方性规章到一般规范性文件，比较完善，对调整各种规划法律关系提供了依据。

（1）新中国第一部城市规划专业法律《城市规划法》于 1990 年 4 月 1 日正式施行，这是新中国城市规划史上的一座里程碑，标志着我国在规划法制建设上又迈进了一大步。它科学地总结了我国建国40 年来在城市规划和建设正反两方面的经验，并吸取了国外城市规划的先进经验，凝聚了一代城市规划工作者的心智。与《城市规划条例》相比，更加科学地定义了城市规划的性质。规划编制的基本原则、城市规划区的概念、新区开发和旧城改建的基本方针，增加了城市规划实施的"一书二证"以及规划实施的监督管理、法律责任等方面的内容，明确了城市规划的法律地位，加强了依法实施规划管理的分量，是一部符合我国国情、比较完备的法律，为我国城市科学、合理地建设和发展提供了法律保障。

与《城市规划法》相对应，这一时期（或较早几年）还颁布实施了一系列与之相关的国家大法，如《土地管理法》、《环境保护法》、《房地产管理法》、《文物保护法》等，与《城市规划法》一道共同规范城市土地利用、保护和改善生态环境，保护历史文化遗产等。

（2）加强了城市规划实施管理的法制内容。实践证明，光有科学的规划，没有强有力的规划管理体制、机构、管理制度来保障城市规划的实施，城市规划也只能是"纸上谈兵"。因此，搞好城市规划管理至关重要。20世纪90年代以来，颁布实施了一系列城市规划管理的行政法规或规章。如1990年建设部颁发《关于抓紧划定城市规划区和实行统一的"两证"的通知》、1992年建设部颁发《关于统一实行建设用地规划许可证和建设工程规划许可证的通知》，1991年建设部、国家计委共同颁发《建设项目选址规划管理办法》，建立了《城市规划法》所规范的在城市规划区内进行各类建设必须实行的"一书二证"制度。又如，从1990年起，全国范围内开展了城市国有土地的有偿使用，为将国有土地出让转让纳入城市规划管理，在新的经济条件下加强和改善规划管理，建设部于1992年颁行了《城市国有土地使用权出让转让暂行办法》。又如，随着科技的发展，城市地下空间逐渐被开发利用，建设部于1994年又颁发了《关于加强城市地下空间规划管理的通知》。在规划管理体制方面，1992年国务院批转建设部《关于进一步加强城市规划工作的请示》，强调各级人民政府要进一步加强对城市规划工作的领导，逐步建立、健全各级城市规划管理机构，培养城市规划专业人才。1996年国务院《关于加强城市规划工作的通知》再次重申要充分认识城市规划重要性，加强对城市规划工作的领导，规划管理权必须由城市人民政府统一行使，不得下放管理权，从而保证城市规划的统一实施、统一规范。

（3）充实了城市规划监督管理的内容。20世纪90年代之前，由于忽视了对违反城市规划的建设行为的约束和制裁，违法建设曾一度泛滥。20世纪90年代中，随着经济的发展和城市土地的有偿使用，在不法经济利益的驱动下，违法建设又有蔓延之势。在这种形势下，维护城市规划的权威，坚决制止违法建设，打击不法责任人是大势所趋。《城市规划法》第9章"法律责任"作出了较原则的规定。1990年建设部颁发《关于进一步加强城建管理监察工作的通知》，要求加强对违反城市规划法的违法建设行为的监督检查。1992年又颁发了《城市监察规定》（1996年重新发布，更名为《城建监察规定》），1996年国务院颁发《关于加强市规划工作

的通知》又重申，必须加大执法力度，保障城市规划的实施。

（4）加强城市规划编制的科学性，将规划的内容、方法、手段的发展写进立法中，充实规划编制的有关技术规范。建设部先后颁发规划编制的规章有：1991年《城市规划编制办法》，1994年《城镇体系规划编制办法》，1995年《城市规划编制办法实施细则》等。建设部这一时期颁发的技术规范，数量最多，内容最丰富，填补了历年的空白，在城市规划和建设中发挥了巨大的作用。如《城市用地分类与规划建设用地标准》、《城市居住区规划设计规范》、《城市道路交通设计规范》、《居住小区技术规范》等等。

20世纪90年代规划立法形成了以《城市规划法》为核心的多层次、全方位的城市规划法规体系，对当代空前繁荣的城市规划和建设作出了巨大贡献。城市面貌日新月异，大批具有现代化气息的城市在大江南北迅速崛起，上海浦东新区、深圳、珠海经济特区等绽放出喜人的光彩。城市功能不断完备，城市基础设施和生活服务设施日趋改善，城市生态环境建设取得显著成效。中国城市的现代化建设取得了举世瞩目的成就。

5. 继往开来，进一步加强城市规划法制建设

今天，我们站在新世纪的门槛上，回顾50年中国规划法制建设走过的风雨历程，我们深深地感受到中国城市规划工作所经历的迂回曲折之路，感受到法制建设在城市规划和建设中的举足轻重的地位。与20世纪80年代相比，20世纪90年代城市规划立法要成熟、完善很多。但是随着我国改革开放的不断深入、社会主义市场经济体制的逐步完善，城市规划、建设活动中社会关系日益复杂，现行的城市规划法律制度，在调整国家、地方、企业和市民在城市建设活动中的资源配置的利益分配关系，以及规范城市规划、建设活动已难以适应。从总体上看，我国城市规划法制建设，还存在着"缺、慢、空、软、散"的情况。

所谓"缺"，即相对于一些发达国家和地区的城市规划法规体系，我国的城市规划控制建设还存在

很大的差距，存在着"重实体，轻程序"、"重成文法的制定，轻不成文法的制定"、"重行政性规定，轻技术性规定"、"重项目建设管理规定，轻地区开发管理规定"等现象，现有一些法规性规范文件尚待补充与修改。所谓"慢"，是指城市规划体系的运作机制效率过低，对城市规划建设活动中出现的新情况、新问题反应过慢，不能及时调查研究，立法或对现行不完善法规的修订速度滞后于实际工作的需要，难以适应快速变革中的城市规划建设发展。所谓"空"主要是我国的城市规划立法工作缺乏系统性，立法质量不高，表现在现行的某些城市法规不具体、不严密、内容空泛，缺乏可操作性，因此难以充分发挥其应有的规范城市规划建设活动的作用。所谓"软"，是指在社会主义市场经济体制下，城市规划管理在保证城市开发建设活动的有序进行、保障公众利益等方面显得软弱无力；对于随意调整或违反城市规划的行为，亦没有有力的制约措施，缺乏必要的监督措施，还存在着有法不依、执法不严的现象等。所谓"散"，是指我国的立法体系中，不同行业之间各自为政，存在着互不协调或相互冲突的现象。另外，城市规划法规体系本身及城市规划相关法规中存在着不配套的现象。

随着改革开放的深化和经济的迅猛发展，规划和建设工作将面临更广阔的发展机遇和更严峻的挑战，城市规划如何适应市场经济的发展，如何适应全球经济一体化的趋势，如何应对工业化高度发展的情况下所产生的资源短缺和生态环境问题，如何保护和继承历史文化遗产等等，都对城市规划工作者是重大考验。城市规划工作者任重而道远，城市规划法制建设任重而道远。但是，可以预见，沐浴着科技进步的春风，城市规划法制的不断更新和不断完善，必将对下世纪的城市建设发挥越来越重要的作用。

二、国内外城市规划法规体系对比与借鉴

1. 发达国家和地区城市规划体系简况

根据同济大学对发达国家和地区城市规划法规

体系的研究，这些国家和地区的城市规划体系由城市规划法规体系、城市规划行政体系和城市规划编制体系（含规划实施——开发控制）构成。其中，规划法规体系是现代城市规划体系的核心，为规划行政、规划编制和规划开发控制提供法定依据和法定程序。

（1）城市规划法规体系

这些国家和地区的规划法及现代城市规划体系的形成，从下表中可以看出其端倪。

表4 1

第一部规划法的诞生，标志着城市规划为政府行政管理的法定职能 二战以后的规划法为现代城市规划体系奠定了基础
英国 1909 年的《住房和城市规划诸法》，1947 年的《城乡规划法》
德国只有地方性法规1960 年的《联邦建设法》
日本 1919 年的《城市规划法》，1968 年的《城市规划法》
新加坡 1927 年的《新加坡改善条例》，1959 年的《城市条例》
中国香港 1939 年的《城市规划条例》，1974 年的《城市规划条例》
美国 1916 年的纽约《区划条例》，1961 年的纽约《区划条例》

＊美国没有联邦的规划立法；新加坡和中国香港当时为殖民地，只能制定条例。

由上表可知，许多国家和地区规划法的颁布和现代城市规划体系的形成都在二战以后，除英国外大多是在20 世纪60 年代。其规划法规体系由主干法和从属法、专项法组成。主干法是规划法规的核心，其主要内容是关于规划行政、规划编制和开发控制的法律条款，具有原则性、纲领性的特点，由国家立法机构制定。从属法主要阐明规划法的实施细则，由规划法授权政府规划主管部门制定，报议会备案。专项法是针对城市规划中某些特定内容的立法，如英国的《新城法》、《国家公园法》，日本的《城市更新法》，德国的《联邦空间秩序规划法》等。

（2）城市规划行政体系

这些国家和地区的城市规划行政体系可以分为两种体制，即中央集权制和地方自治制。英国是君主立宪制国家，国家行政为三级体系：中央政府、郡政府和区政府。中央政府的环境部是城市规划的主管部门。其基本职责为：制定有关法规和政策，

审批郡政府结构规划，并有权干预地方政府的发展规划（地区规划）和开发控制（影响较大的开发项目）。郡政府负责编制结构规划并上报环境部审批。区政府负责编制地方规划，无需上报审批，但必须与结构规划相符合。开发控制由地方规划部门签发规划许可，但中央政府环境部有权否决或直接签发规划许可。

美国是联邦制国家，国家行政为三级体系：联邦政府、州政府和城内地方政府。联邦政府不具有法定规划职能，没有规划立法权，借助财政手段对规划发挥间接影响。各州的行政管理职能，由州议会立法授权。各州有各自的规划立法。各州的城市规划职能各有差别。有的要求编制城市总体发展规划作为地方区划条例的依据；有的则不要求编制，只有区划没有规划（美国的城市大小悬殊，有的只相当于一个小镇）。

德国是联邦制国家，各州有各自的规划立法和相应的规划行政体系。中央制定《联邦建设法》，作为各州发展规划和开发控制的依据。中央行政主管部门是区域规划建设与城市发展部，其职能是制定有关法规、政策，协调各州发展规划，制定跨地区的基础设施（公路、机场、高速公路）的发展规划等。各州也有立法权，但必须与《联邦建设法》相符合。德国虽然与美国同为联邦制，但中央一级有规划立法权和行政管理部门，而且各州的规划职能差别不大。

日本的城市规划行政管理体系与英国相似，三级行政体制包括中央政府、都道府县和区市町村。但中央政府对于地方政府的影响以立法和财政为主，不直接干预地方政府的发展规划和开发控制。

新加坡和中国香港分别为城市国家和城市地区，中央政府和特区包揽了全部城市规划职能。

（3）城市规划编制体系

各个国家和地区的城市规划体系虽然不尽相同，但城市规划编制体系相类似，基本上分为两个层面：战略性发展规划和实施性发展规划（开发控制规划），后者为法定规划。战略性发展规划是制订城市中长期战略目标及土地利用。交通管理、环境保护和基础设施等方面的发展准则和空间策略，为城市

各分区和各系统的实施性规划编制提供指导（但不是直接依据），如英国的结构规划、美国的总体发展规划（综合规划）、德国的城市土地利用规划、日本的地域区划、新加坡的概念规划和中国香港的全港和次区域发展策略等都是战略性发展规划。

以战略性发展规划为依据，各城市针对城市中不同分区，制定实施性发展规划，作为开发控制的法定依据。如：英国的地区规划、美国的区划条例、德国的分区建造规划、日本的土地利用分区和地区规划、新加坡的开发指导规划和中国香港的分区计划大纲等，与美国的区划相比，英国—新加坡—中国香港的法定规划比较原则，有待于在规划审批时针对开发个案提出更为具体的要求。

（4）开发控制方式

大体分两种：通则式和判例式。

通则式以法定规划为惟一依据。规划管理人员不享有自由裁量权，只要建设开发符合法定规划规定就予以批准。其优点是透明、确定、公正；其缺点是灵活性、适应性较差。美国、德国、日本属于通则式管理。

判例式以法定规划为主要依据，但规划部门有权在审理个案时附加特定的规划条件，甚至必要时修改某些规定，使规划控制具有灵活性和针对性，但难免存在不透明和不确定的问题。英国、新加坡、中国香港属判例式管理。

事实上各国都在寻求通则式和判例式相结合的开发控制方式，从两个层面上控制：一是针对整个城市地区制定一般的规划要求，以区划方式进行通则式控制；二是针对各类重点地区，制定特别的规划要求，确定审批方式，进行判例式控制。例如美国在区划基础上，对"有条件用途许可"项目，要由规划委员会进行个案审理，公众听证，还要具备环境设计评价等（其中对环境影响很大的项目要经过州审批）。再如中国香港，作为法定规划的分区计划大纲是比较原则的（包括土地用途和开发强度），但政府对土地拥有永业权，可通过土地契约增加规划条款和城市设计要求。同时根据中国香港《城市规划条例》，规划委员会可将特定地区划为"综合发展区"和"特别控制区"，前者规定必须提出总体布

局方案，进行全面审核以保证地区发展的整体性；后者开发活动受到特别控制，以保护地区独特风貌和环境。

（5）城市规划体系发展趋势

增强民主、公正和环境意识是城市规划体系的发展趋势。

为解决民主问题，提出了规划评议、规划听证和规划公布制度。其中规划评议优于规划听证，因为评议人员与规划本身利害关系无关。为解决公正问题，一般都建立上诉仲裁机构、受理规划案件申诉。在规划管理中，为了进一步改善环境，除了严格审批要求、提高审批级别外，对特定地区往往还制定"设计导则""发展要点"等补充性规划要求，弥补通则式管理的不足，解决原则性与灵活性结合问题。

2. 对比发达国家和地区的城市规划体系，以资借鉴的若干方面

（1）城市规划行政体系

目前我国的行政管理体系是中央集权和地方分权相结合，这比较适合我国国情。日本和德国也采取类似的体制，试以日本为例，情况如下。

日本由国家土地署编制全国国土利用规划，将日本分为五种区域，即：城市区域、农业区域、森林、自然公园和保护区域。城市规划法只适用于城市规划区域。建设省都市局是城市规划和城市建设主管部门。主要职能：①协调全国或区域土地资源配置和基础设施建设。②审批指定地区（25万人口以上城市）土地使用区划，城市规划区范围内城市化促进地区和控制地区的划分，大型公共设施建设；大规模城市开发计划（大于 $20hm^2$ 的土地调整计划大于1公顷的城市重建计划）。

都道府县政府负责本区域规划事务，包括城市规划区中城市化促进地区和控制地区的划分，编制25万人口以上城市的土地使用区划等。

市町村政府负责与市民利益直接相关的规划事务。市町村有些是很小的建制，相当于中国的乡镇、村一级。这说明某些规划事务管理权是可以下放给独立的村镇的，问题是放什么。

另外，英美各国都有法定的规划咨询组织——

规划委员会。其参加成员构成不一，权限不一，许多城市的规划委员会是代表市政府审批规划的部门。有了规划委员会，许多规划上需要市政府协调决定的事，都可以由规划委员会受理，或者由规划委员会提出处理意见报市政府审批，能解决很多问题。我国有些城市虽然成立了规划委员会，但职权不明确，法律上没有地位，难以发挥较大的作用。发达国家和地区规划委员的体制，是可以借鉴的。

（2）城市规划编制体系

我国规划编制体系，基本上沿袭前苏联的规划体制，分总体规划（含分区规划）和详细规划（含控制性详细规划和修建性详细规划）两个层次。从理论上说，这两种规划都是依法制定的，特别是总体规划，是经过省、甚至是国务院审批的，法律权威性更高。但实际上，总体规划只能作为"战略规划"，不能直接去控制开发，不能作为管理操作依据，只能作为下一层次规划的编制依据。分区规划作为总体规划阶段的深化、细化规划，它起到承上启下的作用，为详细规划编制提供更明确、具体的依据，也不能指导管理操作。直接指导开发控制和管理操作的是控制性详细规划。但我国控制性详细规划审批层次低，法律地位不高。以上海为例，大部分控制性详细规划由市规划局审批，重点地区的由市政府审批，不必通过人大或向人大备案，法律权威不高。加之本身编制内容、要求不规范，编制过程缺乏法定的征询、听证等程序；审批也不尽规范，往往附带很多要求修正、落实的条件，影响可操作性，实施中调整的很多。这使得控制性详细规划难以成为可以对社会公开的法定规划。与发达国家和地区的城市规划编制体系相比较，当务之急是明确各层次规划的作用和法律地位，尤其要提高控制性详细规划的法律地位。这就要求梳理规划编制体系，制定"法定规划"编制规范和审批程序，并从法律制度上加以保证。

（3）城市规划法规体系

城市规划法规体系是整个城市规划体系的核心。党中央提出要依法治国，首先要有法可依。当前我国已经制定了若干规划法规，其核心是全国人大颁布的《城市规划法》。但与发达国家的规划法规体系相比，我们还有一定差距，存在着以下几方面问题：

①在法规的结构上，城市规划法规还未形成完整的体系。主要表现在两个方面：一是虽然有了"主干法"——《城市规划法》，但还缺少多方面深化、细化的辅助法。现有的《城市规划法》内容在许多方面还局限于原则性的规定和宣言式的描述。由于其制定年代的关系，面对社会主义市场经济发展，其中很多内容已不适应或没有反应。例如城市国有土地出让转让如何实施规划管理；规划编制如何体现公众意志，引入竞争机制；如何加强对违法建设的查处等等。由于"主干法"内容的局限，影响到下位法的完善。各省、自治区的城市规划法实施性法规，也由于管辖范围较广，城市情况不一，也失之粗疏。二是我们的城市规划法规还未形成封闭的链。城市规划工作是一个动态的过程，从规划编制、规划实施管理、开发建设、竣工使用到规划实施检查，进行跟踪管理，反馈信息，总结经验，作为下一轮城市规划调整的依据，这是一个完整的、动态的、封闭的链条。我们往往重视规划编制、审批，轻视规划实施的信息反馈和资料的积累与分析；重视建设项目的规划审批，轻视开发建设情况的跟踪监督；在总体上缺乏全方位、全过程的规划管理，在城市规划法规的制定上，也反映出这种畸重畸轻的特点，这就难以发挥城市规划应有的作用。例如，国外规划实施和开发控制的专项法规是很多的，例如英国为发展新城和改造旧城专门制定了《新城法》、《内城法》，日本的《新住宅用地开发法》、《城市再开发法》、《再开发地区规划法》、《新产业城市建设促进法》等都是针对开发建设制定的法律，不仅有一般规划管理方面的内容，而且有许多经济的、土地的政策导引和促进的内容。有的甚至专设管理机构进行管理，法规对职权、经费、人员等都作了规定，适应了开发控制的需要。这些方面我们都是可以借鉴的。

②在法规内容上，规划法规没有体现市场经济发展条件下城市规划工作的新特点、新要求、新内容，目前，我国的城市规划法规基本上都是由规划行政管理部门起草的。由于起草部门的局限性以及社会主义市场经济发展的新形势，从总体上分析，城市规划法规的内容存在着以下几方面问题：

a. 缺乏从国家、地方、单位和个人四方面利益综合考虑，较多地注重管理的权限，不能统筹兼顾四个方面的利益关系，不能真正解决好长远和近期、整体和局部、经济和社会、环境多方面的统一问题。在城市规划实施过程中，这是造成随意调整规划的原因之一。

b. 缺乏城市规划必须与经济发展相结合，促进经济发展的规范性内容。城市规划要为经济发展创造条件，搞好投资环境，增加社会就业。这些方面在传统的城市规划（物质空间规划）编制和规划法规方面都是薄弱环节。许多发达国家和地区在规划编制上已从单纯的合理使用土地转向同时考虑改善物质环境和投资环境，增加就业机会，提高收入。顺应和促进经济发展，也是发展社会主义市场经济所必需的。这些方面在我国有关城市规划法规中反映得不够。另外作为城市规划宏观调控手段之一，还必须掌握经济杠杆，利用土地资源分配、开发利益的平衡、规划指标的调节来进行调控。有关这方面的权利和义务在国家和地方的规划法规中几乎是空白。规划的实施缺乏有力的调控手段，依法行政的难度就很高。

c. 缺乏城市规划公众参与、听证与规划仲裁等方面制度性规定，影响到城市规划工作政务公开、公正执法和城市规划的公众利益。

d. 缺乏城市可持续发展方面规范性内容。现在环境保护观念和防灾、减灾观念已被纳入各国的城市规划体系，不仅有原则性规定，而且有具体的规范。例如在土地使用相容性方面，工业用地性质的划分不是笼统地规定有污染、无污染，而是对其噪声的级别、排出废气、废物液的性质和浓度，使用的动力都有规定，符合规定的虽为工业性质也可设置，不符规定的虽为修理服务业也不准设置。对城市应付突发事件（如地震灾害），也规定了避难广场设置和旷地率要求等等。

③在立法机关上，省级以下城市缺乏立法权限。城市规划具有很强的地方性，沿海与内地、平原与山区、各地方、各民族情况各异，光靠国家法律或省、自治区的法规，难以完全解决某一个城市的实

际问题，难免造成规划可操作性差，执行难的问题。因此赋予地方城市制定操作性法规的立法权十分必要。某些发达国家虽然也有立法权的限制，但是城市规划大都是通过城市议会审批颁布的，具有较高的法律地位，调整规划必须遵循法定程序，避免了实施过程中的随意修改，保证了城市规划的实施。这也是我们可以借鉴的。

三、我国城市规划法制化需求

要建立我国城市规划法规体系，首先必须研究我国城市规划制度法律保障的需求，即城市规划的编制、审批和实施运行过程中，哪些方面需要以法律制度来保障。只有法律保障的内容搞清楚了，才能明确需要制定哪些法规文件，这些法规文件需要制定哪些内容。经我们研究认为，需要在以下方面以法保障。

1. 城市规划法律地位的保障

城市规划的实施是一项在空间和时间上跨度很大的系统工程。涉及需要调整的社会关系非常之多；而实施的过程，又是一个延续不断的长期过程。要保证城市规划实施的协调性、稳定性和严肃性，作为实施依据的城市规划的法律地位必须提高。

城市规划一般可称为"法定性"文件，但其法律地位是相当模糊的。不同层次的城市规划的法律地位是否一样，也是模糊的。从编制与审批过程来看，或是政府组织编制，报上级政府审批，或是由管理部门组织编制，报城市政府审批。在实施过程中，政府可以随意修改，缺乏严肃性。因此，城市规划以某种形式加以法律化，是维护城市规划严肃性的重要手段。在我国，长期以来计划经济条件下行政干预的传统思维及人治代替法治的背景，使城市规划法律化的工作尤为滞后。我们也要看到，我国正处于城市发展的高速阶段，未来发展的未定因素很多，立法也要照顾到灵活性。因此在初期阶段，可对影响城市发展的主要控制要素先予以法律化。这样既能有力地控制城市的健康发展，又不至于影响发展的灵活性。从美国的开发控制制度、美国的

区划条例和中国香港的法定图则等规划文件体系的实践来看，都在寻求严肃性和灵活性的统一，在立法框架下，保留一定的自由裁量的空间。

和城市规划法律化的步伐相对应，城市规划编制的体系应予改革。目前突出的问题：一是总体规划编制过深、过细，编制时间过长，既难以直接作为规划管理的依据，又缺乏时效性。二是规划文件的形式不符合法律化的要求，也不适应具体管理中的操作要求。规划文件更像一个方案和研究报告，而不是一个法律文件。这对据以进行规划管理的详细规划来讲更是一个严重的缺陷。在规划实施过程中，规划文件对于规划管理者而言往往有一种隔靴搔痒的感觉：该明确的不明确，不该定的又定得很死。对于城市建设中出现的新需求，如城市设计，尚没有明确的法律地位和编制规范。这些都使城市规划作为管理依据的作用大大减弱。从立法的角度看，总体规划可作为一个指导性文件，侧重战略性。指导规划管理操作和建设依据的控制性详细规划，无论是采用区划还是法定图则的模式，均应使之法律化。我们建议在这个层次进行立法的研究、尝试。

城市规划编制的科学性、合理性和可操作性是使之法律化的基础条件，否则，规划法律化将会走向其出发点的反面。目前城市总体规划缺乏宏观的社会经济研究，详细规划缺乏经济可行性测算及忽视实施可能性的现象仍较突出。对规划的科学性与权威性产生普遍的怀疑，其中有社会误解的因素，但也有规划编制本身的问题。城市规划编制水平如不提高，规划法律化的步伐将会受到阻碍。

2. 城市规划管理体制的法律保障

所谓管理体制，它是由管理机构的设置、管理权限的划分、管理方法的确定和管理机制的运作等综合起来的一种比较稳定的体系。城市规划管理体制的健全与稳定，和城市规划地位有密切的关系。回顾建国50年来城市规划工作的历程，城市规划的地位时高时低，城市规划管理体制也处于一种不稳定状态，影响到城市规划工作的健康发展。

在社会主义市场经济条件下，城市规划体制如何健全，这是一个改革的课题。目前城市规划机构

的设置有几种模式：有的在建委设规划处，有的独立设置城市规划局，有的与市政工程管理合并设置城建局，有的与土地合并设置规土局等等。关于管理权限的划分，多数城市是集中管理，在某些特大城市采取分级管理。分级管理及涉及到上下级规划管理机构的隶属关系：有的垂直领导（如天津），有的则是"条块结合、以块为主"（如上海）。城市规划管理体制需要结合政府机构改革进一步研究确定下来，并在城市规划立法中加以明确，使其保持稳定。我们认为，省一级规划管理机构需要与国务院机构对口，而地方城市的规划管理机构则应区别特大城市与其他城市。特大城市需独立设置市和区、县城市规划局，且宜垂直领导分级管理；而其他城市宜规划局、国土局合一，集中管理。

3. 城市规划编制资质和规划人员业务素质要求的法律保障

在社会主义市场经济条件下，城市规划作为城市政府调控社会经济发展的重要手段，其规划内容必须科学、合理并具有可操作性。而城市规划的实施管理又是城市规划的延续和具体化，在管理中所处理的矛盾要复杂得多。这样就对城市规划编制单位的资质和规划人中的素质提出了更高的要求。

关于城市规划编制单位的资质管理，已制定了相应的法规性文件，应该总结管理的经验，加以提高和修订。目前，需要进一步研究的是，在社会主义市场经济条件下，作为城市政府职能的城市规划工作，对城市总体规划和详细规划（包括控制性和修建性详细规划）的编制，哪些必须由政府直接操作，哪些可以推向市场。即在计划经济条件下形成的规划设计院，目前在市场经济条件下需要分流。我们认为，城市总体规划编制和控制性详细规划应该由政府直接编制，而修建性详细规划则可以推向市场。对于这些问题需要仔细研究，并以相应的法规性文件予以明确。

关于规划人员的素质要求，建设部正在积极推进注册规划师制度，并以相应的法规加以明确。

4. 城市规划决策机制的法律保障

所谓决策，就是对某一事物的发展趋势作出判断

和选择并作出决定的过程。城市规划作为城市人民政府的一项行政行为无论是城市规划审批还是工程项目的规划审批，都是一种决策的过程。可以说，城市建设的结果，也是城市规划决策的结果。从这层意义上讲，如何通过法律来规范城市规划的决策行为，保证城市协调、有序、持续的发展具有极其重要的意义。一般来说，要保证决策的合理、正确，应遵循以下原则：

①民主性原则。城市规划工作既要保护城市有关方面的合法权益，又要维护城市发展的公共利益和长远利益。决策应该充分体现政府意志和有关方面要求。决策过程中，需要广泛听取意见，不能以个人的好恶来影响决策结果。

②合法性原则。决策行为、决策程序和决策内容应符合城市规划和有关法规文件，即使是自由裁量的部分也应严格限制在法规文件规定的范围之内。

③可行性原则。决策结果应该具有操作的可能性。

④效率性原则。决策行为应及时、高效。这是规划管理行为为城市建设服务原则的具体体现。

⑤最优化原则。决策行为应建立在充分研究、比选的基础上，综合各方面的因素，必要时可借助专家的力量，以利于选择最为理想的方案。

⑥对决策后果负责的原则。城市规划的决策影响公共利益及相关方面的权益，不当的决策会造成不同程度的利益损害，必须置于法律的监管之下，防止滥用权力现象的发生。

对照以上原则，并对比发达国家和地区规划工作决策机制的经验，检验我国城市规划工作的实践，我国的城市规划决策机制还有待进一步完善，有关的法律保障还很不健全。笔者认为，需要从决策系统、决策依据和决策程序上加以完善。

（1）关于决策系统。在《城市规划法》颁布以后，在各地地方法规中，对城市规划决策主体作了一定的细化规定。但在实际操作中，城市规划的决策行为远比简单地确定"城市规划行政主管部门"复杂得多。由于城市规划涉及面广，综合性强，其决策行为具有多层次、多方位的特点，至少在以下三个方面亟须建立法律保障。第一，应当确定城市

规划决策的纵向结构，也就是城市规划部门在中央、省（直辖市）、市（县）各级政府中决策权限及相应的义务和责任。而且城市规划作为城市发展和建设管理的依据，应赋予地方人大在城市规划决策方面的权限。第二，应当确定城市规划决策的横向结构，也就是确定城市规划部门在政府组成中的决策及相应的义务和责任。鉴于城市规划涉及面广、综合性强，各城市有必要建立规划委员会，并赋予其一定的城市规划决策权限。第三，应当健全城市规划管理部门决策的内容结构，研究决策层与操作层分离的问题。这三个方面的问题，参照发达国家和地区的城市规划立法，应当在国家和地方两个层次的法律、法规中给予明确。

（2）关于决策依据。城市规划要依法行政，其决策必须具有法律依据，否则将会陷入败诉及赔偿的危险。比较理想的状态是随着城市规划法制建设的发展，城市规划在某一层次确立法律地位，再加上专门的技术规定和专业规划，决策时只需严格按有关规划及法规规定执行即可。但实际上，这仅仅是一种理想状态。城市规划的复杂性、动态性及许多方面的难以预见性，要求城市规划决策必须留有自由裁量的余地，特别是在我国城市高速发展过程中和不成熟的市场经济条件下，这一自由裁量的空间尤显重要。事实上，即使在实行严格的区划管理的发达国家和地区也越来越多赋予规划决策的弹性，使规划能灵活地适应各种可能发生的变化。当然这一自由裁量的决策权力要审慎地使用，必须置于严格的程序规定之下实施。英国城市规划法律制度中的有条件许可即是一个典型的例子。城市规划部门可以在有利于规划目标的实现的条件下，本着公正、合理的原则，合法地附加强制性的限制条件。目前，我国国家和地方规划法律、法规中还没有这样的条款，在决策过程往往理不直，气不壮。

（3）关于决策程序。如果承认了决策依据中自由裁量的必要性，建立严格的决策程序就极其重要。决策行为的合法性在很大程度上取决于决策程序是否合法。城市规划法规中对程序性的规定可以说几乎没有。对照发达国家和地区的立法经验，国家和地方层次的立法应增加程序性内容，从规划编制与审批，建设工程规划管理，监督检查管理建立一套严密的决策程序。

关于城市规划决策程序法律设定，要充分体现以下几个方面的要求：一是决策过程要体现社会公众利益，要公开、透明，要引入公众参与机制；二是决策程序应体现城市规划工作特点，城市规划实施的过程中的必要调整是客观存在的，要设定规划调整的一般程序和简易程序；三是决策程序应充分体现被管理者权利，强调公平、公正，要设定上诉、仲裁程序；四是决策方式应休现民主化、科学化，建立必要的专家智囊系统，设定必要的专家论证程序。

5. 城市规划实施机制的法律保障

城市规划实施涉及计划、土地、房产、环境保护、环境卫生、卫生防疫、消防、民防、安保、国防、绿化、气象、防汛、抗震、排水、河港、铁路、机场、交通、工程管线、地下工程等方方面面，是一项综合性很强的工作。和一般的专业管理相比，规划管理工作难度很大，在城市规划实施的各个方面和各个阶段都存在着如何和这些相关部门协同工作的问题。如果不建立良好的协同机制，势必造成多头管理（争着管）或管理真空（不愿管）的现象。而城市规划的实施是依附于城市的各项建设，要避免统一规划与分散建设的矛盾，必须建立以实施规划为核心的城市地区开发机制。

（1）城市规划实施协同机制

与城市规划协同关系比较密切的部分：一是在宏观层面上规划管理部门和计划、土地等部门的协同关系；二是在微观层面上规划管理部门和消防、环保、卫生、交通等部门的协同关系。目前，经济社会发展规划与城市规划的脱节，土地供应计划和地价的制定与城市规划实施的脱节，土地利用规划与城市总体规划的脱节，使规划实施偏离了城市总体规划的目标。而相关专业部门的管理程序纷纷融入规划管理程序，造成职责不清，程序复杂，效率低下。这就需要研究建立一个完善的协同方案。建议在城市规划立法过程中，研究城市规划实施协同机制时，应着重解决以下几个问题。

①国民经济中长远规划的制定需有城市规划部门参与。

②解决土地利用规划与城市规划的交叉；城市土地基准地价的制定要与城市规划实施相结合；土地供应计划和储备计划的制定，需要有城市规划部门参与。应确定城市规划的综合平衡的权威，真正起到"龙头"的作用。

③协同过程是一个不断消除分歧的过程，但在许多方面，分歧是必然存在的，建立权威的、超越部门利益的法定仲裁机构是保障协同机制正常运转的保证。

④要打破部门利益在法制"合法"框架中受到保护的现象。许多法律、法规是由有关政府职能部分负责起草，为了自己的利益，而不顾职能交叉。必须对互相冲突的法律法规进行检视、清理。建议在工程建设项目规划管理过程中，各专业管理部门的审核，将目前的外部程序改变为由城市规划部门牵头的内部征询意见程序。一类是必需取得相关部门同意的，对这一类，应控制部门权力，保留请示仲裁权；另一类是协商式的，仅仅是听取相关方面的意见，规划管理部门可以吸取合理的建议，但不能强制规划管理部门必须接受。这一类在英国的城市规划法规中非常明确。这样可以提高工作效率，避免扯皮。

（2）城市开发调控机制

传统的城市规划工作，从规划编制、规划审批，到建设工程的规划审批，基本上处于一种被动管理的状态。尽管规划管理对促进城市规划实施起到能动的作用，但由于城市规划实施与城市的开发建设密切相关，城市规划是否能够实施、如何实施并不全是规划管理部门的职责。在计划经济背景下，城市的改造与开发都是政府行为，这一矛盾还不很突出。在市场经济条件下，城市建设转变为投资方式的市场化和投资主体的多元化。政府由投资主体的角色转变为调控主体的角色，由于和这一发展趋势相适应的城市规划实施机制并未很好地建立和完善，使在实际操作中存在很多问题，例如：城市规划在很大程度上体现开发商的意图和利益。许多合理的

规划，由于政府没有调控的手段，被开发商视为"不可行"，被迫进行"可行"的"不合理"调整。又如，一些完全应该由政府承担的公益设施，如绿化、教育、公共服务设施等由开发单位承担，必然造成最大程度满足开发得益、而忽视公益设施建设质量现象。再如，城市规划是考虑整体利益、长远利益及综合利益的。单块基地的改造和开发，作为开发商确也难以承担在其义务和责任之外的负担（如保护建筑的环境要求等）。如果没有相应的调控机制，城市规划要么无法体现其科学性和超前性，只能局限于短期、局部的可行性；要么就根本无法实施。参照发达国家和地区城市规划立法的经验，规划法中很大部分篇幅是有关规划实施的，如开发费的收取及使用等。在有些专项法中，更注重城市规划实施的调整问题，如：旧城改造、历史文化名城保护、新城建设等方面的相关法。因此，在社会主义市场经济条件下城市规划的法规体系，必须注重对规划实施调控机制的研究，改变规划和实施"两层皮"的现状。笔者建议，着重在下面几个方面建立强有力的法律保障：

①以一定的方式保证规划管理部门掌握一定的经济调控手段，不至于使开发行为建立在就地平衡的基础上，建立"以丰补歉，以肥养瘦"的土地开发平衡机制。强化政府对上一级市场的调控力度。

②对重大的社会公益项目，建议在收取开发费的基础上，由政府组织实施，保证社会公益设施建设的进度及质量。

③在成片的旧区改造和新区开发中，需建立相应的开发管理机构并赋予其相应的权利和义务。

6. 城市规划管理手段的法律保障

城市规划管理是一项技术行政管理工作，在管理工作中要依法行政，但法定的管理手段匮乏和软弱的情况比较突出，尤其在建设工程规划管理和对违法建设的查处工作中显得很不适应。例如，对建筑工程或地区开发建设设计方案的规划审核，既缺乏刚性的技术规定，更缺乏柔性的环境设计准则，管理控制不力，其建设效果上多决定于建筑设计水平的高低，对于更多的建筑水平不高的项目，难以

从规划管理的角度加以引导、控制。又如对违法建设的查处，按目前《城市规划法》的规定，要强制拆除违法建设必须诉诸法院判决。这样就造成违法建筑只需要三四个星期就能建好，而拆除则要花上3个月或者半年，有时也未必能够拆掉。其他的罚款等处罚措施的力度也不足以形成威慑效果，甚至一些违法建设工程事先就准备罚款，因为规定的罚款金额对于违法建设的经济效益，不过是"九牛一毛"而已。因此，在城市规划法规体系中，要加强关于规划管理手段的立法，主要有以下几个方面：

①加强规划管理相关方面技术规定和引导性准则的立法。

②赋予城市政府以强制拆除违法建筑的权力。

③加大对违法建设的处罚力度，并对与违法建设有关的单位（如设计、施工）一并处罚。

④对于制止违法建设要求银行、供水供电等部门有责任协同采取措施。并可借鉴英国城市规划法律制度中"中止通告"的形式，如违法建设单位在接获规划管理部门"中止通告"之后继续建设，则是违反刑事法律的行为，严格查处，使违法建设消除在萌芽状态。

⑤对违法审批、违法建设的当事人及责任单位应负的法律责任，除经济处罚和行政处罚等民事责任外，对于情况恶劣的，应上升到刑事责任的高度。建议设立违法建设罪种，对违法建设的处理要提高执法的可操作性和对位性，要研究赋予规划管理部门执法的权力。

7. 城市规划监督机制的法律保障

目前，在国家和地方两个层次的规划法规中，关于监督机制的内容是很少的，即使有，也是非常原则的，难以操作。不合法的行政干预造成的"执法难、难执法"等现象就是监督机制不完善的具体体现。为保证依法治国方略的实施，国家在酝酿制定《监督法》。从城市规划依法行政的角度也必须建立和完善监督机制，笔者建议要加强下列几个方面的法律保障工作：

（1）加大人大法律监督的力度

要改变城市规划由政府编制、政府审批、政府实施、政府调整的现象，必须加强人大对规划工作监督的力度。城市规划的重大调整人大应预审批。随着城市规划诉讼条件的日益增多，应研究建立专业法庭的必要性与可能性。

（2）强化行政监督的职能

要明确各级城市规划行政管理部门的权力和义务，在当前特别要保障上级对下级机构的监督职能，使上级对下级机构违反规划、违反法规的决策，快速、有效、不受干扰地进行纠正、否决或其他形式的干预。下级决策行为失误遭上级否决而造成的赔偿责任，应由下级决策部门承担。下级机构的负责人的考评与任命，必须征求上级机构的同意。

（3）建立社会监督的渠道

要逐渐实施政务公开，为公众参与创造条件，政务公开是建立社会监督渠道的基础。城市规划的编制、审批，建设项目的审批必须公开化。公众参与规划是城市规划工作的必然发展趋势，在国外城市规划体系中已有相当成熟的经验，要结合我国实际情况进行消化吸收，在立法工作中保障公众知情、参与、监督的权利。

（4）建立城市规划监督申诉机构

建设单位也有对规划管理部门行使监督的权力。应建立适合城市规划工作特点的"申诉"机构，如申诉意见得到批准，规划管理部门要承担由此造成损失的责任赔偿。通过这种监督，可在一定程度上增强规划管理部门的依法行政意识。

四、编制我国拟定城市规划法规体系的基本框架

1. 编制的基本原则

拟定城市规划法规体系，是要把已经制定的和需要制定的城市规划的法律、行政法规与部门规章、政府规章、规范性文件衔接起来，形成一个相互联系、相互补充、相互协调的完整统一的体系，用以指导和推动城市规划领域的立法工作。因此，必须依据宪法和相关法律，结合在社会主义市场经济条件下城市规划工作的实际需要，坚持法制统一、协调配套、实用有效、科学借鉴的原则。

（1）法制统一的原则

城市规划法规体系是国家法律体系的重要组成部分。同时，城市规划法规体系又相对自成系统，即有相对的独立性。这就要求城市规划法规体系必须服从国家法律体系的总要求，与宪法和相关法律保持一致，行政法规、部门规章和地方性法规、政府规章、规范性文件不得与上位法相抵触。

（2）协调配套的原则

城市规划工作包括城市规划编制与审批管理、城市规划实施管理和城市规划行业管理三大组成部分。既相互联系，又各有特点。同时，城市规划工作具有很强的综合性。它与相关行业和领域关联密切，社会关系的调整范围相当广泛、复杂。因此，应当科学地拟定城市规划法规体系的框架和立法项目，使之完整、协调、配套。

城市规划法规体系所拟定的法律、行政法规与部门规章、地方性法规、政府规章、规范性文件，应能覆盖城市规划及管理的全过程，使各个方面都有法可依，有章可循，使城市规划管理的每一个环节都纳入法制的轨道。在体系内部纵向不同层次的法规之间，应当相互衔接，不能抵触；横向层面的法规之间，应当协调配套，不能相互矛盾、重复或者留有"空白"。此外，城市规划法规体系作为国家法律体系的一个子系统，还应当与其他法律体系相互衔接。

（3）实用有效的原则

一切从实际出发，这是历史唯物主义的一个基本原理，也是拟定城市规划法规体系的一项重要原则。由于城市规划工作地方性强，且我国立法工作一般做法是，先制定部门规章或地方性法规或行政法规，待条件成熟再上升为高一层次的法律、法规。此外，城市规划立法要从我国目前正处于社会主义初级阶段的国情出发，从实行社会主义市场经济体制条件下，城市规划工作出现的新情况、新问题出发，从城市规划工作的实际需要出发，根据城市规划事业和我国法制建设的规律，既考虑到每个规划立法项目的必要性，又要考虑到立法及实施的可行性，做到制定一个法规，就成功一个法规。

（4）科学借鉴的原则

拟定城市规划法规体系，既要总结国内规划立法的经验和教训，广泛学习各地和各个部门的先进经验，还应当科学地借鉴国外的城市的成功做法。随着对外开放政策的进一步实施，我国与国外城市规划界交往、合作日益增多，科学地、合理地借鉴国外对我国有用的立法经验，是十分必要的、有益的。这既可避免少走弯路，又可以使我国在国际交往中有较多的共同规范，有利于推动我国城市规划事业的发展。这次，我们在拟定城市规划法规体系中，就是在上海市城市规划管理局委托同济大学所做的《国内外城市规划法规对比研究》的基础上，吸取了一些国外城市规划立法经验，加以综合才提出来的。

2. 城市规划法规体系的基本框架

3. 关于城市规划法规体系基本框架的说明

（1）按照我国法律制度，一个完整的法规体系应该包括法律、法规、规章和规范性文件四个层次的法规性文件。由于时间关系，我们仅编制了国家层面的城市规划法规体系框架，在这个框架中内容不尽全面，也没有对法规、规章进一步划分。至于地方政府的城市规划立法，则需要根据各个城市的具体情况在这个框架的引导下细化。

（2）我国城市规划制度尚处于改革的阶段，有的城市（如深圳）已经借鉴香港的城市规划制度试行改革。在这个法规体系框架中，仍按现行城市规划制度，对城市规划编制与审批划分为总体规划和详略规划两个阶段。其中虽然列入了区划或法定图则的项目，还需要根据改革的进展再作取舍。

（3）由于我国法制建设尚处于不断完善的过程之中，城市规划立法相对滞后，笔者所编制的城市规划法规体系框架，仅供讨论，希望多提建设性意见，以备进一步深化。

五、近期推进城市规划法制化进程的若干建议

随着社会主义市场经济的发展和完善，党中央提出了依法治国的方略，并写入了我国的宪法，推

进城市规划法制化进程刻不容缓。这项工作面广量大，且法制化进程也是改革的进程，涉及的情况比较复杂，需要一个渐进的过程。建议当前做好以下三件事：

1. 修改《城市规划法》，为城市规划工作的改革和法制化进程的推进提供法律依据

修改《城市规划法》已经酝酿了很长时间，各地也提出了许多有益的意见和建议。我们研究认为，《城市规划法》的修改，在指导思想上要强调改革的思想，提高其指导性作用。建议在其内容上体现以下一些意见：

（1）关于机构设置

要明确国家—省（自治区）—市三级城市规划行政主管部门的职责。对于城市一个层面的机构，考虑到城市规划工作地方性强，20万人口以上的中等城市的机构需独立设置，并赋予这些城市人大有城市规划立法权。对于100万人口以上的特大城市应建立市和区（县）两级管理机构，并明确其隶属关系，保证城市规划的统一制定、统一管理、统一实施，鉴于城市规划工作涉及面广，需要协调的事务多，中等以上城市需设立城市规划委员会，明确其协调、决策、仲裁的职能。

（2）关于城市规划的编制与审批

界定好城镇体系规划、城市总体规划（含分区规划）和控制性详细规划作用、内容和编制审批程序。建议改革城市总体规划内容过于庞杂的问题，提高并规范控制性详细规划的内容深度，并建议由城市人大审批，提高其法律地位，严格其调整程序，使其真正成为管理与建设的依据。考虑到城市规划实施涉及的情况比较复杂，应规定哪些方面的调整需报人大审批，哪些方面的调整需报规划委员会审批，坚决杜绝调整规划的随意性。明确城市设计的地位与作用，规范其编制内容，纳入规划管理轨道。

（3）关于加强建设用地的规划管理

建设用地的规划管理是城市规划实施的核心。总结近几年城市规划实施的教训，必须大力加强建设用地的规划管理。应明确如未具备按法定程序批准的城市规划，不得随意开设开发区和安排建设用地。开发区的规划管理一律纳入统一的城市规划管理渠道。各城市要制定新区开发和旧区改造的规划管理规定，规范各项开发和改造的建设行为。建设用地规划管理与土地管理密切相关，要研究解决城市总体规划和土地利用总体规划需要协调的相关问题，并在规定中加以明确。城市土地基准地价的制定要密切与城市规划实施相结合。土地使用年度计划、土地储备计划和土地批租计划制定应由城市规划部门参加。

（4）关于完善"一书两证"制度。要规范"一书两证"的适用范围、审批程序和时效，尤其要补充明确城市国有土地有偿使用纳入"一书两证"管理渠道。

考虑到建设工程的复杂性，要界定零星建设工程范围，采取简易审批程序，尤其应明确将户外广告设置纳入规划管理轨道，严格控制各项临时建设工程。对于在审理"一书两证"过程中征求环保、消防、卫生防疫等相关管理部门意见，建议将目前由建设单位一家一户征询改为由规划部门在政府内部征询，综合意见批复，并建议将申领"一书两证"由建设单位委托有相应资质的设计单位办理，以提高效率、改善投资环境。

（5）关于加大监督检查力度

应立足于城市规划的实施来规范监督检查的工作内容，改变只抓违法建设，不管规划失控的情况。查处违法建设应规范其工作程序，加大处罚力度，重大法律责任要以违反刑法论处。对于拆除影响公共安全、公共卫生、公共交通和市容景观的违法建设，应赋予县级以上城市人民政府最终行政决定权。要研究规范对于建筑物擅自改变使用性质对周围环境造成不良影响的查处。建设项目竣工验收应发放"规划合格证"，并据此进行房地产权登记。进一步规范建设项目竣工档案收缴制度。

（6）关于引进公众参与机制

城市规划管理涉及社会公众利益，借鉴发达国家和地区的有益经验，需要引进公众参与机制。主要在城市规划编制、城市规划审批和建设项目规划许可证核发三个工作层面上引入公众参与机制，听取社会公众意见。考虑到我国国情，选择公众参与的适当方式，逐步推广公众参与的广度和深度。规划部门要实行政务公开，自觉接受社会公众监督。

2. 提高控制性详细规划法律地位，进一步发挥城市规划对于城市建设和规划管理的调控、指导作用

发达国家和地区的城市规划工作实践证明，在详细规划层面"立法"，是实施城市规划管理的有效举措。提高控制性详细规划法律地位的工作，除了在《城市规划法》修改中，明确法律依据外，还需要结合我国国情做许多深入细致的工作。我们研究拟提出以下一些意见：

（1）明确编制依据

首先应在城市总体规划的基础上，划分控制性详细规划编制单元范围。其次要分析城市总体规划对于该范围内控制性详细规划编制要求。对于大城市来讲，还需要先编制完成分区规划，方能明确这些要求。最后，城市规划行政主管部门要下达根据总体规划要求开展控制性详细规划编制的任务书。

（2）规范编制内容

总结近几年控制性详细规划编制的经验，借鉴"法定图则"的内容，主要明确规划控制性的刚性要求，例如道路规划红线、土地使用不相容性质的界定、市政公用事业用地范围、土地开发总容量和相关刚性规划指标，以及其他刚性控制要求（如高压线走廊、地铁控制线等）。对于有条件允许的建设事项明确其审批程序。在此要求下编制规划图纸、编写规划文本，以便于作为法律文件审批。

（3）统一编制单位

控制性详细规划作为城市政府建设和管理城市的依据，其编制应由其直管的城市规划设计单位统一编制。这样有利于贯彻城市总体规划意图，有利于相关内容的综合平衡和协调。

（4）提高审批层次

控制性详细规划报市人大或其常委会审批，以提高规划的法律效力，并有利于平衡部门和地区的利益，也有利于对城市规划实施的监督，使城市规划的严肃性大大提高。

（5）规范编制和审批程序

为保证控制性详细规划的合理性、科学性和可操作性，必须严格执行其编制和审批程序。城市规划委员会（小城市为规划行政主管部门）受城市政府委托作为控制性详细规划的组织编制单位，并审定由城市规划行政主管部门拟定的控制件详细规划编制任务书，下达给城市规划设计单位负责编制。城市规划设计单位需要加强调查研究，倾听并征求相关单位和市民意见，提出初步方案报规划委员会组织专家论证和市民听证会讨论确定修改意见，予以进一步修改完善。城市规划设计单位完成编制成果报规划委员会审议后，转报市人大审批。

（6）严格规划调整程序

由于城市规划实施涉及的情况非常复杂，且由于经济、社会发展等原因，往往要求规划作出某些调整。对于这些调整，属于重大调整的，应严格按照控制性详细规划编制与审批程序报经人大批准；属于局部调整的（如土地相容性的变更、地铁容积率调整等），则应报规划委员会审批。坚持杜绝随意调整规划的情况。

（7）建立规划实施的监督机制

规划实施的监督可以分为三个层面：一是政府每年对规划编制与实施情况进行跟踪检查，并向人大报告；二是规划委员会受理规划实施过程中申诉和争议的仲裁；三是公布规划内容，接受市民对规划实施的监督检查。

关于提高控制性详细规划法律地位，深圳已经实行，这样做并不违反现行的《城市规划法》，建议建设部总结深圳的经验，制定相关法规文件在全国推行。

3. 组织有条件的城市推行城市规划法制化和完善城市规划法规体系框架的试点，不断总结经验

城市规划法制化的进程，城市规划法规体系完善的过程，需要一定的时间。社会主义市场经济的发展和改革的深化给城市规划工作创造了良好的机遇，也提出了严峻的挑战。时不我待，必须见之于行动。需要不断实践，不断总结，才能不断提高。我们相信，面向新世纪的发展，一定能够走出一条有中国特色的城市规划法制化的道路。

第四章　区域规划的发展与完善

区域规划是对地区社会、经济发展和建设进行的总体部署，其中心任务是根据规划区域范围内的具体条件、特点和地域分工的客观要求，在统一的国家发展计划的指导下，明确区域及区内各地域单元发展的战略方针、协调区域内各组成部分的社会、经济活动，充分发挥全区的共同优势及区内各单元的比较优势，有效地开发利用资源，合理布局生产力和城镇居民点体系，使各项建设在地域分布上协调配合，顺利地进行地区开发、整治与建设，促进区域社会—经济—环境复合体的形成与发展。

区域规划制度就是保障区域规划合理制定、有效实施的政策、法律、规范体系的总和。

区域规划首先具有规划工作的一般性意义。区域规划明确了区域的总体发展方向、发展目标和发展战略，从而可以保证区域发展有章可循，也有利于调动区域各方面的积极性，集中人力、物力、财力，促进区域向一个共同的方向发展；同时，区域规划也是一种有力的宏观调控手段，对于区内各地区各部门的生产建设的计划和实施可以起到指导性的作用，有利于协调区内建设、避免盲目性。区域规划与其他规划的不同之处在于它是区域发展的综合规划，立足于全局，对其他规划和发展计划具有协调、综合、统一的作用。在纵向上可以有效地协调全国规划与城市体系规划之间的关系。在横向上可以对区域农业发展规划、工业发展规划、资源开发规划、土地利用规划、城镇建设规划、环境保护规划等各种各类专项规划的确定和落实起到协调作用。另外，我国经济已经由指令性的计划体制逐步转向社会主义市场体制，冲破以行政单元来组织生产的框架，按照市场规律组织经济活动已经成为一项迫切的任务。而按照经济影响区进行区域规划是加强跨行政区规划协调的重要手段。地域性是区域规划的重要特征，区域规划可以实现经济计划和产业规划的空间落实和地区协调。经济计划部门可以及时地制定出国家和地区一定时期内的经济发展计划和产业发展规划，这是计划时期内区域经济发展的目标和战略。而这些计划的实现必然要落实到空间上，即要实现生产力合理布局。这一问题的实质就是要进行合理的空间规划。这正是区域规划的核心内容。

改革开放以来，我国社会经济发展条件、发展背景和发展状况的巨大变化使得区际、区内各要素之间的联系更加密切，作用更加强烈，区域发展问题更加复杂。对整个区域的发展来说，城市规划、城镇体系规划、各种专项规划的重要性日益加强，但其本身的局限性也日益明显，对区域进行通盘考虑、对各种规划进行综合协调的任务已迫在眉睫。因此，确定区域规划制度和完善区域规划体系已经成为一项十分迫切的重要任务。

作为《社会主义市场经济条件下城乡规划工作框架》课题的专题之一，《区域规划的发展和完善》研究正是在这样一种背景下展开的。本研究首先对我国区域规划工作的发展历程和现状特征进行了讨论，对国外区域规划工作的特征进行了述评。在分析国内外区域规划工作特征的基础上，讨论了我国社会主义市场经济下区域规划制度改革的意义和区域规划体系框架，并提出了区域规划制度改革的重点与对策。

一、我国区域规划的发展与现状

1. 我国区域规划的发展概况

我国区域规划工作自20世纪50年代开展以来，真正实践时间不足30年，并先后历经计划经济、商品经济和市场经济体制。不同的经济体制，对区域与城市的发展、规划布局产生了不同的影响，区域规划的理论、编制依据、内容、方法以及实施途径也随之逐步演化。简要回顾这一演化过程，有利于认识和把握我国区域规划发展的脉络和特点，可以大致反映出我国区域规划发展以及今后区域规划工作改革与完善的目标取向。

（1）20世纪50年代：在计划经济体制下孕育萌生

①经济社会背景

我国区域规划实践发端于20世纪50年代。新中国成立后，我国实行了高度集中的计划经济体制，统收统支，中央政府利用计划手段集中大量财力、物力、人力开展了大规模的基本建设。区域规划围绕着落实国家重点工业建设项目逐渐开展起来。"一五"期间，为做好项目的空间布局，先是采取了由各部门单独选厂、各自建设的办法，此后为了协调各部门的发展，遂由国家计委、建委组织有关部门实行联合选厂，成组布置工业。随着建设项目的进一步增多，以及地区基础设施建设和城镇发展问题的日益突出，迫切需要把开发建设地区当作一个整体统一规划。由此，联合选厂的形式和方法逐步发展为多学科、多部门、多工种协作配合，统一规划，协调矛盾，综合平衡，多方案分析论证的区域规划。

②区域规划实践

"二五"期间（前3年）是我国区域规划工作制度建设的重要时期。主要表现：一是区域规划工作问题列入1956年全国基本建设会议议题，同年国家建委制定了《区域规划编制和审批暂行办法》；二是1956年5月8日在国务院常务会议上通过了《关于加强新工业区和新工业城市建设工作几个问题的决定》，明确规定了区域规划工作的性质和任务，成为我国关于开展区域规划工作的第一个法律性文件；

三是国家计委、国家建委设置了相应的区域规划机构，建筑科学院成立了"区域规划与城乡规划研究室"；四是开展了区域规划有关理论与实践的探讨，茂名、个旧、兰州、湘中、包头、昆明、大冶等地区先后进行了区域规划，贵州、四川两省也按省内经济区划分的方式开展了全省区域规划。1960年，国家建委组织召开了辽宁朝阳地区区域规划经验交流现场会；同年在长春召开了集中讨论区域规划的理论与方法问题的经济地理学术讨论会。

③区域规划内容及特点

这一时期的区域规划以前苏联地域生产综合体理论为基础，即把规划地区各类经济活动作为一个整体来看待，综合组织安排。规划基本上是以新建工业企业选址为核心，通过大型企业布局带动新城建设，组织地区经济协作。规划考虑的主要是避免重复建设和迂回运输，使各项建设得以在时间和空间上相互协调。具体内容包括：划分经济区，明确区域地位及发展方向；合理布局工业建设，正确处理集中与分散关系；开展农业区划，合理安排各项生产用地；城镇居民点布局与基础设施布局。从规划范围来看，当时的区域规划是在城市规划的基础上适当扩大范围而来，规划的区域一般仅限于一些重点地区。另外，规划的综合性也并不突出，全国范围的区域规划亦没有开展。

20世纪50年代，区域发展重点在内地，反映了当时谋求沿海与内地均衡发展的思想。这期间的区域规划工作处于初步摸索阶段，但对于合理布置工业生产力、组织地区协作、促进工业和城镇建设起到了积极的作用，并积累了一定理论和实践经验。同时，也使较多的人了解区域规划的意义、基本理论和方法。此后，因受当时浮夸风影响，区域规划出现脱离实际的倾向。三年困难时期，国家主管区域规划的职能部门被撤销，各地的区域规划工作也随之停顿下来。十年内乱期间，区域规划及其研究工作完全处于停顿状态。

（2）20世纪80年代：在商品经济体制下发展成长

①经济社会背景

十一届三中全会后，党和国家的工作重点转移到了经济建设上来，并实行了一系列的改革开放政策，这无疑为区域规划的开展创造了条件。首先，传统的计划经济体制得到改革。在"放权让利"思想指导下，我国经济体制从中央高度集权型的计划经济，转向"统一计划，分级管理"，并提出发展有计划的商品经济。"放权让利"，扩大了地方财政管理权限和收支范围，调动了地方政府组织发展经济、培养财源的积极性，从根本上确立了区域作为发展主体和利益主体的地位。其次，实行了农村经济体制改革，使农业由单一、半自给的自然经济向商品经济转变，促进了农村经济的发展，推动了城市化的进程。第三，进行城市经济体制改革。强调发挥城市作用，提出"要以经济比较发达的城市为中心，带动周围的农村，统一组织生产和流通，逐步形成以城市为依托的各种规模和各种类型的经济区"，并推行了"市带县"和"整县改市"的行政体制。市带县体制扩大了城市的地域概念，城市已不再是原来意义上点状的单个城市，而是一个相当大区域的城乡兼有的聚落群体，中心城市与其周边地区的经济联系逐渐增强。市域成为城市政府考虑自身发展的基本地域单元。因此，开展市域规划，通过科学的区域规划对相关城市和区域的发展加以引导和控制，以更好地指导城市建设，成为城市政府的迫切要求。这一时期，国土规划、区域规划和城市规划均受到重视，并普遍开展起来。

另一方面，城市的迅速发展以及以城镇为核心的区域经济的发展，迫切要求编制城市规划，明确城市发展重大问题。但由于缺乏国土规划大纲的指导，区域资源利用和经济开发方向、主要规划项目及布局意向不明。在此情况下，为适应城市发展需要，市域城镇体系规划应运而生。1984年的城市规划条例第一次提出："直辖市和市的总体规划应当把行政区域作为统一的整体，合理部署城镇体系。"之后，全国各地广泛开展了市域城镇体系规划的实践，并积累了一些经验。1989年，《中华人民共和国城市规划法》进一步把城镇体系规划的区域尺度向上下两头延伸，明确规定"全国和各省、自治区、直辖市都要分别编制城镇体系规划，用以指导城市规划的编制"，"设市城市和县城的总体规划应当包括市

或县的行政区域的城镇体系规划"，各省也根据自己的实际情况，制定了具体的实施办法。此后，全国、省、自治区、直辖市和地级市、县级市、县域的城镇体系规划全面展开。

②区域规划实践

区域规划的恢复和重振首先是从国土规划试点地区开始的。遵照中央书记处关于开展国土整治工作的指示，1981年10月国家建委设置国土局，并着手进行了一系列区域规划试点工作，如豫西地区、湖北宜昌地区、浙江宁波滨海地区、吉林松花湖地区等。1982年机构调整，国土规划工作划归国家计委。1986年各省区相继开始编制国土规划，与此同时，地级、县级区域规划也陆续展开。

③区域规划内容及特点

这一时期的区域规划较之20世纪50年代更具有综合性、整体性，并将系统工程原理运用于规划实践。各地国土（区域）规划从本地区资源优势和制约因素出发，制定了资源开发利用、环境治理保护的总体部署，具体内容包括区域生产力布局、自然资源开发利用、基础产业配置、人口配置和城镇布局、环境综合整治。20世纪80年代的区域规划沿袭了以往注重生产力布局和区域综合发展的特点，是较典型的"经济规划型"的区域规划。事实上，区域规划还应高度重视空间发展和城镇化的进程，特别是对空间资源利用的高度重视和各项建设用地的空间安排。

市域规划是区域规划一个新的分支类型，是强化中心城市作用的经济区域规划，反映了20世纪80年代融区域与城市为一体的规划思想。市域规划的重要内容是组织和协调同一经济区内的城镇体系。城镇体系规划是在分析区域发展条件和制约因素的基础上，提出区域城镇发展战略，确定资源开发、产业配置以及生态环境保护、历史文化遗产保护等综合目标；预测区域城镇化水平，调整现有城镇体系的规模结构、职能分工和空间布局，确定重点发展城镇；原则确定区域交通、通信、能源、供水、排水、防洪等设施的布局。城镇体系规划为市域经济的发展和城市总体规划的编制提供了区域基础和科学依据。

然而，尽管城镇体系规划具有区域规划的性质，但还不能称为严格意义上的区域规划，更不能将其等同于区域规划。城镇体系规划包含了区域规划中社会经济发展的主要内容，但主要还是侧重于研究城镇的规模结构、职能分工和空间布局，不能涵盖区域规划的全部内容。当然，就城镇体系规划本身而言，现有深度已完全符合其应有的深度要求，但是，将城镇体系规划纳入城市总体规划中的做法，非但没有给区域规划应有的重视，反而肢解了区域规划的内容，大大削弱了区域规划对城市规划的指导作用。因此，城镇体系规划应上升为区域规划。值得欣慰的是，由于《城市规划法》予以的法律保障，城镇体系规划具有严密的组织特性和法制性，已经形成了一整套自上而下的管理体制专司规划的编制、管理和实施，而且，多年实践形成和积累了大量研究成果，为今后区域规划研究打下了良好的基础，并将推动今后区域规划工作的开展。

（3）20世纪90年代：在市场经济时代渐趋成熟

①经济社会背景

20世纪90年代中国经济体制发生了根本变化，社会主义市场经济体制得到了确立。影响城市和区域经济社会发展的外部环境发生巨大改变，生产要素的流动得到加强和扩大；资源配置越来越多地遵循经济规律；大都市区、城市密集地区及以重要交通线为纽带的地区间经济联系日益密切。在市场机制的调节作用下，区域和城市经济发展迅速由地区分割走向地区开放，并在区际分工与协作基础上形成区域经济一体化。区域经济一体化迫切需要制定区域规划，从宏观上控制和引导区域和城市的发展，特别是要协调相关地域间关系。因此，20世纪90年代区域经济的发展，客观上对区域规划工作提出新的内在要求。

②区域规划实践

据不完全统计，20世纪90年代以来，全国除个别省份尚未进行全省城镇体系规划外，90%以上的省、自治区、直辖市都开展了或正在开展全省城镇体系规划工作，其中，浙江、广东、云南、贵州、安徽、吉林、山东等7个省已报建设部审批，并且广东省已进入了全省城镇体系规划的第二轮修编。

同时，还有7个省区先后开展了包括基础设施规划、产业布局规划、城乡建设规划、环境保护规划等内容在内的省内经济区规划。据对16个省区进行的调查来看，20世纪90年代共有7个省区在省计委负责组织下，编制了省内经济区规划。另外，调查显示，跨省域区域规划大部分是开展于20世纪80年代，20世纪90年代开展的仅有一项。

③区域规划内容及特点

20世纪90年代区域规划吸收了西方区域规划思想和方法，特别是将可持续发展原则贯穿于区域规划之中。同时，区域规划技术手段也大为提高，尤其是计算机技术、地理信息系统和区域规划模型的建立和应用。这期间区域规划类型多样，内容丰富，但"经济规划型"特点未变。区域规划具体内容包括：平衡经济和社会发展；土地、水、矿产资源的开发利用；改造大自然的大型工程（如三峡筑坝、京九铁路、欧亚大陆桥、南水北调、三北防护林体系的营建等）的论证及后效应预测；生产建设的总体布局；水源、能源、交通、通信等基础设施的全面规划；环境的综合治理，以及经济发展和自然环境的协调等。20世纪90年代区域规划以部门规划为主，大多是以国家计委、建设部、水利部、国家三线调整办公室等各部门为主分头组织编制，区域规划的综合性不足。以部门为主编制的区域规划，难以充分保证相互协调地解决各种有关生产生活、城市建设、资源利用等重要问题。资源利用效率低、重复建设、区域经济发展不平衡、环境与生态保护等区域性问题和矛盾在20世纪90年代的表现日益突出，迫使各级领导认识到必须对赖以生存的空间环境进行有计划的开发、保护与管理。如何做好地域规划、管好地域空间秩序和地域建设已成为各级政府，特别是省政府及有关部门关注的大事。区域规划体系完善和发展问题提到了议事日程。

2. 我国区域规划的类型及效果

（1）我国区域规划的类型

区域规划是以特定的区域为研究对象的，不同地域层次、不同属性和特征的区域，往往在规划目标和内容上有所不同。由于观察和分析的角度不同，区域规划类型的划分方法也是多样的。根据我国区域规划的开展情况，可按地域层次划分成：全国性的国土整治和国土综合开发规划；跨省、直辖市、自治区的大区级的国土规划；以省、直辖市、自治区为单位的区域发展规划；省以下地区（包括各类省内经济区）的区域规划、市/县域规划。

全国国土规划的提出是在1981年4月，中央书记处作出开展国土整治工作的指示，同年10月国家建委设置国土局，并着手国土规划的初步研究。1982年机构改革，国土规划工作划归国家计委。1985年，国务院再次强调要编制全国及各省市区国土总体规划。1987年由国家计委国土局组织力量编制了《全国国土总体规划纲要》，建设部承担了城市发展战略和全国城镇体系规划的研究和编制任务。由于种种原因，全国国土规划一直没有最后完成。后随着地方自主权的扩大，国家对空间资源开发的宏观调控权弱化，部门规划之间、部门规划与空间规划之间矛盾冲突现象严重。

跨省、直辖市、自治区的大区级国土规划开始于改革开放初，依区域功能特点可划分为几种：①经济区区域规划。这类区域规划的特点是强调中心城市的辐射作用，以经济联系为主要内容，通过构造单中心、双中心或多中心的城市经济网络，合理组织区域规划。《京津唐地区国土规划纲要》是20世纪80年代初开展的经济区区域规划，也是我国开展最早的跨省、直辖市、自治区的大区级规划。之后，以上海为中心的长江三角洲经济区规划、环渤海经济圈国土开发与整治规划、陇海—兰新地带城镇体系规划等陆续开展。此外，还有铁路沿线地区经济开发规划，如南昆铁路沿线区域生产力布局规划、株江—六盘水铁路沿线经济带发展布局规划、京九铁路经济带开发研究等。②能源和资源开发规划。主要是开发利用当地自然资源、多与采掘与原材料工业的开发建设有关。如以山西为中心包括蒙南、渭北、豫西、冀西四省区的能源和重化工基地的发展规划、东北能源交通规划、攀西六盘水地区资源综合开发规划等。③流域综合开发规划。主要包括江河开发治理、水资源利用、水土保护、自然环境整治等内容。如1954年开始的黄河综合利用规

划、1956年开始的长江流域规划，以及后来的黄淮海平原综合治理规划、珠江流域规划等。此外，还有以农业生产布局和结构为内容的农业区划。

省、市、区区域规划以省、直辖市、自治区为单位的区域规划，即以整个地区的综合发展规划为基础，主要解决整个地区的生产力综合配置问题。改革开放以来，全国各地进行了多方面的规划工作，常见规划形式：①省域国土规划，是在配合、参加全国国土总体规划纲要编制的基础上开展起来的，1986年以来，各省区相继开始编制国土/区域规划。②省域城镇体系规划，由建设部门组织编制，20世纪90年代以来，90%以上的省、自治区、直辖市都开展了或正在开展全省城镇体系规划工作，其中，广东、云南、贵州、浙江、山东等7个省已报建设部审批，并且广东省已进入了全省城镇体系规划的第二轮修编。省、直辖市、自治区区域发展规划在我国的经济建设中一直占据主要地位，进入20世纪90年代，区域性问题和矛盾日益加剧，开展省域规划在当前具有很强的现实意义。

地区级区域规划即省以下地区（包括各类省内经济区）的区域规划。我国省内的地区一级行政区，多由若干县或县级市组成，人口较多，具有基本的地区经济综合发展条件。这一级的区域规划形式多样，已完成的规划数量大。主要规划形式：①省内经济区规划。规划内容一般包括基础设施规划、产业布局规划、城乡建设规划、环境保护规划，广东、云南、陕西、福建、河北、四川等地分别由省计委负责组织编制了省内经济区规划，如珠江三角洲经济区规划、广东省东西两翼区域发展规划。②地区城镇体系规划，包括地级市市域城镇体系规划。本次对16个省区的调查显示，除3个直辖市无相应建制外，13个省区中有5个省区已百分之百完成地级市的市域规划，其余8个省区的地级市中已编制市域规划的占40%。从完成时间来看，47%的地区城镇体系规划完成于20世纪80年代，完成于20世纪90年代的占53%。此外，不少省区还完成了各类地区级城镇体系规划，如江苏东陇海地带城镇体系规划、云南沿边一线城镇体系规划等。③由若干个大中小城市集聚而成的城市群规

划，如辽宁中部城市群规划、滇中城市群协调发展规划。④沿江、沿海地区规划，如江苏省长江沿岸地区国土规划、江苏省沿海地区国土规划、浙江省海岸带规划。地区级区域规划，在我国按行政区划分的各级区域规划体系中起到了承上启下的枢纽作用，对发挥中心城中作用，加速地区经济发展具有重要意义。特别是在当前情况下，加紧对各种矛盾比较集中的经济发达地区进行区域规划已是势在必行。

市/县域规划即县级市域规划和县域规划，是我国区域规划的基层地域规划。县级市/县域规划以经济和社会发展战略为基础，在综合各部门各行业发展规划基础上，统筹安排道路、电力、通信等基础建设。全国1990年底已有239个县级市或县域开展了市/县域规划。本次对16个省区的调查显示，上海市已百分之百完成所辖县的县域规划，其他13个省区中有4个已百分之百完成所有县级市市域规划及县域规划，其余9个省区的县/市级区域规划已完成约占30%。从规划编制的时间来看，43%的市/县域规划是20世纪80年代编制的，57%的规划集中于20世纪90年代完成。江苏省市/县域规划工作开展较好，20世纪80年代末到20世纪90年代初，全省从省辖市、县级市到县都做了市县域规划，其中1992年与德国合作进行了《扬州市区域综合发展规划》，1995年编制的扬中市域规划获全国优秀规划设计三等奖。开展县域规划工作，有利于更好地发挥基层经济组织的能动性和创造力，有利于更好地实现城乡结合的布局原则，推进经济建设城乡一体化的进程。

综上所述，针对几种不同的地域尺度，计委、建设部门、国土部门都分别进行了内容各有侧重的区域规划，即省域/市域/县域经济社会发展规划、省域/市域/县域城镇体系规划、省域/市域/县域国土规划。从规划内容上看互有交叉重叠，但计委的区域规划是发展规划，只考虑发展的框架、速度，不关心落实在哪儿，对发展规划的空间落实只作粗略的考虑。国土资源部将国土定义为资源，国土规划变成了忽视基础设施及空间布局的资源规划。建设部门的城镇体系规划则更多强调与城市规划衔接、强调空间规划，侧重地域空间的发展和人口城市化、空间布局问题。

实践证明，城镇体系规划通过空间规划来协调、决定城市规模的大小，是比较有成效的区域规划实践。但是，限于目前部门分割的现状，规划建设部门要在区域规划工作中扮演更加重要的角色，还必须得到各级政府的授权。

（2）我国开展区域规划工作的效果

我国区域规划工作在实践探索中不断发展，对指导经济社会发展发挥了积极的作用。

①指导城镇合理、有序发展

区域规划的开展，特别是区域城镇体系规划的开展，较好地指导了城市总体规划的编制，避免了城市发展过程中出现的就城市论城市的片面性，对城镇的发展起到了宏观指导和促进作用。通过不同范围的区域规划及相关规划研究，明确了区域内城镇的地位、性质、规模和发展方向，奠定了城镇发展格局，使城镇发展规模有了可信服的控制依据，为相邻城市的协调提供了原则和方向，特别是对新设城镇更具指导作用。另一方面，《城市规划法》明确了作为区域规划重要组成部分的区域城镇体系规划的法律地位、行政主管部门、编制内容，各省、自治区、直辖市和各城市也按照自己的实际情况和权限制定了地方法规及相应规章制度、实施办法、工作程序，从上到下已形成了一套法定的审批程序，区域规划机制已初步形成。

②引导政府和企业的投资行为

不同层次和范围的区域规划，对区域进行了较为系统的研究，明确了区域产业布局现状、产业结构调整方向、主导产业选择、经济发展趋势以及重大资源开发项目，并对区域内铁路、公路、航空港、内河航运等交通和能源建设都有框架性的规划，因此，区域规划为政府和各部门、企业、社会各界提供了较为理想的决策依据，对区域范围内重大项目的立项、选址、布局具有指导作用。就企业而言，一方面，企业通过比较优势的考虑，能够更好地把握投资行为；另一方面，由于企业投资受区域基础设施建设规划的影响，区域规划可有效引导企业投资行为的区位选择。

③较好地指导资源综合利用和环境保护

区域规划对土地资源的开发、利用、治理、保护有框架性的规划，对基本农田保护，中低产田改造，农业及非农建设用地进行了分区规划，对节约和合理利用土地较好地发挥了指导作用。区域规划在协调地区水资源开发利用，建设跨流域的调水工程，协调流域环境保护，调整沿流域工业用地，提高水资源的综合利用率以及环境保护方面也具有指导作用。广东省通过区域规划，确定了区域开敞区、生态敏感区，较好地保护了区域环境。

④强化了干部群众的区域观念

区域规划工作的开展，使广大干部和群众树立了区域观念。编制规划，是各级领导、各部门提高认识、统一思想的过程，通过与相邻省区、市区的协作，完成相互衔接或者穿插、包容的区域规划，加强了区域观念，拓展了区域的概念，尤其在社会发展、市场、资金、产业优势互补互惠互利等方面有了更深的认识，能在一定程度上考虑区域发展的需要。提高认识，统一思想，为顺利组织实施区域规划打下了基础。

3. 我国区域规划存在的主要问题

我国的国土规划、区域规划工作起步较晚，改革开放以来，特别是1992年以后，区域规划工作明显滞后于社会经济发展和大规模的城市建设，由此产生了许多问题。这些问题可粗分为两个层次：一是问题的表象，即20世纪90年代备受关注的区域性问题；二是深层次的矛盾和问题，即区域规划工作的法制、机制和体制等问题。

（1）区域规划问题的表现

20世纪90年代区域性问题日益突出，主要表现为四个方面：

①区域性基础设施各自为政，重复建设

重复建设在中国是十分突出的问题，20世纪80年代小纺织、小化肥、小钢铁厂以及彩电、冰箱生产线的重复建设，20世纪90年代又演化为基础设施的重复建设。为提高自己的区域地位，一些城市从自身的发展需要出发，盲目追求基础设施和公共服务设施的自成体系，不惜代价地建设本应属于区域

性的大型基础设施，最为突出的即机场和港口的重复建设问题。珠江三角洲直径约200km范围内已有5大机场（香港、澳门、广州、深圳、珠海），山东半岛内已建机场5个（青岛、烟台、威海、潍坊、东营），这些机场建设不考虑合理的运输半径，造成项目布局不合理、大型设施闲置和巨大浪费。福建、四川也已出现同样问题。港口建设上，长江下游地区江苏境内245km的主航道内，已建、在建和将建的万吨级的泊位达到135个。"开发区"热潮中，无计划征用和过量出让土地，建设用地失控，导致大量土地闲置不用而抛荒，造成土地资源浪费。

②城镇发展缺乏区域控制，盲目性较大

城市间相互攀比，贪大求大，盲目扩大城市规划的人口和用地规模，这一现象在前一时期的城市发展中尤为突出。相当一些城镇不是依据区域性规划的指导，而是根据自己需要来确定城镇的区域地位、选择城市性质和功能，造成了城镇之间缺乏合理的职能分工与有机协作，不同规模等级城镇间纵向分工不明显、同一级规模等级城镇间竞争多于合作，区域协同发展的整体效益难以充分发挥。另外，盲目发展"马路经济"，不少城镇沿省道、国道一字铺开，城市形态呈线状畸型发展，城镇建设长远发展受到制约。

③区域生态环境恶化，污染严重

城市发展过程中，流域水环境污染加剧，长江、珠江水网地区污染严重，上游城市造成下游城市水源污染，相邻地域污染问题时有发生，环境保护形势不容乐观。另一方面，乡镇企业布局散乱，废气、污水超标，污染严重；城市建设用地扩展，城市绿地大量减少，人居环境质量下降。以牺牲环境为代价的发展带来的恶果已经显现。

④区域水资源的分配与利用矛盾加剧，区际摩擦增多

水资源的开发利用越来越影响到相关地域的发展。目前，北方缺水地区问题日趋严重，黄河全年断流期已超过150天，黄河两岸调水工程的总能力已远远超过了黄河一年的泾流量，已给沿岸区域和城市的国民经济带来了巨大损失。水资源短缺已成为城市发展的制约因素，城市间争水，特别是城市

水源的确定和调配，已成为区际摩擦的重要诱因。

（2）区域规划工作的法制、机制和体制问题

①区域规划缺乏法制保障

我国区域规划开展几十年来，有据可查的全国性区域规划相关政策法规仅限于1956年国家建委制定的《区域规划编制和审批暂行办法》和1989年《城市规划法》中对城镇体系规划的有关要求。20世纪80年代，国务院曾就编制全国国土总体规划纲要下发过相关文件，但20世纪90年代以来发布的有关区域规划的法规和政策措施基本上是空白。时至今日，由于人们对区域规划的内涵界定仍不十分清晰，认识不一致，全国性的综合的《区域规划法》还没有提上议事日程。区域规划立法的滞后，致使区域规划的法律地位不明，区域规划的权威性难以确立，区域规划的组织、编制、审批、实施等规划基本问题得不到解决，并直接影响到区域规划工作的开展。目前，严格意义上的区域规划还没有普遍开展，法定的审批程序和审批成果也没有形成，对违反区域规划的行为没有有效的处罚措施，区域规划权威性难以保证。区域规划工作还处于"人治"而不是法治状态，区域规划的开展与否尚有赖于领导者对区域问题的认识程度。因此，立法先行，健全区域规划法律法规，加紧出台区域规划的编制办法，以统一各相关政策，使区域规划工作有法可依，有法可循，已成为大家的共同呼声。

②区域规划还没有得到应有的重视

正如同认识城市问题花费了几十年的时间一样，人们对区域问题的认识同样要花上几十年时间，而且也只有随着区域性问题和矛盾的加剧，区域规划的重要性才会引起各级政府和领导的重视。目前，人们特别是各级领导对区域规划的认识程度不一：一是区域意识还很薄弱。由于区域规划还不是法定的规划，很多地方领导并不重视区域规划工作，对区域规划的作用、意义也不了解，对具区域规划性质的城镇体系规划的作用和地位也缺乏认识。二是对区域规划的认识存有很大局限性。一般来说，省级政府领导的区域意识很强，普遍对区域规划较重视，但仍未能从制度上、财政上、政策上对区域规划工作给予必要的支持。三是实施区域规划的自觉

性有待提高。地方政府领导虽有较强的区域意识，但在现行财税体制和行政管理、干部考核制度下，地方政府角色由原来的中央或上一级政府发展目标的执行者，演化为地方自身发展利益的追求者，各级行政领导更关注的是自己管区内的事务，一旦区域性问题，尤其是跨行政区的规划与自己管区利益有矛盾时，往往不遵循区域规划的要求。因此，提高各级地方政府、各专业部门对区域规划的认识，是搞好区域规划工作的关键。

③区域规划投入不足

a. 资金投入不足

"富建设，穷规划"，舍不得花钱搞规划是较普遍的现象。对于强调区域的整体利益和长远利益的区域规划，这一问题尤为突出。各级区域规划，特别是省、地、市、县级区域规划的编制资金很难落实，资金来源的渠道没有保障，通常是政府一次性拨款用于编制规划，而且资金投入也有限，其结果一是难以有高质量的规划成果问世；二是规划的日常工作和调整、修编经费无着落；三是只有编制经费，没有配套资金，无法通过经济手段激励地方遵照区域规划，引导和督促区域规划的实施。

b. 人力投入不足

区域规划的编制是一项综合性、战略性很强的工作，区域规划的实施更是一项长期性、经常性的工作。因此区域规划工作需要人力的投入。目前，区域规划人力投入不足，表现为：一是没有足够的资金调动足够的人力和物力编制规划，从而导致区域规划编制周期过长，以致滞后于各专业规划，失去了区域规划的宏观控制、协调和引导作用；二是没有足够的人员和机构推动和监督区域规划的实施；三是区域规划技术力量不足，技术人员有待培训，规划编制和管理人员的认识水平和理论修养、实践能力亟待提高。

④技术投入不足

编制科学合理、高质量、高水平的区域规划离不开现代科技手段如GIS、计算机等的支撑。目前，区域规划编制中基础信息搜集、分析处理的技术手段尚跟不上区域规划工作实际需要。另一方面，规划实施的监测与管理技术手段也还远不能适应经济

社会发展的需要，缺乏完整、科学、动态的信息反馈过程，如地理信息系统与动态模拟等先进手段的运用。

⑤区域规划事权不明，体制不顺

第一，部门分割，事权不明。现行体制下，区域发展的规划、建设、管理职责分属不同部门，如国家计委负责国民经济发展计划的编制，侧重于发展目标的确立；新成立的国土资源部强化了其管理土地的职能，建设部始终致力于城乡规划、建设工作，且各相关部门又分别依照各自的行业立法主管其职责范围的事务，导致问题丛生。主要问题：一是事权不清，区域规划的组织编制、监督实施和协调职责主体不明。区域规划尚未纳入政府行为，没有从体制上明确政府牵头编制规划的职责，没有明确省、国家规划管理部门实施规划的职责、实施规划的程序、管理手段。建设部对开展区域规划工作也没提出明确的要求。二是相关规划间缺乏协调。目前计委、建委、国土、交通、环保、水利等各部门从自身工作需要出发，都先后编制了自己的区域性的规划。但由于各专业部门之间沟通比较困难，规划彼此不相协调，特别是城市规划与土地利用规划的矛盾较深，主要表现在三个方面：a. 统计口径和分类不统一；b. 规划方法不同；c. 规划时序衔接问题。由此产生的另一个问题是规划协调的难度大，因为部门间缺乏正常的协调途径，主动出面去协调其他部门的是少见的、甚或是不正常的。即使统一的、综合性的区域规划具有协调的作用，但依目前区域规划的地位，其对行业规划的约束性也很小，更何况严格意义上的区域规划还没有普遍开展起来。

第二，地域分割，区域规划调控机制不健全。20 世纪 90 年代随着市场经济体制的确立，各种横向经济联系虽然得到不同程度的发展，但现行以分权为主要特征的经济管理体制强化了以行政管辖范围为界的区域经济利益格局，一些地区贪大求全，各自为政，在一些跨行政区的区域性发展问题上互不协调、互为掣肘，难于达成共识，在产业发展、大型基础设施建设及土地开发等方面过度竞争，造成资源的严重浪费和环境的恶化。地域分割、地方保护主义等一系列问题的产生主要是由于新旧体制转换引起的宏观调控不力、市场发育不健全和中央地方两级关系不顺所致，问题的解决关键要通过区域规划和与之配套的区域政策、经济杠杆、法律手段、行政措施，造就一种促进地方政府在地区经济发展中注重长远利益的机制，按照互惠互利、风险共担、发挥优势的原则，采用分税收、分利润、分产品、分产值、分就业指标等办法，引导各地区在区域范围内选择最佳的区位点、最佳的筹资方式联合投资建设。但目前跨行政区的区域规划尚没有相应的组织协调管理机构，如由各种相关机构、相关地域组织共同组成的规划协调委员会，区域规划的调控手段弱，既没有经济上的调控能力也没有政策上的权威性，区域规划的协调工作往往是无效的"空调"。

⑥区域规划理论、方法有待更新

我国区域规划起步于"一五"建设时期，以前苏联地域生产综合体为区域规划的理论基础，以国民经济计划为编制依据。市场经济条件下，由于投资主体、利益主体多元化，区域规划编制依据发生很大变化，特别是面对空间资源开发利用无序状况下，这一套理论已难以适应市场经济需要。第一，现行区域规划在内容和方法上多以发展战略规划为主，热衷于描绘最终蓝图，但对如何有效地控制、协调和引导空间开发活动显得力不从心。第二，现行区域规划对操作研究不够，例如，对区域内不同利益集团之间利益平衡机制的研究缺乏；对相关配套政策如区域产业、空间、社会等政策研究不足；区域规划成果法制化程度不足，没能有效转化为行政依据和技术指标，通过地方立法将行政依据转化为法规和相关政策，导致了区域规划成果在实施中难以操作，执行难度大。因此，区域规划理论亟待更新，在内容和方法上以空间为重点，强化区域规划可操作性。

二、各国区域规划制度及体系的比较

1. 国外区域规划发展的历史与类型

（1）区域规划发展的历史

①区域规划的成立

世界各国区域规划的发展，与各国区域经济发展的进程是密切相关的。19 世纪末至 20 世纪初，为了解决 18 世纪末产业革命所引起的特定的社会和经济问题，尤其是城市的内部混乱和无秩序扩张问题出现了现代城市规划与区域规划，英国霍华德的"田园城市"构想被称为是最早的区域规划。早期的区域规划多为对经济发展迅速超常地区基础设施的统一协调性规划，如德国 1911 年的大柏林构成规划和 1920 年的鲁尔煤矿区规划、美国 1929 年的纽约城市区域规划、前苏联 1934～1936 年的顿巴斯矿区规划等。

1929 年的"世界恐慌"导致了西方世界各国的经济大衰退，20 世纪 30 年代开始，为了解决某些区域，特别是煤矿和钢铁工业地区的严重经济衰退问题，区域规划受到了各国的重视。这个时期的区域规划主要是指区域开发的经济规划，如 1934 年英国政府制定了"特别区域法"，以求促进新的工业迁到那些经济衰退地区，从而创造更多的就业机会。1937 年，英国政府又设立了一个研究工业人口地理分布的皇家委员会（又称"巴罗委员会"），负责全面调查工业和人口地理分布的成因以及未来各种影响因素的变化趋势，并提出建议。巴罗委员会明确提出了区域问题研究应与大城市集聚地区的物质环境增长问题联系起来，并认为它们是同一问题的两个侧面。此外，巴罗委员会还研究了许多相关问题，其中包括通过建立一个更有效的城乡规划体系来控制城市和城镇集聚区的增长和保护农业用地问题。巴罗委员会在英国区域规划史上占有重要地位，这个委员会的主要成员是英国规划体系的缔造者。二战后，经济工业化和社会城市化的急速发展，以及生产力的巨大进步，迅速改变了原有的区域经济结构、社会结构和生活环境。工业和交通设施高度集中，大城市人口持续增长，土地供应越来越紧张，空气、水体等环境卫生状况严重恶化，等等，导致社会经济区域空间组织矛盾日益复杂化、尖锐化。在这种情况下，为了解决上述矛盾和问题，各国的区域发展纷纷提出了要对经济社会的地域结构进行重新调整，将工业生产适当分散布局，规划开发新区，控制疏散大城市人口，加强土地利用的管理，改善原有的区域交通运输网，进

行环境保护与整治等。由此，区域规划被认为是解决这些问题的重要前提，成为区域立法和行政部门制定有关法令和区域政策的基础，得到了广泛的推行。

②区域规划机构的发展

各国区域规划的开展首先是成立了一系列的规划机构，进行了规划立法工作。如在前苏联，规划组织和研究机构就有国家计委地区计划司、国家建委区域规划局、各加盟共和国区域规划设计院、中央城市建设规划设计院、科学院地理研究所、综合性大学地理系等。在德国，联邦政府中有地区规划、建设及城市发展部，颁布有区域规划法，各地区均有社团性质的区域规划协会或联合会，并拥有诸如区域研究与区域规划研究院、地理及区域规划联合研究所等历史悠久的地区性的科研机构。在英国，政府经济部门中设有区域管理局，各地区都有较独立的区域规划委员会，其他还有如伦敦经济学院、区域科学协会等各种从事或涉及区域规划的学术团体或研究机构等。这一系列的区域规划机构，大体包括了政府主管部门、地方立法社团、专业学术机构等三大类，反映了各国区域规划由渐及盛的发展过程。

（2）区域规划的类型

①区域规划内容体系的分类

区域规划与城市规划不同，其规划方式和内容随时代以及区域的发展目标和课题而变化。作为实现区域或国土发展目标的区域开发与规划方式，可以分为经济投资型（economic plan）和地域课题对应型（social plan）两大类，而这两类区域规划在实施阶段，都需要做空间规划（physical plan）。概观世界各国区域规划的内容体系，基本上可划分为经济规划型和土地利用规划型两大类（表 5-1）。

区域规划内容体系的分类　　　　　表 5-1

	经济规划型	土地利用规划型
政府的性格	中央集权型 （中央政府财政规模大）	地方分权型 （征税权的地方分散）

续表

	经济规划型	土地利用规划型
区域开发方式与规划内容和方法	重点开发方式 经济投资型 ↓ 经济规划 ↓ 空间规划（physical plan） ↓ 工业再配置（布局）	点与轴的开发方式 地域课题对应型 ↓ 社会规划 ↓ 空间规划（physical plan） ↓ 均质的国土形成
规划体系的特征	以经济区划为基础；规划体系为国家编制的经济规划与自治体（地方政府）编制的土地利用规划同时存在的二阶段（二元）构成	州或省一级的地方自治体具有独立的规划权；根据空间开发、区域秩序的理念调整各种规划
各国的类型	英国、法国、意大利、日本、中国、前苏联	德国（联邦德国）、荷兰、瑞典（属中间类型）、美国

②区域规划体制的分类

世界各国区域规划的体制，也基本上可划分为两大类不同的模式，其一是以前苏联为代表的社会主义经济条件下的编制模式，另一是以前联邦德国为代表的市场经济条件下的编制模式。在前苏联，区域规划是在国民经济和社会发展长期计划的指导下，在全国经济区划的基础上开展的，反映了计划经济下规划体系的完整性与系统性。前苏联区域规划的内容，主要是围绕着资源的开发和主要工业企业的布局，对城镇居民点和各项大型公用工程的建设做综合规划。同时，还有一种"地区（长期）计划"或"地区规划"，是在经济区划的基础上，制定各加盟共和国经济区、州、边区等地区的长远综合计划，范围一般与州或州以上单位的行政区界相符合。而在德国，虽然没有全国经济区划和国民经济长期计划的基础，但区域规划的开展仍较普遍，大体上有两种类型：一是大型工矿区和大城市连绵地区的区域规划，多以区域性基础设施的建设和调整，人口和劳动力的迁移，工业及各经济部门的调整，卫星城镇的建设为主要内容，一般多由地方群众团体组织规划；二是以州为单位的地区发展规划，多

由州政府组织进行。主要内容有人口和就业岗位的发展，城市居民点体系的发展和分布，区域的基础设施及工业的改建和扩展，教育、科研机构、商业及风景保护区的规划等。这两种规划的内容，既有计划方面的，也有规划布局方面的，被称之为是在市场经济条件下的没有计划经济的计划，是对区内各部门和各地区之间矛盾、冲突的调整和协调，同样能起到空间发展政策和具体安排的作用。

2. 各国区域规划制度与规划体系的比较
（1）各国区域规划的相关法规体系与实施体制

国别	区域规划的相关法规体系与实施体制
英国	不存在涉及全国性国土规划和区域规划的法律与规划； 区域规划的理念依据巴罗委员会提出的从国土整体的视点实施工业再配置的原则； 以1934年的特别区域法和1945年的工业再配置法为母体； 1968年城乡规划法的修订确立了区域规划体系； 划定了全国的经济区划
法国	1947年以后通过10次经济规划策定了国土开发的方针（第1~3次，现代化整治规划；第4次以后，经济社会发展规划） 相关法规：土地基本法 1962年设立DATAR（国土整治地域开发厅）； 各种区域开发手法制度化
德国	联邦空间整序法（1962年）； 以各省的规划为基础，建立地域秩序； 依据联邦建设法实施B—plan（城镇建设基本规划）和F—plan（土地利用规划），规划制度具有很强的统一性； 由国立国土规划研究所对各种规划作调整； 定期召开MKRO空间整序政策政府部长会议； 在历史上于1935年就设置了国土空间整序局
意大利	不存在涉及全国性国土规划和区域规划的法律与规划； 以意大利南部开发为中心的经济规划； 1950年组建了CASSA（意大利南部开发事业团）； 1971年成立了CIPE（经济计划委员会）
荷兰	国土规划法（1962年）； 1941年设立了国土规划局； 1960年以后编制了4次国土规划； 国土规划法中明确规定了国家、州、市编制规划的内容和权限
瑞典	国土规划厅、自然保护厅、工业厅编制国土规划草案； 国会制定国土规划导则

续表

国别	区域规划的相关法规体系与实施体制
日本	国土规划基本方针（1945 年）； 国土综合开发法（1950 年）； 北海道开发法（1950 年）； 1950 年设立首都建设委员会与北海道开发厅； 北海道综合开发规划（1950 年）； 首都圈整备法（1956 年）； 1956 年设立首都圈整备委员会； 第一次首都圈基本规划（1958 年）； 第一次全国综合开发规划（1962 年）； 新产业都市建设促进法（1962 年）； 近畿圈整备法（1963 年）； 工业整备特别区域整备法（1964 年）； 首都圈整备法修订（1965 年）； 近畿圈基本整备规划（1965 年）； 中部圈开发整备法（1966 年）； 第二次首都圈基本规划（1968 年）； 第二次全国综合开发规划（1969 年）； 国土利用基本法草案（1971 年）； 工业再配置法（1972 年）； 国土利用基本法（1974 年）； 1974 年设立国土厅； 第三次首都圈基本规划（1976 年）； 第三次全国综合开发规划（1977 年）； 第四次首都圈基本规划（1986 年）； 国土利用基本法修订（1987 年）； 第四次全国综合开发规划（1987 年）； 多极分散型国土形成促进法（1988 年）； 第五次全国综合开发规划（1997 年）

（2）各国区域规划的体系

国别	国土规划	区域规划	城市规划
英国	政府决定国土开发政策（通产部与环境部）	各种经济规划区域规划 —开发区域 —诱导区域 —大型项目建设地区	结构规划； 地方规划
法国	全国经济规划（计划总务厅，国土整备部际协调委员会）	省域规划； 县域规划	城市整备基本规划（SDAU）； 土地利用规划（POS）

续表

国别	国土规划	区域规划	城市规划
德国	联邦空间整序规划（国立国土规划研究所，空间整序政府部长会议）	省域规划； 区域规划	土地利用规划（F-plan）； 地区详细规划（B-plan）
荷兰	国土规划报告（国土整备委员会）	省域规划（省规划委员会）	基本规划； 土地利用规划
瑞典	国土规划草案（国土规划厅）	区域规划	城市规划
美国		纽约大都市圈规划； 华盛顿首都圈规划； 流域规划	城市总体规划（综合规划）； 功能分区制（zoning）
日本	全国综合开发规划（国土厅）	大都市圈规划（大城市圈整备委员会）； 特别开发区域规划； 县域规划	城市总体规划； 功能分区制（zoning）

三、我国区域规划制度的改革与规划体系构筑的框架

1. 确立规划制度与完善区域规划体系的必要性与迫切性

（1）区域规划制度建设与改革是对计划经济封闭发展体制的突破

区域规划是在科学认识区域系统发展规律的基础上，从地域角度出发，综合协调区内经济、社会、资源、环境与发展的关系，对区域中长期发展作出战略布署。一方面，区域规划是在区域内部组织跨越行政和部门边界的综合、协调发展，逐步形成一些统一的社会—经济—环境实体，进而实现区域一体化；另一方面，是对外实行区际间合理的地域分工与协作，克服原有体制下造成的壁垒森严、流通阻塞、各自为政、重复布局、盲目建设的种种弊端，切实解放社会生产力、优化资源配置、建立统一的市场体系。

区域规划的综合整体性和战略开放性从根本上打破原有计划经济体制中割裂的行政区利益原则和部门利益原则，从这个意义上说，将区域规划规范

化、制度化，进行区域规划制度改革是对原有计划经济管理体制下规划工作的一个重大突破。区域规划的有效实施将使区域发展由内部行政或部门割裂走向统一，从根本上找到解决区域资源配置最优化等问题的有效途径，使区域走上可持续发展的道路。

（2）区域规划制度改革与完善是社会主义市场经济体制的要求

社会主义市场经济体制改革决不意味着取消或削弱区域规划，反而对区域规划提出了新的更高要求，要求通过区域规划把市场调节与政府调节有机地结合起来，能动地发挥其在区域发展中的宏观调控与管理作用。

中共中央《关于建立社会主义市场经济体制若干问题的决定》明确指出，"建立社会主义市场经济体制，就是要使市场在国家宏观调控下对资源配置起基础性作用。"其中关于进一步转变计划管理职能的要求规定，"计划工作的任务是，合理确定国民经济和社会发展的战略，宏观调控目标和产业政策，搞好经济预测，规划重大经济结构、生产力布局、国土整治和重要建设。"区域规划的核心是指导、优化各种自然和社会资源的配置与现代产业和居民生活的空间布局，这既是新的经济体制下政府调节的重要组成，也是市场经济制度下国家发展计划落实的第一层次。

市场经济给区域规划带来新的机遇，也必然会带动区域规划制度的改革与不断完善。

（3）区域规划制度的改革与完善是有效发挥区域规划宏观调控作用的必要条件

区域规划是资源配置与空间布局的宏观设计，并不具有直接的促使资源流动的机制，只能作为资源流动的信息机制。不断加强区域规划的科学性、权威性和预见性是区域规划可行性和有效性的前提，但要使区域规划真正发挥宏观调控作用的必要条件是改革与完善区域规划制度，包括政府立法、公共性设施列入国家或地方发展计划、建立广泛社会参与机制、有效的投资与实施机制等，切实强化区域规划的外部条件。

2. 区域规划制度的确立与事权

中国的区域规划工作经过近 40 年的实践，积累了大量的规划经验，进行了广泛的理论探索，但区域规划制度的建立工作相较于规划实践仍处于落后状态。

中国区域规划制度及其建立具有相当的复杂性，主要表现在两个方面：

一是区域规划中区界划定具有复杂性：中国幅员辽阔，地域结构复杂，区域划分无论是在层次上还是在内容上，都尚未建立统一标准，这使得区域规划的主体，即规划区域缺乏统一而明确的界定。

二是区域规划的编制、实施具有复杂性：区域规划在其编制、实施过程中，经常遇到需打破行政界线，由两个以上的行政主体协调解决的问题，在现行的行政体制下，这一问题的解决具有复杂性，而这又是区域规划成败的关键。

（1）适合中国国情的区域规划制度的主体框架

完整的区域规划制度应该是一个制度群，是一个具有统一主、客体的制度体系，这一体系主要应包括以下 7 个方面：

①司法制度

建立与区域规划相关的法律体系，将区域规划法制化、制度化，包括：

建立区域规划基本法或全国统一的规划法，明确区域规划的法定地位，应由建设部提请立法；

其他相关法（国家级与区域规划组织、编制、审批、实施相关的由国务院制定的法律、法规、决定、命令等）；

国务院所属部、委发布的行政规章、指示和命令；

地方性法律、法规；

最高人民法院作出的司法性解释和指导性的指示（主要是指违反区域规划的案件审判方面，最高人民法院做出的审判性解释，对下级人民法院具有约束力）。

②编制制度

区域规划编制任务的建立与实施，包括：

区域规划编制主体（即需编制区域规划的区域界定）的确定，明确需编制区域规划的几类地区、编制时效、编制的主体框架，并使之规范化；

区域规划编制主体的确认，应由建设部及各省级建委确认编制主体的编制资格；

区域规划编制规范与国家标准，由建设部统一制订。

③审批制度

区域规划的审定、批准，最终以法律、法规的形式确认区域规划成果的权威性，包括：

区域规划审批主体，区域规划实行分级审批；

区域规划审批程序，制定统一的申报、审批规程，包括人员、流程等；

区域规划审批标准。

④实施制度

区域规划编制后的具体实施、监督、管理、违反处罚等制度，包括：

区域规划实施主体，实施主体可多元化，但需由建设部和各地方建委制定有关实施规定，可引进"两证一书"制度；

区域规划实施的法定程序；

区域规划实施的协调、监督、管理、奖惩制度。

⑤财政、金融制度

区域规划编制、实施等过程中的资金保障与运行制度，包括：

区域规划财政制度，如建立区域规划专项基金制度等，包括专项基金的建立、使用、审批、审计制度。

区域规划的审定、批准，最终以法律、法规的形式确认区域规划成果的权威性，包括：

区域规划审批主体，区域规划实行分级审批；

区域规划审批程序，制定统一的申报、审批规程，包括人员、流程等；

区域规划审批标准；

区域规划项目实施的金融制度，包括筹资、融资、贷款以及资金运行等活动的程序、监督、管理。

⑥社会参与制度

在区域规划编制全过程中应具有广泛的社会参与，包括：

社会参与主体的确认，应包括区域内各级地方政府及有关部门、各民主党派、政协、各主要社会团体、各有关重要企事业单位及居民代表；

社会参与的程序与规则，明确社会参与的内容、

时效、方式等。

⑦执业制度

区域规划编制机构与编制人应具有专业执业资格，以保障规划质量，包括：

区域规划机构资格、资质认证制度；

区域规划执业师资格认证制度；

区域规划执业等级审查制度。

以上制度应由建设部制订资格认证办法，并组织评审与考核。

（2）区域规划事权与运行体系的建立

明确区域规划事权，建立区域规划的运行体系，是区域规划制度得以实施的有效保障，是区域制度的显在表现。

①区域规划的运行体系与事权

包括区域规划主体、区域规划编制实施主体、运行过程和运行机制。

a. 区域规划主体

事权：区域的划分与界定。

根据我国区域规划的现状、问题与特点，可划分为第一类区域规划，即一般区域规划和第二类区域规划，即专题区域规划两个系列。第一类区域规划（一般区域规划）是指国家—大区（国家统一划定的大区、空间区域或经济区）—省域—市域（市镇城市体系所包括的范围）—县域规划体系，边界基本以省、市、县的行政区界为主；第二类区域规划（专题区域规划）主要包括有独立规划意义的大型农业、工业、矿业、交通沿线、河流流域、海岸或海洋地区、风景区（自然保护区）等的规划，其规划边界需根据客观需要进行独立界定，一般会打破行政边界。应分别针对这两类区域的划分设定标准。

b. 区域规划编制、实施主体

主要是指区域规划流程中的各行为者。包括：

·区域规划编制的组织、协调。

事权：制定区域规划方针、政策、制度、规范等；制定、下达区域规划任务；制订区域规划编制规范；审批区域规划编制资质；确定区域规划编制机构；审定区域规划；根据需要组建区域规划协调机构；协调规划区域内外各有关部门；保障区域规

划的公众。

省域内的区域规划一般由省建委主持，负责编制任务、选定编制机构和综合协调；跨省域的区域规划由建设部协同有关部委或中央有关小组成立联席会议，负责区域内各行政主体的协调工作和区域规划的要求下达和组织编制。

· 区域规划的编制。

事权：按区域规划编制规范组织区域调查，编制区域规划。

由建设部按统一认证标准认定区域规划从业资质与等级，并由确定了资质的规划机构具体承担各区域规划项目。第一类区域规划主要由上级政府主管部门负责在有规划编制资格的机构中选拔或招标选择，报上级建设部门、人民代表大会或国务院审批；第二类区域规划可分两种情况：对于设立了专门开发机构（行政主体），如工矿区、大型流域、风景区（自然保护区）等由相应的行政主体负责组织编制，并报与其主管行政主体平级的建设部门或国务院审批；对于难于确立单一行政主体的区域，如交通沿线等，由建设部按有关区域规划制度协助组建的区域规划组织、协调联席会议负责组织规划编制单位的选定。

· 区域规划的审批。

事权：审批区域规划；负责按审批程序报批（有必要时协调联络各审批机关）。

分级审批，一般省域内的区域规划应由编制区域规划地区的省级建委负责初审，报同级人民代表大会审查、同级人民政府审批；跨省域或特殊要求（多指第二类区域规划）区域规划应由建设部或报国务院审批。

· 区域规划的实施、监督、检查。

事权：组织区域规划有关项目的实施；按区域规划审批拟建项目；协调区域规划实施中的各方关系；监督项目实施，使之严格遵守区域规划；对违背区域规划的项目进行处理。

具体应建立区域规划实施的"两证一书"制度。

c. 区域规划的运行过程

包括四个步骤：

· 区域规划编制的确定；

· 区域规划编制。这一过程的实质是模拟，围绕着区域发展的目标，将各种分散因素合成一个统一的规划方案；

· 区域规划方案审批；

· 区域规划的实施与检查。

d. 区域规划的运行机制

包括：

· 区域规划运行的动力机制，区域规划的动力源是区域社会、经济发展的需求；

· 区域规划运行的激励机制，即社会需求、价值标准与区域规划、建设的相互内在过程；

· 区域规划运行的控制机制，即区域社会对规划的控制、规划过程中的自控制和区域规划对区域内部行为的控制；

· 区域规划运行的保障机制，主要是法律保障、行政保障和经济保障。

②事权与行政对应：

· 建设部城乡规划司（区域规划处）：

提请区域规划立法；

颁布区域规划有关方针、政策、行政法规、制度、命令等；

组织编制统一的区域规划规范、标准，组织审定，定期组织修改；

组织区划工作，制定区域规划任务并下达；

提出并制定区域规划单位资质标准；

提出并制定区域规划执业资格制度及有关标准；

制定区域规划公众参与制度；

协调与区域规划工作相关的各机构；

区域规划的审查或报批；

制定区域规划实施制度（如两证一书），并负责有关严重违反事件的处理。

· 各省级建委区域规划处：

具体执行建设部下发的有关区域规划的各项方针、政策、法规、制度、命令；

制定省内区域规划的行政法规；

制定省内区域规划任务；

完成建设部交办的区域规划项目；

组织省内有关区域调查工作；

参与建设部或有关部门牵头组织的跨省域区域

规划项目；

审查省内区域规划单位及人员的资质、资格；

省内区域规划的协调；

省内区域规划的审查与报批；

省内区域规划的执行与监督、检查，有关违反事件的处理。

3. 区域规划的依据与基本原则

（1）区域规划的依据

①区域自然条件和自然资源

区域自然条件是区域经济发展的基本影响因素，包括影响区域农业生产的气候、土壤、地貌等条件，以及影响工业发展和交通、基础设施、建筑等其他部门布局和建设的地形、地质、水文、气候等条件。自然资源是区域开发的物质基础，包括区内在规划期内可供开发利用的矿产资源、能源、水资源、生物资源等。这些对区域的发展有最直接的影响作用，也是区域规划所必然要考虑的依据。

②区域社会经济技术条件和社会资源

社会经济技术条件包括地区生产力发展的历史、现有基础、水平、构成和技术特点等。社会经济的发展具有连续性和继承性，生产力发展的现状是区域进步发展的基础。社会资源主要是要分析人口资源的特征，包括人口的发展过程、人口的年龄、性别、职业等结构、受教育程度、人口密度和人口分布等；有些地区还应该分析地区的文化传统、历史上的人口迁移等一些对目前和未来社会经济发展有影响作用的要素。

③区域经济区位

开放条件下频繁的区际社会经济联系是区域经济发展的重要依托。区域在全国的经济区位、在对外联系和交流中的位置对经济发展的影响日益重要。区域之间相互协调、发挥比较优势，是共同发展的前提和保证。分析周边地区的社会经济特征，在更高层次的系统中为区域定位，明确自身的经济区位，是市场经济条件下进行区域规划的重要依据。

④国家和上一级规划和经济计划

国家和上一级的区域规划和国民经济计划，是区域规划的依据和指导；区域规划是对上一级规划

和发展计划的落实和细化。区域规划应尽可能与全局的规划保持一致。

⑤区域其他规划和计划

区域规划是区域国民经济和社会发展计划的重要组成部分，但两者编制的任务要求、内容和深度、侧重点不同，不可相互替代，可以互为依据。

城市是区域的中心，区域是城市的腹地和依托，城市规划和城市体系规划与区域规划之间具有紧密的联系。区域规划是城市体系规划和城市规划的依据，后者则是区域规划的充实和完善。但城市规划和城市体系规划抓住了区域的核心和轴线，对区域规划具有重要的反馈作用。

区域规划一般是指区域的综合规划。区域除进行综合规划外，还常常进行土地利用规划、交通规划、水利规划、旅游规划等按行业和部门组织的专项规划。区域综合规划与区域专项规划之间是整体与部分的关系。综合规划是专项规划的依据和指导，专项规划是总体规划的基础。总体规划应对各专项规划进行协调，使各类规划相衔接。

（2）区域规划的基本原则

①系统性原则

一方面，要把所规划的区域放到更高层次的区域整体中来考虑，树立"全国一盘棋"的思想，注重与整体规划思路的一致和与其他区域的合作与协调。另一方面，要注重区域自身的整体性和层次性，对区域发展统筹兼顾、综合平衡，协调好城乡之间、地区之间的关系，使各经济部门的发展相衔接。即要处理好局部与整体、重点与一般、近期与远期的关系。

②遵循自然规律和经济规律

区域规划必须尊重科学，任何规划内容都不能违反自然规律和经济发展规律。资源开发、原有项目的改建和扩建、新项目的上马等，都要在经过技术论证、市场调研和可行性分析的前提条件下才能列入规划。

③因地制宜、发挥优势

要自觉遵循社会劳动分工的客观经济规律，扬长避短，发挥优势。一般而言，不同的地区自然条件、自然资源、地理区位、社会经济发展基础都不

尽相同，由此也就决定了各地区的发展起点、一定时期的发展目标、发展内容各有特色。认清自身特征，趋利避害，发挥地方优势，是区域规划的客观要求。

④可持续发展原则

区域发展是一个长期的过程，对区域的开发利用必须要与治理保护结合起来。资源开发、工农业发展、城镇建设等，都必须把目前利益与长远利益结合起来，不能以牺牲未来的利益为代价来谋求一时的发展；要把经济效益与社会效益、生态环境效益结合起来，不能以牺牲社会效益或者牺牲环境效益为代价来发展经济。

4. 区域规划的体系及规划内容

（1）区域规划的体系

①按照各级行政管理区域组织的区域规划体系

这种体系的特征是根据行政管理区的范围来组织区域规划，规划区与行政管理区一致，等级明显。

这种规划体系包括：

· 全国的国土规划
· 省级区域规划
· 地区（地级市）级区域规划
· 县（市）级国土规划

这种体系的优点是在规划过程中便于获取资料，便于规划工作的进行和组织实施，在计划经济条件下尤其如此。缺点是经济活动区与行政区的范围往往不一致，跨行政区的经济活动在以行政区组织的区域规划和实施中较难协调。在市场经济条件下，这种规划还是有意义的，但需要注意的是要考虑到跨行政区的协调问题。

②按照规划地区的经济地理特点划分的区域规划体系

这一般是在某一方面具有共性的连续地区所组成的地域单元内，为了区域的某一项或几项经济开发和发展所进行的区域规划。

主要包括：

· 农业区域规划；
· 大型工矿地区的区域规划；
· 交通沿线带状地域的区域规划；

· 以大城市或城市集聚区为中心的区域的规划；
· 大型风景区规划；
· 河流流域规划（以水利枢纽或交通枢纽为中心的地区的区域规划；海岸、海洋地区海洋资源利用规划）。

③由不同等级经济区的区域规划组成的区域规划体系

经济区划工作对各层次的经济区的划分是这类区域规划体系形成的前提。随着改革开放的深入，我国的社会主义市场经济体制将逐步健全，经济生活中指令性经济将逐步转向以市场为主导的经济，以行政单元组织经济生产的框架将逐步打破，跨行政区的经济协作正越来越活跃。随着城乡关系的密切和城市中心带动作用的加强，全国经济区既可以划分为不同等级层次的若干综合经济区，也可以以城市为中心组织经济活动，将全国划分为不同等级层次的城市经济区。这类区域规划体系将在今后得到加强。

这类规划体系包括：

· 全国的国土规划；
· 二级经济区的区域规划；
· 三级经济区的区域规划；
……

（2）区域规划的规划内容

区域规划包括以下具体内容：

①区域资源条件与发展条件综合评价全面分析评价区域发展的资源条件和发展建设条件，摸清区域的基础，掌握区域发展的家底；

②确定区域发展方向和发展目标在综合分析客观条件的基础上，发挥区域比较优势，预测和选择区域发展的方向和目标，制定发展战略；

③对区内主要资源的开发规模和产业结构作出规划论证主要资源开发的合理规模和开发年限，选取开发规划方案。结合资源开发，预测区域各产业的发展前景，确定产业结构；

④对规划区内的工业建设进行合理的布局，将工业项目布局与城市发展结合起来，促进工业布局的适度集聚、促进工业化与城市化的协调统一；

⑤合理安排农林牧副渔各项生产用地及其空间

布局，协调工农业用地之间、各项建设用地之间的矛盾；

⑥预测规划期内区域城市化发展态势，并在区域分析的基础上，确定主要城镇的规模等级、性质和基本空间格局，组织城镇之间的合理分工与联系；

⑦统一安排区内能源供应、给排水、交通、通信等基础设施的布局，与城乡居民点的布局相配合；

⑧搞好区内环境的保护和综合治理工作，防止对重要水源地、居民点与风景旅游区环境的污染，对有价值的景观加以保护，促进和维持生态环境的良性循环。

5. 区域规划的编制方法

（1）区域规划工作进行的方式

一般采用以下两种方式：

①自上而下即在不同范围、不同的等级层次的区域中，先制定高级区域的区域规划，然后再依次向低级区域延伸的方法。如在省、地区和县三级行政区所进行的区域规划中，首先制定全省的区域规划，然后依次制定各地区、各县的区域规划。这种方式便于在上一级规划的指导下开展规划工作。由于首先制定大范围的规划需要掌握大量的资料，这种方式易于在区域各种资料丰富的地区实行。

②自下而上各级区域编制规划的顺序与自上而下方式相反。这种方式便于先积累有关材料，然后再编制全区的规划。但低级区域在编制规划时由于缺乏上一级规划的指导，有时会相互之间不协调，甚至低级区域的规划最后会被否定。这种方式易于在缺少资料的新开发地区实行。

另外，还可以先从中间层次开始编制区域规划，然后再向上下延伸。这种方法兼具上述两种方法的优点和缺点。

（2）区域规划的编制程序

①工作准备：

明确任务→确定研究和规划工作人员班子→汇集规划所需基础资料。

②规划工作：

区域现状条件评价和问题分析→区域发展目标和发展方向确定→发展趋势分析与发展预测→区域

产业结构和产业布局规划→城镇居民点规划→各部门用地协调→环境保护和治理规划→征求意见与方案校验。

③成果提交与审批。

（3）区域规划的编制方法

①综合平衡法

原材料平衡；能源平衡；水资源平衡；土地资源平衡；运输平衡；劳动力平衡；农副产品平衡。

②多方案比较

工业企业分布和不同配置方案的比较；

资源综合利用的经济评价；

各专业部门规划的技术经济论证和协调；

土地利用及其经济评价；

区域环境质量评价。

四、区域规划制度改革的重点与对策

1. 影响区域制度改革的主要因素

（1）区域经济—社会—环境复合系统的形成是区域规划制度建立、完善的内在动力源

区域作为具有广泛、密切和深层次的内部与区际间联系的地域体，越来越发展成为统一的经济—社会—环境复合系统。区域经济、社会、环境协调统一的发展期待着区域规划制度的建立和不断完善。区域规划是区域形象建设、区域综合协调发展的第一步。

传统的区域问题只有打破僵化的行政区界线，将区域视作一个整体才能得到根本解决。比如，区域环境问题；区域内部发展不均衡问题，突出表现为各行政区边界与中心的两极分化；区域公共/基础设施的统一规划建设问题，如何优化公共/基础设施布局结构，提高内部收益率；地区资源优化配置问题，如何发挥区域内各部门和各地区单元优势，统筹规划，联网配置；区域市场的建立、划分与运动方向问题等。

区域性基础设施发展投资问题尤其严重。区域性基础设施是保障区域内各单元发展和进行区内、区际联系的基础。但许多地区由于缺乏统一的区域规划，宏观调控没有力度，日益严重的重复、盲目

和超大规模的建设，超越了客观需求和实际建设能力，最终导致区域基础设施的空间布局失衡。区域内有些单元基础设施建设过分超前，收益率低下，造成资金浪费；有些单元又过分滞后，形成"瓶颈"制约经济发展，两种情况都严重影响了经济的合理布局与协调发展。特别是在沿海地区的机场、港口建设中，出现了一些不顾实际需要、竞相攀比、争上大项目的现象。结果，不仅各地区间难以形成合理、完善的综合联系网络，还造成巨大的财政浪费，进一步加剧基础设施建设资金紧张的状况。

以交通设施为例，一方面，交通运输紧张制约经济快速发展，各地区都尽可能多渠道多途径集资兴建各级、各类交通设施，尤其是港口、机场和高速公路。港口建设对沿海城市的发展至关重要，许多沿海城市都积极扩建和新建港口泊位，而且都要建设 1～3 万 t 级以上的深水泊位。由于缺乏规划协调和宏观调控，有的是不顾腹地大小、港湾水深和泥沙回淤等建港条件盲目建设；有的是为与相邻港口争夺项目建设权而重复计算腹地货运量，形成大马拉小车的局面。航空港亦如此，在珠江三角洲，广州、深圳、珠海等城市均建有大型国际机场，加上周围中小城市在建和拟建的国内民航机场，总数可达 10 多个；四川盆地内成都及其周围小城市，相互间距离仅 100km 左右，而已建、在建和拟建的国际、国内民航机场却达 5 个之多。此外，由于各种运输方式各自为政，缺乏统一安排和统一规划，各地区铁路、公路、港口、机场间，多未形成紧密衔接、相互配套的联运体系或综合运输网络。

市场经济条件下，这些盲目建设的地区都已认识到统一规划、合理布局、协调发展的重要意义，区域规划制度的建立、完善，将会保障区域规划的客观编制和有效实施，这对于解决区域性问题，促进区域协调发展至关重要。

（2）各行政地方独立的利益追求是跨行政区的区域规划制度化的内在反动力

在现行社会管理体制下，由于规划、建设所需的事权与财权仅与各级行政主体相对应，没有区域层次。故而，行政主体的割裂是统一区域规划与实施的壁垒。

行政区是按政治管理原则所划分的具有边界限制的区域，行使独立的行政管理权威，代表一定地域内居民的共同利益，从而在辖区内外形成明显的界限。这种因政治管理需要形成的地域分割，许多时候与具有统一自然、经济、环境、社会特点的区域的整体发展的要求间存在着巨大矛盾。

这种行政地域分割，使得统一规划、建设、管理的主、客体割裂。行政界限使一些自然地理特征区、经济发展一体化特征区等被强行分割，统一的市场与利益也被分割。需要统一规划的几类主要区域，如大型流域、湖区、主要交通干线穿越区、一体化经济发展协作区、自然保护区、风景名胜区、大型旅游度假区、工矿区、能源基地以及农、林、牧等土地利用区划区域等，往往分属两个或多个平级行政单元，没有哪一个单元有权力将区域视为整体来进行统一规划，这种情况下只有各自为政、画地为牢，把协作关系变为竞争关系。各行政单元的独立发展又往往使行政边界与中心地带两极分化，在相对均衡的区域内部沿行政边界形成分裂带。分裂带又往往是区域内的落后带，解决"分裂带问题"是区域内部均衡发展的一个重点和难点。

因行政区形成的地域分割还影响到现代经济发展所依赖的相互联系和相互依存性，如各种建设中的物资流通、信息流通、人员流通等都会受到行政区分割的影响。

区域规划的目标是创建区域统一形象、促进区域协调发展和保证区域资源的最优化配置，而不是单一追求各局部利益的最大化。区域内各行政主体都会担心统一的区域规划将影响各自独立的利益，甚至削弱地方权利，必然会对统一的区域规划的编制与实施提出各种异议，从而对区域规划的制度建设与改革产生负面影响。虽然市场经济条件下，经济发展的开放性已使许多行政主体间产生协作关系，但要达到整个区域内的完全协作，仍需一个漫长的过程。

（3）财政、投资体制对区域规划制度改革的影响

一方面，区域性项目投资主体多元化、项目建设地段化的特性，也易于产生事权与财权不相对应

或利益分配上的矛盾，财政、投资与建设主体的不统一、不独立是区域规划实施的重要障碍。

对于区域性建设项目，无论是国家直接投资还是地方政府联合投资，资金和工程建设按行政区分段等矛盾都不能避免。

造成这些矛盾的原因主要有：

各地方政府对项目建设的响应不同；

各地方政府的财政能力不同；

各地方政府对项目建设投资收益的测算不同；

各地方的保护主义政策经常要求项目的设计、施工等由地方企业承担等。

由于各地方政府在区域性项目建设上会采取不同的态度，会使区域规划的实施受到很大影响，这对区域规划制度改革与完善将十分不利。

另一方面，在市场经济条件下，企业投资已成为地方经济发展的一大动力。企业作为市场经济的竞争主体，不再是传统体制下的计划执行者，企业为扩大经济规模，提高竞争力，不能再囿于传统的省市行政界限，所以充分发挥政府协调地区经济发展的主导作用，促进企业跨行政区域、跨部门、跨行业投资、兼并、联营，可以增强企业在地区经济协调发展中的作用，有利于区域规划的有效实施，对区域规划制度建设会产生积极的作用。

（4）城市规划制度对区域规划改革的影响

①城市规划与区域规划之关系

虽然城市规划与区域规划都是空间规划，但两者的规划尺度不同，目的、性质、要求也不相同。城市规划是一定时期内城市发展的计划和各项建设的综合部署，是城市建设的基本依据。区域规划则是根据一定地域范围的具体条件和地域分工的要求，对区域内的国民经济建设进行总体部署。城市规划的重点是城市，而从区域的角度看，城市仅是区域内的节点，所以城市规划与区域规划具有层次性的差异，是个体与整体的关系。

具体而言，一方面，区域规划将决定区域定位、区域内各城市间关系、城镇体系的合理布局；决定区内各城市的性质、发展方向和规模。城市的性质与发展水平不仅是自身发展的要求，取决于自身的动力，更取决于它所服务的区域。城市的基本职能体现为对所在区域的作用，城市的性质要通过基本职能反映出来，而城市的对外交通更是城市加强与区域间联系的需要，必须从大的区域来考虑；另一方面，城市规划是实现区域规划的具体环节。城市是区域的核心，城市的发展水平将在很大程度上反映出整个区域的社会状况，尤其是首位城市的发展水平。区域的发展总是从条件优越的城市开始，并由城市的发展带动整个区域的发展。

②城市规划制度对区域规划制度的建立完善有示范性促进作用

我国现已建立起较完善、规范的城市规划制度，从城市规划的立法、编制、审批、实施，到城市规划编制规范、城市规划执业等已形成一整套的制度体系，这对长期以来缺乏法定地位，没有受到重视的区域规划的制度建设将起到积极的示范和促进作用。

但是，随着城市规划制度内容的不断增加，城市规划工作的不断发展完善，尤其是城乡一体化概念和大城市地域空间规划的提出，进一步弱化了人们区域规划的认识，更加忽视区域规划对城市规划的指导意义。城乡一体化概念下的大都市地域空间规划不能取代区域规划。区域规划的重点一是宏观协调，主要是产业结构和资源配置的区域优化等；二是区际间联系与协调。区域经济—社会—环境复合性特点及地域范围远大于城市的特点使得其与城市规划具有层次性差异。点、线、面相结合的城乡一体化规划方针，在区域规划层次内是使城市—县区—乡镇—村庄之间形成网络，使所辖国土范围成为有机整体，经济均衡发展。

所以，必须从思想上高度重视区域规划对城市规划的指导意义，才能切实认识到加强区域规划工作的重要性与迫切性，加速区域规划制度建设与改革。

2. 近期推进区域规划制度改革与实施的重点及措施

（1）加强空间立法，尽快确立区域规划的法定性，逐步建立、健全区域规划制度框架

制度是要求成员共同遵守的、按一定程序办事的规程总和，是人与人之间、社会组织之间关系的

某种契约形式或契约关系。制度是社会行为的规则，是人创造的用以限定人们或组织间相互交流的框架。区域规划制度是在区域规划这一特定行为要求下创制的具有内在联系的规则体系和实施保障体系。

我国过去制定的区域规划主要供计划部门和政府领导参考，没有确定其法律地位，区域规划只有通过立法的形式作为国家或地方法规加以确认，才能真正体现其权威性，得到切实的贯彻、实施。

明确区域规划的法定性首先是确立区域规划应有的地位，确立区域规划制度，明确区域规划与其他规划（国土规划、土地利用规划、经济发展规划等）、与地区产业结构调整和与区域政策间的关系。

主要明确四个主题：

区域规划的编制范围；

区域规划的编制的组织机构与审批；

区域规划的实施与管理；

区域规划的法律责任。

加速区域规划制度的法制建设是要加强区域执行的执法审查，使区域规划得到忠实地贯彻、果断地执行，防止区域规划实施过程中的截留现象与越界行为，正确处理好区域规划实施中的工程行为、行政行为和法律行为三者间的关系。同时，区域规划具有一定的时效性，对于经过批准颁布的区域规划，任何实施机构及人员都必须在区域规划法制的约束下，按规划期限，迅速地展开实施行动。

（2）建立市场经济条件下区域规划的运行体系，引入区域规划资质确认、执业认证制度和区域建设项目的"两证一书"制度

建立市场经济条件下区域规划的运行体系是把新一阶段的区域规划纳入市场体系，从区域规划项目的选定到实施都立足于市场需求，使区域规划确实有用。这一体系建立的核心是：一、区域规划项目的选定，即哪些区域需要做区域规划，明确规划目的、效果；二、区域规划质量，要求区域规划编制符合规范，切实符合区域实际状况，在实施中具有可操作性；三、有实施的保障体系，主要有法律保障、政策保障、资金保障。市场经济的核心是讲求效率，面向市场经济的区域规划也应重在效率，讲求实际。

在区域规划的运行体系中引入区域规划单位的资质确认和执业资格认证制度，是对区域规划质量的有效保障，也是逐步把区域规划导入市场经济的有效手段。在区域建设项目中实行"两证一书"制度，是在加强宏观制度基础上进行微观管理的有效方式。"两证一书"具有明确的管理权限，有严格的法律效力，是使区域规划得以有效实施的有力保证。

（3）切实加强区域规划实施的组织领导。逐级建立区域规划管理机构，加强宏观管理

各级政府应当把区域规划提到重要地位，纳入议事日程，建立区域规划的组织管理体系，制定明确的目标，采取有力措施，落实领导责任制，尤其是对跨越行政区界的区域规划更应以积极的姿态来参与，把小地域积极地纳入到大区域中寻求新的发展。在各级党委、政府及建设部门、经济管理部门等的共同领导下，做好区域组织协调工作，会同并责成有关部门有效落实。各级区域规划管理部门，要结合当地实际情况，将上级区域规划所规定的目标、方针和指标具体化，分层次逐级落实。

区域规划制度化必须有相应的管理机构建设。当前，特别要注意解决一些地方区域规划机构不健全，人员与任务不明确、不适应的问题。同时，要注意从区域规划的组织编制抓起，以及到区域规划实施、检验的全过程管理。

建设部城乡规划司区域规划处的主要事权应是：

下达区域规划编制任务；

组织制定区域规划编制规范及规划标准；

组织区域规划的审批；

指导、监督、检查各级区域规划管理机构工作；

组织协调区域规划中涉及的与其他部委相关的事宜；

组织、协调各省市的区域规划管理机构的关系，尤其是在编制跨省、市区域规划过程中，负责组织联席会议。

各省建委应设立区域规划管理处，主要事权是：

组织省区内的区域规划编制工作；

组织省区内的区域规划上报和审批。

（4）建立区域规划的实施制度，综合运用各种实施手段

区域规划的实施是动态概念，指在区域规划成果（包括区域规划文本、规划图件、说明书、技术和法律文件、实施计划及其他调查材料等）编制完成并经批准正式颁布后，把规划目标、内容与政策逐步落实为现实的过程。从规划目标到现实图景，这是整个区域规划过程中最重要的环节，是规划编制的终极。规划只有通过实施才能产生作用，才有意义，其重要性甚至远超过规划编制本身。

首先，实施是规划目标得以实现的惟一途径和重要保证。区域规划的良好实施可以充分发挥规划效能，实现区域目标；其次，实施是检验规划成果的惟一标准与途径；第三，实施是规划反馈的基础。规划只有通过实施不断进行反馈，才能不断地充实、完善和发展。

实践表明，区域规划并不能在编制完成后自动实施，相反要经历相当时间的艰苦努力才能实现，所以必须建立和完善区域规划的实施制度，综合运用以下各种实施手段。

行政手段：依靠行政组织，运用行政方式来建立区域规划制度，组织、指导、监督、检查区域规划的编制与实施。行政手段是适合我国国情和区域规划特点的最有效的制度建立手段，即依靠各级行政管理部门的权威，按照行政系统、行政层次、行政区划进行综合、协调，采用各种行政命令、指令、规定和下达任务指标等方式。

经济手段：是指运用一系列与价值相关的经济利益范畴，用经济杠杆来组织、调节和影响社会经济活动，促进区域规划制度的建立与实施。经济手段包括运用价格、工资、利润、利率、税收、罚款等经济杠杆、价值工具、经济责任制和经济合同等方式。

法律手段：通过全国性和地方性立法与司法的方式建立和完善区域规划制度。法律手段更将成为区域规划制度贯彻实施的最有力保证。区域规划一经批准，就具有法定效力，必须严格执行，并作为审核各类区域性项目和制定区域内其他规划的法律依据。

政策手段：虽不具有完整的法律意义，但对区域规划的编制、实施、检验同样具有强大的约束力。

技术手段：一方面指建立区域规划编制、实施、检验过程中的各项技术规范，建立区域规划工作标准。另一方面要在区域规划的编制、实施、检验过程中不断引进新的理论、技术，提高规划质量和增加规划内涵。

（5）建立区域规划的社会参与程序规则

在区域规划过程中应建立广泛的社会参与。区域规划的社会参与是指在区域规划过程中，区域内各行政主体、主要群众团体、重要企业等有权在区域规划过程中发表意见，对区域规划提出合理化建议。

区域规划的社会参与方式主要可以选择：

公布区域规划方案，建立区域规划信息中心；

召开由区域内各地方政府、各主要群众团体代表、重要企业代表和专家学者组成的联席会议，听取各方对规划方案的意见；

由区域内各地方人民代表大会组成联合评审委员会，一起审议区域规划，通过后报上级人民代表大会或国务院审批。

参考文献

1. 胡序威. 区域与城市研究. 北京：科学出版社，1998
2. 许学强，周一星. 城市地理学. 北京：高等教育出版社，1997
3. 陆大道. 区域发展及其空间结构. 北京：科学出版社，1995
4. 萨伦巴. 区域与城市规划. 城乡建设环境保护部城市规划局，1986
5. 重庆建筑大学编. 区域规划概论. 北京：中国建筑工业出版社，1996
6. 何芳编著. 区域规划. 百家出版社，1995
7. 彭震伟. 区域研究与区域规划. 同济大学出版社，1998
8. 虞孝感，吴楚材等. 长江三角洲地区国土与区域规划研究. 北京；科学出版社，1993
9. 广东省建委编. 珠江三角洲城镇群规划. 中国建筑工业出版社，1997
10. 广东省计委编. 广东省东西两翼区域规划研究. 广东经济出版社，1997

11. 周一星. 区域城镇体系规划应避免"就区域论区域". 城市规划：1996（2）

12. 严重敏，周克瑜. 关于跨行政区区域规划若干问题的思考. 经济地理：1995（12）

13. 张尚武. 区域整体发展与综合规划. 城市研究：1997（1）

14. 毛汉英，方创林. 新时期区域发展规划的基本思路与完善途径. 地理学报：1997（1）

15. 史永辉. 中国区域规划实践. 北京大学城环系硕士学位论文

16. 谢志刚. 区域规划的理论基础与发展渊源. 北京大学城环系硕士学位论文

17. 王宏伟. 区域规划模型与空间决策支持系统方法. 北京大学城环系博士学位论文

18. 日本国土规划协会. ヨーロッパの. 国土规划. 朝仓书店，1993

19. 下河边淳. 战后国土规划的证言. 日本经济评论社，1993

附录一：江苏区域规划发展概况

1. 省、市（地区）区域规划

区域规划是一个特定地区以经济建设为主要内容的总体战略部署。现代城市规划和区域规划的出现，是为了解决 18 世纪末产业革命引起的特定的社会和经济问题。我国区域规划工作开始于 1956 年，是从第一个五年计划大型企业联合选址基础上发展起来。

1958 年，根据全国统一部署，江苏省省委在镇江地区开展区域规划，当时设想利用谏壁电厂供电能力，在镇江建设一座大型钢铁联合企业，由大型企业布点带动镇江新城建设。镇江规划工作完成后，省建委又与徐州省委合作进行了以煤矿工业布局为主的徐州地区区域规划。

以上两项规划是我省最早的区域规划，由于受到当时政治、经济形势的影响，大大损害了规划工作的成果，这以后江苏与全国一样，区域规划处于停顿时期。

直到 1972 年，我国规划工作才开始有所扭转，1980 年中共中央 13 号文件指出："为了搞好工业的合理布局，落实国民经济的长远规划，使城市规划有充分的依据，必须积极开展区域规划工作。"江苏省城乡规划院进行了徐州地区丰、沛、铜矿区建设规划，接着由国务院统一部署开展上海经济区区域规划，20 世纪 80 年代中期在省省委参与下，联合国区域开发中心等单位在无锡地区进行了无锡地区发展的基本战略研究，接着扬州市又与德国斯图加特大学等单位合作进行了扬州市区域综合发展规划。

20 世纪 80 年代中期以后，区域工作向着纵深发展，各地普遍开展了以县域为单位的区域规划（县域规划）和城镇为中心的区域规划（城镇体系规划）。

（1）《南京地区区域规划》

1958 年夏，"大跃进"运动席卷全国。伴随着工业"跃进"、农业"跃进"，城市规划也被推到了"跃进"的跑道上。1958 年 7 月，国家建工部在青岛城市规划座谈会上提出：工业大跃进，城市建设、城市规划也要来个大跃进，城市规划要以地区经济建设的总体为着眼点，要大中小城市相结合，规划部门应解放思想，简化程序，生产建设到哪里，规划就到哪里。会议还指出原规划定额指标太死，不符合大跃进精神，地方可自定……

显然，从"一五"后期到"大跃进"时期，我国城市建设的指导思想发生了重大转变，虽然 1958 年同样反对依附前苏联模式和经验，但出发点却和"一五"后期认为"苏联模式标准过高、不合中国国情"不同，1958 年时认为前苏联模式标准还不够，中国人应当破除迷信，将社会主义的宏伟计划更加提前实现。这种思想反映在城市规划上表现为：一是放宽规划标准和限制；二是从区域规划着手，为缩小城乡差别、加快向共产主义过渡多做工作，争取尽快实现"工农并举、城乡并举"，《南京地区区域规划》正是上述规划思想的反映。

1958 年秋，南京和全国一样出现了人民公社化运动高潮和大炼钢铁热潮。在"跃进"形势的"鼓舞"下，南京规划部门用"快速规划法"先后完成了一系列的人民公社规划、卫星城规划、高炉和土炉选点等多项工作。1958 年 7 月，江宁、江浦、六合 3 县被划入南京市范围，市域面积由 779km^2 扩展至 4535km^2，配合这一行政辖区的变化，南京规划部门编制了《南京地区区域规划》。

遵循"从远期着眼，近期着手，用远近期结合的方法组织地区经济大协作"的指导思想，《南京地区区域规划》对南京未来 3 个五年计划期间的城乡用地进行了轮廓性布置，主要内容包括工业布局规划、农业用地规划、居民点规划、水利规划和水陆交通网规划五个方面。

《南京地区区域规划》是"大跃进"时代的产物，它存在"规模过大、占地过多、标准过高、求新过急"的"四过"现象，但它是南京规划史上第一次接受并运用区域规划的新观念所进行的城乡规划，它尝试了将规划视野从城市扩展至区域。从这个角度来看，它反映出南京城市规划事业的新的发展和进步。另一方面，虽然它不可避免地受"生产指向哪里，规划就跟到哪里"的思想影响，但它的编制完成毕竟对抑制当时更加盲目的发展起到了一定的作用。

（2）丰沛铜矿区建设规划

1979年至1981年江苏省城乡规划院、江苏省煤炭工业设计院、上海大屯矿区建设指挥部、徐州市规划处四单位联合进行丰沛铜矿区建设规划。

该项规划以徐州为中心，包括丰沛铜三县的矿区建设规划是以煤矿区建设为特点的区域规划。在一般区域自然、经济调查的基础上，着重根据煤矿区范围大、布点散、副产多、有塌陷的特点进行了下列内容的规划：

①工矿规划，包括：煤矿规划，煤矿辅助企业及附属设施规划，综合利用及"三废"治理规划，地方工业规划，矿区地区运输规划，矿区供电及通信规划，塌陷区规划。

②城镇工人村及新农村布点规划

针对这一地区的几个特点，其一，煤矿占地较多，仅塌陷区占地100多万亩（1亩约等于666.6m²），土地大幅度减少，大量搬迁农民需要安置；其二，煤炭工业发展较快，但综合发展程度不高，轻重工业和男女职工比例失调；其三，许多矿区城镇生产建设与生活建设比例很不协调，在规划中着重解决了综合平衡，集中与分散，综合发展方向，居民点选址及规模以及塌陷区与郊区等几大问题。

该项规划为徐州市城市总体规划及县城规划提供了依据。

（3）上海经济区城镇布局规划纲要——江苏省规划部分

1982年12月，国务院决定建立上海经济区，根据国务院国发（1983）176号文件精神，1984年3月，国务院上海经济区规划办公室和建设部联合发出通知，决定开展上海经济区城镇布局规划工作，1985年2月两单位再次联合发出通知，要求按扩大的经济区进行规划工作，根据这两个文件的要求，江苏省城乡规划院于1985年负责编制江苏省城镇布局规划纲要，并于1986年6月完成送审稿。

上海经济区城镇布局规划是上海经济区区域规划的重要组成部分。这次规划以城镇发展和布局为主，同时包括经济区城市间交通网络规划和风景旅游区建设布局规划的意见。

江苏省城镇布局规划纲要，作为经济区规划的一个组成部分，亦按上述要求进行编制，城镇发展布局规划从生产力与人口的合理分布出发，着重就江苏的城镇人口发展趋势，城镇规模等级体系，城镇空间分布和职能分工等方面，分别提出规划意见。遵循："积极提高苏南，加快发展苏北"的方针，以大中城市为中心，以小城镇为纽带，以农村为基础，实现城乡协调发展。以中心城市为依托，划分四个省辖一级经济区，即苏锡常、宁镇扬、通盐泰、徐淮连。

江苏省城市间交通网布局规划重点在经济区城镇港口，水运交通的发展及综合交通网的合理配置，江苏省一级经济区都规划了相应对窗口——海港。苏锡常以张家港，宁镇扬以南京港、镇江大港，通盐泰以南通港，徐淮连以连云港为区域性港口。

江苏风景旅游区规划意在配合区内城镇居民的休息与旅游活动，并考虑区外、国外的旅游需要，着重风景旅游区开发建设宏观布局并对风景名胜的管理和保护提出了措施。

（4）无锡地区发展的基本战略研究

在国家经委以及江苏省人民政府、无锡市人民政府的关心和支持下，由联合国区域开发中心和中国企业管理协会共同主持，自1985年至1988年为期3年，开展了无锡地区发展的基本战略研究。

该项目共分7个部分：

①区域发展战略研究的结构与方法；

②江苏省及苏南地区的经济社会发展的设想；

③江苏省及苏南地区的空间开发设想；

④无锡地区经济社会发展的设想；

⑤无锡地区空间开发的设想；

⑥无锡地区的水环境管理；

⑦无锡地区工业发展与企业现代化的设想。

在我国运用国外先进的区域规划理论、技术与方法，对特定地区的社会经济发展做战略性研究，在无锡是第一次。这次研究工作从无锡的实际出发，实地调查分析了历史现状的发展趋势，分析比较了日本国内地区的发展经验，采用国际通用的区域发展理论和研究方法，运用了现代科技手段，提出了无锡地区社会经济发展、空间开发等战略设想，因此，对无锡地区未来社会经济发展所作出的研究报告，具有客观科学性、指导性，这不仅对无锡地区社会经济发展规划的修订完善实施，具有重要参考价值和产生积极作用，而且对我国其他相似地区，以至发展中国家的有关地区的开发，也具有一定参考价值。

（5）扬州市区域综合发展规划

1990年至1992年由扬州市人民政府、上海机械学院、德国斯图加特大学区域规划研究所三方合作进行《扬州市区域综合发展规划》报告题目是《区域发展规划决策的多方案分析》。报告首先给出扬州地区未来城镇体系结构的三种可能选择，即自然演绎发展，集中型发展和分散型发展。因为每个方案的发展重点不同，不同方案中各乡镇的地位和级别也不尽相同，为了显示出各乡镇在发展中的不同的重要性，报告以扬州地区317个乡镇为研究的基本空间单位，建立一个评价指标体系，对317个乡镇有关人口、经济、住房、基础设施、交通、环保生态和资源等各方面的量化结果进行综合评价。据此，对3个供选择方案（目标年限2010年）各自对实现诸项发展目标贡献大小进行排列，其中能提供最大满足的方案被选作扬州地区未来城镇空间发展目标。报告结论集中型方案为最佳方案，强调贯穿扬州地区的轴线发展，并预示轴线地区与边缘地区的差距可能进一步扩大，因而提出从长远考虑到2000年左右应转换为分散型发展。

与德国合作进行的区域规划，将德国区域规划的工作经验及技术软件介绍到我国。该规划依据系统工程原理，运用计算机技术，强调动态分析，将规划看作是寻求有效控制特定空间中社会经济系统的一个连续过程，规划过程的各阶段、各环节之间要进行多次反馈。同时强调综合研究，从人口研究入手，根据经济活动空间分布预测来假定人口的迁移，再研究与所得人口空间分布状况相适应的交通、土地、基础设施等问题，以最大限度地改善人们的生活福利为总目标。

该项研究于1992年12月16日至17日在扬州市通过国内专家的鉴定。该报告所提供的新的观念，思路和方法具有启迪性和示范性，但由于我国特殊的国情以及目前统计数据尚不规范，因而在应用性方面受到一定的影响。

2. 省、市域国土规划

国土规划就是对国土进行开发、利用、治理、保护的全面规划。既包括生产性建设布局，也包括非生产性建设布局的总体规划。具有地域性、综合性的特点。西方发达国家在二战以后，都十分重视国土规划。我省自20世纪80年代初期开始，全面开展国土规划工作。1985年3月，国务院批转了国家计委关于编制全国国土总体规划纲要的报告，对编制国土规划工作又作了部署。

为了使国土规划工作有根据、有计划地开展，必须首先摸清"家底"，掌握国土资源情况，由省计经委牵头，完成了《江苏国土资源》一书。继之，又开展《江苏省国土规划》的编制工作。在省国土规划的指导下，全省各地市全面展开了国土规划工作，取得了丰硕成果。

（1）《江苏国土资源》

国土资源是人类赖以生存和发展的最基本、最重要的资源，直接关系到一个国家或地区社会和经济的发展。从这个意义上说，查清国土资源的家底，也是经济工作中一项重要的基本建设。

20世纪80年代以前，江苏省在查勘国土资源方面做了不少工作，但没有系统地进行综合汇集，1985年省计经委根据国家计委部署和要求，由省计经委牵头，组织省有关厅、局和南京师范大学地理系，在以往工作的基础上对资料进行

系统的整理，共同编制而成。

国土资源的编写工作是国土工作的一项基础工作，目的在于为开展国土工作提供较为详尽的国土资料，同时也为各级领导决策提供参考材料。

本书共分十章：包括自然条件、人口与劳动力资源、气候资源、土地资源、水资源、生物资源、矿产资源、海洋及海岸带资源、旅游资源、资源保护和环境质量等。1987年5月出版。

（2）《江苏省国土规划综合报告》

江苏的国土规划工作，在国家计委和省政府的直接领导下，在省有关厅局和大专院校、科研单位的支持配合下，经过3年多调查研究，在完成《江苏国土资源》编写的基础上，编制完成了《江苏省国土规划综合报告》。

该规划以2000年为近期目标，以2020年为远期目标，重大的开发整治项目展望得远一些，全面勾画了全省国土开发整治的蓝图，其基本内容是：

——生产力总体布局。构想了以大中城市为依托，交通通道为框架，各类产业为基础的全省生产力配置新格局；根据自然条件和经济发展方向的共同性，把全省划分为3个国土开发整治区域，指明了各区国土开发整治的方向和重点。

——自然资源的开发利用。根据开发利用与经济发展相适应，与生产力总体布局相结合的指导思想，提出了土地、水、矿产、旅游、长江岸线、海岸带等主要国土资源开发利用的方向和任务，展示了我省自然资源开发利用的前景。

——基础产业的配置。在资源开发设想的基础上，提出农业、能源、原材料等基础产业的发展方向，主要基地的建设，规划了全省综合运输网和邮电通信网络的布局。

——人口配置和城镇布局。预测了规划期内人口总量和结构变化，提出了控制人口增长和劳动力资源有效利用的对策；展望了城镇化水平的前景和城镇体系的新格局。

——环境综合整治。提出了大江大河水害治理、主要城市防洪、水土保持、环境污染控制和自然保护区建设的任务和措施。

1991年11月12日至14日，对《江苏省国土规划综合报告》进行了评审。评审委员会主任委员：周立三；副主任委员：田兰田、夏宪民。

评审意见认为：

《规划报告》对江苏的国土优势和开发整治的主要制约因素分析评价恰当；国土开发整治的目标明确，重点突出，内容全面；对自然资源的开发利用、生产力布局、环境综合治理、基础产业和基础设施以及人口配置、城镇布局等规划符合江苏省特性，是一个指导性强的规划，有较好的可操作

性。报告提出了一些重要规划内容已在编制,江苏省经济和社会发展十年规划和"八五"计划时采纲,并正在经济建设中付诸实施。

《规划报告》提出的划分沿江、沿海和徐淮3个国土开发整治区域、重点开发沿江产业带以据发挥优势和经济发展需要提出的调整行政划区等构想,突破了传统观念和认识,富有开拓性、创造性。

《规划报告》以资源开发、生产力布局和环境整治为中心,注意经济发展与人口、资源、环境的协调,注重和中长期计划的区别和联系,注意和全国国土总体规划纲要(草案)的衔接,战略性、综合性、地域性特色鲜明。

《规划报告》吸取了国内已有的国土规划的经验,运用了省内有关的研究成果,指导思想明确、结构合理、论证充分、插图精细,是一个高质量、高水平的规划,也是一项重要的科研成果,达到了国内省级国土规划的领先水平。

(3)江苏省长江沿岸地区国土规划

省计经委委托中国科学院南京地理与湖泊研究所承担江苏沿江地区国土规划编制工作,历时3年完成规划报告。

研究范围江苏长江沿岸地区包括南京、苏州、无锡、常州、南通、扬州(除兴化、高邮、宝应三县市外)、镇江等7个省辖市,34个市,土地总面积4.26万km²,总人口3331万人(1987年)。规划内容包括:区位优势与国土资源评价、区域发展目标、任务与生产力总体布局、主要国土资源开发利用、农业生产与布局、工业发展与布局、区域性基础设施布局、人口配置与城镇布局、环境保护与江河整治、国土规划实施的主要措施10章。

规划地区是沿海与长江下游的结合部,是我国最大的经济核心区沪宁杭地区的重要组成部分,是江苏省的精华所在,也是我国经济发达地区之一。同时,在社会经济发展中也存在不少问题。本次规划针对存在问题着重解决:如何落实中央关于沿海发展战略,明确本区近远期发展目标,合理调整产业结构和布局,提高各项资源开发利用的水平,加强基础设施建设,逐步建立出口导向型的国民经济体系,协调社会、经济发展与环境的关系等。为本省开发整治沿江地区提供决策依据。

(4)江苏省沿海地区国土规划

省计经委委托南京大学大地海洋科学系承担江苏沿海地区国土规划编制工作。历时3年,完成规划报告。

研究范围江苏沿海地区包括连云港、盐城、东台三市和淮阴市的灌南县等3个省辖市,17个县(市),土地总面积3.04万m²,总人口1891万人(1988年)。

江苏沿海地区是全国沿海港口空白带地区,经济发展较

为滞后。这种状况与其所处的地理位置和拥有的较丰富自然资源是很不相称的,如何从我国沿海经济发展战略的总目标出发,落实江苏省"积极提高苏南,加快发展苏北"的总方针,是搞好本区国土规划的关键。

编制本规划的指导思想和原则是:①坚持改革、开放、搞活的方针,体现沿海开放地区经济发展战略的要求,促进地区生产力布局的点、轴发展,实现地区经济的转轨换型。②从地区情况出发,扬长避短,兴利除害,因地制宜,合理布局,力求使地区优势汇聚成全省优势,使资源优势变为经济优势。③正确处理长远利益和近期利益的关系,立足近期,放眼长远,保证资源开发的永续性、产业结构转换的有序性、经济发展的持续稳定性、生产力总体布局的时空一致性。④整体利益和局部利益相结合,打破条块分割,统筹兼顾,全面安排,合理分工,促进地区和城乡之间的协调发展。⑤开发与整治相结合,力求使经济发展同人口、资源、环境相协调,做到经济效益、社会效益和生态效益的统一。规划内容与长江沿岸地区国土规划大致相同。

(5)《江苏省国土总体规划》

江苏省国土总体规划是一部包括《江苏省国土规划综合报告》和江苏省长江沿岸地区国土规划、江苏省沿海地区国土规划两个专题报告组成的专著,全书30万字,由江苏省计划经济委员会编著,江苏人民出版社1993年出版。

(6)仪征市国土规划

仪征市国土规划是江苏省计经委确定的全省县(市)域国土规划试点县之一。由仪征市具体组织,中国科学院南京地理与湖泊研究所承担,该项规划从1988年初开始,经过一年多时间的调整研究和综合分析,完成了规划报告。

该报告根据江苏省社会经济发展的战略部署,深入实际进行了调查研究,分析了国土开发整治的优势和制约因素,基本摸清了仪征的"家底"。在此基础上确定了规划的基本原则、总体目标和实施步骤,对生产力布局、重点工业部门的选择、农业生产基地的建设、基础设施和生态环境改善的途径、措施以及对城镇化水平预测和城镇体系布局作了较好的分析,有一定的广度和深度。对仪征市编制中长期计划和年度计划有一定的指导意义,对同类型的国土规划也有借鉴作用。

3. 县(县级市)域规划

县(包括县级市)是我国经济社会与行政管理的基本地域单元。江苏省与全国各地方一样,在省域、市域内进行了多方面的规划工作,并取得一定成效。但随着改革、开放和商品经济的发展,原有一城一镇的规划和各专业部门专项规

划很难适应城乡区域经济社会发展的需要，对其地域和空间的布局中，迫切需要作出全面的综合安排，开展县域规划工作就是保证县级经济社会事业得到协调发展，合理布局，取得综合效益的一项重要的基础工作。

建设部对县域规划十分重视，早在1986年湖南湘乡举行城镇规划建设交流会上提出要开展县域规划，1987年在湖北洪湖举行的有部分建委负责同志参加的会议上决定召开北京怀柔会议。

怀柔会议上，讨论了建设部城市规划局和乡村建设管理局共同起草的《关于开展县域规划工作的若干意见》，建设部两局还要求在江苏进行试点，并对江苏省在会上提交的昆山县县域规划进行了讨论。

建设部副部长储传亨同志在座谈会结束时指出：县域规划要从实际出发，有步骤有重点地开展。当前要选好试点，沿海地区几个三角洲及大城市的郊区，人多地少，经济发展快，迫切需要抓紧搞好合理布局，应把这些地区作为开展县域规划的重点。他还指出，国务院有关部委共同研究，开展县域规划是一个良好的开端，通力协作，共同推动县域规划工作的开展，不仅受到各级地方政府的欢迎，并将取得事半功倍的效果。

为了探索县域规划工作的具体途径，进一步贯彻怀柔会议要求，总结两年来工作成果，交流经验，统一认识，建设部1991年8月在苏州召开全国县域和县城规划工作经验交流会。据统计，截止到1990年底，全国有239个县开展了县域规划工作，江苏县域规划工作开展较好，如皋、昆山、东台、常熟、靖江、武进、苏州市、镇江市、盐城市等地均开展了市县域规划工作，江苏常熟（市）县域规划在会上进行了交流，会议上还讨论了由江苏省规划院提出的县域规划编制办法（研究稿）。

苏州会议根据规划工作组织领导是否健全，规划方案是否科学合理，规划方法是否先进，规划实施是否见成效为标准，经各省、自治区、直辖市的推荐，确定39个县市和地区为1990年度县域规划工作先进单位。江苏省苏州市和昆山县被评为县域规划先进单位。

苏州会议指出：在开展县域规划工作中，各地以经济和社会发展战略为基础，综合各部门，各行业的发展规划，对全县的社会和经济发展作出整体部署，统筹安排道路、电力、通信、防洪排涝等基础建设，进一步明确了本地区经济社会发展的主攻方向和最优区位，有力地促进了小城镇的健康发展与合理布局，对节约用地、节约资金、提高效益、保护环境等方面起到了积极作用，为县政府决策提供了长期完整系统的方案。

（1）昆山县县域规划

昆山县县域规划，由昆山县政府组织编制。在规划编制时，着重调查研究了以下四个方面的问题：

①研究县域内社会经济发展的战略目标和布局，以确定各乡镇今后经济发展的方向。

②城镇化水平测算和城镇体系的发展和布局，以确定县域及各乡镇的职能和规模，协调人口、劳力的构成、关系和分布。

③搞好综合平衡，以确定能源、交通、邮电、生活居住的面积和环保基础设施的合理安排。

④协调各项服务设施的配套，以确定文教、卫生、商业、金融、信息和第三产业的相应发展。

本规划在1990年建设部在苏州召开的"全国县域规划工作会议"上进行交流，获得会议的好评。

（2）江苏省如皋县县域规划

江苏省如皋县县域规划是1986年由如皋县人民政府负责编制，是江苏省搞得比较早的县域规划，规划材料在怀柔县会议上交流并得到好评。

规划分9个部分：一、基本概况，除分析现状特点外，着重分析了农业分区，水利区划和经济分区的关系；二、国民经济结构与经济分区，全县域按如城、东部、中西部、沿江划分4个经济片；三、规划指导思想；四、工农业规划；五、交通规划；六、水资源及水利规划；七、电力规划；八、人口与劳动力，包括人口预测；九、城镇体系，确定城镇发展方针"重点发展县城，积极发展县属镇（区中心），带动乡镇建设"。

（3）常熟市（县级）市域规划

常熟市人民政府1989年委托江苏省城乡规划设计研究院承担常熟市市域规划，1989年7月经同济大学李德华教授为组长的常熟市市域规划技术鉴定小组鉴定，后作为"苏州会议"交流材料，该份规划材料是当时"四部委"文件要求最规范的一份市域规划。鉴定上报手续也符合要求，并获得建设部科技进步三等奖。

《常熟市市域规划》技术鉴定意见认为："县（市）域规划是国家四个部委就当前经济发展的迫切需要提出的一项综合性宏观控制规划。目前国家尚无统一的编制方法和成果要求，由江苏省城乡规划设计研究院和常熟市城乡规划管理处联合编制的'常熟市市域规划'是一次有益的成功的探索。由于常熟市领导的重视，组织了各个专门部门、上下配合做了大量细致的工作，基础资料收集全面可靠、门类齐全、工作基础扎实完备、分析方法手段先进可行，从常熟的实际出发，提出了一个以经济发展为中心，把社会经济发展规划和城镇规划融为一体的综合的规划，其指导思想明确、依据充分、分析入理、立论可靠，切合常熟客观实际，有相当的科学性、先进性和实用性，可以作为常熟市领导决策的依据。鉴定小组原则同意这个规划，并高度赞赏这个规划的学术水平，认为在国内同类型城镇中具有领先地位。"

江苏省城乡规划设计研究院1987～1992年除常熟市市域规划外，还承担了丹阳、射阳、响水、滨海、大丰、建湖等县的县域规划。

（4）靖江县县域规划

1987～1988年靖江县编制县域规划，由南京地理与湖泊研究所编制。

靖江县县域规划是一个以长江岸线资源综合开发利用为重点，紧密结合县域经济建设实际，包括经济社会、科学技术、文教卫生、人口、人才和城乡建设环境保护等方面的综合规划，涉及面广、时间跨度大。

评审意见认为："靖江县县域规划是一个包括经济社会发展的全面规划，涉及经济、社会、科技、文化、教育和生态环境等各方面，综合性、区域性较强。规划成果包括1个综合报告，25个专题报告，资料丰富，内容翔实，论证比较清楚，结论明确，符合国家建设部关于县域规划的原则要求。是一个比较好的规划。""靖江县在现有的行政区划下，根据经济发展的客观规律，加强与苏锡常的经济联合，可以考虑建立靖江市。规划方向明确，格局清楚，可作为靖江今后经济发展的依据。"

南京地理与湖泊研究所除靖江县域规划外，还承担了六合、仪征、丹阳、句容、扬中、武进等县域规划。

（5）江阴市市域规划

1990年9月至1991年6月江阴市各有关单位与南京大学一起共同完成江阴市市域规划，其成果包括综合报告、专题研究、市域规划数据库，微机制图和1/50000的彩色规划图各13幅。

江阴市市域规划评审汇总意见如下：

①《江阴市市域规划》改变了习惯的观念和方法，恰当地运用宏观透视的思路，从市域整体发展综合协调入手，抓住了经济社会发展的主要方面，统筹部署，通过空间地域的合理安排，达到全面规划、综合协调、合理布局、节约用地、增强效益、保护环境、充分利用资源潜力、保证经济社会持续发展，并使生态环境不断走向良性循环方向发展等方面进行了深入研究，探索了市域规划的技术手段和技术路线，紧密结合江阴市域实际，为市域规划理论联系实际闯出了新思路、新途径，对推动市域规划领域的开拓和深化，具有较高的理论意义和应用推广价值。

②规划成果内容全面，调查深入，资料翔实，结构严谨，通过多学科的理论与先进的规划方法相结合，定性与定量相结合，远景与近期相结合，全面调查与重点剖析相结合，土地利用与经济资源利用相结合，并与市域经济社会发展时序相结合而提出的综合评估和建议，达到科学性、综合性、实用性和学术性的有机结合和统一，且符合江阴市域的实际情况。研究报告提出的江阴经济发展战略目标和产业结构方向，以港口工业、外向型产业为战略重点，以沿江、沿澄锡线、澄申线三个产业带为战略布局框架，以中心城和其他4个镇为依托的三级五片经济社会城镇布局方案，可以作为江阴未来综合决策的依据，对指导江阴全面发展和基础设施布局有重要的指导意义。

③规划成果分析探索了江阴市城镇化道路，预测市域未来城镇化水平。规划一个等级规模有序，职能互补互利，空间结构组织合理，应用比选方法达到优化市域资源组合，生产力布局和城镇分工互利，形成整体功能优化的有效城镇体系，体现城乡一体化要求，从而避免了市域土地使用总体规划的盲目性。研究报告观点明确，论述有据，图文并茂，体现了较高的学术水平。"江阴市小城镇形态特征及演化机制"专题，对江阴市的城镇演变、兴衰原因、形态演进和城镇体系布局具有指导意义和应用价值。

④规划工作在调查研究的基础上，建立了数据库管理和微机制图系统，是规划工作中的一项新的开拓，处于国内领先地位。这两个系统实用性较强，便于推广运用。系统的建立对改进规划方法，提高规划质量与效率，具有普遍意义。

综上所述，综合报告对江阴的自然资源，历史发展特点，区位优势和经济社会发展的基础与条件，以及江阴在江苏经济发展中的地位、作用的剖析比较透彻，提出的江阴经济和社会发展战略符合全国和江苏省的总体战略要求。成果具有观点明确清新，理论有所创新，技术路线简明可行，紧密联系实际，方法系统严谨，手段先进开拓，具有较高学术水平和实践应用价值，处于我国同类研究成果的先进水平，对当前我国开展市（县）域规划具有推广价值。

4. 城镇体系规划

中国以往的城市总体规划基本上是以单个城市的合理发展为目标制订的，城市发展的区域研究常常受到忽视，1983年以后，推广了"市带县"和"整县改市"的行政体制，市政府的管理对象已经不是单个城市，而是一个相当大区域的城镇群体，各市领导为了指导全局，客观上对城镇体系规划提出要求。

1984年公布的中国城市规划条例第一次提出："直辖市和市的总体规划应当把行政区域作为统一的整体，合理布置城镇体系。"1985年春,江苏省建委为了贯彻"条例"同时也考虑到当时南京、苏州等13个城市总体规划方案虽然已经中央和省人民政府批准,绝大多数县域及建制镇总体规划也基本完成,但是当时城镇总体规划是在没有开展经济区划和区域规划的情况下进行的,缺乏全省的和区域的国民经济和城镇总体布局作为依据,不能满足新形势的要求,为此,省建委委托南京大学地理系、中国科学院南京地理所、江苏省城乡规划设计研究院和江苏省建委城市规划处共同承担"江苏省城镇体系发展布局研究"。这一课题历时3年半,于1988年6月完成。这一课题的开展,对全省各市城镇体系规划工作推动很大。

1989年中国人大常委会通过施行《中华人民共和国城市规划法》明确规定"全国和各省、自治区、直辖市都要分别编制城镇体系规划,用以指导城市规划的编制""设市城市和县城的总体规划应当包括市或县的行政区域的城镇体系"。

1991年9月3日侯捷部长签发《中华人民共和国建设部令》发布《城市规划编制办法》,办法规定"设市城市应当编制市域城镇体系规划,县(自治县、旗)人民政府所在地的镇应当编制县域城镇体系规划",并对规划内容作了具体规定。

江苏省各城市在第二轮城市总体规划工作修编时,各市都将城镇体系规划列入编制的内容。

城市规划编制办法中,对市域和县域城镇体系规划的内容作了明确的规定:分析区域发展条件和制约因素,提出区域城镇发展战略,确定资源开发,产业配置和保护生态环境,历史文化遗产的综合目标;预测区域城镇化水平,调整现有城镇体系的规模结构、职能分工和空间布局,确定重点发展的城镇;原则确定区域交通、通信、能源、供水、排水、防洪等设施的布局;提出实施规划的措施。

(1)江苏省城镇体系发展布局研究

1985年春,江苏省建委委托南京大学、中科院南京地理研究所、江苏省城乡规划设计研究院和江苏省建委城市规划处共同承担《江苏省城镇体系发展布局研究》,历时3年,经全国有关专家、教授、高级工程师鉴定通过,根据鉴定意见加以修改定稿,并于1990年获得江苏科技进步奖。

鉴定意见如下:

"江苏省城镇体系发展布局研究"是由南京大学地理系(现改名为大地海洋科学系)、中国科学院南京地理研究所、江苏省城乡规划设计研究院和江苏省建委城市规划处共同完成的一项科研成果。在全国起步较早,研究工作在1986年完成,并出了研究报告,在当时居全国领先地位。该项研究结合了各市的城镇体系规划,进行了大量的调查分析,基

础扎实,形成的报告内容丰富、资料翔实,工作具有一定的深度,对江苏城镇体系形成发展的规律作了有益的理论性探索。

研究报告提出的指导思想明确,对江苏城镇体系形成历史、现状特点、存在问题以及进一步发展的条件,分析比较透彻,符合江苏的实际情况。提出的江苏城镇体系发展的总体部署和发展规划,结合了江苏社会经济发展的战略要求,具有科学性和可行性,对江苏城镇体系的进一步发展有指导意义,对全省开展区域规划、经济区划以及行业规划也有一定的参考价值,并可供各地进行城镇体系发展研究时借鉴;本课题的研究采用了定性和定量相结合的方法、对城镇的功能、辐射范围,在区域经济发展中的作用及相互联系进行了深入的研究,对全省未来城镇体系的空间布局提出了设想意见。这种研究方法是可行的,值得借鉴。

本课题中的不足之处是过于受现行行政体制的束缚,对超越行政界线来研究中心城市的地位、作用、功能和辐射范围不够;对城镇体系完善化发展的论证不够集中和概括,提出的城镇体系发展战略不够明朗;同国土开发整治和经济区划的结合尚嫌不够。此外,研究报告建议的主要措施和相关政策也不够鲜明突出。

(2)江苏省沿海地区城镇体系规划与布局

1986年江苏省计委托南京大学承担江苏省沿海地区国土规划,作为江苏省国土规划的一个专题,沿海地区城镇体系规划与布局是其中的一章,主要论述"南通、连云港、盐城三市,城镇发展布局的现状特点和问题;区域总人口与城镇人口预测;城镇规划布局;主要措施和建议"。

在主要措施和建议中特别提出:"尽可能使行政区体系经济区体系和城镇体系达到基本上一致,特别是灌河口的综合开发,必须从行政区划上进行研究。"

(3)江苏东陇海地带城镇体系规划

根据建设部、国家计委关于开展"陇海—兰新地带城镇体系规划"的统一部署,江苏省由江苏省城乡规划设计研究院承担此任务,自1991年初起开展了东陇海地带的城镇体系规划,范围包括连云港、徐州两市域全部,淮阴市的市区和洪泽、沭阳、泗阳、涟水、泗洪、淮南、淮阴、宿迁9个县、市,盐城市的滨海、响水2个县。经过多年工作于1992年8月完成。

评审意见认为:

①陇海—兰新地带江苏段城镇体系规划充分总结了过去的工作成果,并根据新的形势和课题总要求,对江苏段的陇海—兰新地带的地位和作用、优势和发展条件作了比较全面的分析和论述,提出了本地带的区域发展目标和生产力布局

总体格局，研究了城市化道路和城镇体系合理化方向，提出了以徐州、连云港、淮阴 3 个中心城市为主体的城镇体系结构，并着重论述了 3 个中心城市的开发建设前景，最后提出了体系发展的保障措施。整个规划报告基础扎实，结构清楚，资料丰富，内容全面，突出了中心城市的地位和作用，达到了课题的预定要求。

②规划报告对徐州、连云港、淮阴三市在陇海—兰新地带的中心城市地位作了明确的评价，这是十分必要和有意义的，反映了三市实际，明确三市方向，将对三市的规划建设起到建设作用。

③规划报告对城镇体系实施中的制约因素和建设中重点问题，例如行政区划调整，工业和区域基础设施的主要建设方向，以及政策倾斜等提出了具体的意见和建议，提高了规划的可操作性和应用价值。

因此，评审组认为，在三市领导和有关部门的支持配合下，从总体上看，规划报告是好的，有深度的，为三市未来经济和城市发展提供了科学依据。

（4）南京市圈城式城镇群体

圈城式城镇群体是城镇体系空间布局结构的一种形式，在 1980 年南京市城市总体规划中正式提出，并得到省市领导和有关专家的肯定。

南京市人民政府《关于报请审批城市总体规划》的报告中指出："圈层式城镇群体，就是围绕市区由内向外，把市、县的城、镇、乡整个地域，分为各具功能又相互联系的'市—郊—城—乡—镇' 5 个圈层。即：①市区（中心圈）；②郊区，即蔬菜，副食品生产基地与风景游览地区；③县域和卫星城；④乡村，即大田与山林；⑤远郊的小集镇。这样布局的特点是，城乡间隔，协调发展；市区同卫星城镇分工适当；城镇布局能适应远近结合，以近为主的需要。这样的布局，市区大体位于全区地理中心；沿江 3 个主要卫星城分布在 3 个不同方向，同市区基本等距离，又间隔大片蔬菜基地和风景区；这些未来的卫星城都有一定基础，道路网架已大体形成；十几个远郊小集镇散落在广大农田和山丘之间，同农村紧密相联，所有这些，都为圈层式城镇群体布局创造了条件，按此规划建设，将有利于发展工农业生产和保护生态平衡，有利于控制城镇规模和备战防震的需要。"

1982 年 8 月 22 日省政府给国务院的报告认为："圈层式城镇群体布局的提法，虽然在技术鉴定时意见没有完全一致，但我们认为这个设想是好的，有利于控制市区用地的发展，防止城区与周围工业城镇连片。为了有效地控制市区用地，逐步实现城镇群体布局的设想，须集中力量建成一两个卫星城镇。这些城镇要逐步做到工业性质综合，规模适当扩大，

配套设施水平略高，与市区交通联系方便，使其切实发挥卫星作用。"

5. 区域规划研究

（1）区域规划的理论与方法研究

1985 年至 1990 年，南京大学教授、博士生导师宋家泰主持高等学校博士学科点专项科研基金资助项目"区域规划的理论与方法"，参加人员有教授、副教授、讲师、博士研究生等 12 人。

该课题成果包括理论与方法，应用与实践两大部分，全文 60 万字，全面深入地阐述了区域规划的任务、内容、目标体系、开发方式、区域结构因子、产业结构、空间结构优化方法以及区域经济发展规律和发展阶段理论。在理论方法研究的基础上还对徐州、苏南等地的区域开发、规划进行了实例分析。这是一部理论方法与实践应用相结合，具有重大理论价值和实践意义的科研成果，达到了国内领先的学术水平。其中城市体系规划、市县域规划、数据库管理及国土信息系统的专论极大地丰富了课题的内容。总的来看，理论、模式、方法结合很成功，在我国无疑是一流的，在一定程度上，填补了我国至今还没有从地理科学和经济科学结合的角度对区域规划的理论方法进行系统研究这一空白。

该课题包括两大部分：第一部分是理论与方法，由 8 个专题组成。区域开发理论与方法论的研究，城镇体系规划的理论与方法，地域城镇体系组织、结构模式研究，城市城镇体系规划，市县域规划的任务、内容和方法，论地理学现代区位研究，论国土规划与区域、城市发展的数据管理，城市规划建设管理信息系统的设计和应用。第二部分是应用与实践，由 5 个专题组成，包括：中国城市发展的几个问题，长江大流域经济开发战略，徐州市域开发规划，苏南地区国土规划构想，关于江苏国土资源数据管理与国土开发问题。

（2）市、县域规划的任务、内容和方法

南京大学吴友仁教授 1985 年冬，在《经济地理》杂志 1985 年第 4 期上发表《市、县域规划的任务、内容和方法》一文。文章阐述了县域规划是区域规划的一种类型，有三方面内容：①县域社会经济发展的战略目标和布局安排；②城镇化水平预测和城镇体系布局的研究；③确定县域经济辐射范围。这篇文章在当时影响较大，对推动我国和我省开展县域规划有一定的作用。

（3）县域规划编制办法（研究）

1988 年北京怀柔会议决定开展县域规划，在江苏、四川两省先行试点，并要求江苏省城乡规划设计研究院负责研究县域规划编制办法，该成果作为 1991 年 8 月苏州会议的主要

待议文件，并获得建设部科技进步三等奖。

"研究"包括：

①《县域规划编制办法》内容有：总则；编制县域规划的任务与原则；县域规划工作的内容及成果要求；县域规划基础资料的收集与分析；附则。

②《县域规划编制办法》有关要点的说明，内容有：关于县域规划的定义；关于编制县域规划应遵循的原则；关于县域规划的内容深度；县域规划方案中主要数量规划指标；县域规划说明的若干成果附表规定；关于总体方案与各部门规划的接口关系；关于县域规划基础资料的分析。

③县域规划报告编制提纲。

④县域规划基础资料内容。

⑤县域规划成果图件名录及其编制说明。

（4）城镇体系规划的理论方法

南京大学宋家泰教授与其博士研究生顾朝林合作撰写的《城镇体系规划的理论与方法》一文，刊载于 1988 年 6 月《地理学报》第 43 卷第 2 期上。对城镇体系规划概念与目标作了明确的界定，对城镇体系的发展作了详尽分析，指出："城镇体系内城镇及城镇间的集聚和辐射是一个对立统一体，城镇体系规划正旨在于协调它们之间的关系，以求得城市区域的同步发展和区域经济社会，环境效益的统一。"作者首先提出城镇体系规划内容是"三结构一网络"。即地域空间结构：集中与分散布局；等级规模结构：等级与规模关系；职能类型结构：类型组合与职能协调；网络系统组织：城镇联系与网络组织。最后还提出城镇体系规划的程序，为建设部颁发《城镇体系规划编制审批办法》的出台，提供了有价值的材料。

附录二：扬中市市域规划

——区域协同发展与生态环境建设

单纯追求经济增长而出现的各种矛盾与危机，迫使人们不得不去思考和探索可持续发展的新途径。同样，面对社会主义市场经济体制下城市规划建设存在的问题，如何实现区域协同发展与生态环境建设的统一成为摆在我们面前的一个迫切而又重要的课题。因此，市域规划中的规划观念与手段也需要调整与更新。扬中市域规划打破了以往以城镇为中心的规划思维局限，就上述课题作了一些研究，并就区域规划的实施进行了初步的探讨。

1. 扬中市市域规划编制的社会经济背景

扬中是长江中仅次于上海崇明的第二大岛，面积约

322km^2，人口近 28 万，国民生产总值 40.5 亿元（1995 年），全市下辖 11 镇，素有"鱼米之乡，江中明珠"美称，以工程电器制造业为特色的工业在国内市场占有较大份额，人民生活水平较高，是全国"百强县（市）"之一、全国"生态市"试点。

扬中位于经济发达的长江三角洲地区中部，江苏最发达的苏锡常地区的西部边缘，邻近苏北地区，恰处在不同经济发展水平的区域之间，发挥着重要的区际融合、沟通、接力作用。但扬中在高速发展中也存在着一些问题：①由于扬中"孤岛"的特殊性，市域城镇发展有相对独立性，寻求城乡协同发展迫在眉睫；②扬中市自身的市场狭小，自然资源极为贫乏，进一步的发展面临人口、资源、环境的巨大压力；③扬中既不位于江苏南北主要交通通道之上，也因缺乏沿江港口而难以发挥长江航运优势，区际联系并不方便。

在社会主义市场经济条件下，鉴于进一步发展的需要同人口、资源、环境之间的矛盾，同时为结合扬中全国"生态市"的试点建设，1996 年初，扬中市委、市政府决定编制市域规划，以期作为各项建设的指导文件和参考意见。

2. 扬中市市域规划的基本思路——区域协同发展、资源高效利用、生态环境建设

扬中市域规划力求适应新形势城镇发展的需求，贯彻了区域协同发展、资源高效利用、生态环境建设等规划理念。

（1）区域协同发展

扬中作为长江中的岛屿城市，面积狭小，发展具有一定的特殊性。市域规划中以全市的协同发展作为研究重点。

①城乡一体化道路

改革开放后，我国封闭隔绝的城乡发展模式得以松动。在扬中经济高度发展的时期，由于社会经济体制变革，给城乡关系、村镇建设、耕地保护、资源环境承载等带来一系列现实而迫待解决的问题，这对规划师提出了在规划中必须贯彻城乡整体协调发展观念，引导城乡生产、生活、空间有机协同的要求。规划构想未来扬中作为一个理想的城乡一体化的空间地域，具备如下几个特征：①具有一个或多个中心城镇，而且区域内各等级的城镇性质、职能既各具特色，又有机联系，呈有序分工的状态；②城镇与村庄的发展不以牺牲环境为代价，而且与区域环境相协调，形成持续、稳定发展的态势；③城镇间形成快速有效的综合交通、信息联系网络，保障城镇的相互吸引及反馈作用机制形成；④区域性大型公共、基础设施实现共享、共建，以达到最佳的效益。

扬中市域规划以城市和乡村为两个规划区域主体，在发挥各自特长的基础上实现统一协调，达到区域整体最优发展，

并有力推动城市化的过程。规划一方面构筑了市区—中心镇——一般城镇—中心村四级体系,将村镇规划体系与城市规划体系有机衔接,城镇和农村在各自的条件下均得到发展。中心城市(三茅镇)具有发展的历史基础,其余小城镇通过乡镇企业改制,获得相应的发展机遇;另一方面通过完善的基础设施及社会服务设施的规划,达到了城乡设施共享、有效节约投资及资源消耗。

规划中对市域城镇体系演化模式进行了深入研究。①规划加强中心城市集聚作用,提出市区未来发展应是由三茅、联合、丰裕三镇构成的组团式城市,三组团间既相互联系又相对独立,组团间隔以大片绿色空间,防止连绵成片。通过建设组团城市,使市区职能优化,三茅以行政、商贸、文化为其主导职能,联合、丰裕二镇以工业职能为主导职能。规划通过发挥市区优势,加强三产建设,组织企业集团或重点产品的协作网络,形成城乡一体化的生产协作网络和区域服务中心;②规划提出重点建设新坝、兴隆、八桥3个重点建制镇,在发挥其传统职能的同时,积极开拓新兴旅游、商贸职能;③规划全市形成5个一般城镇,这些城镇工业化特征明显,在市场经济条件下,通过自由竞争获得生存与发展的机会;④规划乡村居民点实施重组,采取相邻村合并,零星小自然村撤销,达到农村居民点相对集中。到2010年,全市建成429个农村居民点,其中新区居民点134个,新老结合185个,老埭改造110个。规划农村居民点作为地域农业生产服务中心。

②确定市场经济下市域发展的思路和目标

改革开放以来,扬中以12%的经济增长速度发展,实现了两次质的飞跃:一次是从以发展粮食种植为主的传统农业达到温饱;一次是从以发展电气为主的劳动密集型工业实现小康。但是经济结构提升相对滞后;刺激经济增长的投入单一;利益分配不公,经济体制转换较慢。

扬中市域规划的规划期(1995~2010年)正处在我国社会主义市场经济体制逐步建立的时期。因此,市域发展的思路、目标和各项建设的规模、速度、措施的制定都应立足于市场经济这一前提。规划提出:①加快第三产业的发展速度,特别是有扬中特色的旅游业;②第二产业要坚持发展"两头在外"的加工业,加快组建企业集团,通过多种形式的联合改变现有企业小、散、重复、内耗、污染较重等状况,同时加强对外合作,以自身在主导产业方面的管理优势及对市场的灵敏优势作为扩大再生产的投入,壮大扬中的整体实力;③第一产业要走高效集约的现代农业之路。

扬中确立其发展总体目标为:建设城乡一体化的生态城市,实现经济和社会持续、快速、健康发展,完成从小康迈

向现代化的历史跨越。(表1、2)

扬中市经济发展指标　　　表1

指标名称	现状 (1994年)	规划 (2000年)	规划 (2010年)	单位
国内生产总值	28.7	104~162	502~660	亿元
第三产业占国内 生产总值比重	23.5	33~35	44~49	%
人均国内 生产总值	10373	36000~55000	165000~210000	元

扬中市社会发展指标　　　表2

指标名称	现状 (1994年)	规划 (2000年)	规划 (2010年)	单位
在册总人口	27.7	29	31	万人
城镇化水平	35.8	50	65	%
人口自然增长率	2.9	3.0	2.5	‰
平均寿命	71	72	74	岁
适龄青年受高等 教育比例	8.8	15	20	%

(2)资源高效合理利用

扬中进一步发展中资源约束非常突出。一方面由于扬中人口高峰较江苏省提前10年到来,人口压力大;另一方面工业、城镇及农村居民点建设对现有耕地存量产生冲击,粮食和副食品供应趋于紧张。此外,市内矿产资源贫乏,工业发展对市外资源的需求增加了对基础设施的要求。

①土地资源的控制规划

当前城市化和用地平衡是市域规划的核心内容。扬中市域城镇群体的合理布局必须建立在市域土地总体利用规划及进一步优化的基础上,这不仅要考虑城镇发展的自身需求,还要研究市域村落及农田、风景区等绿色空间的协调发展。规划力求未来15年中人口、用地的动态平衡(表3)。

扬中市城镇人口、土地控制指标　　　表3

城镇		镇域总人 口(万人)	镇区常住人 口(万人)	镇区面积 (km²)	自然村面积 (km²)	基本农田保护 面积(万亩)
市 区	三茅	16	10	10	3.79	1.88
	丰裕		1	1		1.54
	联合		1	1		1.31
新坝		3.6	2.2	2.64	0.96	1.88
三跃		2.3	1.0	1.1	1.2	1.52
兴隆		2.2	1.5	1.5	0.7	1.01

续表

城镇	镇域总人口（万人）	镇区常住人口（万人）	镇区面积（km²）	自然村面积（km²）	基本农田保护面积（万亩）
长旺	1.8	1.1	1.16	0.64	1.27
油坊	3.2	1.4	1.68	1.52	2.06
永胜	2.1	1.2	1.2	0.9	1.12
八桥	2.5	1.7	1.97	0.53	1.16
西来桥	1.8	1.0	1.07	0.73	1.17
合计	35.5	23.1	24.32	10.97	15.92

为了保障市域城乡的整体协同，防止城镇发展的无序蔓延，形成良好的城乡生产、生活、生态空间，引导不同地域的规划、建设和管理，扬中市域规划从城镇建设、农村居民点调整、村办工业优化布局、基础设施有序安排和绿色空间用地控制这五个方面分目标对市域发展空间科学规划、用地规模合理控制。①扬中处于城镇化加速发展时期，城镇用地处于扩展时期。从提高土地使用效益的角度出发，市域建设应严格控制人均用地指标，降低人均工业、居住用地的用地水平，市区以人均100m²控制，小城镇以人均120m²控制，规划全市城镇总的用地规模由9.92km²增加为24.32km²，远景城镇发展应逐步由外延拓展转向内涵改造，提高土地利用率。②规划扬中市农村居民向城镇居住小区和中心村集中，以500~2000人为控制规模，人均用地以60~80m²计算，居民点与居民点之间相距1~2km，农田耕作单位以200亩为宜，有利于农业的规模经营。规划考虑到现行的经济体制改革方针，农业生产力发展水平，建筑重建周期，认为居民点的拆并是一个长期的建设过程。规划农村居民点用地由30.4km²降低为10.97km²。③根据扬中"九五"计划和2010年远景目标规划的经济目标测算用地指标，规划期末，村及村以下工业将占地8.57km²，村办工业向城镇工业小区集中，以提高用地效益和产业的集聚效应。④扬中基础设施发展用地以交通和水利建设用地为主，规划交通占地12945亩，水利设施约需占地1500亩。⑤扬中绿色空间发展用地以扬中市的基本保护农田为主体，包含了农田、度假区和长江沿岸的生态绿地，规划予以保护，其中基本农田控制在16.03万亩。

②长江岸线的开发利用

扬中位于长江与夹江之间，四面环江，但目前长江这一黄金水道未得到充分利用，港口码头较少，设施较差，靠泊能力较小。规划充分开发利用长江资源，将扬中港纳入镇江主枢纽港建设，形成主枢纽港的辅助港。在长江岸线三跃石城段新建千吨级码头泊位，使之成为扬中市对外开放口岸和进出物资及集装箱集散地，2010年前实施，远景在其北侧新建万吨级码头。

（3）生态环境建设

扬中市是国家环保局确定的"生态市"建设试点。规划试图寻求一条解决城乡发展同生态环境建设间矛盾的有效途径。规划突破了以往工作中仅立足环境保护层面的规划，按照"自然—社会—经济"复合生态系统的观念，更新原有的环境保护规划思想（见下图）。

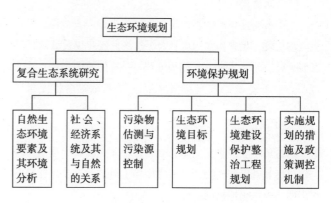

生态环境规划体系结构图

规划扬中未来以建设"水上花园城市"为目标，市域内外形成物质循环利用，信息、能量流动顺畅合理的社会—经济—生态复合生态系统，并提出了绿色空间的概念，以更好地反映复合生态系统水准。参照国外建设生态城市的经验，提出扬中生态环境建设目标体系（表4）。规划从环境治理与生态建设两方面建设生态城市，结合指标体系，在空间上细化了各项生态建设内容。按大环境绿化构想，将公共绿地、旅游度假区、生产防护绿地、农田等绿地融合成一个统一的整体。为了便于实施操作，规划提出建设供气工程、绿色环岛工程、度假开发区、绿色食品工程、工业废水集中控制工程、村埭植被人工演替工程、城镇环境综合整治工程、河道通络工程等八项工程，以便于地方职能部门具体组织实施。

扬中市环境建设指标　　　　表4

指标名称	现状（1994年）	规划（2000年）	规划（2010年）	单位
地表水质量	Ⅱ、Ⅲ	Ⅲ	Ⅱ	类
大气质量	Ⅱ	Ⅱ	Ⅰ	级
背景噪声	67	60	55	分贝
绿色空间比例	59	61	64	%

3. 扬中市市域规划方法及应用技术

（1）遥感技术的应用

鉴于目前规划中往往存在现状资料滞后，规划人员对情况了解不够全面的现象，扬中市域规划利用了卫星遥感技术对扬中市域进行动态资源调查，生动、直观、准确地分析土地总量（包括潜在用地）及其主要类型的面积、范围的历史变化。同时历年卫星影像还提供了可信度较高的对比资料，反映了扬中生态格局近年来的变化，有力阐明了生态环境建设规划的重要性。

（2）比较研究的深入

①空间比较

扬中市通过与区域周边城市经济实力、产业结构、外向型经济比较，明确其在地域社会、经济发展定位及城镇协同发展途径。此外，扬中与相似地域——新加坡的比较，还为寻求扬中市建设"水上花园城市"的多元化途径提供了依据。

②时间比较

通过历年经济状况的动态变化，合理明确扬中预期阶段经济目标和阶段资本投入；通过历年土地的动态变化比较分析，明确未来土地控制目标。

③多方案比较

扬中今后发展正处在我国社会主义市场经济体制逐步建立的时期。因此，市域发展的思路、目标和各项建设的规模、速度、措施的制定要立足于市场经济这一前提。本次规划一方面根据扬中经济走势提出经济确保方案，另一方面又设定了一套快速发展的争取方案。

（3）成果形式的创新

市域规划的成果服务对象具多元化特征。既要面对专家，又要面对决策者、执行者，还要面向公众。为便于实施和管理，此次规划尝试使用文本、说明书和图件来表达成果。

4. 扬中市域规划的实施

扬中市市域规划在地方政府和主管部门高度的重视下，起到较好的实际效果。

（1）指导城市（镇）总体规划的修编

在扬中市市域规划完成后，当地政府组织编制了扬中市城市总体规划，从空间上采纳了市域规划提出的三镇合一的组团式城市结构，规模上按12万人控制，与市域规划较好地衔接和协调，市域各乡镇规划也依据市域规划及时进行修编和调整。

（2）提供了市域发展新思路

市域规划中科学客观地提出了经济、社会发展指标，扬中市有关部门根据市域规划的意见，及时调整了该市国民经济和社会发展"九五"计划和2010年远景目标的有关指标。

（3）引导了重大基础设施布局

在基础设施建设中，扬中有关部门正在按照市域规划方案，预留、控制贯穿市域南北的第二条公路和市域变电所位置及用地。

（4）直接指导了生态市的建设

市域规划中提出的生态建设八大工程有效指导了生态市的建设。雷公岛度假区规划工作已经进行，市域供气工程、绿色食品工程、城镇环境综合整治工程也在启动中。

第三部分

中外城市规划管理体制对比分析

第一章 中外城市规划管理体制对比分析总报告

引 言

随着我国城市化进程的加快，城市规划体制改革的不断深化已是大势所趋，在这个过程中有必要借鉴国外的先进经验，来丰富和发展中国的城市规划体系。每个国家的城市规划体系的形成和演进同该国社会、经济、政治的历史过程都息息相关，因此严格意义上讲很难照搬他们的做法，但是立足于我国城乡发展的实际情况，我们还是可以从中得到多方面的启发，判断我国城市规划体系内部存在的问题和改进的方向。这里选择几个发达国家的城市规划体系加以介绍，尽管各自有着不同的典型性，反映了国体、政体的具体特点，但是一个共同点在于这些发达国家都高度重视土地和空间的有序开发，以及国土和空间资源对于国计民生的重大意义，在城市规划体系中对于国家所面临的发展问题能够有一个较为合理和恰当的回应。

大部分发达国家都先于我国完成工业化的进程，建立有一套相对完整的法制化的规划管理系统，在不同的政治和经济体制下，采用综合的手段达到对土地使用的统一管理。在比较分析他们的规划体制时，首先遇到的是关于"城市规划"的概念问题。在这些国家当使用"城市规划"或者"规划"术语时，与我国的用法有较大不同。他们所认识的"规划"实际上都是一个较为宽泛的概念，包含了国土规划、区域规划、城市与乡村规划，也称空间规划。空间规划的内容也较我们过去的城市规划内容宽泛和综合，非常注重经济和社会发展等多方面的因素。

这种宽泛不仅存在于学术层面上，而且在政府体制的架构中也往往能够感受到对规划综合性的考虑。而我国由于历史和体制的原因，则主要局限于从城市建设的范围来解释城市规划。正因为如此，本报告从更为理性的角度和采用国际通用的概念来比较分析各国规划体制，将"城市规划"理解为不仅仅是建筑学范畴的工程设计活动，而更多从社会、经济、政治等多方面考虑规划的意义，把区域、城市和乡村地区的发展都视为城市规划工作的范畴，这里所说的"城市规划"已不是仅仅指城市的规划。换言之，我们把建设具有中国特色的空间规划体系作为研究的目标，回归城市规划的本义来进行比较分析。

城市规划是一种政府行为，是一种社会运动，同时也是自成一体的职业技术，它的技术核心是土地使用规划。在现代社会，城市规划已经发展成为一种在土地使用和空间资源分配领域不可或缺的手段，一种平衡社会集团或个人利益的手段。它在各国政治经济体制之下形成具有不同形态和结构的规划体系，但其目标可以说是相似的，即在城市发展中维护整体利益和公共利益，保护自然和文化的遗产，促进社会经济的可持续发展。而且所有这些国家都强调在一个法制的基础之上来建立规划的系统，以法律为工具来推进实施城市规划。

本报告的研究目的，是就规划编制体系、规划的实施管理、规划机构的设置及其职责和人员编制等主题，总结分析其他国家的经验并与我国的情况进行对比，从中归结出我国城市规划管理体制目前存在的一些亟待解决的问题，为进一步寻找改进的措施奠定必要的认识基础。

一、城市规划的编制体系与实施管理比较

1. 其他国家的主要经验和启示

通过对各国情况的考察可以发现，各国城市规划的编制体系和实施管理，由于同其政治经济体制密切相关，显示出一定的差异性，但其主要框架和主要职责、任务基本相同，因此更多的是共性。总体来说，编制体系的构架体现了实施管理的方式，两者之间相辅相成，共同实现规划的意图。

（1）规划是政府的重要职能和调控手段，一级政府，一级规划

国土规划、区域规划同城市规划、乡村规划，同属空间规划体系，是规划的不同层次，衔接非常紧密，体现了共同的管理目标和意图，其不同仅在于规划的深度、重点有所不同。由于规划是政府一项重要职责和调控手段。因此，在发达国家，一级政府做一级规划：市县政府做市县空间规划（城市规划、乡村规划和市县内区域规划），省、州政府做省、州空间规划（省、州区域规划和跨市县的区域规划），国家政府做国家空间规划（国土规划和跨省区的区域规划）。规划师在所有的空间规划领域广泛发挥着积极作用。

对于发达国家的规划体系而言，国土规划和区域规划（国家规划和省州规划）同城市规划一样被高度重视。例如德国，以国家法律的形式即《空间秩序法》来提出国土规划的纲要，用来指导各个州的规划和区域规划。而作为空间规划体系的各个重要组成部分的结构关系是通过联邦的基本法来确定的。

从各国情况看，无论如何划分规划的层次，国家都要有一个法律或有效的指导性文件。城市和区域发展的战略性内容是由中央政府直接过问的，各国皆尽全力从宏观上对城市和区域发展的战略有所把握，有所指导。因为，城市规划编制和实施不是一项单纯的工程技术工作，而是一个政府表述空间发展政策的过程和手段。

城市规划管理看似是地方的事务，但它却是落实中央政府认同的城市发展战略和计划的关键环节。因此，即使主要由地方政府对开发申请作出审批决策，许多国家的中央政府仍然通过法律规定，保留一定的否决权力，或调审的权力，或者规定一些有重要影响地区的规划许可由中央直接作出决策。

例如在英国城市规划体系中，地方规划的编制是以中央政府批准的结构规划为依据的，结构规划一经批准，就成为中央政府和地方政府之间的一种政策上的"协约"，地方无权违背结构规划规定的内容；第二，地方规划在编制过程中，尽管已经有结构规划的依据，但同时也需要接受来自中央政府的指示，而且要加以落实；第三，中央政府对于地方政府的规划保留调审的权力和否决的权力，虽然可以不经常使用这些权力，但是从制度上能够确实保障中央有关政策的实施。

不论是在怎样的政体下，也不论在怎样的行政管理体系下，各个层次的规划行政主管部门之间用不同的手段，保持行动的协调，以保证宏观政策的顺利实施和上下衔接。

（2）规划工作的技术核心在于土地使用规划

城市规划的目标是在经济社会发展中维护整体利益和公共利益，保护自然和文化的遗产，促进社会经济的可持续发展，而所有这一切都离不开土地。因此，规划工作，实质是对土地使用的规划和管理，规划工作的核心技术是土地规划和管理的技术。

凡是发达国家，在这一点上无不明确。首先，土地使用是一个整体的概念，包括了城市和乡村地区的各类土地使用，城乡之间土地使用保持了非常密切的关联和高度的协调，任何偏废和不协调都会导致城乡发展建设上出现问题。第二，城市规划本身是综合考虑城乡发展因素的土地使用规划，而并不是局限在城市建设范围内来考虑土地使用；同样，土地使用规划也不仅是以资源保护为目的，它还要达到社会、经济、环境综合的、可持续发展的目标。

同时，在规划的管理实施过程中，发达国家无不将空间规划和管理，视为一种管理经济的重要手段，它的意义并非仅限于"保护农田"。信守这种原则，几乎成为一般的常识。在英国、法国和瑞士都能看到，农田保护受到高度重视，但只是规划工作

的一个组成部分。城市建设和农田保护两者之间从学理到管理机构的设置都不是对立的关系。

正因为如此，未见到哪个国家把城市规划作为一种仅仅在城市地区发挥管理作用的政府职能来看待，也未见有哪个国家设置两个或多个平行的政府部门来分割管理土地使用事务，未见有将以资源保护为目的的土地利用规划同综合的城市规划（土地使用规划）对立、混淆，也未见到把以资源保护为目的的土地利用规划作为框架，将城市规划作为一个专项规划对待的实例。因为以国家的社会、经济、环境综合发展的利益为价值标准来衡量，单纯考虑土地资源保护，而把城市规划孤立地对待，导致了城市和乡村发展的对立和两方面利益的损害，导致了城乡结合部混乱状况的出现。而城乡协调发展本来是空间规划的基本任务和成熟技术，完全可以通过综合性空间规划解决好的。

（3）规划编制和实施管理应具有高度综合性

在发达国家，规划之所以重要，就在于它具有高度的综合性。在规划的编制中间，要综合考虑经济、社会、人口、资源环境等多方面内容，要多部门参加，公众参与。而且在规划的实施管理过程中也要多部门协同，多种政策措施和手段并用。为了规划的实施，同级政府各个部门之间必然保持着横向的有效协同，特别是国家经济发展计划的决策与空间发展战略的决策两者之间的协同为各国高度重视。

在规划实施管理过程中，不同的政府职能部门保持较好的协同，这是规划的综合特性所决定的。典型的如实行市场经济的美国，不论在联邦还是州一级，规划都是一个综合性的工作，这不仅是说技术上是综合研究问题，而且更主要的是在综合交通、卫生、教育、住房、能源、环保等各个部门的发展因素时都是同财政相配合的。在实行市场经济的国家里，规划作为政府调控的一种手段，不是单纯从空间和土地使用的角度来操作的，和财政、税收以及经济政策等手段的配合是非常有力的规划实施保障手段。目前我国规划实施不好的重要原因之一就是规划政策同经济、财政、税收政策的分离。这个方面是我国城市规划体系非常欠缺的方面，也是深

化城市规划体制改革的一个重要方向。

（4）区域性的发展规划近来普遍得到高度重视

随着经济全球化成为明显的发展趋势，各国特别是发达国家在权力下放的同时反而开始高度重视区域的协同发展，目的是增强城市和区域在国际上的竞争力。

例如在瑞士，为适应其市场经济体制和联邦制的政体，已经形成结构非常清晰的空间规划体系。由于各个州的实力较强，因而空间规划的重心偏向州和市镇，但是对于州之间的发展，联邦政府担当了重要的协调作用，特别是在欧洲一体化进程中，各州统一行动的意义越大，联邦的作用也就越来越大，越来越明显。同样，州政府对于跨市镇的特殊地区的协调发展也起着非常重要的作用。由此可以看到在新的社会经济发展时期，政府有效发挥宏观调控职能的重要意义。相对而言，我国省级政府对于各个城市的协调发展能够起到的作用非常有限，这与我国省级政府规划职能不够、人员缺少有关。

（5）规划的编制和实施管理强调法制化和民主化的过程

在发达国家，城市规划编制和实施管理通常都有法可依。对于规划编制工作，我国已经有较完备的规定，但是在规划的法制建设、依法管理方面，在决策民主化方面还相对缺乏，他国的经验值得借鉴。

第一，各级政府的规划管理之间的关系是以法律形式来确定的。例如德国制定有《联邦建设法典》，联邦法律与州的立法都作为城市发展规划和建设管理的依据，但各州的建设立法不得违背联邦法。在一些中央集权的国家里，中央政府的行政管理部门对下级政府编制的规划和作出的建设规划许可有否决权（如英国），甚至于下级行政主管部门在人事和财务上隶属于中央，由上级直接派出（如法国），采取这些严格的措施都以法律形式规定，目的就是要确保在城市和区域的发展中切实体现国家的意志。

第二，编制的规划在成为管理依据的过程中，制定和审批的民主过程由法律来确定。例如基于国体和政体，美国的城市规划是非常法治化的事务，然而无论是综合规划还是区划法规，制定和审批过

程建立在地方民主过程的基础之上，公众参与规划是法律所规定的。

第三，规划的实施管理作为行政管理的一个组成部分，依照一系列行政法，建立上诉、复议等法律渠道，保证规划管理的公开和公正。所有法制国家的共同特点在于都设有较为完备的法律法规，确保规划决策过程的民主和科学，而且将违反规划实体内容和程序的行为视为违法行为，有明确的监督和惩罚措施，杜绝规划管理部门可能出现的渎职和腐败行为，维护规划的严肃性。同时，绝大部分国家实行决策权与执行权分离，设立单独的规划委员会。

第四，对地方具体的用地和建设活动的规划管理有两种模式。一种是采取法治的方式，即依据规划原则在大量规划工作的基础上直接草拟法律文本，一经立法机构通过，成为地方法规，像德国的 B – plan 和美国的区划法令（Zoning Ordinance）。规划管理成为依法执行法律的过程。第二种是仍然使用行政的方式，如英国，规划由地方政府批准后执行，但不是法律文件。地方政府的规划部门对于开发申请是依据经批准的规划进行行政审批或核准。又如法国，地方性土地使用规划（POS）是经过上级政府的批准，才能成为规划管理的依据，也仍然是行政管理的方式。这些不同做法尽管是各国不同的政体使然，但共同之处在于编制的规划作为实施管理的依据具有较强的严肃性。

2. 目前我国相比之下存在的问题

目前我国正处在城市化快速发展时期，城市规划的编制和实施管理过程同实际的发展需要相比，还有一定的差距，需要全面加强。对于存在的各种各样问题需要有一个清醒的认识，总体来讲，不能很好地适应城乡发展的实际需要。

（1）规划不成体系，也没有建立起必要的相互衔接的体制和机制

首先，存在的是认识问题，没有认识到建立符合我国国情的空间规划体系方面的必要性，没有充分估计到城市化对于规划工作的客观要求，将空间规划编制和实施管理在体制上分割。各类各级规划

关系不清，相互之间重复劳动，扯皮多，协同少，使规划未能成为市场经济条件下政府宏观调控的有力手段。其次，规划在整体上不能很好地适应城乡发展的实际需要。从我国城市发展和城市化进程的需要来看，目前我国规划工作整体上不能很好地适应城乡发展和市场经济体制的实际需要。一方面城市高速发展，在控制和引导建设的过程中还有很多薄弱环节，普遍存在规划滞后、管理粗放、干预严重的现象，很多城市的规划也没有认真得到执行。另一方面乡镇还没有很及时地得到规划和管理。城乡结合部的建设由于体制上的原因，缺乏有效的协调和管理。

（2）国家与省、自治区的规划编制和管理工作都过于薄弱

目前我国的国土规划和区域规划还缺少共识，有关部门的职责交叉或职责不当，又没有明确的立法，具体的实践开展也甚少。只是在城市规划法中明确了国家和省、自治区、县的城市规划行政主管部门要编制城镇体系规划，这些规划（包括全国和省、自治区和县的城镇体系规划）经过近20年来的实践探索和总结经验，不断完善，在实际工作中发挥了较好的作用，一定程度上弥补了缺少国家规划和区域规划的不足。但由于城市规划行政主管部门职责、手段和人员有限，很难切实有效地成为区域内部协调发展的依据和手段。在一些跨行政区的区域发展中，同样具有这样的问题。随着我国经济高速发展和城市化进程的加快，区域不协同发展的问题已经相当严重，极大损害了国家和区域的发展利益，现在仅仅靠现行的《城市规划法》根本无法解决。这个问题应在目前修改规划法中认真加以研究。

作为构成一个完整的空间规划体系所必需的，国土规划与区域规划开展的深度、广度以及既有规划的指导约束力都过于薄弱。主管编制和主管实施的部门之间没有理顺关系，而且分设于不同的政府部门，因而体现不出技术原理上应有的系统性和完整性。

（3）缺乏有效管理具体用地和建设活动的法律法规

对地方具体用地和建设活动，仅靠政府行政审

批的详细规划，是难以真正做到依法管理的。20 世纪 80 年代末、90 年代初出现的控制性详细规划主要在技术表现方面仿效了美国区划法规的做法，但区划法规的实质是法律法规，而目前我国普遍采用的控制性详细规划仍然是以规划设计方案的面目出现，通过行政审批的方法成为行政文件，并没有成为法律法规，因此，无法有效地发挥预期的作用。控制性详细规划的编制、修改、审批均为同一规划机构，加上缺乏有效的行政监督措施，滋长了一些腐败问题。要加以改进，关键不是名义上的法定，而是切实在编制、修改、审批等一系列程序问题上地方法律化。

（4）"一书两证"制度的执行力度不够

在"一书两证"制度的执行上，"一书"基本上得不到贯彻，也难以适应目前的客观实际，而同时"一书两证"制度也不能很好地适应土地有偿使用以及土地市场的复杂情况，过于简单。城市在"一书两证"制度的执行中，也没有给上级政府留有任何法定的干预的权力空间。

（5）规划的实施管理中普遍存在较为严重的有法不依和执法不严的问题

规划实施过程中存在严重的有法不依和执法不严的问题，规划的严肃性不能得到切实维护，而且规划法律法规中没有对修改规划的程序作出严格规定，因此，在实施过程中随意修改规划的现象十分普遍。同时规划管理的后期监督缺乏，批后管理不完善。必须对违法用地、建设和违反程序的查处有更明确、更具体和更严厉的法律条文，以制止违法建设的现象蔓延。

（6）规划决策的科学化、民主化有待改进

在规划的决策过程中民主化和科学化的进程较为缓慢，长官意志常常支配了规划过程，也是亟待改进的问题。

3. 若干国家有关情况的例举

（1）英国

英国是最早的工业化国家，也是现代城市规划运动的发祥地。英国的城市化水平在 1800 年达到 26%，1850 年已逾 55%，1900 年突破 75%。但是真正出现现代城市规划运动是 19 世纪后期的事情，当时城市问题已经极为严重，社会矛盾激化，城市产业工人的居住条件恶化。这些情况在马克思和恩格斯的经典著作中都有非常生动、深刻的描述。现代城市规划在英国的诞生，正是围绕着解决工业化、城市化过程所带来的城市问题，改善居住环境，促进社会的平等和经济的繁荣。

原则上讲，法定的城市规划编制体系分为两个层次：

①结构规划（structure plan）

由郡政府（county）来组织编制的战略性的政策框架，其作用在于通过公共与私人的投资来促进城市的发展与更新，改善和保护自然与建成环境，奠定有关审核规划申请和裁决申诉（appeal）的基础，并为地方规划提供依据。

在广泛征求民意之后，最终由中央政府主管部门环境、交通和区域部（DETR）的部长来批准。

②地方规划（local plan）

由地区（district）政府来组织编制，对本地区内有关物质环境改善、交通管理、遗产保护等土地使用和开发的事宜提出规划方案。地方规划需要明确政策将如何加以实施，是否需要采取某种规划管理的标准，对地方政府采取开发行动的土地和基础设施条件都必须预先明确，同时也必须解释如何与地方政府的财政计划相吻合。

地方规划在征求民意之后，由地方规划主管部门负责批准，但法律上要求，地方规划必须与结构规划保持一致，环境、交通和区域部（DETR）的部长有权力对地方规划作出指示。他一旦对某个地方规划作出指示，那么在他最终批准之前地方规划不得实施。同时，他也有权调审一些地方规划。

在 20 世纪 80 年代地方政府改组之后，出现了"一元发展规划"（UDP），它由一些大城市地区政府，或类似的地区政府来编制，内容同时涉及结构规划与地方规划的内容。但作为基本的法定的规划而言，主要仍是上述两种。

结构规划与地方规划统称为发展规划（development plan），它虽是依法定的程序和要求编制审批的规划，但规划本身不是法律，而是文件，是行政性的，而不是法律性的。

规划管理方面，英国施行规划许可制度，它适用于一切土地的开发建设活动。用地和建设的申请提交给地方政府后，一般依据批准的发展规划作出具体的许可。许可包括了自动许可和有条件许可两种。一旦与发展规划不符，中央政府有权"调审"这些许可的案件。开发申请者有权对规划部门的决定提出申诉。而对违章建设，规划部门可以依法采取行动来强制执行地方政府或中央政府的决定。

（2）德国

统一后的德国保持了联邦制的政治体制。分为联邦（Bund）、州级（Land）和市镇（Gemeinde）三级。联邦政府主要通过《联邦基本法》（Grundgesetz）来确定各级政府之间在公共事务方面的权责，因而它的空间规划体系的内部结构关系是由《联邦基本法》确定下来的。

联邦政府有其《空间秩序法》。《空间秩序法》（Bunesranmordnung）所给定的总的原则，成为州的规划（landsplanung）和区域规划（Regionalplanung）的重要依据。

在最低一级——市镇，规划分为两个层次：

①土地使用规划（F-Plan）

它属于战略层面的规划，与城市的社会经济发展目标相配合，是预备性的建设指导规划，为镇、区以及参与规划的有关专项规划部门提供规划依据，相当于我国的城市总体规划。

该规划由城市的规划部门负责编制，依据是联邦《建设法典》（Baugesetzbuch）和州的有关法律。它的批准在城市本地依法进行，经市镇的代表机构审定通过。

②建造规划（B-Plan）

它属于开发实施管理的层面，具体落实土地使用规划，可以说是土地使用规划的深化。它也由城市政府组织编制，依据除了《建设法典》和州的法律之外，还有一些具体的标准或规定。

它的审定过程类似于土地使用规划，所不同的是，它是强制性的规划，经市镇议会审定后，作为镇、区应遵守的法律性文件。

土地使用规划和建造规划在市镇议会审定后，还要提交给州或地区性政府（Regierungsbezirke）批准。

建造规划作为法规，它相当于美国的区划法规和土地细分法规，直接应用于规划的实施管理。

（3）美国

美国是一个联邦制的国家。在行政管理架构上，城市规划基本上是由州、县和市负责，因而不构成国家城市规划的概念。由于国家不具有统一的城市规划，各州的法律又有所不同，一般而言，城市除政府规划部门外，还会有规划委员会、上诉委员会等组织和机构负责规划事务。其中规划委员会和区划委员会不是具体事务的管理机构，只是议事和决策机构，它是由市议会或政府来授权的。但对于有些重大事务最后还是拿到议会来决策。当规划委员会或者区划委员会作出某种决定后，具体颁布规划许可是由规划部门来具体承办执行的。从规划编制的体系上讲，联邦政府两年一次发布城市政策报告，对州和地方的城市发展政策和规划实施提供政策指导。当地方政府想要得到联邦政府的某项计划资助时，联邦政府会要求编制综合规划（comprehensive plan），事先明确详细的土地使用规划，妥善安排交通、卫生、教育、住房、能源、环保及其他相关的各项因素，也类似于我国的城市总体规划。

州的立法通常要求市县编制综合规划（称 comprehensive plan，或 master plan，或 general plan），它是在社会、经济、政治、物质空间分析基础上，做出的全面的总体的规划。在提交规划委员会和立法机构决策之前，必须经过公共听证。规划的审批方式在各州有所不同。在大部分的州，地方综合规划的审批权在州的议会。州可以授权城市的议会来审批规划，但是最终的权力在州。在得到州的授权情况下，州的规划由规划委员会按法定程序审批，批准的规划具有法定的约束力，而且也无需再上报州和联邦的规划机构复审。

区划法规（Zoning Ordinance）是城市土地使用和建设管理的重要依据。这种制度也是世界上一种有代表性的规划管理制度。在美国，绝大多数的州都在法律条文中明确要求区划法规制度必须以综合规划为基础。制定区划法规有些州是由规划机构负责，还有一些州则由独立的区划委员会负责，即使那里未设规划委员会，综合规划的原则也要求必须贯彻到区划法规之中。

区划法规包括条例文本和区划图（zoning map），前者对目的、定义、用地分类的标准和管理的各项控制指标、各项规则等条款，以及有关规划委员会、上诉委员会、立法机构、具有相应司法权的法庭职责、区划地图的编制和批准程序、区划地图与综合规划一致性的要求、有关申请、上诉等程序作出详尽的规定。区划图则主要是标明各类地块的边界和必要的规划意图等。

依据区划法规和土地细分（subdivision）法规的方法进行用地和建设管理为美国地方政府的通常做法，而在州和地方层次上，当审批开发申请时，综合规划和基础设施规划仍是决策的重要依据。20世纪70年代以来，开发审批的权限呈相对集中于州的趋势，某些特定项目还需由联邦政府审批。

在实施区划法规过程中，若土地所有者对规划委员会、区划委员会的决定不满，可将案件提交法庭裁决。对立法机构通过的法律条款或指标、地块的边界要求修改的，则只能通过申请立法机构修改法律来修改，规划部门无权修改。这也是美国规划管理的一大特点。

（4）新加坡

1965年新加坡建国时，深受住房、就业等问题的困扰，而今已成为工商业发达、生活舒适、环境优美的国际化城市国家，其经验尤其需要重视。在规划编制方面，有如下层次：

①概念规划

1971年首创，最新一版为1991年的概念规划，由国家发展部编制和修订。它是新加坡长期的、综合性的发展计划，它克服以往总体规划静态蓝图的缺点，并为总体规划周期性的修订（根据"规划法"每5年一次）提供依据。随着城市发展，如大运量交通系统的建立、机场的建设、新城的发展，指导协调长期的公共投资和发展，它也不断得到修订。

②总体规划（Master Plan）

第一个法定的总体规划是1958年编制的，基本沿用英国的规划方法，将全岛划为55个规划区，通过土地使用区划、密度和容积率控制，并预留土地用于公共事业（如学校、公共绿地、基础设施及其他必要的社会用地）等手段达到对土地使用的管制。原则上总体规划作为管理发展的法定依据。总体规划委员会负责对用地布局规划及其调整等问题作出决策。在新加坡所谓的总体规划（Master Plan）翻译为总平面更确切，实质上类似我国的分区规划，但是真正确定新加坡整体发展结构的不是这个总体规划，而是概念规划。

③局部区划方案

20世纪70年代初，非法定的"局部区划方案"为特定地区提供较总体规划更为详尽的控制指标，以作为对总体规划的补充。新的开发计划均受局部区划方案在密度、建筑高度、建筑类型问题等方面的控制。

④规划导则（Planning Guide Line）

到20世纪90年代，国家发展部开始编制"规划导则"，每个区的发展规划纲要制定出地块发展的目标、开发强度以及城市形态等方面的规划要求和政策引导。截止到1997年年底，55个规划区中已有54个完成规划导则。城市设计指导纲要是政府采取的另一项控制措施，目的是控制开发的体量、规模以及诸如层高、屋顶形式、用料等方面的内容。

新加坡的规划管理非常严格，称之为"管制"制度，法令授权规划主管部门管制所有土地的发展，所有的发展项目都必须取得规划主管部门的准证方可实施。新加坡的开发许可制度有其特点。建设管理分为发展管制和建筑管制两个层面，分别由市区重建局的发展管制署和公共工程局的建筑管制署来审批。

市区重建局发展管理署对发展申请分类管理，从而提高了工作效率。这些类型包括新建建设工程，地契分割和地契（分层）分割，已有建设工程变更，建筑及土地的用途变更，修订已批准的规划等等。同时市区重建局通过多种规划管理规定，防止房地产投机，保障房地产业的健康发展。

新加坡的规划执法极严，违法者罚款3000新元或被监禁不超过3个月或两者兼施。同时，用法律确立上诉的渠道，凡对市区重建局就开发申请作出的决策有异议者，在法定时限内，可用书面方式上诉到国家发展部部长，作最后裁决。

（5）瑞士

瑞士联邦分为联邦、州和市镇三级。联邦并没有全国性的系统而完整的规划，联邦统一的规划一般只是一些大的构想、方案，以及就有关全国性或国际性的重大题目所做的一些具体的专项规划。联邦政府空间规划主管部门曾经制定的专项规划有：《最肥沃农业用地的使用规划》，《全国的景观规划》，《穿越阿尔卑斯山的交通规划》、《轨道交通规划》、《核废料处理规划》、《全国性博览会规划》、《全国性的体育设施规划》、《军队设施（射击场）规划》、《全国电力网规划》、《全国性的航道规划》等等。州政府要制定全州的指导性规划，明确如林地、农地、建设用地等土地利用的边界，规定哪些地方可以建设，哪些地方不可建设等。该规划对市镇（社区）政府有约束力，但对私人没有直接的约束力。公众个人有权了解并提出意见。州的指导性规划一般是10年编制一次，在此期间也有经常性的调整，是通过议会来进行的。州一级的规划要经过联邦有关部门的审批认可，并可取得联邦在资金上的支持，以推动规划的实施。

在州之下，针对一些有特殊发展需要的地区，将若干市镇（社区）作为一个统一的单元来进行规划。其实质是一种区域性的规划，明确土地使用、交通和公用设施的布局关系。这种地区的规划主要靠州的规划技术力量来制定。

市镇（社区）的土地使用规划是在市镇（社区）全部辖区内全覆盖地编制的，规定市镇（社区）范围内的土地使用方式，包括土地使用分类、建筑高度、建筑密度等方面的要求。市镇（社区）的建设活动只能限于州指导性规划中明确规定的建设用地范围内，而且要符合州的有关规划要求。土地使用规划一经批准是有法律效力的，对每个公民（包括政府的建设活动）都有约束力。

瑞士这个邦联制的国家对空间规划的重视是令人惊讶的，它把空间规划作为增强国家在整个欧洲的竞争力的必要手段。联邦政府将国土规划和特殊地区的区域规划作为自己的职责，并且直接通过规划、经济、财政、税务部门的综合政策，来落实有关的规划。

在州内部，州的指导性规划对于市镇土地使用规划的约束作用是明显的和有意义的。

（6）法国

法国的行政管理系统分为国家、大区（26个，其中4个在海外）、省（100个，其中4个在海外）、市镇（36666个，其中113个在海外）四级。目前中央政府的城市规划主管部门是公共工程、住房、交通和旅游部。

除全国的交通运输规划之外，法国没有一个城市规划方面的国家发展规划。但是现行城市规划法规定少数几个重要区域有义务编制发展规划，如巴黎地区、科西嘉岛（Corsica）及4个海外地区，其目的是为这些地区下一层次的城市规划提供必要的指导原则。

大区和省不行使国土规划权力，而只在市镇通过城市整治总体规划（SDAU）和土地使用规划（POS）来落实发展的意图。

①城市整治总体规划（SDAU）

自1983年来，城市整治总体规划由市镇之间的合作机构编制完成，主要内容涉及到地方层次的城市发展和基础设施规划，确定适用于多个市镇政府的规划目标的总体方向，使未来城市增长、农业发展、经济活动、自然保护等方面保持均衡，并与国家政府的和涉及到地方政府的发展规划相协调。

②地方性的土地使用规划（POS）

POS是惟一法定的规划文件，城市整治总体规划是编制POS的重要依据。对于所覆盖的地域范围内的所有土地和建筑使用具有强制性。与POS不相符合的土地使用是非法的，要受到起诉。从1983年起，POS由各市镇负责编制。过去这些规划可以由属于中央政府的规划部门免费为其编制。

在规划管理方面，法国建立"建设许可制度"已有50多年。目前，地方性土地使用规划已得到批准的地区，建设许可由市长根据规划来批准。当开发申请符合所有规划规章时，开发申请也可得到批准。在没有地方性土地使用规划（POS）的地区，或者即使有POS，但建设性质特殊，开发申请则由中央派出的政府规划部门作出决策。

如果回顾法国在第二次世界大战之后的城市发展历程，可以看到城市规划政策的变化同城市发展过程的关系。

首先，在 1954～1967 年城市化加速时期，大量农村人口涌入城市，造成持久的住宅危机。在法国 20 世纪 60 年代中，规划政策主要有三个方向：第一，重视把人口迁移纳入国土规划的政策中，在 1963 年设立了区域与国土规划代表委员会，并属于总理领导。第二，重视制定巴黎地区的发展规划。1965 年通过了巴黎地区城市总体规划，这是后来 20 年间大型工程项目的起步。第三，重视建立必要的强有力的行政机构和法律条款，保证城市发展过程中的正常运作。

其次，1967～1982 年间，仍是中央政府在城市化进程中集权阶段。20 世纪 70 年代是城市化管理的关键时期，在此期间，法国结束了大型开发建设并开始思考规划建设中的过失。从 20 世纪 70 年代后期开始，居住与社会生活成为城市政策关注的焦点，人们开始对大型住宅区建设方式提出质疑。1973 年正式发文制止大型住宅区（超过 2000 套住房）的开发。

为了综合协调在城市旧区的建设，1977 年设立了城市规划基金。这是一个跨部委的基金，只用于旧街区和中心的改建工程。在城市市区以外，人们新关注的问题是保护环境和风景区。在城市化加速阶段，法国规划管理的经验，一是加强国土规划，二是重视国家重点发展地区的统一规划，三是加强城市规划机构的建设。

最后，1982～1995 年权力下放及社会住宅政策时期。1982 年中央政府权力下放。市镇当局（Commune）可以制定和管理对第三者有法律约束力的土地使用规划（POS），使市镇当局成为真正管理和规划城市的主人。

法国城市规划在这个时期的做法，表面看起来是以权力下放和振兴地区经济为特点的，实际上，法国的城市规划系统仍然保持了来自中央政府较强的影响力。

二、城市规划机构设置、管理权限及人员编制比较

1. 其他国家的主要经验和启示

通过对各国情况的考察，可以发现，各国城市规划管理机构的设置和各级规划机构管理权限的划分，都与其政治经济体制密切相关，显示出一定的差异性；但由于其主要框架和主要职责、任务基本相同，因此更多的是共性，一些共同的经验和类似做法，值得我国借鉴。

（1）中央政府城市规划主管部门具备有效的管理手段和宏观调控能力

中央政府城市规划主管部门担负着很强的管理、协调和监督职能，拥有强有力的机构和人员队伍，具备有效的管理手段和宏观调控能力。如英国，尽管发展规划和开发控制是相应地方政府的职能，但中央政府仍然可以进行有效的干预，包括审批郡政府的结构规划，抽审市（地区）政府的地方规划和开发控制并且支持或否决地方政府的决策，受理规划上诉。如有必要，环境大臣有权对地方规划作出指示；还可对重点地区和重大问题直接进行规划管理；有权直接签发规划许可，直接作出开发控制的决策。

法国在国家一级设有众多的规划协调机构。同时，国家的公共工程、交通与住房部在大区和省都设有分支机构，指导和协调市镇的城市规划工作。国家规划主管部门要经常参加市镇的规划编制和实施，尽管在 1983 年权力下放后市镇可以直接发放建筑许可证，但一些有重要影响的建筑许可权仍在中央政府；如有必要，对某些涉及国家利益的规划活动，中央政府通过完全决定权或共同决定权，可随时重新获得管辖权。

在瑞士，联邦的空间规划办公室有权监督检查各州的规划是否可行，如果州的规划违背联邦的有关法规和规划的要求，可将其诉至联邦法院。

日本等其他国家也有类似的情况。如日本在 1968 年《都市计划法》修改之后，市町村一级政府成为城市规划行政管理的主体，都道府县则掌管那

些涉及到区域发展的以及较为重要的规划权限，而中央政府重点保留了协调及监督的权限。建设省的基本观点是：由于城市规划对市民的财产权产生相当大的约束，因此国家有必要对其妥当性进行检查。

（2）重视省（州）一级的规划编制与管理

各国一般都重视省（州）一级的规划编制与管理，省（州）级城市规划管理部门职能和权限明确，其机构较为完备，是全国整个城市规划管理体系中一个非常重要的层次，并赋予其较大的管理权限和协调职能，如美国在州一级的规划管理权限较为集中，州级政府通过州级法律法规来规定地方城市规划机构的职责及其构成，规定综合规划和区划条例的编制、审批和执行过程。

法国的省和大区一样，都有权要求参与市镇的两个层次规划（SDAU 和 POS）的制定。

在英国，市一级的地方规划编制完成后，要提交郡政府的规划部门进行审查，检查其是否与郡政府的结构规划相符合。其他如日本的都道府县级、德国的州级规划管理机构，都有较强的职能。

通过省（州）一级的规划编制与管理，也有效地保障和促进了区域的协调发展。如澳大利亚通过州内地方政府间区域联合体的组织形式（其中昆士兰州还在州的《综合规划法案》中规定了该州的区域组织的形式），负责制定区域规划以满足区域发展的需要，解决与城市发展相关的区域问题。

（3）注重规划与多种手段结合，有相对健全的管理机制

市场经济国家普遍重视将城市规划作为重要的宏观调控手段，城市规划管理多与国家的财税政策和投资管理等手段密切结合，城市规划部门（特别是国家和省级部门），一般都有一些资金使用权限作为调节手段，以引导地方政府的城市建设活动，保证国家政策和总体意图的实施。

在美国，由于联邦—州—城市在城市规划方面的相对松散，带来不少区域发展的问题，因此联邦政府常常依赖财政的手段，遵循以基金引导为主、法规控制为辅的原则，来调动州和城市的积极性，促进规划的制定和发展的协调。具体来说，就是通过发放联邦基金的附加条件或直接设立专项基金来

调控地方的规划工作。

在德国，州级规划主管部门一般都拥有一定的资金管理权限，可以通过拨款来对城市发展进行调节和引导。法国的大区和省经常为市镇的规划实施拨发财政援助款。

在日本，建设省利用中央政府所掌握的预算，采用补助金等形式积极引导和推动各个地方城市的规划与建设活动。

再如新加坡，由市区重建局统一负责土地的规划管理和开发经营、售卖，通过这两种手段的结合，有效地调控和引导城市的发展和建设。

（4）规划部门的职能趋向综合，规划管理具有权威性

各国无论机构如何设置，城市政府均有城市规划行政主管部门，也有规划管理机构是与计划管理、经济发展、政策制定等政府职能合并设置在一起的（如美国芝加哥的规划发展局，澳大利亚昆士兰州地方政府的城市管理局，英国诺丁汉市的城市规划与发展局，新加坡的国家发展部等），在美国，许多州还把制定"投资建设计划（Capital Improvement Program）"作为综合规划的一个组成部分。同时，特别强化和突出规划管理的综合地位和权威性，如新加坡的法律就明确规定：规划准证是其他准证申请的先决条件。

（5）各级政府部门事权划分明确，行政管理制度健全

各级政府部门事权划分明确，城市规划的决策程序和机制比较健全，上级规划部门对下级规划部门有较强的监察和监督职能。如法国，国家规划主管部门在大区和省设有分支机构，并通过指定的专员（Prefet）来监督和检查当地的城市规划是否合法、合理，是否公平，是否符合已有的约定。除此之外，为加强对市镇规划部门的监督，省级规划主管部门在市镇也设有一些分支机构，市镇当局制定城市规划必须征求上述分支机构的意见，并综合到规划文件中去。

再以日本为例，在城市规划的决策过程中，各级政府部门的管理权限划分如下：

——各个市町村的规划原则上由相应的地方政

府决定；城市规划决定的具体内容由市、町、村设立的城市规划审议会审议，一般还要举行公听会和说明会；

——当规划区超过一个市町村的行政范围时，则由都道府县的知事在统筹考虑并进行协调后决定，若与地方决定的规划不一致时，知事具有优先决定权；

——地跨两个或两个以上县的大范围规划，由建设大臣决定；

——有关涉及国家利益的一些规划问题，在任何必要的时候，建设大臣有权责成县知事或地方政府，对规划区或城市规划方案采取必要的措施。

由此可见，从中央政府到地方政府，在规划管理上有较高的集权制和统一性，体现出上级政府对下级政府的督察和审验特征。

2. 目前我国的基本情况及相比之下存在的问题

（1）目前机构设置的基本情况

①国家城市规划主管部门

建设部代表国务院管理全国的城市规划工作，内设城乡规划司，主管全国的城乡规划工作。下设6个处，编制24人。城乡规划司的主要职能是：研究拟定全国城市发展战略及城市、村镇规划的方针、政策和法规；组织编制和监督实施全国城市和村镇体系规划；负责城市总体规划、省域城镇体系规划的审查报批；参与土地利用总体规划的审查；承担对历史文化名城相关的审查报批和保护监督工作；指导全国城市规划执法监察；指导城乡规划、城市勘察和市政工程测量工作；拟定规划单位的资质标准并监督执行等。

②省（自治区）城市规划主管部门

各省（自治区）在建设厅（建委）下一般设有城市规划处（或与村镇建设、园林规划等职能合并设置），主管全省（自治区）的城市规划工作，编制平均为3~5人。

③直辖市城市规划主管部门

各直辖市均设城市规划局（其中北京为城市规划委员会），作为市政府的职能部门，主管城市规划工作。上海市规划局属市综合经济党委领导。

④市、县城市规划机构

由于城市规划部门尚未列为地方政府的必设机构，各地城市规划行政主管部门的机构设置差异很大。大致可分为两种模式：

一是单独设置的规划机构（包括作为市政府职能部门的一级局和归口建委领导的二级机构）。

二是与土地管理等其他政府职能合并设置的机构。主要是将城市规划与土地管理合并，如天津、深圳、大连、武汉等城市。

目前仍有一部分城市，城市规划行政主管部门至今尚未列入政府序列，属于事业单位。

（2）存在的主要问题

与其他国家（地区）相比，我国在城市规划管理机构的设置、职能权限及人员配置方面存在着差距，主要表现为：

①中央和省级城市规划行政主管部门机构与职能不健全

作为中央和省级政府的城市规划主管部门，其重要的职能是制定全国城市发展战略，编制区域规划，协调区域发展，并对地方政府的城市规划进行审批、指导和监督检查，使地方发展建设活动符合国家的整体利益和长远利益。但目前我国国家和省级规划部门机构和职能不够健全，事权有限，对城市政府的规划制定和实施，更多地是停留、局限于技术指导上，实践证明，这种管理的手段和效果是非常有限的。存在的问题突出表现为三个方面：一是人员不足；二是缺乏宏观管理和规划监察的有效手段，对地方违法建设活动的查处能力不强；三是缺乏区域协调和调控的职能。

②多数城市的规划管理机构和人员不能满足城市发展的要求

除部分大城市规划管理机构较为健全外，大多数城市的规划管理机构有待加强，并且人员编制和人员素质不能满足城市发展的要求，不少城市由于行政编制不足，为了满足城市规划大量工作的需要，不得不另外配备一定数量的事业编制从事行政管理。据不完全统计估计，全国在规划部门和下属机构的职工人数为每万城市实际居住人口1~1.5人左右。据有关资料，英国政府部门城市规划的从业人员为每万人 4 人,美国的注册规划师的规模为每万人 2 人。

中小城市的规划管理机构更需进一步加强;还有部分城镇没有设置专门的城市规划行政管理机构,需要健全机构,加强管理。

③部门分割严重,规划管理体制有待进一步理顺

由于历史的原因,我国目前的规划管理体制不顺,突出的问题是部门分割、地域分割,割裂了地域空间规划的连贯性和整体性,造成了部门规划强于综合规划的不正常现象。我国的国土规划、区域规划与城乡规划分别由不同的部门管理,缺乏健全的法制手段和必要的实施管理机制来保障各级规划相互协调、同步推行,区域和城市的整体发展面临着被部门规划肢解和取代的危险。其直接的后果就是部门和地方政府从局部利益和眼前利益出发,急功近利,各行其是,而由于管理体制的制约和掣肘,难以有效地加以遏制,资源浪费和破坏、国有资产流失等问题不容忽视。

④城市规划的调控手段单一,应有的调控职能没有充分发挥出来

作为政府行政管理的重要调控手段,国外对规划、政府投资、财税政策等几种手段结合较好,通过综合协调和运用,来贯彻国家政策并引导地方的建设和发展,我国在这方面存在较大的差距,各级规划主管部门管理手段单一,规划未能与税收、投资、法律等手段有效地结合起来,因而难以充分发挥城市规划宏观调控和整体协调的作用。

3. 若干国家有关情况的例举

(1)英国

英国政府分三级设立,即国家、郡、市(或称地区)。各级规划机构设置与政府设置完全对应,即有一级政府便有一个规划行政主管部门。

①中央政府主管城市规划事务的是环境、交通与区域部(简称环境部,DETR),环境部内设城乡规划司,该司下设发展与政策处、规划实施处等 7 个处,180 多人,是环境部内处室最多的司之一。其主要职责是:制定有关的法规和政策,以确保城乡规划法的实施;编制实施国土规划,审批郡政府的结构规划,指导协调地方政府的规划管理工作;受理规划上诉;对重点地区和项目进行规划管理;建立并维护空间地理信息系统。环境部有权干预地方政府的发展规划和开发控制(一般是影响较大的开发项目)。

同时,环境部内设有一个专门的规划监察委员会,配设规划与住房监察员等,共 200 ~ 300 人(相当数量的监察员是聘用地方有资历有经验的规划师),负责对地方城市规划和管理工作进行监察和管理,具体处理有关的规划上诉业务。

此外,在环境部内还专门设有与规划有关的法律部门,具体负责规划制定与管理过程中的相关法律事务,配有正式职员及部分调研人员。

②郡级政府规划部门一般单独设置,负责编制和实施郡的发展战略,编制结构规划,并制定乡村政策,分片区进行管理。

以诺丁汉郡为例,其面积 2000km^2 左右,人口 100 多万,郡设有规划与经济发展局,负责发展战略研究,编制全郡的结构规划以及由郡政府投资的近期建设的规划内容,制定规划政策并实施规划。该局有几百人,其中与规划职责相应的处室约有将近 200 人。

③市及地区一级政府规划部门大多单独设置,也有的是与经济发展、住房或环境保护等职责合并设立,主要负责编制实施地方规划(城市及乡村规划)。

例如:诺丁汉市约 50 万人,市政府有 8 个部门,其中规划与发展局 200 人左右,处室设置为:发展战略处(30 人),规划管理处(84 人),经济发展处(40 人),行政管理办公室(50 余人)。

利物浦市 46 万人,设有规划与交通局,共 190 人,其中规划部分 110 人,下设发展控制处、政策及研究处、城市设计和发展处、行政服务处。

(2)美国

美国是一个联邦制国家,政府行政管理实行联邦政府、州政府和地方政府(分为县、市、镇、学区、特别辖区五种类型)三级体系。

①联邦政府设有住房与城市发展部(HUD),负

责制定有关法规、政策,制订预算并分配资金,指导地方工作。但是总的来说,联邦政府并不具有法定的规划职能,只能借助财政手段(如联邦补助金)来发挥间接的影响,联邦政府很少直接管理城市规划。HUD采取中央、区域、地方三级管理体系;把全国分成10个管理辖区,设立10个HUD区域办公室,在地方进一步设立81个HUD地方办公室。除全美规划师协会(APA)负责对全美城市发展规划进行技术协调外,几乎没有其他全国性的规划协调管理机构。

②美国的空间规划管理权限主要集中于州和城市两级,由州和城市政府规划主管部门分别负责编制州和市的区域规划、城市规划,并有相应的财政预算和金融措施保障规划的实施。州政府在规划立法方面具有一定的独立性,州的规划管理机构由州立法机构规定产生,因此各州的规划行政管理体系也不完全相同,但一般来说,各州都有相当严密的规划立法和相应的规划管理机构。州政府对全州的用地控制方式也有多种方式,在有的州,由州政府对全州或州内的特定地区直接颁发建设许可,地方政府不能擅自开发建设。

③地方政府中,由于地方政府的行政管理职能(包括城市规划)由州的立法授权,各州的城市规划职能也就有所差别,因此各州地方政府的规划部门组织形式也多种多样。在城市一级,规划管理基本上是建立在州的规划立法框架内的,多数城市都设有独立的规划管理机构,其主要职责是编制城市综合规划、起草区划法令(Zoning Ordinance)和土地细分规则(Land Subdivision Regulation),并实施日常的用地和建设规划管理。对大多数城市来说,都设有一个规划委员会,其中有的是一个法定的独立机构,有的则隶属于城市的立法机构之下开展工作。规划委员会的成员具有广泛的代表性,以便及时反映政府部门、工商界、市民和专家各方面的意见和想法。主要是按照法律赋予的职责,研究讨论并决定规划的重大问题,协调规划执行中问题,如定期召集公开的听证会(公众可以参加),就修改区划和土地细分等重要事项,通过投票和裁决,作出决策和审批决定。但对超出其授权的特别重大事项,则

依法由城市的立法机构讨论决定。规划委员会同时也对政府规划管理机构起着监督、建议和顾问的作用。一些城市在规划委员会中还设有职责更为专一的专门委员会。在有的大城市,除设有规划委员会以外,还设有上诉委员会和区划委员会,等等。

地方政府规划机构设置举例:

马里兰州:设有专门的规划部门,共有工作人员200多人。

纽约市:市区人口800万,市规划局下设14个处,其中对曼哈顿等5个区各设1个处进行对口管理。

芝加哥:人口约300万,面积约600km²,设有规划发展局,共600多人,下设9个处,其中有关处室除从事政策研究外,均握有相当的财权。

洛杉矶:设城市规划局,共有工作人员450人。

奥兰多市:市区人口不到20万,设城市规划局,编制150人。

(3)法国

法国的城市规划管理机构分国家、大区、省、市镇4个层次设置。法国在1919年颁布了第一部《城市规划法》。

①中央政府主管城市规划工作的是公共工程、交通与住房部,下设国土整治与城市规划司(DA-FU),共250人。其职责是管理全国的城市规划和国土整治工作,指导并参与大区、省、市镇的有关规划事务。

同时,在国家一级还设有较多的城市规划协调机构,如城市发展国家顾问委员会;城市发展部委协调委员会;商业事务城市规划国家委员会;保护区国家委员会;郊区更新工作组等。

此外,国家在大区和省设有分支机构,贯彻落实中央政府的法规和政策,组织有关市镇实施国家重点建设计划。

②大区一级设大区公共设施局,负责大区内城市规划政策的协调工作,下设一定数量的处和若干科研机构。

③省级城市规划管理机构是省公共设施局(DDE),一般有两个部门是负责城市规划问题的:研究与规划处、规划实施与建设处。

省公共设施局拥有规划方面的丰富经验和强大的技术力量,《地方分权法》中规定,省公共设施局可在规划编制与咨询等方面为地方政府提供指导和技术援助。

同样,在省一级也有一些规划协调机构,负责协调辖区内的有关工作。

④市镇一级一般都设有城市规划主管机构。

在权力下放前,中央政府享有直接的规划编制和开发控制权,由省公共设施局（DDE）代表国家,组织编制市镇的土地使用规划（POS）,并指定专员审批规划发放建筑许可,因此,规划的编制权、审批权和管理权都控制在国家手中。1983年实行分权后,市镇政府对城市规划的决定权才比以前明显扩大了,市镇有权决定城市规划地方法规的内容,有权开展大部分的城市整治活动,并有权决定城市规划实施的内容和模式。根据法律规定,在地方性的土地使用规划（POS）完成并批准6个月之后,市长就有权颁发土地使用许可,特别是建筑许可证。但是,具有重要影响的建筑许可权仍在中央政府。

此外,如果国家行政部门了解到地方政府的决定中有不合法的行为,有权将其提交行政法院;而市镇政府对上级政府的干预有异议时,可联名向行政法院起诉。同时,如果申请项目未获通过,申请者可以向行政法院提出规划申诉。

（4）德国

德国是一个联邦制国家,规划管理机构分联邦、州、市镇三级设置。

①联邦政府的规划主管部门是区域规划、建设与城市发展部,其职能是制定有关的法规和政策,确保《联邦建设法》和《联邦空间秩序法》等法律的实施,协调各州的发展规划,并负责制定跨区域基础设施的发展规划。内设土地规划与城市建设司,下设土地规划处、城市建设法处、城市建设与科研处3个处。为加强协调,在土地规划处内还特设土地规划部长会议,由各联邦州的行政主管部门部长参加,对联邦一级的规划与建设问题进行统一协调。

②州一级一般都设有城市规划主管机构,其主要职责为立法、审批规划、协调市镇及部门间的矛盾,同时掌管部分资金,用作资助性拨款。如萨克森－安哈尔特州的区域规划、城市建设及住房建设部,北莱茵－威斯特法伦州的城市规划及交通部。

多数情况下,在州一级还设有一些官方或半官方的城市规划、区域规划的研究机构。

③市镇一级都有规划管理机构,负责辖区内的城市规划事务,编制城市规划并报州议会审批,获准后组织实施规划等。如汉堡市的城市发展规划局约有职员700人。

（5）瑞士

瑞士是一个联邦制国家,实行联邦、州、市镇三级行政管理体制。联邦政府多年来一直保持7个部的建制。各州拥有自己的疆界、宪法和本州州旗,地方政府享有充分的自治权。

①联邦的规划主管部门是空间规划办公室,设在司法与警察部。其主要的职能包括:组织制定《联邦空间规划法》等有关法律;审批州的指导性规划;提出空间规划方面一些总体构想和方案;协调并制定部门规划及一些专题性的规划。联邦政府对市镇（社区）一级的规划管理并不直接过问,主要由州进行管理。

空间规划办公室（BRP）现有编制30人,下设的机构有:空间规划处、法律处、总秘书处、财务与行政管理处、人事管理处、信息处、国际联系与合作处。

②州是非常重要的一个层次,空间规划的重点主要是在州一级,各州有权在《联邦空间规划法》的框架内制定州的空间规划法规、条令。州的规划主管部门一般是空间规划厅,其主要的职责包括:依据联邦法律的有关规定,制定州的指导规划（覆盖全州范围）,并上报联邦一级审批;审批市镇和地区（州和市镇之间的一个规划上的层次）的有关规划并负责进行监督。

州的规划主管部门要负责将所有与空间规划有关的内容进行统筹考虑和协调,纳入到一个统一的规划中。

以苏黎世州为例,州政府由7个部组成,在州的建筑部下设规划厅（ARV）,主管全州的空间规划事务,规划厅（ARV）下设5个专业处和2个相关处,有56人。5个专业处是:建筑审批处(编制6人)、地方与区域规划处(8人)、全州指导性规划处(7人)、GIS管理处(9人)、测量与勘界处(15人),2个相关处是法律服务处(2人)、中心服务处(9人)。

③市镇是一个政治性较强的单元,一般而言,空间规划管理的重点是在市镇。在不同的市镇,规划主管部门设置不完全一样,其主要职责包括:具体制定市镇的土地使用规划,并上报州一级审批。

州一级对市镇土地使用规划的审批,重点是审查其与州的总体规划是否一致。

以苏黎世市为例,市政府设有9个署,在其中的地上工程署下设城市建设局,负责具体的空间规划管理事务。城市建设局下设:指导性规划处(7人)、土地使用规划处(9人)、建筑设计处(10人)、文物保护处(12人)、考古处(21人)、服务处(13人)。此外,在政府的市长办公厅下属的城市发展专业局,负责有关城市发展战略方面的宏观问题。

再如日内瓦市,市政府下设5个部门,在其中的建设管理署下设规划建设局,包括6个处:公有土地管理处、城市规划处、城市景观美化处、建筑处、房屋管理处、能源处。

(6)澳大利亚

澳大利亚的政治体制形式独特,融合了英国和北美的模式。其政府行政管理分为联邦政府、州政府和地方政府三级体系。联邦由6个州与2个地区组成;地方政府根据州或地区的立法而建立,各个州的设置情况不完全相同,一般包括郡、市、镇等类型。

①澳大利亚联邦政府中没有专门的规划主管部门,其运输和地区服务部的职能中有一部分与规划相关。联邦政府在城市与区域发展中的作用是指导和协调性的,主要通过相应的政策与金融财政方面的支持来发挥影响,对州政府无任何强制性。作为首都的堪培拉,由于地位重要,其规划和建设的主要任务由中央政府负责。

②澳大利亚与规划相关的权力主要集中在州政府一级。州政府对规划及大多数基础设施的提供负

有直接责任。州政府在规划方面的所有立法都是适用于整个州的,而不仅仅是州内的城市地区。但各州有不同的规划立法,规划机构的设置也各不相同。例如,新南威尔士州政府的规划主管机构是城市事务和规划部;昆士兰州为交流与信息、地方政府与规划部;维多利亚州为基础设施部。其中又以它的地方政府、规划与市场信息服务处为主要管理单位。州一级规划主管机构的职能一般包括:①规划立法与规划政策的制定;②审批地方规划及大规模的建设项目;③建立区域组织及组织进行区域规划;④对规划方面的上诉作最终判决。

值得指出的是,对于涉及到全州利益的或可能对州政府规划目标的实现产生影响的、大规模的建设项目,通常也要求提交给部长决定是否发放开发许可证,即部长有"提审权"。他有权在主管机构对申请作出决定之前,要求它将申请提交给自己审批。

③相对于州政府而言,地方政府的规划管理权限要小一些。在地方政府一级,一般都设有专门机构管理与城市规划相关的事务。在不同的州内,地方政府的机构设置各有不同(如在昆士兰州,地方政府的主管机构为城市管理局和居民与社区服务局),但其职能一般都包括:地方规划的制定与修改,开发许可证的发放,为公共基础设施指定土地,制定相关的地方性规章等。

(7)日本

日本的行政管理体制包括中央政府、都道府县、市町村三级,具有很强的中央集权色彩。中央政府主要通过立法和财政手段对地方政府施加影响。第一部《都市计划法》制定于1919年,此后在1968年进行过一次较大的修改,最新的《都市计划法》是1992年修订后颁布的。

①中央政府由13个省和12个厅及委员会组成,其中与区域和城市规划有关的是建设省和国土厅。建设省设都市局、住宅局、道路局、建筑局、河川局、建设经济局等6个部门,有关城市规划的业务,主要在都市局及住宅局。都市局负责制定有关城市发展、土地利用等政策并组织实施,下设城市政策科、城市规划科等7个直属科以及下水道部。住宅局下设住宅与城市发展科、住宅政策科等8个部门。

一些特别重要的规划事务，建设省要与国土厅等其他部门共同承担。国土厅内设规划协调局、土地局、都市地区开发局和区域开发局，其主要职责是负责制定全国和各地区的国土综合开发规划、区域开发规划，并负责实施引导和管理。在最近的机构改革中，已将建设省和国土厅合并。

②都道府县级（共47个）都设有相应的主管机构，负责本行政区域内的区域规划、城市规划与建设、房地产开发与管理等事务。另外，都道府县议会中还专门设立土地征用委员会，处理土地征用问题。

以东京都为例，设城市规划局，编制500多人，下设6个部，即综合规划部（40人）、区域规划部（78人）、道路交通与市政规划部（67人）、防灾规划部（79人）、建筑审批部（111人）、总务部（57人），还包括多摩东、西两个建筑审批事务所。

③在市町村一级，绝大多数都设有城市规划部门，主管规划建设与管理，主要职责是根据国土规划和区域规划，编制当地的城市规划，并负责实施及管理。

以名古屋为例，市规划局具有很大的权力，共有519名职员，下设城市规划部和开发部，城市规划部下设城市规划、道路规划和设施规划3个科及其他3个室，开发部则设城市建设和区划整理2个科及6个项目派出机构。

此外，日本的《都市计划法》规定，在建设省内设置城市规划中央审议会，在都道府县一级设置城市规划地方审议会，虽然这类机构不是政府的常设机构，但在城市规划的编制、审批及实施过程中起着举足轻重的作用，是必须经过的重要环节，一些重大的规划决定，先要获得城市规划审议会的审议。如都道府县知事决定的城市规划均需通过城市规划地方审议会的审议，同时都道府县知事对市町村制定的城市规划表示同意之前，其内容也必须经过该审议会的审议。

（8）新加坡

新加坡政府中主管城市规划工作的是国家发展部，下设市区重建局，全权负责全国空间规划的编制与实施管理。

①市区重建局共有工作人员1200多人，下设城市规划处、发展管制处、保留与城市设计处、土地行政处、项目发展处与企业发展处。

同时，新加坡在国家律政部下设土地局，负责全国土地权属和地政的管理（土地登记及核发权属证），不参与任何规划制定和开发经营活动，只是作为国有土地的保管人，并有权征购私人土地用于国家的发展建设。由市区重建局负责城市土地的规划及土地售卖、开发经营；由国内税收局负责对土地进行估价。在这种制度下，土地权属管理、土地估价、土地的规划与销售三权分离，是新加坡城市合理有序发展的重要条件，是房地产业健康发展的重要保证。

②作为跨部门综合协调机构，新加坡政府设有总体规划委员会和发展管制委员会，代表国家分别协调有关公共发展和私人发展的重大事项。两个机构的主席都是市区重建局局长（总规划师），体现了城市规划的龙头地位和综合职能。

总体规划委员会负责协调公共发展，主席为市区重建局，委员包括经济发展局、建屋发展局、公共工程局、律政土地局等9个部门。

发展管制委员会负责协调私人发展，主席为市区重建局，委员包括公共工程局建筑管制署、道路交通署、环境部防污局、规划师学会、建筑师学会。

第二章 法国城市规划体系

一、历史回顾

法国综合的城市规划体系是第二次大战后的产物。1982 年是重要的转折点，在此之前，规划权力高度集中在中央政府；而那之后，地方政府参与分享规划权力，国家和地方在国土规划和城市规划方面的责任有着较明确的分工。50 多年的发展形成法国目前颇具特色的城市规划体系，而在各个历史时期都有其关注的重点和突出的特点。

1. 1944～1954 年战后重建时期

第二次世界大战后，城市发展优先考虑的两个方向是重建住宅区和重建生产性经济实体，如道路及交通基础设施等。

为了很好地引导重建工程，国家使用经济计划和区域计划（公共工程及现代化 5 年计划），集中中央权力机构及中央在地方的代表权力机构实施计划，这一组织管理实施形式一直延续到 1983 年权力下放法颁布为止。通过这一方式，国家就直接控制了有关道路网络建设、铁路系统的修复、学校医院体育等公共设施的建设。

1950 年初期，出现了经济混合体公司，它的诞生是由于有必要将拥有资本和技术的私营企业与国土规划的惟一合法实体的公共部门联合起来。许多大型的工程在私人投资者和银行家的支持下得以实现。

10 年以后，至 1954 年，法国的重建时期已经过去，进入另一个发展阶段。

2. 1954 年～1967 年城市化加速时期

工业化时期经济的发展，导致大量农村人口涌入城市，造成持久的住宅危机。

1954 年开始，为了控制大巴黎地区的扩展，政府采用了控制新建工业用房和迁走国营企业两项措施。1955 年制定了地区总发展计划，该计划协调各部门的建设开发和公助的私人投资项目。这段时期，国家委托国家信托局这个强大的国家投资机构组建两个公司，中央房产公司（SCIC）和中央公用事业公司（SCET）来实施开发工作，在开发过程中起着很大的作用。同时实行了对混合经济制公司的改造，使得地方财政参与商业性公司的投资。

1958 年，是这段时期中重要的一年。它处于法国从农村向城市人口转变的转折点（法国城市人口占总人口的比例从 1954 年的 56％ 至 1962 年的 62％），也是对将来行动发展计划具有决定性的一年。1958 年制定了巴黎地区总体规划和巴黎地区总体组织发展计划，建立了优先开发城市街区制（ZUP）。每个街区至少有 500 套住宅，同时建立了公共设施网络，规定这些设施的性质、规模。同年设立了城市改造计划，允许国家优先征用土地，在旧城区大量改建成片街区。

以后几年中，人们对于强大的权力机构组织城市建设所造成的不利因素开始有所认识并着手纠正。1960 年，当时的有关部委制定条例，要求城市总体规划必须考虑周围环境，反对大型宏伟的住宅区建设，鼓励保存遗产和自然空间，并在规划过程中请公民参与讨论。

在 20 世纪 60 年代中，主要有三条发展方针：第一，重视把人口迁移纳入国土规划的政策中，在 1963 年设立了区域与国土规划代表委员会，并属于总理领导。第二，重视制定巴黎地区的发展计划。1965 年通过了巴黎地区城市总体规划。是今后 20 年间大型工程项目的起步。在 1963～1964 年间，实施搬迁巴黎市中心的食用商品批发市场到巴黎郊区的计划，德方斯（La Defence）的总体规划；蒙巴纳斯（Maine-Monpqrnasse）街区规划，巴黎外环高速公路的修建和新建巴黎机场等重大规划项目。第三，重视建立必要的强有力的行政机构和法律条款，保证城市发展过程中城市的正常运作，在 1966 年专门设立法国公共工程和住宅部，合并了原有的工程交通部和建设部。

这段辉煌时期的主要标志是城市基础设施的建设和有计划开发过程。

3. 1967～1982 年国家计划性规划时期

这段时期处于二战后 30 年经济繁荣、就业方便的后期。1974 年经济危机的开始，标志着城市计划建设发展到顶点，并开始对大型住宅区建设发展提出疑问。20 世纪 70 年代后期开始，居住与社会生活主题成为城市政策关注的焦点。而 1982 年中央权力下放法的实施，标志着中央在城市化进程中集权的结束。

在整个这段时期，法国注重城市管理与城市发展的关系。为解决在城市发展中所出现的主要问题，公共工程及住宅部制定了四个目标：控制必须控制的城市化和道路用地；建设相适应的城市设施；组织、投资、管理建设必须的住宅；优化利用城市设施和交通系统。

1971 年，法国建立国家环境部和"建设计划院"用于研究推广新的建设技术和居住工程。同时，公共工程住宅部指出新的"城市规划"方向：反对宏伟工程，反对城市超负荷；社会隔离，反对忘记居民利益。到 1973 年正式发文制止大型住宅区（超过 2000 套住房）的开发。

20 世纪 70 年代中期开始的经济危机标志城市社会危机的开始。当务之急不是大量的新建、扩建，而是改善现有的城市生活环境。这一时期的主要思想是建设中等城市。目的在于加强中等城市的活力，吸引人口，而减轻大都市的人口压力。大约 80 个城市在公共空间、服务设施、住宅、道路、文化建筑等方面，得到了城市规划政策的优先支持项目。

为了综合协调在城市旧区的建设，1977 年设立

了城市规划基金。这是一个跨部委的基金，只用于旧街区和中心的改建工程。要求这项费用的获得者，必须不断完整和充实有关的一整套"参考设计图"，这样便于国家和地方政府在总体的长远利益上选择开发项目。

在城市市区以外，人们新关注的问题是保护环境和风景区。特别关心对二类空间的保护：他们是山体和水体（包括海滩及湖泊等）。国家为此制定了新的、包括这些区域的总体规划的指导法规，强调规划区里工程建设必须要有建筑执照（工程许可证）。

20 世纪 70 年代是城市化管理的关键时期。在此期间，法国结束了大型开发建设并开始思考规划建设中的过失。

4. 1982～1995 年权力下放及社会住宅政策时期

这个时期的两个主要问题是"权力下放（Decentralisation）"政策和市郊区的"新住宅区"问题。

"权力下放"是将一部分的国家权力下放到下级地方政府。1982 年和 1983 年通过的法律完全彻底地改变了权力集中在中央的状况。市镇当局（Commune）可以制定和管理对第三者有法律约束的文件，详细土地使用规划文件：土地使用规划（POS - Plans d'Occupation des Sols）。市镇当局通过土地使用规划（POS）则具有发放建筑执照的权限，使市镇当局成为真正管理和规划城市的主人。"权力下放"的实行改变了规划权力的分配状况，以及各级政府的管理方式和合作关系。

20 世纪 80 年代初期，针对新建的大型居住区，国家成立了"居住区社会发展国家委员会"。1984 年，在跨部委间建立了城市发展跨部委委员会和城市社会发展基金。20 世纪 80 年代末，成立了城市发展国家顾问委员会，便于联合所有与城市政策相关的部委和城市社会发展的部委代表机构（DIV）。于 1990 年成立了城市发展部负责执行国家政策。同时发起一个"城市计划"（GPU）行动。目的在于使得 12 个最困难的街区的地方经济和社会发展，使街区重新恢复活力。1995 年，国家领土发展规划法令加强了"城市计划"行动，开辟了城市重新恢复活力

区（ZRU），用优惠税措施鼓励在这些区域里的经济投资。

除了"权力下放"和鼓励改造有困难的街区政策外，这个时期在城市管理中重视环境的问题，主要的措施有保护和提高风景区的价值，防止有害环境的现象，保护和提高水资源的价值，防止噪声，保护空气质量和合理使用能源等。

二、城市规划法规体系

1. 拿破仑体系

欧洲有着多样化的法规体系。根据法的历史发展，法的思维模式，法源及其意识形态，欧洲各国的法规体系被区分为五大类（Zweigert & Kotz, 1987），分别是：大不列颠系（British family），拿破仑系（Napoleonic family），日尔曼系（Germanic family），斯堪的纳维亚系（Scandinavian family）和东欧系（East European family）五大家族。

法国是其中拿破仑系（Napoleonic Family）的起源国家，与大不列颠式谨慎演变的英国案例法不同，拿破仑式的法律体系倾向于使用抽象的法律条款，热衷于理论研讨，形成发展迅速的综合的法律概念。这一家族还包括意大利（Italy）、西班牙（Spain）、葡萄牙（Portugal）、荷兰（Netherlands）、比利时（Belgium）、卢森堡（Luxembourg）等国家。

法国的城市规划法在这一体系下，为解决当时的问题，逐渐发展起来。

法国城市规划的法律体系主要由两部分组成，一是这些文件包括由国会通过，并经宪法委员会审议的法律；二是经国家行政法院的认可，由政府颁发的政令。这些法律和政令合并成法典，一部分收入城市规划法典，另一部分收入居住与建设法典。

2. 核心法与骨干法

现代法国城市规划法律体系的起源是 1953 年颁布，并在实践中不断修订的国家法律《居住及城市规划法》（the Code de I'Urbanisme et de I'Habitat）。该法明确了规划行为的类型和控制土地开发的法规。

法国城市物质形态规划法律法规体系中最重要的骨干法可能首推 1967 年的《土地开发指导法案（the Loi d'Orientation Fonciere）》。这部法律把以前的一些法律文件归纳到一起，形成了一个比较系统、符合法国国情的城市规划指导性法规，这个基本法一直延用至今。这个法案建立了城市物质形态规划的战略规划—土地使用规划的双重约束体制。

战略规划又称 SDAU，其作用在指出城市在整个区域内大的发展方向的选择，并且要求地方政府将这个选择付诸实施。

土地使用规划又称 POS，划定土地的界限，规定土地使用性质。类同于我国的城市总体规划，但是更为严格和细密，适用于符合法国相对不太大的幅员与城市。这是个法律性文本，要求全体公民必须服从。

3. 其他的相关法律和法规

作为一个拿破仑系的法律国家，法国的与城市规划相关的法律和规章层出不穷，令人目不暇接。从目前掌握的资料来看，与城市的地理和物质空间相关的法律法规有以下几个方面：

第一类是与自然环境相关的，这类法律主要出现在 20 世纪 60 年代以后，1959 年，第一个鼓励保存历史遗产和自然空间的法令用于保护普罗旺斯地区（La Pro-vence）和哥达苏地区（Cote d'Azur）。1960 年法国通过了《国家公园法》。1961 年，法国通过了一个允许国家资助开发城市绿化空间的法令。

第二类是与城市文化历史保护相关的。如 1962 年的《分区保护法》，允许旧城中心作为文化遗产而得以保护。1967 年的《保护历史地区法》等，在城市历史保护方面，法国的立法和实践在世界上有一定的先进性。

第三类的是与城市区划变更和地方政府权力分配相关的，这类问题主要出现在 20 世纪 80 年代之后，为中央规划权力的下放而编制的。有：1991 年的《城市发展方针法（LOV）》，本法确立了"城市的利益"基本要点（生活质量、服务水平、市民参加城市管理等），组织各方力量和社会贫富分化作斗争；1992 年制定的《共和国领土行政法》，目的在于把大量的小市镇和没有建立市镇联盟的地区组织联合起来；1993 年颁布《城市合同法》；1996 年颁布的《振兴城市公约法》，此法规定国家集中减免城市地区税收，给城市经济注入新活力。

这些年来又制定了有关的法律，包括《居住权利法》、《城市互助法》、《水源、风景保护法》、《交通权利法》及有关空气污染的法律。

此外，还有关于城市交通、城市发展问题的法律和法规没有进入我们的统计。

三、规划行政体系

1. 拿破仑式的行政管理

作为集中式管理的一种，传统上，法国的行政管理体制也是拿破仑式的①。这种体系的特点是中央政府建立统一形制，中央对下级政府实施严格的控制和管理。这个家族（Napoleonic Family）还包括意大利（Italy）、希腊（Greece）、葡萄牙（Portugal）、荷兰（Netherlands）、比利时（Belgium）、卢森堡（Luxembourg）等国家。而在 1980 年代前，法国是这种纯粹的中央集权制的典型。

1982 年权力下放改革（the Decentralisation Reform）彻底地改变了法国中央与地方的权力平衡，改变了中央和地方的关系。当前，法国的四个政府层次与规划相关：国家（State），大行政区（Region），省行政区（Department），市镇（Commune）。

2. 规划行政的分权

在分权之前，中央政府享有直接的规划编制和开发控制权，在每个省，省级公共设施司（DDE – the Direction Departmentale de I'Equipement）是国家在各省的权力代表，享有规划职权，组织技术专家绘制详细的土地使用规划（POS-Plans d'Occupation des Sols）。由政府指定的专员（Préfet）审批规划，发放符合规划的建筑许可。这样，规划的编制权、审批权和管理权都牢牢地掌握在国家的手中，这也就是传统的法国规划行政管理模式不同于英国这样的集中制国家管理模式的鲜明特点。而在放权改革之后，这些权力被转移到更低一级的选举出的政府：市镇（Commune）。

1983 年颁布的有关地方分权的法律将市镇一级的土地规划划入市长的职责范围，在市镇制定了土地使用规划（POS）这类市镇规划文件后，市长则可以颁发建设许可证。全国 36665 个市镇中，大约 15000 个市镇采用这种手段来进行城市规划，覆盖人口的 83%。而只有几百人的市镇，从地理尺度和资源都难以开展规划，或者仍然依赖省级公共设施司（DDE），或者期待与其他市镇的联合。各级政府在分权改革之后，在国土规划和城市规划方面有了明确的分工。

3. 规划行政管理的分工

（1）国家的规划权限

在法国，国家主要管理长远目标和监督所有国民的平等和安全，制定国家政策、规范及建设，确定城市规划的程序。中央权力保留总体计划（PIG）的权力，目的在于让国家总体制定发展计划。另一项法律文件保证地方能够服从国家利益（OIN）。目的在于使国家投资国家工程。贯彻他所制定的总体发展规划（新城市、大港口等）。国家可以通过城市规划法的制定。使国家政府指导地方政府。

国家可以指令和实施其建设计划，在通过征求地方当局意见，收集公民意见后，国家可以通过地方行政长官发布一项总体利益或公共利益计划，这样市镇当局在做城市规划时必须考虑这些因素，而综合到有关文件中去。

在国家的直接领导下，还可以对某些地区的建筑制定保护，修复计划，并可取代土地使用规划（POS）。从长远利益和总体责任来看，国家掌握历史、文化、风景遗产的权限，可根据建筑古老、现代、审美、社会等不同因素，列出重点文物保护地区和单位，有利于保护遗产和提高它们的价值。

当国家认为某一地区不平衡，有冲突或者有战略意义，可制定一个规划指导思想而高于地方的规划方案，让地方当局执行。但在制定新计划时，国家通常广泛地征求地方当局的意见并通过国家行政法院的审

---

① 根据现行的管理结构，尤其是中央和地方的平衡关系，管理体系被分为和法律体系相同名称的五大类。即，大不列颠系，拿破仑系，日尔曼系，斯堪的纳维亚系和东欧系。

定。在公众调查和征求地方政府以后，国家或者通过其在地方的行政长官，经行政法院审定，发布公共利益法令，征收计划建设用地，如果这个法令使另外的公共机构收益获得利润，可以上诉法院。

另外，国家在征求地方当局的意见后，有优先征地权，即征购用地周围地区的土地，防止由于用地性质的变化而产生地产上涨。也可以委托有关机构贯彻这个权利。国家每年耗资约 1 亿法郎征用土地。

权力下放后，国家通过其在地区的专员（Préfet）来监督和校核当地城市规划的合理性与公平性，通过检查规划是否合法，是否符合规划契约（Contrat de Plan）来对地方当局或城市开发公司提出警告直至诉讼。但是，专员并不介入土地使用规划等地方性规划的编制过程。

（2）大行政区的规划权限

市镇联合体和省是在大革命时期产生的，而大行政区是 1972 年出现，直到 1982 年《权力下放法》颁布后才真正完全设立。22 个大区政府有制订区域战略规划的权力，但很少由大区制订。它拥有市镇联合体的交通、职业培训和经济开发的权限，它不直接参与城市管理，但负责职业学校和高中的建造和管理。大区政府可以采取措施在经济上资助地方当局的社会住宅，改善生活计划，支持科学研究和经济文化发展。

大区与中央政府之间实际上并不对城市的土地开发具有直接的控制权，大区与中央政府之间的联系主要发生在对地区经济发展和财政划分的讨论上，并且通过资金的投放来调节城市物质空间的发展方向。他们之间通过一种类似合同的关系即上一节中提到的规划契约（the Contrat de Plan）来完成国家对大行政区的控制。在这个契约中，大行政区与中央政府对政府的财政支出的比例进行支出权限的协商，划分谁买什么（服务和项目），以及谁应该付多少钱。每个大行政区政府与中央政府的契约都是不同的。规划契约调整与国土规划相关的、大区政府与中央政府合作的投资。

（3）省行政区的规划权限

省级政府没有特殊的土地使用规划权力，但有

影响城市事务和规划决策的广泛职能。省政府负责两项主要任务，即建设和管理公路形成全国公路网。自从《权力下放法》颁布以来，省与国家一起负责社会扶助工作，包括发放社会救济金和帮助住房困难户。

但省政府有乡村规划的权限，特别是实行在乡村资助公共设施的政策。省政府也负责市镇间的公共交通。省政府对公众开放的自然空间负有保护和规划的责任，在公民调查后，行政法官可以指定自然空间范围，省政府有优先征地权，并可规定在此区域内设特殊建设税。

4. 市镇的规划权限

市镇在城市管理中担负广泛责任。法国大革命以后，两个世纪前，以教会地区联合体为行政区域，产生选区，组成了市镇联合体，共有 36665 个，大部分是小型乡村市镇联合体。其中 22500 个市镇联合体人口不到 580 个居民，占全国人口的 10%。

从 1983 年 1 月 7 日和 1985 年 7 月 18 日实施《权力下放法》以来，市镇联合体的权限扩大了。国家自此移交了一部分一直由国家掌握的权力，特别是同意建设和给予施工执照的审批权。国家担负监督市镇的决定不影响其市镇及个人的利益，不影响国家总体利益。

在城市管理中，与地方当局合作的过程中，国家的参与是直接的和具体的。国家的参与表现在方法和财政上的支持。主要涉及城市遗产保存、有社会问题街区改造。在保护乡村、居住区的手工业和商业活动及发展社会住宅区等方面，国家与地方当局制定了多年的合约。

所有以上方面的行动，也都是通过契约的方式达成的。与中央与大行政区的规划契约不同，这种契约的名称叫 contrat de Ville。这样在 1994 年间，国家与地方签订了 214 份合同，优先处理 1300 个有社会问题的街区、地区，并对此项行动在财力上给予支持。

四、规划运作体系

1. 规划编制体系

1967 年的《土地开发导向法案》（the Loi d'Orientation Fonciere）建立了和土地控制相关的两个层面的规划体系。第一层面是城市整治总体规划（SDAU-Schema Directeur d′Amenagement et d′Urbanisme），第二层面是土地使用规划（POS-Plans d′Occupation des Sols）。而理论上法国的城市规划还包括国家规划（National Plan）和大行政区规划（Regional Plan）。

（1）城市整治总体规划（SDAU-Schema Directeur d′Amenagement et d′Urbanisme）

和其他欧洲国家相反，法国不存在国土规划的权力归属问题，大区和省不行使规划的权力，只有地方一级，市镇和市镇联合体通过发展大纲对城市规划负有责任。从1967年确定两级城市规划体系到1990年有200多个总体规划（Schemas Directeurs）。每一个总体规划（Schemas Directeurs）由一个市镇发起，但必须联合区域内涉及的多个市镇联合体。市镇在必要的情况下组成联盟后，和国家、省议会以及大区议会共同协商拟订一个发展大纲，制定出用地和城市开发的中、长远发展方针。该发展规划的内容虽然多样，但应包含一般发展目标和主要市政设施，并必须与国家、其他公共部门的计划协调一致。大纲不适用于个人，不能强加于私人利益，而是针对行政机构和公共部门，对其产生限制。城市整治总体规划的编制1983年后不是强制性的。在乡村地区可以采用市镇联合宪章这种相对简单的形式。

由于市镇的发展大纲从整个国家领土意义上看过度分散，带来国土规划的问题，使法国对其发展规划进行调整更新，在1995年拟订一个进行战略性国土规划的新法律文件，即国土规划总纲（DAR），并在1997年试行。国土规划总纲为发展意义重大的地区的保护和发展制定基本的土地规划和平衡发展的基本方针。国家要求地方发展大纲和地方土地使用规划与国土规划总纲的原则一致。

（2）土地使用规划（POS- Plans d′Occupation des Sols）

第二个层面的规划是土地使用规划（POS），根据长期战略开发规划（SDAU）的要求提出。超过50000人的市镇或市镇联合体就可以制定一个规划。

它不是必须的，但它是掌握空间发展的基本手段，是体现市镇在实施国土规划过程中所具有的权力的法律性文件，法律权限包括控制土地利用和建造房屋。

土地使用规划（POS）针对每一块土地，制定城市规划规章，明确地块的用途，建造规范，预留土地用于建设公共设施（特别是城市基础设施、交通等）。它是严格的区划（Zoning Plan），例如：U区是已经城市化和已发展的地区，土地开发建设一般是允许的；NC区是农业用地；ND区是保护区域；NA区代表未来发展区。土地使用规划（POS）同时反映该规划区的社会经济特征，国家和其他公共实体一般都会参与规划的制定，同时还有公共咨询（Public Consultation）和公共听政（Public Hearing）过程。这份文件适用于个人，并必须与国家和地区的计划相协调，符合城市规划整治法的要求。

用地计划通过之后6个月，市镇当局有权管理和使用与计划相符的土地开发工作，可以在某种程度上对市场价格作出干预的反应。市镇当局也可以确定公共设施的用地。在土地使用者的要求下，必须征用这些规划用地，在规划用地的范围和区域内，有优先购买土地的权力。另外，在联盟的行政区域里允许建立公共地产经营机构，收购土地和管理它们的最后用途。但市镇当局也必须符合有关国家的法律要求。特别是拆除和建造房屋、地产成片开发、地块综合销售、围墙设施和各类不同的工程的审批权。

如果市镇联合体没有编制用地计划，或在如山脉、海岸历史街区等敏感区域，则由国家来编制综合规划（the Comprehensive Plan），根据国家城市规划法来实施，并由有关国家在地方的代表机构编制相应的图表。

特殊发展街区（ZAC-Zones d′Amenagement Concerte）是地方政府城市规划的一种操作手段，服务于土地使用规划（POS）。它可以使市镇对可建土地直接开发，或以合同的形式和其他有关部门联合开发。特殊发展街区的界限由市政委员会划出。它是"街区规划计划"文件的主要内容。该文件的拟订和土地使用规划的拟订程序一样。特殊发展街区的创立使公共部门享有征用权和优先权，给业主的管理带来便利和灵活性。有两种特殊发展街区：

（1）公共特殊发展街区，或称为特许发展街区。它们是由国土规划公共部门和混合经济公司联合发起。特许经营部门对项目负有全权责任，并有权销售建设权。因此它享有地方政府授予的征用权。

（2）私营或协商性特殊发展街区。它们主要是由私营企业和地方政府达成合同协议后发起。这些合同确定项目计划，以及私营企业的参与，即项目期间，私营企业为地方政府兴建基础设施。地方政府保留其征用权和自己经营的权力，或是通过和私人开发商合办的混合经济公司的形式来管理。

同时还有分区特殊发展街区（ZAD）、历史街区保护等作为土地使用规划（POS）的有益的重要的补充。

2. 开发控制体系

（1）开发定义和控制范围

法国的开发控制工作内容与其他国家的开发控制内容不尽相同，主要是控制建筑而不是控制土地使用，工作重点在控制建筑开发活动必须与国家城市规划条例（the National Rules of Urban Planning）、土地利用分区规划（POS）、建筑规则（Building Regulation）、公共卫生条例、防火条例和公共安全条例相一致。

法国的建筑开发活动包括新建筑建造、旧建筑修缮、建筑局部扩建和重建、建筑内部和外部装修、建筑立面改造，一般凡属于土建类的活动都属于建筑开发活动。1986年后，对这种原有过细的开发控制实行了一定放宽的政策。设置建筑小品、垃圾箱、邮筒、塔门、标杆、小型构筑物等原来需要申请开发许可证的活动，现在不需要申请。

城市规划法典（Code Of Urban Planning）详细而又具体规定了开发控制工作的程序。法国的城市开发控制工作的程序可以分为申请、审核、批准、强制执行四个环节，细致而显得复杂化。开发控制的主要手段是签发建筑许可证书（Permission of Construction）。正常负责这项工作的是市镇长（Mayer）。根据法律规定，市镇级的土地使用规划（POS）批

准6个月之后，市镇长就有权审批建筑许可。在实际开发控制工作中，省长和省级规划专员的权力要比市长大得多，其决策可以左右市长的决定。为此市长和省长、省级规划专员之间常常也有不协调的现象。调解协调三层领导之间的矛盾，是由规划局负责进行的。其他与城市开发控制相关的机构还包括政府机构、各类专业委员会、注册机构。

（2）规划申请

申请一项开发许可，申请者必须先填写标准申请表格和附件。附件文字部分包括关于工程特点的论述、开发之前土地利用现状、建筑密度、建筑面积、停车场面积、建筑高度、建筑材料；图纸部分需要附开发现场的总平面图、立面图、建筑剖面图。

1982年改革之后，申请表格和所有必需的附件呈交给市镇长（Mayer），市长建立档案后，申请应在市政厅内公布，公众讨论。

（3）规划许可

审核申请的工作是由省级公共设施司（DDE）委托政府开发控制部门进行的（占总市镇的95%）；有一部分审核申请工作是由市镇或市镇联合体委员会的技术人员进行的（占总市镇的5%）。审核后的决策权力原则上归市镇长或市镇政府。

城市规划法典严格规定时间限制为两个月。如果一项开发申请在两个月之内还没有获得确切消息，则被认为是"默认许可"（Tacit Permission）。默认许可与正式许可证有同样的法律效力。在实际操作中，允许延长到3个月。大型的商业服务区开发或国家级重点项目可延长至6个月。

规划决策之前必须要与有关部门协商。协商的目的是了解相关部门对该项规划的意见。协商按国家城市规划法典规定的法律程序进行。需要协商的具体部门视项目的具体内容而定。一般包括警察局、公共卫生部门、公路交通部门、技术服务部门。属于古建筑开发或开发项目环境保护区内的，还需要与城市开发委员会、历史文物保护委员会等机构协商。协商的形式是多种多样的。收到相关协商机构对开发项目的反馈意见后，规划局（不设规划局的市镇由省级规划专员负责）负责审核申请。保证开发项目不违背相关的规划法规。规划局或省级规划

专员将初步决定意见上报给市长或共和国专员。

正式的决定必须以决议的形式公布。决定必须复印一份给共和国特派员，由他审核该开发控制决定是否合法。如果决议是否定申请，或附加了一部分限制条件，或是暂停决定（Suspends Decision），决议必须说明理由。如果决定是正确的，发出开发许可通知后的一周之内，通知在市政厅展出，展期为两个月。

（4）规划上诉

所有申请项目，如果不能获得批准的话，或者申请者对条件性开发许可不满的话，都可以向行政法院（Administrative Tribunal）起诉。关于规划方面的起诉案件，基本上有四种类型：第一是申请者开发项目被市镇政府拒绝后，申请者作为上诉者向法院起诉。第二是地方规划当局或市镇级政府对上一级的政府干预有异议，市镇政府可联名向法院起诉。第三是环境保护方面的议题。第四是开发项目或政府的开发控制决策影响了邻里的利益。行政法院法官具体负责受理起诉诉状，提供法律性文件，行使司法控制权力。行政法院在判决规划起诉案件时，必须保证最后的判决不违背城市规划规则和城市规划条例和各类行政法律。

邻里也可联名上诉，反对地方当局滥用规划权力。法院根据城市规划的法律性文件和行政法律对规划起诉案件作出判决。法院有权废除已由地方政府签发的开发许可证，或取消地方政府的决议。为了防止工程项目在案件审理过程中继续进行，在案件审理时，法院可酌情发布"暂停执行命令"（A Suspension of Execution Order）。案件审理结束，该命令失效。

（5）特殊开发控制

法国的开发控制体系中，还有一些例外的情况。包括提前开发、特殊开发项目、小块土地批租等特殊情况。

提前开发是指开发项目虽然合法，但在未得到正式的开发申请许可证之前就进行建造活动。对此，政府部门可以提供城市规划合格证书（Certificate of Urban Planning）作为过渡性开发许可证。城市规划合格证书实际上就是规划许可证书。获得这项证书后，开发者和控制者（指政府部门）之间，通过城市规划合格证书有了一种契约关系，保证土地开发工作顺利完成。土地开发工作结束后，城市规划合格证书不再有效。因此开发者必须同时申请建筑许可。

特殊开发项目是指伐树、营地建设、拆除旧建筑、土地界限划分。这些项目的开发控制都有专门的形式和审核的过程。

小块批租土地的开发控制基本上与建筑许可证申请类似，只是省略了建筑师的工作，也有批准的申请表格和法律程序。申请必须说明批准土地的具体开发项目，将要建造的建筑，目前土地的状况等。申请同样要与批租土地有关的规则相符合，以便土地开发后，进一步进行建筑建造。如果批租土地拟建的建筑超过 $500m^2$，必须慎重考虑。如果开发计划与地方规划（POS）或与国家城市规划条例（RNU）相矛盾，或开发计划被认为打破了整个市镇的开发平衡，申请可能不被批准，或有限制条件地批准。政府的批复文件上要写明批租的土地的资金合同、技术要求、资金分配和具体工程项目名称。

参考资料

1. Peter Newman & Andy Thornley. Urban Planning in Europe. Routledge, 1996

2. 国际经济事务司，土地规划和城市规划司. 国土规划和城市规划，1997，10

3. 郝娟. 西欧城市规划理论与实践. 天津大学出版社，1997.7

4. Jean Chaudonneret 著. 曹曙译. 法国城市建设的管理与控制，1996

第三章　美国城市规划体系研究

一、国家概况

1. 人口，面积，经济发展总体水平

美国全称为美利坚合众国，位于北美洲大陆中部和南部，北邻加拿大，东接大西洋，西临太平洋，南比墨西哥和墨西哥湾。国土面积（包括陆地和水域）937.2641 万 km^2，占世界总面积的 7%；人口约 2.5 亿，占世界人口的 4.7%，面积和人口均居世界第四。它地大物博，自然资源得天独厚，为经济的发展提供了良好基础。美国的前身是英国统治下的北美洲 13 个殖民地。1755 年，13 个殖民地发动独立战争，并于 1787 年宣告独立，成为联邦制的国家。

美国国民生产总值自 1890 年起超过英国、德国，跃居世界第一。第二次世界大战使美国登上了世界霸主的宝座，经济实力不断增强。1998 年美国国内生产总值（GDP）为 85110 亿美元，国民生产总值（GNP）为 84905 亿美元，约占世界国民生产总值的 1/5。1998 年人均 GDP 为 31492 美元，人均年收入为 26368 美元，是世界上最富有的国家之一。美国是现代资本主义的代表，它在工农业、军事、交通运输业和信息服务业等各方面都已实现高度现代化，对西方乃至世界的影响巨大。

2. 政治经济制度

美国的政体为中央与州分权而治的联邦制，政权组织形式为总统制。宪法规定了立法、行政、司法三权分立的相互制约与平衡的原则。

根据联邦宪法，国会拥有最高立法权、修改宪法权和对外宣战权。美国国会由参议院和众议院组成。参众两院都设有各种常设委员会。每个常设委员会下又设为数众多的小组委员会。目前，美国国会的各种委员会大约有 300 多个。立法程序是：各项议案首先由有关常设委员会审议通过，然后再经全院大会辩论表决，若获得一院通过后，即送另一院，经同样程序通过，送交总统签署后，才能成为法律。

联邦宪法规定，联邦司法权（即审判权）属于各级联邦法院。联邦法院系统由 1 个美国最高法院、12 个美国上诉法院、91 个美国地区法院、众多三级普通法院和一些专门法院及属地法院组成。作为美国最高司法机关的最高法院有解释联邦宪法的重要权利，即司法审查权：一旦审定任何联邦法律、条例或州宪法及法律等违反联邦宪法，即可以宣布其无效。

联邦宪法规定行政权属于总统。总统由全体国民间接选举产生，即由各州选民选出的总统选举人选举产生。

美国国会、联邦法院和政府三个部门彼此独立。各自拥有宪法赋予的权利，并依照宪法抵制另两个部门对其权利的侵害，同时防止任一部门专权。

美国联邦与州分别有各自的行政、立法及司法系统，两套系统相互独立、并无从属关系。美国共有 50 个州，各州有相对独立的州议会、法院、政府，分别行使立法、司法及行政权利，与联邦政体三权分立的格局类似。

在美国联邦、州、地方三级政府中，政府的财政税收各有侧重：联邦政府的主要财政来源为所得税和社会保险，州政府主要靠销售增值税，地方政府主要靠地产税。

美国经济的发展是在市场经济体制中推进的。

美国的市场经济以私有制为基础，以私营企业为市场活动的主体，以经济决策高度分散为特征，拥有完善的市场机制和完备的经济法律体系来保证市场经济的运行。资源的配置基本上依赖市场调节。各经济主体拥有充分的自主权，企业完全自由经营、自由竞争，但垄断势力强大；政府主要通过运用财政（税收和政府预算）和货币政策（调整银行利率和货币供应量）进行间接调控，相对而言干预能力比较有限。美国的社会福利在二战后迅速发展（与西欧国家相比，程度较低）。自由主义及经验主义的文化价值观对其也起了重要作用。美国的市场经济是典型的现代市场经济，或高度竞争的市场经济。

二、城市和城市规划的基本情况

1. 设市的标准和分类

（1）行政学的标准

美国的地方政府主要可分为郡（County）、地方市政（Municipality）、镇和乡（Town and Township）、学区（School District）和特殊辖区（Special District）等五类。1997 年美国的地方政府共 87453 个：包括 3043 个郡，19372 个地方市政，16629 个镇和乡，13726 个学区，34683 个特殊辖区。从 1992 年到 1997 年，地方政府增加了 2498 个。新增的地方政府几乎全是特殊辖区。

郡（County）：郡政府是美国地方政府的最大单元[1]，各郡在大小、形状、人口、城市化水平方面差异极大，从德州拉文郡的 141 个人到洛杉矶郡的 600 万人不等。有近一半的人口生活在 187 个城市化水平较高的郡。由于历史地理等原因的影响，各郡政府的职能权限不尽相同。在有的州，由于地方市政或乡镇发挥着相对较强的行政管理职能，郡政府的地位作用相对薄弱；而有的州则注重两者的协调合作，共同履行地方权利和职责。在西部地区，由于没有乡镇一级的行政设置，郡政府单独行使州政府赋予的权利。在 20 世纪的后 50 年间，一些郡政府作为州和地方政府之间的一种地方行政机构，在解决城乡问题时发挥了重大作用。

地方市政（Municipality）：美国地方市政通常包括城市（City）、镇（Town）、村（Village）和自治村（Borough）等。城市是其中较大的地方市政单元，但是城市的大小差别很大。城市政府的权利、义务、组织机构由所在州的立法授权。有的州将州内城市划分成若干类别，按照每一类别进行授权；有的州在授权时则具体城市，具体对待；有的州赋予城市更大的自主权，允许市民拟订城市宪章，决定其组织机构、管理模式以及财政政策等。无论何种授权方式，城市政府都要遵循所在州政府的宪法，和有关言论自由、集会自由、选举程序、财务管理等方面的基本法律。不同的授权方式决定着州政府对城市政府的不同制约作用。美国归地方市政管辖的人口约 1.6 亿，其中 0.7 亿人住在 10 万人以上的城市内。

镇和乡（Town and Township）：在美国的东北和中西部，有 20 个州采用了镇或乡的地方政府体制[2]。由于地理条件的限制，这些镇或乡的形状并不规则。比较典型的镇产生于新英格兰地区（含 6 个州）。早期的移民积聚而居，在周围土地上从事农业生产，其聚居的村庄以及周边的农田统称为镇。至今，在新英格兰地区，镇政府依然发挥着地方行政管理的重要职能。在纽约、新泽西等州和部分中西部州，在殖民时期形成了一种乡的建制（类似新英格兰的镇）。1787 年，美国国会通过西北法案，为了便于出卖土地，将西部土地划分成 6 英里（1 英里约等于 1.61km）见方的地块，也称之为乡。后来由于历史的原因，各州政府不断削弱乡的权限，使得乡仅在少数中西部州得以保留下来。1996 年，只有 6.9% 的镇和乡有 1 万人以上的人口。

学区（School District）：美国人大多认为教育应当独立于政治以外。因此，除了联邦及部分州政府中设有教育管理机构以外，郡和城市等地方政府中一般没有教育管理部门。多数情况下，各州是通

---

[1] 美国有 10% 左右的人口不受郡政府的管辖。因为：不是所有的郡都建立了郡政府；有一些城市不在郡的区界之内；一些郡政府和地方市政进行了正式的合并，合并后的联合政府在统计上被归为地方市政，而不再算作郡。这些特例包括了纽约、华盛顿特区、费城、巴尔的摩、圣路易等人口众多的大城市。

[2] 这 20 个州中，有 11 个州存在地方市政与镇和乡的管辖范围发生全部（印第安那州）或局部重叠（10 个州）的现象。

过设置学区这种特殊的机构来管理教育事物的。学区的界限主要是根据学生的通勤距离划定的。学区作为一种地方政府机构，享有比较独立的政府职能。如：教育委员会由地方选举产生，学区有独立课税和征地建设的权利。

特殊辖区（Special District）：特殊辖区也是一种政府单位，设立的目的通常是为了有效地履行某一项独立的公共服务，如排水防洪、土壤保护、消防、医疗、高速公路等。特殊辖区的边界往往按都市建成区来划分，与郡和地方市政的边界不一定吻合。例如，一个防火区只能覆盖城市的一部分，而一个土壤保护区的覆盖范围可能比一个城市或一个郡还要大。特殊辖区的经费主要来自于地产税和服务费。由于美国地方政体在组织和权力上的分散性，设置特殊辖区是统一解决某一特殊城市问题和服务的好办法，所以从1952年到1997年，美国的特殊辖区数量翻了近3倍。仅1992年到1997年就增加了9.9%。

这几种地方政府行政区划都有各自的历史、地理、行政管理上的成因；边界及分区范围彼此没有明确的关联，是一种分层管理的模式。也就是说，一个城市居民的生活可能同时受郡、地方市政、所在学区、所在消防区等各种政府机构的重叠影响。这些政府表面上各自为政，但是，如果其政策法规与其他政府机构的管理出现矛盾时，彼此间会通过讨论协商、公众参与等手段进行协调平衡，最终达成共识。

（2）统计学的标准

美国联邦统计局采用一系列标准的统计单元，对都市地区的各种社会经济发展状况进行数据统计。统计单元包括：都市统计区（Metropolitan Statistical Area，简称MSA），都市化地区（Urbanized Area，简称UA），普查分区（Census Tract），普查街廓（Census Block）和邮编分区（Zip Code Area）等。其中都市统计区是在统计上常用的城市概念。

都市统计区（MSA）：以郡为基本单位，一般要求郡内要有人口超过5万人的城市。如果有几个同时满足条件的郡相邻，则共同组成一个MSA。很明显，MSA不仅包括人口密集的中心城市，也包括了其周边的乡村腹地。这些乡村与中心地区保持一定的就业、购物和其他社会性联系。

联合都市统计区（Consolidated Metropolitan Statistical Area，简称CMSA）和基本都市统计区（Primary Metropolitan Statistical Area，简称PMSA）：当两个或多个彼此相近的MSA，在就业和通勤等方面有较强联系时（有定量的标准），在统计学上就将整个区域定义为CMSA，其下属的每一个都市统计区称为PMSA。多数较大的都市化地区都是一个CMSA，由若干个PMSA组成。

都市化地区（UA）：一般包括中心城市和人口相对密集的周边城市和郊区，是一个由地方市政统一提供治安、消防、供水、垃圾清运等服务的地区，通常以街区、道路、小溪河流等为边界，而没有明确的行政划分，大致相当于城市建成区的概念。MSA涵盖了农村地区，无法真实地反映都市化的边界和发展状况，而UA的概念则大大地弥补了这方面的不足。

一般来说，一个MSA至少有一个UA，二者都以共同的中心城市为核心。有的MSA也可能拥有两个或两个以上不相邻的中心城市，所以就可能拥有两个以上的UA。

根据美国1996年修编的MSA界限，全美在1998年共有245个MSA，17个CMSA，和58个PMSA[①]。

2. 城市在国家发展中所起的地位作用，在经济发展中的份额

1997年美国全国人口为267743595人。其中的61.7%居住在地方市政的辖区内，20.9%居住在镇或乡的辖区内。美国的都市统计区（MSA）的人口为214223604人（约占80%），非都市统计区的人口为53519991人（约占20%）。1997年国民总收入为67707亿美元，其中，都市统计区的国民总收入为57475亿美元（约占85%），非都市统计区为10232亿美元（约占15%）。在1997年的美国国内生产总值（GDP）当中，84.5%为全部工、农、商业的产

---

① 在统计上，凡是被划为CMSA的地区，就不再归入MSA之列。所以245个MSA中不包括CMSA和PMSA。

值，约 68365 亿美元。其中，非农业生产总值为 67463 亿美元（占 98.7%），农业产值为 902 亿美元（占 1.3%）。

3. 城市规划的发展和演变过程

美国的宪法明确规定了对公民个体权益的保护。其中，私有地产的不可侵犯性大大削弱了地方政府对土地使用和建设的控制能力。因此，19 世纪前和 19 世纪上半叶的美国城市发展是在缺乏规划和控制的状态下进行的，导致了城市过分拥挤、住房质量差、城市绿地减少、交通堵塞、景观丑陋混杂，公共卫生和健康受到威胁等城市问题。自 19 世纪中期至末期，针对城市环境的恶化，出现了一系列的城市改革运动，如卫生改革、保护城市绿色空间运动、住房改革运动、市政环境的改善运动、城市艺术运动、城市美化运动等。这些改革运动奠定了美国城市规划的基础。其中值得一提的是 1893 年的哥伦比亚博览会（The Columbian Exposition）。它向世人展示了城市设计和规划所能带来的美好前景，引发和推动了城市美化运动。而 1909 年的芝加哥规划（1909 Plan of Chicago）则开拓了现代城市规划之先河，对当今的总体规划的内容和实施产生了深远的影响。

19 世纪末，一些地方政府和州开始对私有土地的使用和建设进行控制。由于这一做法与宪法保护私有地产的利益存在着明显的矛盾，因此出现了一系列土地诉讼案。在 1909 年和 1915 年的两个著名案例中，联邦最高法院判定：地方政府从维护社会公共利益的角度出发，有权限定土地的用途、建设密度和建筑物的体量，不需要做任何经济赔偿。法院的判决明确了分区规划的合法性。1916 年，纽约市通过的区划条例（New York City Zoning Code）是典型代表，对区划法的普及起了推动作用。20 年代是一战结束后的经济增长期，城市的郊区化和私人轿车的大量普及，促使全美各个城市纷纷制定总体规划和分区规划，以控制城市的发展。与此同时，由于都市的增长蔓延和通勤距离的增加，区域规划开始出现。

1929 年的大萧条期拉开了 1930 年代新政（The

New Deal）的序幕。罗斯福政府出台了一系列政策和措施，加强了政府在规划建设上的控制。如，联邦政府设立专项基金，资助州和地方政府的规划部门建设和规划工作，提出对州际高速公路系统的规划，创立国家资源规划委员会（The National Resource Planning Board），组建田纳西河谷局（The Tennessee Valley Authority）进行田纳西流域的区域规划等。联邦政府对住房的经济资助政策也在大萧条期出台。1939 年，随着二战的爆发，大萧条期很快结束。

二战结束后的 40 年代，政治气氛发生了变化。联邦政府对规划的直接介入开始削弱。国家资源规划委员早在 1943 年就宣告解散。联邦规划法规和政策的制定转移到了国会。国会通过立法所出台的一系列法案和配套的联邦拨款，大大推动了各州和地方规划活动的开展。如，在 1949 年的住房法案，提出了都市复兴（Urban Renewal）计划，着手对贫民窟的清理和住房的建设。在随后一系列的住房法案中，又加入了振兴都市中心区商业的目标和计划，并要求地方城市在申请住房基金之前，必须编制总体规划，由此推动了地方总体规划的发展。

随着战后人口增长、经济繁荣、私人轿车的大量增加、迅速的郊区化和城市中心区的衰落，出现了许多在地方规划层面无法解决的城市问题。因此，在 1960 年代以后，涌现出许多新的规划领域，包括环境规划、增长控制和管理、州域规划、区域经济发展规划等。城市规划逐渐走出了传统的物质环境规划和土地使用管理，朝着更加多元化、综合化、区域化的方向发展。

4. 城市规划的涵义、分类和职能

从美国的规划历史可以看出，美国城市规划涉及的层面很多，包括联邦、州、区域、地方、社区等，涵盖的内容广泛，包括政治、经济、法律、环境、能源、交通、建筑、地理、信息等等方面，而且还要对这些不同层面和内容的规划进行综合、协调、统一。因此，要想对城市规划下一个概括的定义是不可能的。这些规划活动惟一的共同之处是工作方法，即都要对当前的形势和

问题进行分析，确立未来的目标，通过系统全面的思考寻找实现目标的措施和方法，进行决策和实施，并在实施中不断反馈和调整。

　　美国的城市规划可分为很多类别。包括总体规划、用地规划、城市设计、社区发展规划、增长控制规划、环境规划、区域规划、市政投资规划、交通规划、经济发展规划等。这些规划的历史和动因、内容与特点、机构与权限如下表所示：

美国城市规划的分类　　　　　　　　　　　　　　　　　　表 3－1

	历史和动因	主要内容与特点	机构与权限
总体规划	1909 年的"芝加哥规划"奠定了其雏形。1928 年联邦出台的《城市规划授权法案标准》推动了其普及。1970 年代后各州逐渐开始强制地方政府做总体规划	一般时间跨度为 20 年，10 年一修编。内容包括：现状及意义、城市发展的策略、具体措施和优先项目、规划的制定者和修改修编的程序。总体规划一般要对用地、交通、公用设施、住房、经济发展、关键区和敏感区、自然灾害等提出战略目标、措施与政策	州、区域、地方政府都可能制定总体规划。各州通过立法授权（或强制）区域与地方进行总体规划。总体规划一般由地方立法机构自行审批通过，制定过程要有公众参与。有的要提交州政府审批
用地规划	19 世纪末开始出现，得到了法庭的支持。1916 年纽约区划法令是典型代表。1922 年国会颁布《州分区规划授权法案标准》，推动了区划在 20 年代的普及	用地规划和市政投资是地方政府控制用地建设的两个最有效的手段。用地规划法规和控制办法主要包括分区规划、土地细分规划和地段规划审批等。区划的主要特征是将辖区内的土地按用途分成区。不同类的区规定的建设标准不同，对建筑的高度、总面积、体量、位置、用途等进行控制。包括分区地图和说明文本两部分	用地规划一般是由地方政府制定和地方议会审批通过的。区划和土地细分法具有法律效力，其权限由法庭界定。法庭对土地诉讼案的裁决往往左右着区划的制定。用地规划往往是伴随总体规划一同制定的，有公众参与的过程
城市设计	城市设计无所不在，渗透于最早的规划运动当中，如环境改善运动、城市艺术运动、城市美化运动等。1893 年的哥伦比亚博览会是城市设计的历史典范	介于建筑设计与规划之间。侧重建筑与城市环境之间的视觉和功能关系和改善办法，在保护现有城市质量和新的建设上取得平衡。城市设计要解决：①保护的目标和内容；②建设的地点和方式；③建设的形式和用途。主要的政府控制手段有招牌条例、历史保护、设计审批、特殊覆盖区、设计导则等	以地方政府为主体，通过对公用设施的设计和建设，以及城市设计导则来带动、刺激、引导私人的投资建设
社区发展规划	都市复兴计划起源于 1930 年代罗斯福的"新政"，在 1949 年的住房法案推动下，正式启动	大规模清理贫民窟和市中心区用地，鼓励开发商兴建住房和商业项目。给社区的社会经济肌理带来负面冲击，1973 年被国会终止。后改为基金数额小，数量多的社区发展计划，鼓励地方提出规划方案，保护和改善城市肌理，强调中低收入居民对规划的参与	一系列联邦住房政策的产物。通过联邦基金的发放和基金附加条件的影响，对州、区域、地方规划进行引导和控制
增长控制规划	由于二战以后出现的大规模郊区化和环境保护意识的加强，在 1960 年代开始兴起	规划活动主要集中于增长压力大的郊区和都市边缘的城镇。规划试图控制和阻止地区的增长，对发展建设的总量、时间、地点、方式提出控制办法，以控制和缓解对公共基础设施和服务带来的压力，保护现有的生活环境质量不受损害。规划带有地方保护主义的色彩。在社会公平问题上有争议	全州范围内的规划活动，由州立法授权区域和地方政府进行规划。并不取代地方规划，而是在地方规划之外增加了一个控制层面，促使区域和区域之间对控制发展问题进行统一的决策
环境规划	随着环保意识的加强，1969 年出台《国家环境政策法案》（NEPA）大大推动了环境规划，1970 年代出台一系列环境立法，使其逐渐完善	联邦和州：设立法规标准和发放专项基金，要求使用基金的项目提交环境影响报告（EIS）。地方：控制建设的密度和种类，以减少和缓解建设对地方生态环境的负面影响。可以是综合性环境规划，也可通过公开听证和发放建设许可进行案例式控制	1970 年联邦政府成立了环境保护机构（EPA），设立各种环境保护基金，对环境规划进行全国的调控。各州制定了相应的环境立法。地方的规划活动是在联邦与州建立的环境法规和基金框架内展开的

续表

	历史和动因	主要内容与特点	机构与权限
区域规划	由于一战以后私人轿车的发展和郊区化的开始，在 1920 年代出现了早期的区域规划，到了 1950 和 1960 年代，在增长控制规划的推动下发展成熟	早期的区域规划源于地区的污水处理问题，后来发展成为集区域交通、供水、污水处理、住房、经济、环境等为一体的地区综合规划，为地区提出远景发展战略和政策。要求组成区域的各地方政府为了区域的共同利益进行协调合作	开始靠市民的自发组织和私人赞助，后通过州立法或地方政府的自愿联合组建区域规划机构。比地方政府的权力弱。区域规划机构通过帮助联邦政府向地方颁发规划建设基金，取得一定的控制权
市政投资规划	1909 年芝加哥规划为其奠定了雏形。1920 年代作为总体规划和市政管理的延续开始出现。大萧条和二战对政府财政的冲击极大地推动了其发展	市政投资对城市的发展有着长期、深远、不可逆的决定影响。规划的结果是投资建设计划（CIP），一般是根据总体规划，对公共设施的投资提出项目规划、年度财政预算、工期时间、经费来源、优先顺序等，规划期为 5～6 年，要定期调整。CIP 往往是总体规划的组成部分，是政府实施总体规划，引导投资建设的最有效手段	从联邦到地方的各级政府都要配合总体规划进行市政投资规划。在政府集资上，联邦和州宪法规定了政府征税和发行债券的权利范围。地方政府征税费和发行债券的目的、数量、种类、利息、颁布法令均受州宪法以及州法庭的严格控制
交通规划	郊区化和私人轿车的普及，以及 1960～1970 年代高速公路网的全面兴建，导致公交系统的衰落和城市的蔓延发展。这使交通规划成为现代城市规划的一个重要组成部分	交通与用地始终互相作用和影响，两种规划必须同时进行。目前侧重对现有交通系统的优化和管理，而不是大量铺设新的公路。交通规划主要包括以下步骤：①预测出行次数；②预测出行分布模式；③分离出行方式；④出行线路分配；⑤通过模型分析确定最佳的交通规划方案和最有效的投资计划	各州制定州交通规划，地方政府制定地方交通规划。联邦政府从 1991 年提供联邦基金（ISTEA），鼓励各州和地方政府结合交通规划制定总体的用地规划
经济发展规划	早期均由地方商人发起，主要侧重发展交通，以利商贸。1960 年代，为降低结构性失业率，联邦政府开始资助地方进行经济发展规划和建设。1980～1990 年代，因企业向海外迁移使矛盾从国内竞争转向与国外竞争	新的企业投资可增加地区就业和税收，尤其是地产税，并可带来经济发展的链式反应，有利于提高地区竞争力，吸引和留住企业投资。经济规划的步骤为：确定需求、市场分析、经济发展政策及效果分析、制定规划、规划修编。规划的内容可包括：地区的自我宣传推销、经济资助和优惠办法（税收、基金、贷款）、市政投资项目计划、配套的用地规划（建立开发区、提供可利用的地段和建筑物）、教育与培训等	全美有 15000 个经济规划机构，主要是地方组织。州政府一贯支持和帮助地方经济发展。通过提供信息、优惠政策、税收减免吸引企业来本州投资。联邦政府为鼓励地区经济发展和规划设立了各种联邦基金（如 CDBG，UDAG，IRB）

5. 城市规划与可持续发展

由于不同的背景、信仰和政治环境，人们对可持续发展的内涵有着很不相同的理解。有人认为生活在布局紧凑的社区、使用公共交通、降低能源的消耗、生活垃圾的再利用等，就可以促成城市环境的可持续发展；有人认为以有机农业为依托、周围环绕绿色开放空间，中心具有强烈归宿感的社区村镇的发展模式，才是真正意义的可持续发展规划。尽管没有统一的定义，但是规划界普遍认为在城市规划工作中对可持续发展的重视是十分必要的。美国规划界的多数人士认为可持续发展的社会应当是社会公正、经济繁荣和环境保护这三者之间的有机平衡。

美国社会和政府非常重视可持续发展在城市规划工作中的实施。关于可持续发展战略的讨论不断影响着美国规划的理论思想以及运作方式。由于美国城市规划的综合性，涉及政治、经济、社会、环境以及文化意识等各个方面，因此，城市规划成为贯彻可持续发展策略的重要领域。在美国，对可持续发展的认识，由抽象的全球性发展战略向具体的实际行动转化，由单纯的环境关注发展到对社会、经济、环境三者关系的同等重视。这一切使得可持续发展与城市规划的关系更加紧密。可持续发展思想体现在美国的规划工作中包括：坚持远期未来目标、认识资源的极限性、尊重自然地理条件、保持相关部门的联系和整体规划思想、鼓励公众参与、以及保持对规划实施手段的重视等，一定程度上改变了传统规划中的短期性、主观性和急功近利的做法。

1987 年，联合国召开关于环境与发展的世界大会，会议报告《我们共同的未来》首次比较权威地介绍了可持续发展的概念。1992 年，有近 100 个国家政府的首脑参加的"地球高峰会议"（The Earth Summit），一致通过了《21 世纪议程》，作为在全球范围内实现可持续发展的规划蓝图。在这两次具有里程碑意义的会议中，美国发挥了重要作用。此外，为了准备 1996 年联合国第二届人居会议，美国的有关部门组织了 12 次讨论会，结合大会议题，讨论美国城镇的未来，并将各种意见观点纳入提交大会的美国报告之中，作为建立美国可持续未来的蓝图向世人展示。

除了支持全球性的政治合作，美国联邦政府还建立了一些相关的组织机构来发挥切实的指导作用。1993 年，克林顿政府成立了"关于可持续发展的总统理事会"（President's Council on Sustainable Development），成员来自政府、产业、环境、工会及民权组织，负责向总统提出发展策略、组织年度奖励和加强公众参与。1995 年，联邦政府的环境保护机构（Environmental Protection Agency）成立了"可持续生态系统与社区办公室"（Office of Sustainable Ecosystem and Community），其任务是强调生态环境的整体性和经济的可持续性之间的联系，促进生活质量的全面提高。该办公室在生态环境调查、建立评价系统和计算机模型，以及对地方规划项目的资助方面，做了大量工作。1996 年，美国能源部（Department of Energy）新建了"可持续发展优化中心"（Center of Excellence for Sustainable Development），该中心鼓励地方社区在发展规划中减少对能源的消耗，并提供各种信息和服务。该办公室的重要成果是建立了 PLACE3S 的计算机模型。在社区土地开发、街区设计、建筑及基础设施设计、交通管理等方面，利用这个模型可以比较不同方案对能源利用的有效程度，充分提高规划的工作效率。

在对可持续发展不断重视的国际国内形式下，美国各州也纷纷起草制定各自的可持续发展计划，有的是由一个部门发起并协调进行（如弗吉尼亚、新泽西、佛罗里达），有的是由几个社区或几个部门合作完成（如肯塔基、德拉威尔和密苏里）。对于如何在全州范围内进行可持续发展规划，明尼苏达州作出了楷模。州长组织各界人士提出发展建议，鼓励公众参与，形成规划策略。州立法机构全力配合，与州长一道促进了法案的通过。法案要求州有关部门制定示范性规划法规来引导地方规划，还要求州环境质量委员会协调各部门进行自我评价，评价的内容包括各自的任务和项目是否正确地反映了州的可持续发展的原则。

地方政府在规划工作中，更加重视不同专业间的协调、加强对法规管理的研究、提倡公众参与、改善部门协调和发挥政治策略的调节作用等，充分贯彻可持续发展策略。各种规划设想，无论是由公众提出，还是由市长理事会成员提出，都必须强调社区内部及社区之间的广泛合作和努力，只有这样，才能产生比较具体可行的措施。华盛顿州西雅图市的"可持续的西雅图"在加强市民与政府合作，全面分析问题，制定发展策略方面积累了一定经验。加州桑塔莫尼卡市的"可持续城市计划"充分利用现有的数据信息，建立发展指标评价体系，促进了规划工作的良性发展。田纳西州的查塔努噶市发展战略则在政府、投资者、社区组织和公众等不同利益集团之间，在如何共同协商解决城市问题上，取得了良好的共识。麻塞诸色州剑桥市摆脱了单一目标的环境质量追求，重视经济保障、生态完整、生活质量和权利义务等四方面的综合探索，取得一定的成绩。

虽然这里系统介绍了美国各级政府的可持续发展举措，但是我们必须明确，可持续发展的根本指导思想是自下而上的，而决不是自上而下的。公众参与是各级政府制定和实施可持续发展战略的源泉和基础，是衡量可持续发展规划优劣的重要条件，也是各级政府在规划中力争达到的关键目标。在可持续发展规划中，政府只是公众意志的催化剂和载体。因此，没有公众参与的规划不可能是可持续发展的规划。

三、联邦规划体系

美国采用的是联邦政府与各州分权而治的政体。与其他西方民主国家相比，美国各州政府对地方的影响比联邦政府相对要强。各州在政治、经济和法律等方面相对自治；各州有自己的宪法、法律和税收体系等。美国的国家宪法没有提及地方政府，地方政府是各州自己通过立法产生的，其权力（如征税、发行债券、法庭系统等）也是由州立法赋予的；同时，地方政府也必须履行州立法所规定的责任和义务。因此，地方城市的规划法规基本上是建立在州立法框架之内的。这是我们理解美国各级规划法规体系的重要前提。

1. 联邦规划法规体系

美国没有专门的国家规划机构，也没有全国性的总体规划。在美国历史上，惟一存在过的国家规划机构是"国家资源规划委员会"（National Resource Planning Board），创建于罗斯福的新政时期（1933 年），1943 年就在国会和其他联邦机构的反对下解散。美国没有全国性总体规划的原因一方面是意识形态上的：自上而下中央集权的规划方式不符合其独立自治的政治理想。另一方面是政治体制上的，在联邦制中，主要的政治权力集中于各州的议会，全国范围的协调平衡依靠的是国会；分散的政体很难对统一的全国性规划达成共识。此外，第三个原因是技术上的可行性问题。欧洲一个国家的国土面积可能小于美国的一个州，要制定全国性的总体规划和用地控制是完全可行的。美国有超过 300 万平方英里（1 平方英里 = 2.59km²）的土地，各州条件和情况差异很大，要想进行与欧洲国家同样深度和有效的全国性规划和管理，工作量之大是难以想象的，几乎没有可操作性和科学性。这也是美国的规划活动为什么要以州为单位，以州立法为框架的原因之一。没有专门的全国规划机构并不等于没有全国性的规划举措。联邦政府通过各种国会法

案，一直在影响和推动着全国各地的规划活动和建设发展。

（1）联邦规划法规的内容

① 两部规划法案

> 根据《州分区规划授权法案标准》，各州可以授权地方各级政府进行分区规划：控制建筑的高度、总面积、体量、位置、用途等。最主要的特征是地方政府可将其管辖区内的土地按用途分成区。不同类的区规定的建设标准不同，而在同一类区则采用完全相同的控制标准。
>
> 《城市规划授权法案标准》为各州授权地方各级政府进行总体规划建立了参考模式。法案包括六个方面：①规划委员会的结构和权力；②总体规划的内容：包括道路、公共用地、公共建筑、公用设施、分区规划；③要正式通过道路交通规划；④要正式批准所有公共投资项目；⑤要控制私人土地的再分；⑥建立区界，进行区域规划，由区域内的各地方政府（自愿）通过并采纳区域规划

从 1900 年到 1920 年之间，美国一些城市和州自发地进行了总体规划和分区规划。其中芝加哥市规划（1909）、洛杉矶区划法令（1909）、纽约区划法令（1916）、威斯康星州的《城市规划授权法案》是早期比较著名的。这些规划引发不少城市和州的效仿。在 1920 年代，从有利于经济发展的角度出发，美国的商业部（Department of Commerce）推动了两部法案的出台：1922 年的《州分区规划授权法案标准》（Standard State Zoning Enabling Act）和 1928 年的《城市规划授权法案标准》（Standard City Planning Enabling Act）。这两个法案为各州授予地方政府规划的权力提供了可参考的立法模式。法案肯定了分区规划和总体规划的合法地位，并在全国范围内加以鼓励和提倡。事实上，美国所有的州都相继采纳了这些模式。70 多年来，这两个法案成为美国城市规划的法律依据和基础。但是，两个法案也存在很多缺陷：例如，没有强制要求地方政府进行规划，总体规划的定义模糊，总体规划与分区规划的关系不明，没有考虑分阶段通过，使得一次性的工作量过

大，规划制定的过程没有考虑政府官员和议会的积极参与和支持等等。1975 年，美国法律协会（American Law Institute）颁布了《土地开发规范》（A Model Land Development Code），在一定程度上改进了联邦政府这两个规划授权法案的模式①。

②住房法案和都市复兴

从 1930 年代大萧条时期开始，联邦政府才开始真正介入州和地方的规划活动。联邦政府设立专项基金，资助州和地方政府建设相应的规划部门（包括人员、设备、规划经费等）。到了 1950、1960 年代，联邦政府颁布了一系列住房政策，并为公共住房的建设提供大量的资金。《1949 年住房法案》（The Housing Act of 1949）要求：州和地方政府在申请联邦政府的城市再开发（Redevelopment）基金时，必须有总体规划作参考。《1957 年住房法案》对申请联邦的都市复兴基金（Urban Renewal）也提出了类似的附加条件。在争取联邦住房基金的利益驱使下，各地方城市掀起了制定总体规划的浪潮。

都市复兴计划是由《1949 年住房法案》发起的。简单地说，其内容就是地方政府通过申请联邦政府基金，加上相应的地方配套基金，以及行使州立法所赋予的土地征用权，在市区中心大规模地购买和清理土地，然后低价卖给开发商，吸引他们回中心区投资，搞再开发项目。截至 1973 年，都市复兴计划已经在全国范围内拆掉了约 60 万个住宅单元，搬迁了 200 万居民（多数为中低收入），使成千上万的小型商业和企业倒闭，破坏了社区经济和社会肌理，遭到公众的强烈反对。因此国会终止了该计划，又出台了《1974 年住房与社区建设法案》（The Housing and Community Development Act of 1974）和社区建设计划（Community Development Program），旨在加强对城市肌理的保护和改善，并通过各种附加条件强调中低收入居民的公众参与。

③ 环境法规

除了住房政策以外，联邦政府还出台了一系列环境政策法规②，其中对城市规划影响最大的是 1969 年的《国家环境政策法案》（National Environmental Policy Act，简称 NEPA）。该法案把环境规划（Environmental Planning）的概念引入到传统的规划活动中。一方面，法案要求各州政府根据 NEPA 制定自己的环境控制法案，并为此设立了鼓励环境方面研究和立法的联邦基金；另一方面，法案要求联邦政府在决策中要强调环境问题：凡是申请联邦基金资助的建设项目，一律要先做环境影响评估，提交"环境影响报告"（Environmental Impact Statement，简称 EIS）。为确定 EIS 的具体范畴，政府部门要公开登报，召集相关的各政府部门、下属部门、准政府机构、社会团体、公众代表开会，对项目进行商讨。EIS 报告的内容繁杂③，对建设项目可能产生的环境影响要作出全面科学的论证。报告的初稿和正式稿都要分发给各有关单位和团体，征收意见后再由政府部门作出否决或批准的决议。环境影响评估的最大特点是整个程序的公开性和透明性。它使得政府部门对影响环境的决策完全对公众曝光，无法私下进行；任何关心环境问题的个人或团体都可以提出意见，甚至诉诸法庭。在联邦法案的强制要求、基金拉动和联邦政府的率先示范下，各州纷纷制定了自己的"小环境政策法案"，要求州和地方政府对建设项目作类似的环境评估。

④其他

其他对区域结构、城市形态和城市规划发生重要影响的联邦政策和举措还有：《1785 年法令》（The Ordinance of 1785），将土地进行标准化的划分，廉价卖地，鼓励移民；国会从 1862 年起为修建铁路设立的土地基金（出卖铁路沿线的国有土地以筹集铁路建设基金）；美国垦荒局（The Bureau of Reclamation）从 1920 年代到 1970 年代在西部兴建大规模的水利灌溉工程；联邦政府在 1933 年组建了惟一的

---

① 《土地开发》规范强调了以现状为基础进行预测，制定远期战略和近期用地政策与措施，并提出制定五年一期的优先建设项目、资金来源、负责部门的计划；更加注重规划的经济和社会效益、规划的定期修改、和一年一度的法定建设项目报告。明确了总体规划进行远期指导和分区规划进行近期控制之间关系。

② 如《1970 年空气净化法案》（The Clean Air Act of 1970），《1972 年水净化法案》（The Clean Water Act of 1972），1992 年的《能源政策法案》（The Energy Policy Act）等。

③ 内容包括：项目的意义，和其他几个替代方案的比较（例如：申请修建高速路，可以与增加公交路线的方案进行比较；一般都要求一个比较方案是维持现状），环境影响的分析论证，影响的结果（定性定量），缓解影响的措施，报告撰写人的名单，报告所寄部门、机构、团体、个人的审阅名单。

区域规划机构——田纳西河谷局（The Tennessee Valley Authority），进行区域规划至今；国会从1956年起设立专项税收基金，统一修建全国高速公路网（共四万多英里，投资1290亿美元）；从1935年开始，联邦政府为购房者提供住房贷款抵押保险（促成美国城市的郊区化）。这些国会出台的法案大都有一个共同的特点：均根据法案的目的和精神，颁布了一套相应的经济机制来进行调控；经济机制明确具体且操作性强，这是法案能得以有效实施的关键。

（2）联邦规划法规的特点

为了充分调动地方的积极性，有效地达到控制的目的，联邦政府的规划法规采取了以基金引导为主、以法规控制为辅的原则。基金引导就是通过发放联邦基金的附加条件（如某类基金的使用必须有当地居民的公众参与，某类基金的审批必须有区域规划部门的推荐等），或直接设立专项基金（如1959年的总体规划基金，1972年的水处理和水质量规划管理基金）来调控地方的规划工作。1990年，美国地方政府从联邦和州得到的基金达1500亿美元，约占地方总收入的1/3。地方政府只有积极迎合基金的附加条件，提出具体的项目和措施，才能申请到基金。联邦政府一般不对获得某项基金的地方政府或机构进行系统的监督，因为如果出现滥用基金的不合法现象，立刻就会有个人或社会团体上告独立的联邦监察部门，甚至诉诸法庭。这样，有了自下而上的监督渠道和法庭的公开裁决，联邦法规就能得到良好的贯彻。联邦政府有时也出台一些强制性法规，其特点是要在规定时间内取得某种定性和定量的目标，例如：1970年的《空气净化法案》就对空气质量提出了一系列量化指标，并要求各州制定"州实施计划"（State Implementation Plan），在规定期限内达到目标。未达标者今后将得不到联邦基金的资助，经济损失很大。

（3）联邦规划法规的立法程序

所有的联邦法案（规划法规也不例外）都是由国会制定的。国会由参议院和众议院组成。任何议员都可提出议案，议案的想法和内容可以来自议员本人、选民、利益集团、社会团体和总统等。国会每年都有上万条议案被提出来。两个议院都采用委员会制，讨论不同类别的议案。委员会将大部分议案封杀，只把带有普遍性，能解决重要问题，或具有广泛公众支持的议案选出讨论。议案于所在议院至少要进行2次公开听证会：第一次听证后，委员会当即投票，决定是否送交本议院大会讨论；第二次听证后，本议院大会当即投票表决。议案如果通过，则送交到另一个议院，从头走同样的程序。只有当两个议院都通过议案以后[①]，才能送交总统签字，成为法律。如果总统否决了议案，参众两议院如能均以2/3的多数票再次通过议案，仍可使其成为法律，不必再经过总统。

2. 联邦规划行政体系

（1）住房与城市发展部（HUD）

很多联邦部门和机构对城市规划都有重要影响。如：商业部、交通部、内务部、环境保护机构等。但在联邦政府的14个内阁部门中，与规划关系最密切的还是"住房与城市发展部"（Department of Housing and Urban Development，简称HUD）。HUD的前身是1934年成立的"联邦住房管理部"（Federal Housing Administration，简称FHA）。1965年，根据《住房与城市发展部法案》（The Department of Housing and Urban Development Act）成立了HUD。其口号是：为每一个美国人提供得体、安全、卫生的住房和适于居住的环境。因此，该机构的活动是围绕这一宗旨界定的，主要集中于住房和社区发展。其使命是：管理有助于全国社区和住房发展的项目和计划；协助总统协调各联邦机构有关社区发展和保护的活动；鼓励各州和地方寻找解决住房和社区发展问题的办法；鼓励和强化私营住宅开发建设者和抵押贷款行业的参与和资助，为住房、社区发展、和国家经济作贡献；在国家的层面上，对各社区人民的利益和需要给予充分的考虑和照顾。

---

① 要求两个议院必须同时通过是为了平衡地区的利益：参议院是每州2个，代表地区国土的利益；众议院是按人口选的，各州可以有1个到40几个，代表地区人口的利益。这样就不会因为有的州地广人稀，或地少人多造成投票上的劣势。

从 1934～1998 年，国会前后出台了 43 项与住房和社区发展有关的重要法案。HUD 的主要计划和项目都是根据这些法案制定的。HUD 的主要工作归纳起来有 6 类：①为购买住房者提供抵押贷款的保险，帮助修缮住房和购买拖拉式住房（Mobile Home）的贷款者延长还期；②通过"政府全国抵押贷款协会"（Government National Mortgage Association，俗称 Ginnie Mae），引导投资者将资金转向抵押贷款业，进一步扩大政府的住房保险能力；③为老年人和残障人提供住房建设和修缮的直接贷款；④提供联邦住房津贴，帮助中低收入家庭租房；⑤为各州和社区提供社区发展建设基金；⑥提倡和执行平等的住房机会，反对种族和收入歧视。HUD 在 2000 年的工作目标是：保证社区的经济竞争力，使人们更加买得起住房，与住房歧视问题进行斗争，走区域发展的道路和建立可持续发展的社区，对老龄化问题提出积极的举措。

HUD 在 1999 年的财政开支是 208 亿美元，2000 年的预计开支是 293 亿美元。其中，行政管理开支从 1999 年的 2.6% 计划降为 2000 年的 1.9%，约 5.6 亿美元。其余的开支用于 HUD 所管理的各种基金、贷款、项目等。在 14 个联邦内阁部门的财政总开支中，HUD 约占 2%。在 1997 年，HUD 的工作人员总数为 10908 人，约占内阁部门雇员人数的 0.66%。HUD 每年都在减员，1996 年到 1997 年减少 4.8%。HUD 的组织机构图如下。

图 3-1　HUD 的组织机构图

HUD 下设 1 名部长、1 名执行部长（下设若干执行部长助理）、10 名副部长（分管行政管理、地区管理、政策发展与研究、劳工关系、公共关系、国会与政府部门关系、住房、社区规划与建设、公平住房和均等机会、公共住房和印地安人住房）。与副部长平级的还有：2 名主任（分管联邦住房事业监督、铅毒防护控制）、1 名主席（政府全国抵押贷款协会）、财政长官、总监察官、首席律师以及 10 个区域办公室的负责人。

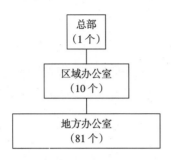

图3-2　HUD的三级管理体系

HUD采取了中央、区域、地方的三级管理体系。其中特别值得一提的是HUD的法律咨询和监督体系。由于HUD掌管着巨额基金和拨款，一旦在划拨和分配上出现（政策和程序上的）操作失误就会引起法律诉讼。因此，HUD的法律咨询和监督体系十分完备发达。首席律师（General Counsel）为部长和主要负责人提供一切法律事物上的咨询。首席律师办公室负责对HUD的所有政策、法规、立法草案、项目计划和机构活动提出法律上的意见、建议和服务，参与各种政策和法规的制定和出台，对HUD在全国各区域和地方上的管理政策、程序及其他一切操作提出法律意见和提供法律咨询。在HUD的各级管理层次中都设有法律咨询部门和负责律师。

根据联邦政府的《1978年总监察官法案》，总统要为HUD特别任命一位总监察官（Inspector General），直接向国会和部长汇报。总监察官办公室的职能是：对HUD项目及运作中所反映的问题，随时监督或进行独立的调查和审计；为保证行政管理的经济、高效、公正，防止和发现项目运行和操作中的问题（如：歧视和不平等待遇、公物破坏和犯罪、贿赂、欺诈、挪用公款）提出积极的对策和办法；针对行政管理和项目运作中的问题和疏漏，随时向国会和各级机构领导提供完整的最新动态、咨询和建议。每个区域办公室都有两名区域总监察官。任何群众或HUD雇员都可向地区监察办公室举报HUD项目运行中的不正常情况。此外，媒体也起着相当的监督作用。在部长办公室所设置的行政法官（Administrative Law Judges）根据行政程序法案，专门对联邦住房中的歧视诉讼案进行听证和

判决；那些对HUD基金的颁发、建设合同的招投标、抵押贷款的催还办法等结果和过程有异议者，还可向合同上诉委员（HUD Board of Contract Appeals）提出上诉。

（2）HUD的区域及地方管理体系

①区域办公室

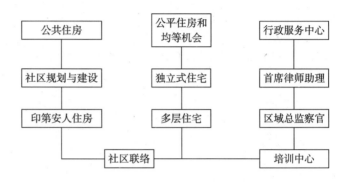

图3-3　HUD区域办公室组织结构图

联邦政府将全美分成10个区域进行管理，每个区包括4~8个州不等。HUD也沿用了这个区界，设立了10个区域办公室（Regional Office）。每个办公室由1名"区域行政官—区域住房委员"（Regional Administrator或Regional Housing Com-missioner）领导，向总部汇报整个区域内的管理情况和项目计划进展情况。此外，每个区域办公室设置1名首席律师助理，提供法律、法规、政策咨询；2名区域总监察官，1名负责审计监督，一名负责调查。区域办公室的雇员人数一般在200人以上。其组织结构如图所示：左边7个办公室分为项目类，右边4个办公室为支持类。

②地方办公室

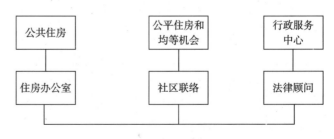

图3-4　HUD地方办公室组织结构图

在区域办公室所辖各州，每州至少有一个HUD地方办公室（Local Office），有的州有2~3个，最

多的州有 6 个。地方办公室的组织结构相对简化，保留了公共住房、公平住房与均等机会、社区联络、行政服务中心、法律顾问 5 个部门，并把社区规划与建设、独立式住宅、多层住宅、印地安人住房 4 个部门合并成一个住房办公室。地方办公室的雇员人数可达 100 人左右。

（3）HUD 与地方公共住房机构的关系

在全美各地的公共房屋及其土地并不归 HUD 所有，而是由地方政府的公共住房机构（Public Housing Agency，简称 PHA，有时也叫 Housing Authority，即房屋局）拥有、建设和管理。PHA 是随 1937 年的联邦住房法案产生的。在各州立法的授权下，地方政府可自行组建 PHA，专门为低收入者提供住房，属非赢利的政府机构。通常，州立法授予市长或最高行政长官权力，对当地的房屋委员会成员进行任命，该委员会继而有权任命 PHA 的局长。全美现有 3400 个 PHA，管理着 130 万个公房单元。

PHA 所建的公房租金一般不能高于承租者收入的 30%。这一限制往往使公房在运营上入不敷出。因此，国会每年都要对其拨款补贴，一方面找平差价，一方面帮助地方建设和更新公共住房。HUD 就是管理这些国会拨款的机构。因此，PHA 每年都要向 HUD 在各州的分部申请相关基金。

四、州规划体系

1. 州规划法规体系

（1）州规划法规的内容

美国早期的州政府规划只侧重对州内自然资源的管理。到了 1930 年代，国家规划委员会（简称 NPB）以联邦基金的支持和调控，大大推动了州规划活动的发展。1940 年代初，随着 NPB 的解体，各州的规划委员会纷纷解散。主要是因为规划委员会既不挂靠州议会，也不归州长管辖，在日趋完善的州长—议会的政治体制下，无法进入决策的主流，最后自身难保。到了 1960 年代，在夏威夷州总体规划的带动下，各州的规划活动又蓬勃发展起来。联邦政府在 1968 年的法案中（The Intergovernmental Cooperation Act）规定：各地申请联邦基金，要有州

和区域规划部门的审核和推荐，以保证项目符合全州或区域的总体规划目标。州规划部门的权利和地位由此得到进一步加强。与此同时，增长带来的压力使许多州集中精力从事全州的发展控制规划。1990 年代，州总体规划开始脱离单纯的自然资源和物质环境规划，逐渐向远期战略型规划（strategic planning）靠拢，侧重政策分析研究，提交预算报告，制定立法议程等。目前，大多数州规划部为州政府的一个分支，为州长及内阁提供政策咨询和建议。

①州总体规划

美国各州总体规划的名称、内容、形式、制定程序差异很大。在 50 个州中，大约只有 1/4 真正制定了全州的用地规划和政策。有的州是提出一套规划目标和远景，指导州下属机构和地方政府的规划政策（马里兰）；有的是把规划发展目标作为本州的法令通过，强制要求地方政府在各自的总体规划中贯彻体现（夏威夷）；有的是通过复杂的公众参与和听证程序，由专门的委员会出台一套州规划目标，要求各区域和地方规划予以贯彻体现（俄勒冈）；有的是州政府要求各地方政府首先制定发展规划，然后总结和综合所有的地方规划，形成全州的总体规划（佐治亚）。在总体规划的审批上也各有不同：有的是州长直接批准，有的是由州长递交州议会表决，有的是由专门成立的规划委员会审批通过，有的则由州专门机构的部长批准（专业技术性较强的规划）。

一般来说，各州的总体规划都是根据自己的具体问题，在不同时期，各有侧重地制定一系列的目标和政策。比较常见的内容包括：用地、经济发展、住房、公用服务及公共设施、交通、自然资源保护、空气质量、能源、农田和林地保护、政府区域合作、都市化、公众参与、其他（敏感区控制、市中心区振兴、教育、家庭、历史保护、自然灾害等）。在总体规划之外，有的州还要制定专项规划，如交通规划、经济发展规划、电信和信息技术规划、住房规划等。结合总体规划，州政府要有公共项目的"投资建设计划"（Capital Improvement Program，简称 CIP）——包括项目说明、预算开支、经费来源、工程时间、日常运营的投入产出、优先顺序及理由等。

投资建设计划为期 5 年，但每 2～3 年做一次，以利调整。投资建设计划由州长签字后呈交议会批准。通过后，对于未列入年度计划内的项目，州政府一律不得进行投资。

②州规划授权法案

各州通过规划授权法案对地方政府的规划活动进行界定和授权。许多州都颁布了多个不同形式的授权法案，由地方政府任选其中一个，作为地方规划的法律依据。此类法案名称不一，如："规划授权法案"（Planning Enabling Act）、"规划委员会法案"（Planning Commissions Act）、"分区规划法案"（Zoning Act）等等。依据州规划授权法制定的地方总体规划，在原则上只要经过当地市长签署，市议会批准通过，即可作为法律开始生效①。不需要上级政府审批的原因是：①市长和议会是民选的；②制定总体规划的过程有充分的公众参与；③法庭对政府规划权限有监督和制约，所以在此基础上形成的规划应当是符合全社区人民利益的。

> 1998 年的 APA 立法指南提供了州规划授权法案的最新模式。在该模式下，地方的总体规划应当包括以下的内容：
> ①强制要求的部分：问题与机遇，用地，交通，公用设施，住房，实施项目计划。
> ②强制要求但（如果情况特殊）允许豁免的部分：经济发展规划，关键区和敏感区规划，自然灾害。
> ③根据自身情况任选的部分：农田与林地保护，人文服务，社区设计，历史保护，其他专项规划等②。
> 此外，建议地方总体规划 5 年一修编，如果 10 年不变，应自动作废。在地方立法机构准备通过总体规划前，建议送交相邻市镇、所在县域、区域、州规划部门进行审批。如果总体规划被州政府否决，地方政府可以向州总体规划上诉委员会申诉

在授权法案中，州政府对地方总体规划的控制可以通过以下几点要求来体现：①强制地方政府做总体规划（违反者将受到州政府的经济制裁）；②制

定全州的规划政策并要求地方在总体规划中贯彻体现；③要求地方的总体规划与相邻市镇、县域、区域保持和谐统一；④对地方的总体规划进行审批和认可。事实上，在目前 50 个州的规划授权法案中，只有 11 个州对地方规划有较强的控制（规定了以上 4 条中的 2 条），有 22 个州对地方的控制很薄弱（以上 4 条内容一条都没有）。

由于将近一半的州规划授权法案还是沿袭 1920 年代联邦政府颁布的规划授权法案的老模式，一些重要的规划内容没有得到应有的重视和强制要求，不能适应目前的新形式，因此，美国规划师协会（APA）为了促进州规划法规的更新和改革，对各州进行了大量的调研和分析，并参考一些州的新法规和尝试，于 1998 年出版了一套最新的立法指南（Growing Smart^SM Legislative Guidebook），旨在为各州规划立法提供标准的模式和语言。在书中，州规划授权法案的新模式提出了更明确细致的规划内容，引入了区域的观念，强化了公众参与过程，强调了对规划的定期评估和修编，提倡了对土地市场机制的认识与理解，注意了政府对地产所有者的侵权赔偿（taking）问题，建议强制地方政府进行总体规划，加强州对地方规划的控制。

③其他的规划法规及控制办法

由于美国州政府在规划立法方面具有一定的独立性，所以各州还相继出台了一系列的专项法规，强调环境保护（Environmental Conservation）、历史保护（Historic Preservation）、增长控制（Growth Management）、各地方政府之间的协调发展（Regional Planning），以及中低收入住房（Affordable Housing）等区域性问题，加强对地方用地建设的控制。

> 华盛顿州的《增长控制法案》（Growth Management Act）要求：10 年内人口增长达到某一速度以上的县必须根据该法案制定相关的总体规划，内容包括：制定县域规划政策，确立增长敏

---

① 目前，美国只有佛罗里达、佐治亚等 8 个州规定：地方和区域的总体规划必须送交州规划部门审批。

② 专项规划如：电信（Telecommunication）、社区（Neighborhoods）、鼓励使用公交的用地建设（Transit Oriented Development）、再开发区（Redevelopment Areas）等。

感区（农田、森林、河流等）及其保护控制法规，界定专门的城市发展区（Urban Growth Area），在规定日期以前通过一个新的总体规划。随法案诞生的州发展战略委员会（Growth Strategies Commission）负责审查各地的总体规划是否与法案目标一致，并协调各市、郊、县、区在发展建设上的矛盾。

在华盛顿州，各行政区必须根据州《海岸线控制法案》（Shoreline Management Act），为其辖区内的沿海地带制定一套总体规划和相应的控制建设法规。总体规划由州生态部审批。对于那些州一级的重要海岸线，生态部可以直接制定总体规划，取代地方规划。所有这些规划合起来就是全州的海岸线控制法规。如果地方政府在某沿海区颁发了一个建设许可，反对者可以向州海岸线听证委员会（Shoreline Hearing Board）上诉

州政府对全州的用地控制主要有五种形式：①进行全州的用地和分区规划，由州政府直接颁发建设许可（只有夏威夷州采用了这一模式）；②针对州内的特殊地区（如环保敏感区、发展控制区、历史风景区），制定强制性的专项法规，控制地方政府在这些区域内的建设（如佛罗里达州、华盛顿州）；③针对州内的特殊地区，制定鼓励性的建设指南，以实惠刺激和引导地方政府的规划建设（如：佐治亚州）；④根据州环境政策法案，某些地方建设项目要向州政府提交环境影响报告，由州政府审查其是否符合法案的要求（如：加利弗尼亚州、麻塞诸色州）；⑤在州内的特定地区，由州政府直接颁发建设许可，地方政府不得擅自开发建设（如：弗蒙特州）。

除了以上的直接控制，有的州还采取了间接的控制办法：对地方建设项目的审批程序提出特别的要求。例如，一些州在其环境政策法规中规定：对环境有重要影响的建设项目，地方政府在审批程序中必须增加研究报告或公开听证等环节。这些环节所要耗费的人力物力和可能遇到的公众阻力，往往使开发商对此类建设望而却步。如果地方政府违反州规定的审批程序要求，任何个人或利益团体（如：

环境保护组织）都可以将地方政府诉诸法庭。州规划立法的最终解释权在州最高法庭。

（2）州规划法规的特点

大多数州规划法案是针对特殊地区（如：环保脆弱区、历史风景区、增长发展区）而制定的专项法规，往往不是全覆盖型的；相当于在地方政府的规划法规之外，增加了一个控制层面；二者在内容上一般不重叠，具有各自独立的法律效力。因此，特殊地区、特殊类型的地方建设项目要遵守州相关法案的规定，而州各下属机构的建设项目也要受地方规划法规的约束。州规划立法对地方进行调控的总体原则是：制止或修正地方政府想要（允许）进行的建设，而不强迫地方政府进行某一类建设。

根据各州行政程序法案（The Administrative Procedures Act），虽然州规划机构有权力颁布各种规划法规，但是，它也有义务出台有关法规的详细解释。例如，州政府要求区域或地方的总体规划必须满足州规划法案的最低标准，才能审批认证。这时，就必须详细说明什么样的规划才算满足最低标准。最直接的办法就是同时印发部分内容的样板，或一系列具体的衡量指标。这些规划样板、衡量指标、指导纲要都是起参考和启发作用的，不是惟一的答案，不具有法规的强制效应。伴随新的州规划法案出台，常会诞生新的委员会。委员会的主要责任有：①保证某一规划法案的贯彻实施，向州立法机构提出相关的意见和建议；②对法案所要求的地方规划进行审批；③协调各市、县、区的矛盾；④通过上诉听证的形式，对某一类地方规划活动进行监督。

（3）州规划法规的立法程序

州政府的组织结构与联邦政府基本相同，也是州长、参众两议院、法庭三权分立的体制①。州政府的立法程序与国会大致相同（议案由委员会讨论推荐，分别得到两个议院通过后，送交州长批准）。

此外，一些州的公民也可以直接参与立法。有20个州的公民可以通过"自发请愿"（Initiative）的形式参与立法，如果有一组公民提出一个议案，并

---

① 内布拉斯加州（Nebraska）除外，只有一个议院。此外，各州在两个议院的人数上差别极大，如众议院有的州是40人，有的州则多达400人。

获得规定数量的支持者签名，就可采取全民公决的方式成为法律。在美国，有 24 个州在立法上采用了"公民复决"（Referendum）的制度[①]：当一个议案被州立法机构通过后，如果此时有人提出反对的请愿，并获得足够数量的签名支持，就要对法案进行州内的全民公决。在公决中得到通过，法案才能成为法律。

2. 州规划行政体系

（1）州规划机构的模式

州规划机构的几种典型模式：

①州规划办公厅：州长直属办公厅，提供政策规划与研究、协调州政府各部门的工作。（加利弗尼亚）

②州规划部：侧重规划的日常行政工作，如颁发用地建设许可，审批区域和地方总体规划，管理地理信息系统，以及制定州总体规划等。

③州规划委员会：具有独立性和延续性，可制定总体规划，有广泛的群众基础支持，可向州长、议会、州各机构提出意见和建议。（新泽西、俄勒冈）

④内阁协调委员会：侧重各州政府机构之间的规划政策指导和协调，讨论公共建设投资等问题。州长在其中发挥的权力和作用很大。（戴拉维尔）

⑤建设发展部（商业部、社区发展部）：以鼓励经济建设为主要目标，为地方政府提供信息技术服务和贷款，规划工作过分偏重经济发展。（俄亥俄、伊利诺）

⑥环境部：以资源环境保护为主要目标，涉及住宅、用地控制等

在不同的州，规划机构存在的模式和名称不同，归纳起来主要有 6 种模式。州规划机构应当是一个独立的州政府部门，而不能依附于某一个大部门之下，否则很难在州政府内进行全盘的政策指导和协调。为了很好地平衡经济发展和环境保护的关系，州规划机构应当与建设发展部和资源环境部门密切合作。但是，规划机构不应隶属于两者之一，以避免过分强调单方的利益。因此，⑤和⑥的模式存在较大的缺陷，不宜采纳。此外，州规划机构应具有长期的运行资金和足够大的行政权力，以保障规划工作的长期性、延续性、综合性、指导性。

在美国，州规划机构是由州立法产生。各州的规划行政体系差异很大，在一定程度上反映了该州公民的价值观和政治理念（有的州支持州政府的集中控制，有的则偏重地方自治和权利下放）。正因为如此，各州规划行政体制都不是建于一朝一夕的，而是经过不断的发展演变而逐渐完善的。州规划机构能否有效地行使权力，将取决于州议会和州长的支持力度，州政府内部权利的分配是否均衡，是否具有足够的人力物力，针对政治、经济、社会等环境的变化能否随时进行机构与政策的调整等。有的州并不局限于所介绍的某一种模式，而是兼有几种规划机构。如马里兰州设置了①和③两个机构，分担规划工作。

（2）州规划机构的职能

州规划机构的主要职责有：

规划：制定总体规划；协调各州政府部门的工作；统一协调州、区域和地方的规划；与联邦政府的分支合作，协调和支持联邦规划活动等。

行政教育：管理联邦和州政府的规划基金；提供信息交流和公众参与的机会；为州政府下属的委员会提供技术服务；每年印发州规划法规和行政条例；为州、区域、地方政府雇员提供教育培训等。

信息收集和预测：统计、分析、发表规划数据（人口、经济、住房、建设）并进行预测；管理地理信息系统，为各级规划活动服务；为州制定统一的底图绘制标准，以利于地方政府对工程、地产评估等工作的管理等。

规划实施：审批区域和地方总体规划；对州环境敏感区、敏感项目进行管理；定期制定州投资建设计划；定期（两年一次为佳）提交规划中期报告；总结规划的问题和形势，评估规划的进展效果，提出相应的调整措施；随时为个人和单位解释州规划部门的各种规划政策、目标、指南等。

---

① 建立了自发请愿制度的 20 个州，都采用了公民复决制度。

（3）州规划机构的实例

由于各州规划机构的设置差异很大，无法一概而论，因此这里只能举例说明。在美国，有 11 个州的规划工作搞得比较完善、系统、先进，对地方规划的影响控制力相对较大。以其中的马里兰州为例，其规划组织机构如下图所示。

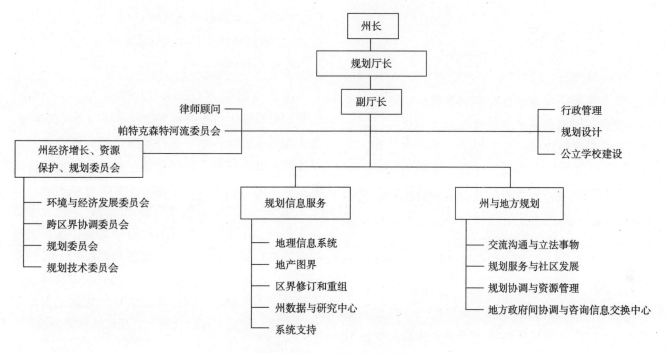

图 3-5　1999 年马里兰州规划办公厅的组织机构图

从图中我们可以看出，马里兰的州规划机构是复合型的，既包括规划办公厅，又有规划委员会。其中州经济增长、资源保护及规划委员会由 17 人组成，包括一位议员和各县的代表。委员会的特点是具有代表性和群众基础，是联系政府规划与社区公众的桥梁。因此，其职能偏重沟通、协调、宣传、推广，具体包括：倡导均衡的经济发展、有效的环境保护以及经济发展与环保的利益协调；促进跨区界的政府合作和全州的规划协调，使各地区规划与州的规划目标及政策取得统一；鼓励和提倡规划教育与社区宣传和参与；制定和推广规划指导纲要、规划范例、典型以及实施办法。此外，对未制定规划的地方城市和地区①，其辖区内的环境敏感区由该委员会负责控制和管理。

除各种委员会之外，其余的分支均为规划办公厅的直属部门。规划厅长为州长指定、议会批准。所有的州规划活动都由规划办公厅负责（州市政投资规划除外）。其职能包括：①制定和修编全州的发展规划，划定州内具有重要意义的地区。规划包括了用地政策和对大型公共和私人设施（水库、公用、防洪、污染控制、军事设施）的选址和建议；②规划信息的综合处理，包括收集全州和地方城镇的各种规划文本，对各级政府在规划中收集的数据和信息进行分类，保存州政府拥有的地产档案，为州的自然资源、公用设施和大型私人设施建立和更新数据库，对州的资源、农业、商业、工业、住房、人口、公共服务、交通、地方政府等问题进行研究；③对地方规划的控制和影响，包括为地方各市县区进行人口预测，协调地方与联邦和州政府的规划活动，为地方政府提供规划服务（用地规划研究、测绘、城市振兴项目、技术服务等），对于那些影响区域和州的整体利益的建设项目，地方政府在颁发区划或建设许可之前，必须通知州规划厅。此外，州规划厅还是全州用地保护和利用的倡导机构。规划办公厅在 1999 年的财政开支为 569 万美元，正式雇

---

①　环境敏感区包括河流和沿岸保护带、百年一遇洪水区、濒危物种生长区、陡坡等。

员人数为 134 人（不包括委员会）。

五、地方规划体系

1. 地方规划法规

（1）地方规划法规的内容和特点

①区域规划

几个邻近的地方辖区往往会在社会、经济、政治、交通、环境和自然资源等方面互为依托，因此有必要进行区域规划，以协调矛盾和共同发展。区域规划一方面可以指导各地方政府的规划，一方面可促进州、区域、地方在政策上的协调统一。在美国，区域规划机构主要有两种形式：一是由地方政府自愿联合并达成管理协议的"联合政府"（Council of Governments），二是由州立法授权或强制要求地方联合组建的"区域规划委员会"（Regional Planning Commission）。此外，有少量机构是由几个州之间签约成立的。这几种机构的组建均要由相应的立法机构批准或选民投票通过。不同区域规划机构的资金来源不同：可能是联邦基金、州政府资助、联合政府分摊，或私人赞助。区域规划机构的主要任务是：制定区域规划，向地方分配联邦基金，为下属地方政府提供信息技术服务，联系沟通地方政府与州和联邦政府，帮助各地方政府协商矛盾。有些权力较大的区域规划机构也要介入地方用地的日常审批管理，审查对区域环境有影响的建设项目，审批和认可地方总体规划等。

> 1990 年，加州的圣迭戈地区以联合政府的形式，成立了区域规划机构——圣迭戈市政府协会（San Diego Association of Governments，简称SANDAG）。该机构重点强调以下问题：生活质量标准和目标计划，城市容量，增长速度政策，分期发展计划，区域用地分配，增长发展的监测，绿地保护，区域干道，交通系统和需求管理，区域公用设施的选址和筹资，财政能力，区域与地方规划的协调统一，区域发展控制战略。
>
> SANDAG 于 1993 年制定了《区域发展控制规划战略》。包括的内容有：

> ①针对空气质量、交通疏通管理、供水、污水处理排放、敏感地带、绿地保护、固体垃圾处理、住房、经济发展等问题，提出一系列规定的指标、努力目标和措施建议。
>
> ②考察地方与区域规划是否协调一致的系数评定表（checklist）

区域总体规划（Regional Comprehensive Plan）的制定和修编应有各级地方政府和辖区公民的参与。总体规划应包括：①一系列研究结果，如人口分析及预测，自然资源，区域经济，区域交通，住房调查，区域型公用设施，地质、生态、自然灾害，历史文化保护，农田调查和用地分析等；②综合考虑现有的州、区域和各级地方政府的规划；③提出区域发展的目标、政策、指导纲要和建议；④提供必要的文字、地图和图表进行论证说明。在总体规划通过后，还可制定更详细的专项区域规划，如给排水、交通、住房、垃圾处理、公园绿地和防洪等。

②城市总体规划

1909 年的"芝加哥规划"（The Plan of Chicago）建立了美国总体规划的雏形。该规划由当地的商会自发筹款进行宣传及编制，后被市政府采纳。市政府为此专门成立了规划委员会，并通过积极的财政政策（财政拨款和发行债券）来实施规划。"芝加哥规划"标志着现代城市规划的开始，美国后来的总体规划就在这一模式之上逐渐发展和完善的。到了1950～1960 年代，由于联邦基金政策的引导，大大小小的地方政府竞相出台总体规划。1970 年代以后，法庭对土地纠纷案的审判态度也发生了转变，没有总体规划的地方政府在土地纠纷中往往遭到败诉。于是，许多州纷纷改变了过去"授权"的做法，而是变成了"强制要求"地方政府进行总体规划。

> 典型的总体规划一般由以下内容组成：
> ①城市的现状和制定总体规划的意义；
> ②城市未来发展的策略：
> a. 城市发展的总体战略目标、措施与政策，包括用地、交通、公用设施、住房、经济发展、关键区和敏感区、自然灾害等；
> b. 城市特殊地段地区的发展规划；

③近期内的具体措施和优先项目，每项的开支预算、资金筹集等；

④总体规划是由谁制定的，修改修编的程序

总体规划（The Comprehensive Plan, The Master Plan, or The City Development Plan）主要是由地方政府发起的，由地方规划局或规划委员会负责指导总体规划的编制工作。参加者包括：制定和实施分项规划的部门领导，市政府各局负责人，分区规划的审批管理者，市长班子，私人投资商，公众和社会团体代表等等。总体规划是由各地方政府自己制定和批准通过的，虽然没有编制程序和时间上的统一要求，但是，它一定要在州立法所规定的截止日期以前出台，并且要制定详尽的公众参与计划，形式包括公民咨询指导委员会、公众听证会、访谈、问卷调查、媒体讨论、互联网、刊物、社区讲座，以及社区规划的分组讨论及汇总等等。有些州还要求地方政府利用最后一次公开听证会，同时征集相邻市镇、县、区域、州等规划部门的意见①。总体规划经过多方面的辩论和修改以后，如能获得地方立法机构的批准，即作为法律开始生效。总体规划的时间跨度一般为 20 年，有效期多为 10 年。总体规划的文本没有统一的标准，就其组成部分及格式要求而言，各州、各地方在不同个时期都有一定差异。

配合总体规划的制定或修编，规划部门一般会同时修编分区规划和土地细分规划，与总体规划一起呈交当地立法机构审批通过。许多州（如佛罗里达、弗吉尼亚）把制定配套的"投资建设计划"（Capital Improvement Program，简称 CIP）作为总体规划的一个组成部分。有的州（如内华达）则规定没有 CIP 的城市不得对私人开发项目征收建设费（Impact Fee）。地方做的 CIP 与州政府的内容类似，也是公共投资项目（如市政中心、图书馆、博物馆、消防站、公园、道路管线、污水处理厂等）5 年或 6 年的财政计划。CIP 一经当地立法机构批准后，第一年的计划自动构成下一年度的财政预算，以后每年进行审核调整。CIP 是政府对项目进行拨款的法定依据。为实施总体规划，各政府机构之间，政府与社

区团体、非赢利组织、私人公司之间往往会签定"开发协议"（Development Agreement）。有的州（如亚利桑那、科罗拉多）对协议的内容提出了具体要求，并要求必须经当地立法机构批准。在监督总体规划的实施效果上，有的州和地方政府（如俄勒冈、西雅图）进行了新的尝试，建立了"基准点体系"（benchmarking system），即一套具体的年度目标（多为量化指标)②，定期跟踪统计，并向立法机构汇报，以调整对策。

③分区规划

分区规划（Zoning），是地方政府对土地用途和开发强度进行控制的最为常用的规划立法。它由两部分组成：首先是一套按各类用途划分城市土地的区界地图（详细到每个地块的分类都可查询），其次是一个集中的文本，对每一种土地分类的用途和允许的建设作出统一的、标准化的规定。分区规划是由各市、镇或郡自行制定和通过的，各地方可以根据自己城市土地使用的特点，灵活掌握分类的原则和数量，因此不仅在全国、即使在全州之内也没有统一的区划分类。但是，因为区划立法由州政府授权，区划法所引起的土地纠纷应当按照州法律进行审判裁决，所以，同一州内各个地方的区划法在内容和权限上具有一定的相似性。一般来说，区划法的文本内容应当包括以下四个方面：a. 地段的设计要求（如地块的最小面积和面宽、后退红线距离、容积率、停车位数量与位置、招牌大小等）；b. 建筑物的设计要求（如限制高度与层数、建筑面积、建筑占地面积等）；c. 允许的建筑用途；d. 审批程序（如何判定建筑项目是否符合区划法的要求，以及必要的申诉程序等）。区划一旦由立法机构通过后，就成为法令，必须严格执行。

历史上，分区规划和总体规划一度是相互脱节、各行其是。直到 1970 年代，法庭判案原则的转变

---

① 1998 年 APA 的立法指南对相邻市镇、所在县、区域、州等规划部门审批地方总体规划的程序、时间限制、上诉渠道都提出了详尽的规定。

② 年度目标有很多种：如，利用现有城市土地进行开发建设的比例（增长），每年人均机动车行距离/时间的总量（定量减少），30% 以上的收入用于住房的家庭比例（减少），人均公园面积（增加），防洪区内居住用地的面积（减少）等。

（土地纠纷案的裁决要以总体规划为依据）和州立法的压力（强制要求地方政府进行总体规划），鼓励强化了二者之间的联系。概括地说，总体规划是一系列长期的目标、政策和指导原则，而分区规划是近期的具体的土地管理控制措施，是地方政府实施总体规划和控制用地发展的关键手段。

肯塔基州路易维尔市所实行的分区规划（由杰弗逊县1994年通过）包括36种分类：

①居住类（13种）：按类型与密度分——RR、RE、R1、R2、R3、R4、R5、RRD、R5A、R5B、R6、R7、R8A；

②办公类（5种）：OR、OR1、OR2、OR3、OTF；

③商业类（6种）：CN、CR、C1、C2、C3、CM；

④工业类（3种）：M1、M2、M3；

⑤滨水区（4种）：W1、W2、W3、WRO；

⑥特殊地段地区（5种）：如商务中心区、企业区、历史文化区等，PRO、PEC、DRO、EZ1、CRO

华盛顿州西雅图地区的分区规划（1990年通过）包括60种分类：

①居住类（11种）：SF9600、SF7200、SF5000、LDT、L1、L2、L3、L4、MR、HR、RC——按类型和密度；

②机构类（1种）：MIO；

③商业类（5种）：NC1、NC2、NC3、C1、C2；

④工业类（4种）：IG1、IG2、IC、IC；

⑤商务中心区（5种）：DOC1、DOC2、DRC、DMC、DMR；

⑥特殊地区地段（7种）：如滨水区、先锋广场、派克市场等有历史文化特色的区段；

⑦保护类（5种）：CN、CP、CR、CM、CW——河道航道、古建保护等；

⑧乡镇城市用地（6种）：UR、US、UH、UM、UG、UI；

⑨新增设的分类16种（居住6种、商业7种、工业3种）

政府为了保护公众利益（公共卫生、安全、福利等），有权约束个体的行为（包括土地的使用和开发），这就是分区规划作为法律存在的依据。因此，政府对于土地用途的控制带有强制性，一般不需要作任何经济赔偿。区划对土地的控制牵涉到每个土地所有者的经济利益，在很多情况下，与宪法对公民私有财产利益的保护存在着明显的矛盾，因此，围绕分区规划的法律纠纷自始至终都没有间断过。分区规划法是在几十年的立法、诉讼和法庭判决中不断探索、完善、发展的[①]，并找到每一个时期的矛盾平衡点；有的时期法庭倾向于保护个人权益，有的时期倾向于鼓励政府控制。总之，地方政府在分区规划中可以享有的权限，是通过法庭的判案结果来把握和界定的。

分区规划与房地产税收制度是密切相关的。不了解美国的房地产税，就不可能真正理解分区规划的形式和本质。美国实行的是土地私有化制度。房地产虽然是一种私有商品，但是每年市政府要向房地产所有人征收房地产税，它是维持地方政府日常运行的主要经济来源。地方政府存有全部地籍管理的档案，并根据区划的分类，统一评估每个地块的"标准市场价"（地价＋房价），每年按统一的比率收取房地产税。如果房地产所有者不交，政府可以没收和拍卖其房地产。房地产税无法隐瞒和虚报，因此它也是地方政府最稳定的收入。1990年美国的房地产税收高达1498亿美元，占地方政府税收的3/4。区划的分类对地价和房地产税起着决定作用。因此，分区规划的修订，不仅关系到了每个房地产所有者的利益，也关系到了地方政府自身的税收利益。所以，修订是十分谨慎的，在区划上力求合理，符合土地开发的经济规律。

分区规划存在着局限性。比如说，它对地块严格统一的规定，限制了建筑师在地段设计上的自由和创造性；强制分离的用地造成工作生活环境的单调和不安全感；分区规划只能控制用地，而不能促成开发建设；对用地的控制为地区保护主义创造了

---

① 由于总体规划（Comprehensive Plan）的主体文件是指导性政策，并不牵涉每个地块的用途控制，因此多数个人与政府的法庭纠纷是围绕分区规划（Zoning）进行的。

条件等等。因此，一些新的区划形式出现了，如奖励式区划（Incentive Zoning），开发权转让（Transfer of Development Rights），规划单元整体开发（PUD），组团式区划（Cluster Zoning），包容式区划（Inclusionary Zoning），达标式区划（Performance Zoning），开发协议（Development Agreements）等等①。

④土地细分法

土地细分法一般则用于将大块农业用地或空地细分成小地块，变为城市的开发用地。细分法在地段的布局，街区及地块的大小和形状，设计和提供配套的公用设施（道路、给排水等），保持水土与防洪，以及如何保持与相邻地段的开发建设一致性等方面规定了比较具体的设计标准。细分土地的目的之一是为了促使开发后的每一块房地产价格合理，能顺利出卖，因此该法规的一个重要职能是为地籍过户提供简便而统一的管理和记录办法。在保护环境和控制发展的压力下，一些州政府要求地方政府修改土地细分法的内容和审批程序，例如增加 EIS 报告②，要求开发项目尊重现有的环境。对于涉及土地细分的开发项目，一切地段内的公用设施的铺设费用，以及因冲击现有城市资源和环境所造成的损失和经济负担，全部要由开发商自己承担。因为对地价影响不大，有关土地细分的法庭纠纷较少。但是，有的地方政府对审批有附加条件：要求开发商必须从土地中划拨地块，捐给当地建学校或公园，也可以付款的形式代替捐地，专门用于筹建学校或公园，旨在缓解新项目对现有学校和绿地所造成的压力。在土地诉讼案中，政府的这一规定得到了多数法庭的支持。

⑤其他控制办法

其他的控制手段还包括城市设计（Urban Design）、历史保护（Historic Preservation）、特殊覆盖区（Special Overlay Districts）等设计指导原则。设计导则是在分区规划的基础上，对特定地区和地段提出更进一步的具体设计要求；它们不是立法，而是建议鼓励性的原则。实施设计指导原则依靠两个办法：首先，市政府在做投资建设时，以设计导则为依据，通过公共项目的选点示范来带动和引导周围的私人建设。其次，在特定地区和地段的项目审批

程序中再增加一个层面的审查。例如，在历史保护区内的翻建或新建项目，必须要经过历史保护委员会的审批。因为地价主要是由区划中的用地分类决定的，建筑外观方面的问题不会对地价和开发商的投资回报有太大影响，所以只要城市设计导则不干涉分区规划的内容，开发商的经济利益就不会有损失。在这种情况下，开发商一般都乐于采纳地方政府的意见，创造良好的合作气氛，尊重（乃至取悦）当地社区，节省审批时间。因此，双方以导则为标准，再加上审批中的沟通和协调，一般都能达成共识。

（2）地方规划法规的立法程序

除了前面介绍的总体规划（含分区规划法和土地细分法）的立法程序之外，在允许公民直接参与立法的州，其下属的地方政府也实行与州类似的立法模式：即"自发请愿"（Initiative）和"公民复决"（Referendum）制度。例如，为适应城市发展带来的压力，西雅图地区提出了两个议案：一是建设区域轻轨系统，二是在毗邻市中心处兴建一个大规模的社区型公园（Seattle Commons）。在 1995 年的公民复决中，两个议案全被否决。议案经过修改后，于 1996 年重新进行公民复决，轻轨议案得到市民的赞成并获得通过，但是社区公园的议案遭到多数人的反对，被再次否决。

2. 地方政府的规划行政体系

（1）组织机构

①地方政府的构成

在讨论规划机构的设置以前，必须简单地介绍一下地方政府的构架。美国的地方政府主要由市长与市议会组成，两者均为民选，分权而治；以两种模式为主：一多半城市采用了市长—议会模式（Mayor-Council），一少半选择了议会—经理模式（Council-Manager）（如图）。市长—议会模式包括强

---

①　详细介绍可参见 *Contemporary Urban Planning*（Levy, 1994），第 123～127 页。

②　此类 EIS 要对项目在水文、地质、地形、植被、历史保护、野生动植物、视觉景观、公用设施系统、公共服务、社会效益、用地、住宅、交通等方面的影响作出全面的评估，并提出缓解和赔偿的措施。EIS 的程序复杂，耗时耗资，有效地阻止了开发项目的泛滥。

市长型和弱市长型两种：强市长型类似总统（行政）和国会（立法）的关系。市长对地方议案有否决权，可以撤销和任命下属部门的领导①，但市长的任命要经过议会的批准；弱市长型可以否决议案，但不能任命和罢免部门领导。议会—经理模式很明显是强议会型：由议会雇佣一个城市经理（City Manager）来任命和领导各部门，如果其政绩不佳，可被议会解雇。议会—经理模式比较适用于中型城市。两种不同的体制可能造成城市规划工作或是在市长的倡导和支持下进行，或是在议会的推动下开展。

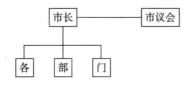

图 3-6　市长—议会模式

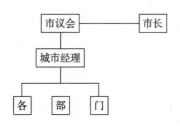

图 3-7　议会—经理模式

与市政府平行，还存在着一些独立的委员会（boards or commissions），分管学校（中小学）、供水、排水（污水雨水）、交通等方面的事物（也称特殊辖区）。它们的辖区往往以大都市区为界，超越了各市的行政界限，不受地方政府的干预，享有准政府的权利②。委员会制度的建立旨在进一步分解地方政府的权力。在 1928 年的《城市规划实行法案标准》的推动下，各地纷纷建立的规划委员会（Planning Commission）就属于这一性质。规划委员会的成员原则上应是社区公民的代表。委员一般由市长任命，市议会批准；也有市议会直接任命的。有的城市的市长和少量议员在其任期内，也是委员会的成员。规划委员会对城市规划部门起着监督、建议、顾问的作用，其职能一般是对修改区划（rezone）和土地细分的日常项目申请进行审批，批准市政建设项目和提供规划政策的咨询。有的城市规划委员会

比较弱，只起形式上的摆设作用；有的则较强，起监督和管理作用；有的势力则更大，依靠委员个人的政治影响力，积极地倡导和推动自己的规划政策和项目。规划委员会成员都是兼职，没有或只有很少的报酬。

②地方规划机构的设置

规划机构的设置有四种模式：

a. 大量常见的模式是"规划部"：即城市规划部隶属于市政府，归最高行政长官（市长或城市经理）直接领导。此模式的好处是，最高行政长官对规划建设项目的倡导和推进规划的力度很大，但是，市长对规划决策的影响同时也很大，不容易保证权力和利益的平衡。

b. 另一种新的"规划部"变体是社区发展部，包括城市规划部、住宅部、建筑法规部、都市再发展部等。这种综合职能的部门可有利于社区发展建设工作的协调和统一。此类型多适用于那些中心区衰落之后，需要重新振兴的城市；社区发展部比较注重近期规划和建设项目，远期规划的工作相对较少。另一个缺点是，城市规划部不能与市长直接联系，影响规划政策和措施的有力推进。

c. 在少量中小城市，规划部门直属于规划委员会。这样有利于精简机构③，并进行市县区的统一规划和审批。

d. 在有的城市，规划部分成了两个：一个侧重日常的规划审批和市政建设（近期），另一个收集信息资料、进行政策发展的规划研究（远期），充当市长在城市发展上问题的顾问。此模式优点是能对社区发展进行全盘的综合规划，并把日常的审批建设

---

① 市政府的下属部门可分成对公众直接服务（Line Department）和间接服务（Staff Department）两类。直接服务的机构包括警察、消防、园林、环卫、市政工程局等。间接服务的机构一般不直接与公众打交道，主要是为政府内部的各行政部门提供服务，如人事、法律、预算、政策分析计划等部门。城市规划机构在有的城市划为前一类，在有的城市归入后一类，有的是分成两块，一边设一个部。实际上，城市规划部不论如何分类，往往是两种服务兼而有之。

② 例如，学校委员会（School Board）同样是民选产生，享有独立的征收教育税、土地征用权、建设拨款等政府权利。

③ 中小城市往往没有自己进行规划设计和编制的能力，只能委托规划顾问公司，在规划委员会指导下完成。因此规划部直接归规划委员会领导，可避免建立人事繁杂的规划局。

与长期的政策研究两种活动分开；缺点是两个部门之间有可能出现脱节或竞争。

总之，美国地方的城市规划部没有沿袭或套用一种设置模式，而是从城市各自的规模和特点出发，灵活掌握。有的城市在发展过程中从一种变到另一种，都是根据需要进行相应的改革。

（2）城市规划部与各相关组织机构的关系

①与市长和规划委员会的关系

在以上四种模式中，规划委员会都是存在的；在不同程度上，对规划部起着或强或弱的影响。从全国的发展趋势看，规划委员会与其产生初期的鼎盛时期相比，影响力逐渐缩小。在 1940 年代，约 50% 的规划部长是由规划委员会任命的，到了 1970 年代，降到了约 18%。规划部逐渐归入最高行政长官的旗下，作为市政府的一个职能部门，主要为市长（城市经理）服务。虽然更多的意见希望规划委员退居到民众代表和政策顾问的二线位置上，但是，大多数规划委员会目前还发挥着项目审批和政策咨询的作用。因此，规划部在受市长领导的同时，也要为规划委员会提供专业技术服务；结果自然就是一仆二主，当两个主人出现意见分歧时，容易被两难的局面所困。

②与市议会的关系

规划部除了要让市长和规划委员会满意以外，还可能要直接对市议会负责。例如，有的城市宪章要求规划部每年要向议会提交市政投资项目报告（Capital Improvement Program Report），详细说明每个投资项目的意义、内容、经费预算和负责部门，让议会进行审批。

③与其他政府部门的关系

规划部门与其他政府部门（如消防、园林、环卫、市政工程、建筑法规管理等）也要建立良好的关系，相互配合与协作。只有这样，具体的规划建设项目才能得到有效的实施，宏观的规划政策和措施才能得到真正的推动和落实。

④与法庭的关系

前面提到过，规划法规的内容和政府行使规划的权限均由法庭来解释、界定、监督。从几十年来，法庭的判案结果一直左右着分区规划的内容，就不

难看出法庭的作用。又比如，《美国残疾人法案》要求市政府应当为残疾人提供必须的服务。但是，应当采取何种步骤和具体措施，投入多少资金来改进市政设施，则全看法庭在审判每个案子时，如何解释该法案，如何裁决。地方政府在保护残疾人权益方面的具体规划建设措施，是靠法庭多年来的裁决逐渐界定和明确的。因此，我们就不难理解为什么每个市政府都有一个庞大的法律部了。

⑤与其他非政府组织的关系

实际上，公众是城市规划服务的最终对象，公众通过推选市议会和市长来代表自己的心声。但有时也通过各种民间组织直接参与规划，如各社区的居民协会（Home Owner Association 或 Neighborhood Association）、工会、环境保护组织、历史保护组织、地区商会，在当地拥有大量地产的公司或个人，当地的大公司雇主等等。市政府在进行规划时，尤其是涉及到具体建设项目的规划时，总是要邀请民间机构的代表来提出建议、相互协调、参与决策。

总之，上述的各个机构和组织之间的关系常常很微妙复杂，有时争议也很大，需要城市规划部门处理和平衡好各方面的利益。城市规划也是一门协调的艺术。协调好了，规划工作才能对城市发展起积极的推动作用。

（3）城市规划部的内部组织和职能

各地方规划部的组织形式多种多样，有的按功能分（用地、交通、环境），有的按规划程序分（研究、设计、管理），有的按规划期限分（远期、近期），有的按城市位置分（中心、各城区）。在具体的实践中，往往以一种分类为主，再挂靠一些独立的"处"。典型的规划部的组织结构见附图。随着政策和形式的变化，有的规划部会出现新的分支。如在 1970 年代联邦住房法案的影响下，一些地方政府建立了社区发展建设（Community Development）处，对申请联邦住房基金的规划和计划方案进行专门的审批、拨款和项目管理。经济发展和环境规划等部门或分支也是随政策的变化应运而生的；它们有时挂靠规划局，有时属于与规划局联系紧密但相对独立的机构。

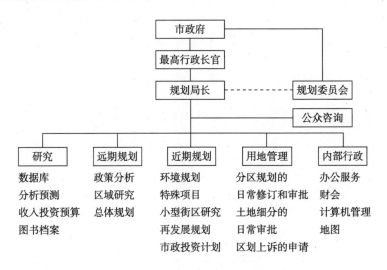

图 3 - 8　地方规划部的典型结构

（4）城市规划的管理及审批

①用地许可的管理审批

a. 区划

一般的法规往往是一次性的强制规定，在出台后内容不能更改；而分区规划既是一部静态的法规，又是一个动态的管理过程。区划的特别之处是专门为区划变更的申请提供了法定渠道。只要法定程序公开合理，区划的内容完全可以不断地修改和调整，而不失其法律效力。在区划管理中申请变更的工作量比重很大，这是任何其他市政法规所没有的特点。区划管理带有极强的地方性，没有全州统一的标准。同时，区划变更申请的审批不是由一个部门包揽，而是由三个部门共同管理。

根据州立法和区划的规定，规划委员会负责每月定期召集公众听证会，对区划变更、特殊用地①、规划单元整体开发（PUD）、组团式区划等申请进行公开投票，并将裁决结果提交当地立法机构。立法机构可能批准，也可能否决委员会的决定。如果批准，则送交有关部门修改区划地图和存档。如果当事人或局外人对规划委员会的决议（批准或否决）不服，可向区划上诉委员会（The Board of Zoning Appeals）② 提出上诉。该委员会除了对有关上诉进行听证裁决以外，还负责审批需要调整区划控制指标的特例（variance）③。规划委员会、立法机构、上诉委员会三者带有类似行政、立法、执法三权分立的色彩。

在这一法定程序当中，公开听证是最为关键的一环。公开听证会由规划委员会发布公告和通知。所有与申请项目有关的单位代表、社区居民、利益团体、关注者、媒体都可参加并发言。它使各方的利益矛盾在会上得到公开的表达和辩论，使政府的规划决策完全对公众曝光。一般来说，那些遭到社区公众一致反对的区划申请，很少会得到批准。对区划审批的上诉听证也采取了同样的公开程序。

在一些大城市，规划委员会被区划管理办公室取代，有一批区划管理官员（Zoning Administrator）专门负责区划审批的各项事物。其中一些人也可成为区划上诉委员会的成员，以及审批一些影响较小的调整区划控制指标的特例。另一种模式是，采用区划听证检查官（Zoning Hearing Examiner）来取代规划委员会的区划审批职能。因为这些检查官都是规划专业人事，因此公开听证会的组织质量和分析结论比规划委员会更有成效，令人信服。同时该模式也缓解了委员会成员繁杂的听证会议工作，获得各方面的一致好评。

---

①　特殊用地（Special Use 或 Conditional Use）指的是诸如变电站、水塔、电信发射塔、垃圾填埋、医院、码头、成人俱乐部等在居住区中需要的用地。此类建设用地必须满足一些特定的条件和要求，保证对居住区生活没有明显的妨害，才能得到区划许可。

②　区划上诉委员会有时也称 Board of Zoning Adjustment，一般有 5 人或 7 人组成，由市长或市议会指定，是独立的准司法机构。

③　Variance 指的是因地块形状和尺寸的特殊，必须调整区划中规定的建筑物与地块的关系指标（如后退、限高），否则很难开发的情况。

b. 土地细分

土地细分的建设项目往往既要改变分区规划（如荒地变住宅），又要进行土地细分。因此，有的城市把土地细分的申请与区划变更申请合二为一，有的城市则单列了土地细分规划申请的程序，而有的城市要求开发商两个申请都要通过。由于土地细分规划的技术性较强，争议较小，因此，单列型的审批程序有可能不含公开听证这个环节。如果土地细分审批获得通过，开发商往往要预交给市政府相当数量的押金（Bond），保证按图纸和政府规定标准分地块、修路、铺设管线。如果工程验收发现有出入，政府将扣除押金以修正建设错误。

②建设许可的管理审批

只有在新建、加建、整修项目符合现有的区划，或者已经取得了区划（土地细分）许可的条件下，才能申请建设许可（Building Permit）。一般每个地方城市都有与规划部平级的规范执行（Code Enforcement）部门。专门负责颁发许可、执照和监察验收，雇员人数庞大，并有专业的监察队伍。

申请建设许可是一个复杂的程序，在此过程中，开发商要获得一系列规定的审批认证和许可，最后才能领到建设许可证。对于不同的建设项目，规定的审批认证可能包括：区划类、植被类、卫生部类、交通工程类、防洪和雨水排放类、其他机构类的审批（州有关部门、水污染、空气污染、爆炸物使用、高层建筑、历史保护、水、电、煤气供应、电话、有线电视等）、建筑相关许可证（电工、空调暖通、机械设备、消防、建筑结构、拆毁、标牌、停车、搬迁等）。每一种名目里可能要申请好几个许可证。

以肯塔基州的路易维尔市的空调暖通许可（HVAC Permit）申请为例：规范执行部门只接受由本州颁发有效执照的、地方认可的（identified）、专业空调暖通承包商或其下属雇员的申请。在申请材料中，必须出具有效的身份证件和行业执照证明，工程责任和意外人身财产损失保险单（不得低于 250000 美金），押金（5000 美金），和 100 美金申请费

这里值得一提的是，不少许可申请都规定：只接受有执照的专业承包商递交的申请。申请材料必须包括执照和有效期证明，规定数额的保险单（施工责任和意外事故保险）和申请费。有的许可申请还要缴纳规定数额的押金（以防施工不合规范标准），供政府验收时扣除。施工当中出现问题，如果责任在专业承包商，其执照有可能会被吊销，今后将无法从业。而各种分包商和总承包商，总承包商和业主，以及施工公司与保险公司之间签署的法律文件更是多如牛毛，并且责权分明；再加上发达的保险业务的支持和调控①。如果出现工程问题，不仅能迅速确定谁应负责，当事人还能获得法定的经济赔偿。

在取得所有规定的许可和审批认证以后，规范执行部门将颁发建设许可证。在施工过程中规范执行部门还要进行几次工地审查和验收。施工结束验收后，如果一切合格，将颁发进驻许可证（Certificate of Occupancy），建筑可以开始启用。

对施工和建设中的许多违规现象，规范执行部门在很大程度上要依赖群众的举报，然后派勘察员进行实地调查，发出停工和勒令改正的通知。对于不执行者，将向当地法院立案，移交司法部门判决和制裁。对于规范执行官员的决定（否决或颁发许可）不满者（申请者或局外人），可向地方规范上诉委员会上诉，进行准司法裁决。依然不服者可上告州上诉委员会，最后还可向州法庭系统起诉。

③基础设施的管理审批

铺设道路、道路开口、在道路下埋设管线等建设活动一般要向公共建设部（Public Works Department，负责道路交通等建设）提交申请，对工程可能带来的交通问题进行审查。电、煤气供应往往由非赢利公司运营，电话、有线电视则是私营公司。需要这些公司服务的建设项目，要向上述单位分别提交申请，取得审批认可。

在每个都市区都有管理给排水体系、河流和防洪的区域型机构（特殊辖区的一种），负责审查建设

---

① 一般保险业务对责任和意外事故的原则是，每赔偿一次，投保人的保险费就要增加。赔偿记录多了，投保人可能再也找不到愿意担保的保险公司了。没有保险的个人将无法承接施工项目和业务。

项目的污水排放系统、地表水排放设计、防洪区设计标准、跨河床建设、土方填挖等问题和颁发相关许可。污水处理厂的建设也归该机构审批。审批对防洪的控制相当严格。例如，在百年一遇的蓄洪区，法规要求建设项目要有抗百年洪水的专门设计，否则不得进行建设。此外，如果建筑物占用了蓄洪区内的总蓄水体积，必须在地段其他地方挖出等量的蓄水体积予以弥补。对于土方填挖和跨越河床在施工中和施工后可能造成的水土流失和滑坡问题，开发商在申请许可时必须提出具体有效的防护和缓解措施。在地表水排放设计上，审批部门一方面严格限制建设项目的不渗水地面（铺装面积）占地段总面积之比，另一方面特别鼓励每个建设地段有自身的地表蓄水和渗水的规划设计，以缓解城市泻洪压力，此外，对施工中因地形地势的改变所造成水土流失和泥砂沉淀，申请项目必须提出有效的防护设计和措施。

六、职业组织与行业管理

1. 职业制度的主要框架及特点

1917 年，美国第一个规划师的职业组织美国城市规划学会（ACPI）正式成立，成员包括从事城市规划、城市设计、区划法规等各类规划工作者。1934 年，主管规划管理工作的政府官员和城市经理们成立了美国城市规划官员协会（ASPO）。后来，参照美国建筑师学会（AIA）的模式，以受过规划专业教育的规划师为主，成立了美国规划师学会（AIP）。

1978 年，美国城市规划官员协会（ASPO）与美国规划师学会（AIP）合并，成立了美国规划学会（APA），目前有会员约 3 万多人。后来，又成立了美国注册规划师学会（AICP），作为美国规划学会（APA）下属的一个专业规划工作者组织。受过规划专业教育的规划师在通过有关考试后，可成为其中的会员，并取得"注册规划师"的称呼。目前，美国有注册规划师 1 万人左右。

在美国中央、州、到地方各级规划管理部门中，工作人员大体可以分为两类。一类是主管领导，往往由选举获胜后的政府首长任命，负责协助政府首长施政，可以称做"政治任命"。另一类是专业规划师，担任副职或各种技术主管，负责日常的规划管理，基本上不受政党选举的影响，可以称做"技术任命"。两种任命方式，都比较注重是否有"注册规划师"这样一个为社会所公认的专业技术身份。

2. 从业人员的素质和要求

城市规划作为政府行为，应当为全民利益负责。规划师是代表公众去规划和管理公共建设项目及市政环境的。建立规划师的考试和注册制度，就是要保证专业人员的可信度。在政府规划部门中担任要职、对公众利益影响大的规划管理者，以及独立开业的规划师，通常应当具有注册资格。在注册规划师手下工作的规划人员，则不一定要求有注册资格。

凡从事由 AICP 所认定的规划活动，经过规定的规划专业教育，具有一定的规划工作经验，通过 AICP 考试，并申明遵守 AICP 职业道德规定的规划工作人员，均可以成为"注册规划师"，并得到证书。注册规划师制度从三方面来保证专业人员的素质：专业知识、职业道德和继续教育。

专业知识：现行的美国规划师考试是 3 个小时，考题从 1500 个考题库中提取，每次考 150 个，考试方式为多答案选择题。考试的内容中 40% 为规划知识，60% 为规划技能。考题包括以下 6 个方面：①规划历史、规划理论和规划法规；②规划工作的现状及展望；③制定规划的方法、技术及战略原则；④各项功能规划：如交通规划、绿地规划、城市设计等；⑤规划管理与实施；⑥如何界定及保证公众利益、社会公正、及职业道德。考试一般在每年的 5 月，在美国和加拿大各地同时举行。

职业道德：注册规划师除了要通过考试以外，还要签字申明遵守"职业道德规定"。如有违犯，领导机构会将犯规者在全国会员中公布，同时，也要求会员向 AICP 总部举报所发现的违规行为。这些都有很大的威慑力。为了帮助注册规划师更好地遵守职业道德，AICP 出版了手册，对一些实际工作中可能遇到的复杂的规划问题，提出几种解决方案，供规划师参考，以最大限度地贯彻职业道德。

继续教育：为了保证专业人员的知识跟上时代发展的必要，保持其业务水平的可信度，在全美几乎每个州都设有分会，有专职人员负责组织注册规划师的继续教育。总部定期制定继续教育大纲，并进行学分学籍的管理工作。按要求，每个注册规划师每年应当在正规院校或进修班上 50 小时的专业课。目前，学会领导者正努力促使这项鼓励性的措施变成强制性的规定。

3. 行业管理的特征

通过资格考试、继续教育和其他多种形式的行业交流活动，行业管理可强化注册规划师对公共利益和职业道德的意识，强调社会资源分配的公平公正原则，有效地结合理论及实践中的热点问题，进行研究和探讨。行业管理有以下几项优点：有助于帮助公众和决策者提高对规划工作严肃性的认识，也提高他们对规划师的信任度；有助于促进规划师不断提高自身素质，加强职业自律，减少失误；有利于规划师维护自身的利益，在工作竞争中保持有利的地位。

七、近期规划工作的动态及趋势

美国近期规划工作的动态及趋势在前面一些章节中有所提及。这里做一下综合和总结。

1. 精明的增长（Growing Smart）

在以美国规划师协会（APA）为首的 9 个协会（包括市长、州长、州立法、城镇、区域等协会组织）的联合倡导下，在 HUD 等 6 个联邦机构和其他私人捐款的资助下，"精明的增长"的计划于 1994 年启动。该计划旨在帮助各州对其规划法规进行更新和改革，制定现代化的法规，以适应新形式的需要。计划分成 3 个阶段，分别侧重：①州与区域规划的立法模式和语言，以及州、区域、地方规划之间的责权和纵向调控关系；②地方规划立法的标准模式和语言，其中包括规划委员会的组织与权限、规划的制定、国家环境政策法案与地方规划的结合等；③规划的实施手段和策略以及相应的立

法模式和语言。目前第一阶段任务已完成，第二阶段正在收尾之中。该计划的预期成果是出版一套立法指南（Legislative Guidebook 的一期和二期已完成出版），和建立一个全国各州规划法规的资料库和信息交换站。目前，APA 已经出版了一系列与"聪明的增长"相关的文章、研究成果和刊物，并协助组织了一系列有关会议，在全国各城市刮起了"聪明的增长"之风，并掀起规划界对这一热门话题的各种讨论。

2. 电信规划

电信设施早在 1930 年代就开始出现，以电话和电视等发射、输送、中转设施为主，当时是垄断经营。政府侧重对美学和安全的控制。1950 年代电信规划被列入分区规划的特殊用地（Special Use）的管理之中。在近 20 年，随着移动电话和寻呼服务的增加，信号中转塔数量猛增。1996 年，联邦政府又出台了新的电信法案（The Telecommunication Act），要求各州和地方政府帮助电信工业的发展，鼓励行业竞争；同时，控制和管理电信设施的选址、建设和改造。一方面，电信工业的发展可带动地方的经济发展、增强地区竞争力，并且引入竞争能使社区享受更优质低价的服务；而另一方面，多家竞争可能意味着信号塔的重复建设，使用地控制更加复杂化。因此，要同时满足控制与发展对电信规划来说是一个很大的挑战。一些城市为电信的规划和管理出台了专项规划、政策和条例。电信规划一般可归入地方总体规划中的社区设施当中。包括标出现存电信设施的位置、所有公共道路用地，以及可以考虑架设电信塔的公共建筑物和其他一些对社区影响较小的可选择地段。此外，规划还应当提出一系列电信政策的改革措施，以加强基础设施投入，促进技术进步，提供便捷的服务等。

3. 可持续发展规划

在近几年中，可持续发展的概念从仅仅对环境问题的关注，扩展到涵盖城市形态、住宅问题和社会人口结构等社区发展的一些基本问题。可持续发展已经成为一种工作过程，而不只是一套具体的设

想结果。在美国，将可持续发展的概念结合到地方城市规划工作的努力比比皆是，有的建设项目充分利用科技保护能源、节约用水、发挥可替代能源的作用等；有的城镇规划在空间结构设计中，提出了都市村庄（Urban Village）的概念，提倡有利发展公交的规划用地布局，鼓励社会交往，强调绿色的尺度亲切的空间设计，注重步行道路系统，提供步行范围内完善的社区服务；有的为了减少工程施工方式和建筑结构类型对生态环境的负面影响，由地方政府提供技术支持及资助；有的在工业园规划中强调社会结构的完整性；有的为鼓励全方位的公众参与制定了详细的计划和措施。总之，可持续发展的概念使得社区的意义更加突出，也使得规划实践中整体的规划原则更加重要。

4. 传统型社区建设（Traditional Neighborhood Development）

二战以来，美国在郊区的规划发展中，很多都采用了规划整体单元（Planned Unit Development，简称 PUD）的开发模式：即在大块土地上布置一些弯曲的街道和尽端路，供私人轿车通行，并分割出一块块大小相近的私人宅地，盖出形式雷同的独立式住宅。这种方式本质上不能产生领域感比较强的城镇和社区。1980 年代以来。随着对城市设计、城市区域和区段的不断重视，在美国的规划实践中掀起一股重视欧美传统城市设计原则的城镇和郊区的复兴运动：重视古典城市空间中对城市街道和广场空间的塑造研究，统称为传统社区建设，其中最有影响的当数以安朱·端尼（Andres Duany）为代表的新城市主义（New-Urbanism）。新城市主义强调传统、历史、文化、地方建筑传统、社区性、邻里感、场所精神和生活气息，在实践中与政府、开发商乃至公众密切合作、共同协商，以改变规划法规中僵化烦琐的教条式规定。在规划设计中采用城市传统主义的手法：设立市镇中心、市政建筑、街道网络、亲切的街道尺度、缩小的建筑地块、重新限定建筑红线等，力求体现一种集有机性、协调性、凝聚力为一体的美国郊区城镇的理想模式。

八、小 结

从前面的系统介绍我们可以看出，美国的城市规划具有如下几个鲜明的特点。

1. 以州为框架的规划模式

美国的城市规划没有采用中央集权的方式进行全国的统一规划，而是以州立法为框架，以州为单位进行规划管理的。这里除了政治体制和意识形态等主要原因之外，还有技术上的可行性问题。欧洲一个国家的规划管理大致和美国一个州的规划管理的工作量相当。是否规划管理活动有一个理想的尺度和规模？是否超过一定的规模，统一规划将失去深度和针对性，难以进行经济有效的实施和管理？这些问题还值得进一步研究。总之，美国以州为单位进行规划的好处是：各州可因地制宜，针对自己的具体条件、特点、问题进行规划立法和管理，并可不断地进行自我探索和调整，形成了灵活多样的规划模式，具有一定的主动性和创造性。以州为框架的规划模式需要克服的缺点是政治权利的分散，和各自为战的地区竞争和保护主义的趋势。这时，就要依靠国会来调控和平衡各州的利益，而国会如果没有一定的政治和经济实权的是无法进行调控的。在美国联邦制的缔结时期，在联邦与州之间权利分配的问题上，已经充分考虑了两者的制约与平衡关系。由此可见，一个国家的规划体制与其政治体制是紧密相关的。

2. 三权分立的制约机制

在美国，联邦、州和地方等各级政府都采用了立法、行政、司法"三权分立"的模式，各级政府的规划活动都深深地扎根于这一相互制约的政治体系之中。在城市规划中，三权分立的机制不仅有效地防止了任何一个部门的专权和滥用职权，而且把法规制定、行政管理和执法监督三个元素紧密地联系在一起，使得规划活动在联邦、州和地方的每一个层面内，都能及时进行自我修正和调整，形成良好的内部循环，不需要很多自上而下的行政监督和强制干预。以地方政府为例，规划的实施和管理属于地方政府的行政职能，但是，规划的制定需要由立法机构（市议会）审批通过。更关键的是：实施规划需要花钱，而征税的多少和政府的预算拨款均归立法机构审批，个人（包括市长）无权擅自挪用政府的资金。同时，规划法规的内容和政府行使规划的权限均由法庭解释、界定、监督。

3. 强大的法庭系统为依托

法庭的重要义务是依照宪法判案，保护公民个体的权益不受侵害。因此，任何公民或团体，如果认为自身利益受到政府法规的侵害（如 Taking），随时都可以诉诸法庭，要求以公开的法律程序（Due Process）进行裁决和给予公正的经济赔偿（Just Compensation）。任何公民如果认为某项政府法规违背了"公平对待"（Equal Protection）的原则，存在定义或规定标准的"模糊性"（Vagueness）等问题都可提出上诉，要求法庭宣判其无效[①]。因此，在法庭对每一个案例的不断解释、界定和监督下，各级政府的规划法规日趋完善健全、明确细致、科学合理、公平公正。例如，前面提到的地方政府在保护残疾人权益方面的具体规划措施和设计标准，是靠法庭在无数案例中对《美国残疾人法案》进行解释和裁决，来逐渐界定和明确的。由于法庭对土地诉讼和法规诉讼的判决，导致各级政府不得不修改法规内容和管理程序的例子数不胜数。从几十年来法庭的判案结果一直左右着分区规划，就可看出政府的法规受法庭的影响有多大。总之，美国的法庭系统既对政府的规划管理权限有着强大的监督和制约作用，又对其完善与健全起了巨大的推动和支持作用。大量的用地诉讼给用地律师业务带来了发展和繁荣，也使得各级政府不得不设立庞大的法律部来咨询和起草政策法规和处理法律纠纷。

4. 规划程序的法制化与公开化

我国在制定法规时，往往只强调内容，而忽视程序。在美国，制定程序和管理程序都是法规的重要组成部分。没有对程序的控制，任何法规都可能被滥用和践踏。从这一角度看，程序甚至比内容还重要。程序的法制化观念深深地浸透到了美国各级政府的规划立法和日常的审批管理中，以公开听证这一准司法的形式体现出来。程序法制化除了在立法中给予明文规定，在管理中采取公开听证的形式之外，对任何一个听证决定还要设立上诉的渠道（上诉委员会），使不服者可以有申诉和推翻"原判"的机会。美国的规划法规遵循了"阳光是最好的消毒剂"这一公开化原则。联邦环境法案中的环境影响评估（EIS）就是最好的例证，它使得政府对影响环境的决策完全对公众曝光，无法私下进行。在联邦政府《信息自由法案》（Freedom of Information Act）的规定下，政府的所有规划资料、预算拨款、数据、文件、信函都是公共文件（Public Records）；对任何公民查阅和复印公共文件的要求，政府必须配合和满足。一旦发现问题，可能会招致新闻曝光或法律诉讼。这里我们必须重申，规划程序的法制化和公开化最终还要依靠法庭系统的监督和推动，此外，言论自由和新闻媒体的监督也起了重要的支持作用。无论是三权分立的运作机制，还是规划法规和程序的法制化，都是为了强化法制和避免人制。只要体制科学健全，换了任何人来领导结果都是一样的公平合理。

5. 经济杠杆的调控

美国规划法规和政策的最大特点是充分利用了经济杠杆进行调控：以基金引导为主，法规控制为辅。联邦和州政府对违规者也往往采用经济制裁。国会每一个法案的出台，往往伴随着一套目的明确、操作性强的经济机制，如基金、贷款、资助标准等。这样在实施的过程中，可充分调动地方的积极性，使其献计献策、主动配合，取得很好的贯彻实施效果。如果没有经济杠杆的引导和惩罚，只是下发空洞的政策文件是很难得到地方的配合和执行的，而强制监督又需要耗费大量的人力物力资源，既不经济，又不现实，效果也不理想。

---

① Due Process, Just Compensation, Equal Protection, Void of Vagueness 都是美国宪法及修正案中规定的基本原则，是法庭审判土地诉讼案的主要依据。

6. 自下而上的规划方式

美国自由、民主、独立的精神与传统为自下而上的规划方式奠定了坚实的基础。同时，民选的政府和议会，也为政府要服从民意和取悦民众提供了政治体制上的保障。自下而上的形式体现在了各级规划活动中，如：以州为框架的规划体系，州和地方立法的自发请愿和公民复决制度，立法过程的公开听证，规划制定过程的公众参与，审批管理过程的公开听证，地方总体规划的自行审批，无数自发形成的规划组织和民间利益团体，私人捐款资助规划和建设项目等等，不胜枚举。从美国历史上著名的总体规划和区域规划都是由民间发起、制定和宣传这一点上可以看出：自下而上的规划方式在美国有着深厚的历史文化土壤。每个公民都有较强的议政参政的意识和责任心，为保护社区的利益敢于质询辩论，甚至诉诸法庭，对规划的决策，起了重要的影响和监督作用。

参考文献

1. Advisory Committee on City Planning and Zoning. *A Standard City Planning Enabling Act*. Washington, D. C.: U. S. GPO, 1928

2. American Law Institute (ALI). *A Model Land Development Code*. Philadelphia, Pa.: ALI, 1976

3. American Planning Association. *A Planners Guide to Sustainable Development*. PAS Report No. 467. Chicago, IL: APA Planners Press, 1996

4. *Modernizing State Planning Statutes: The Growing Smart^{SM} Working Papers*, Vol. 1, PAS Report No. 462/463. Chicago, IL: APA Planners Press, 1996

5. *Land Use and the Constitution—Principles for Planning Practice*. Chicago, IL: APA Planners Press, 1989

6. *The Growing Smart^{SM} Legislative Guidebook: Model Statutes for Planning and the Management of Change, Phases I and II Interim Edition*. Chicago: APA Planners Press, 1998

7. Baldwin, John H. *Environmental Planning and Management*. Boulder, CO: Westview Press, 1985

8. Barnes, Rebecca. "A Tale of Two Votes" in *Loeb Fellowship Forum*, Harvard University Graduate School of Design. Vol. 4, No. 1, Winter, 1997

9. Buchsbaum, Peter A. & Larry J. Smith, ed. *State & Regional Comprehensive Planning*. Chicago, Ill.: The Association, 1993

10. Hill, Kim Quaile & Kenneth R Mladenka. *Democratic Governance in American States and Cities*. Pacific Grove, CA: Brools/Cole Publishing Co., 1992

11. Katz, Peter. *The New Urbanism, Toward an Architecture of Community*. McGraw-Hill, Inc., 1994

12. Kusler, Jon A. *Regulating Sensitive Lands*. Cambridge, Mass.: Ballinger, 1980

13. Levy, John M. *Contemporary Urban Planning*, 3rd ed. Englewood Cliffs, NJ: Prentice Hall, 1994

14. The Louisville/Jefferson County Office for Economic Development. *Developers Guide*. Louisville, KY: 1994

15. Mandelker, Daniel R. *Environmental and Land Controls Legislation*. New York: Bobbs-Merrill, 1976

16. McDowell, Bruce D. "The Evolution of American Planning," in *The Practice of State and Regional Planning*, Frank So, Irving Hand, and Bruce D. McDowell, eds. Washington, D. C.: American Planning Association in cooperation with the International City Management Association, 1986

17. Office of the Federal Register. *The United States Government Manual 1993 ~ 1994*. Pittsburgh, PA: 1994

18. Pivo, G., and D. Rose. *Toward Growth Management Monitoring in Washington State*. Olympia: Washington State Institute for Public Policy. January 1991

19. Porter, Douglas, R. *Understanding Growth Management*. Washington, D. C.: Urban Land Institute, 1989

20. So, Frank S. & Judith Getzels. *The Practice of Local Government Planning*. Washington D. C.: International City Management Association, 1988

21. State of Maryland. *Economic Growth, Resource Protection and Planning Commission: Recommendations & Report*. Baltimore. December 1994

22. State of Vermont. *Report of the Governor's Commission on Vermont's Future: Guidelines for Growth*. Montpelier: Office of Policy Research and Coordination, 1988

23. U. S. Bureau of the Census. *Census of Governments: 1997. Vol. 1*. Washington D. C.: Government Printing Office, 1999

24. 1997 *Census of Governments—Compendium of Government Finances*. Washington D. C.: Government Printing Office, 1999

25. *State and Metropolitan Area Data Book 1997 ~ 1998*, 5th ed. Washington, DC: 1998

26. *Statistical Abstract of the United States*, 118th ed. Washington D. C.：Government Printing Office, 1999

27. *U. S. Government Manual 1993/94.* Washington D. C.：Government Printing Office, 1995

28. Wannop, Urlan A. *The Regional Imperative：Regional Planning and Governance in Britain, Europe, and the United States.* London, England：Jessica Kingsley Publishers, 1995

29. Washington State Growth Strategies Commission. *A Growth Strategy for Washington State.* Seattle. September 1990

第四章　德国城市规划体系

一、历史回顾

1. 直到 19 世纪的中叶，统一的德意志民族的意识才真正地建立起来，而在这之前的德意志民族是以许多小国家的形式存在的。因此，德国的城市规划体制的历史回顾必须追溯到统一的德国出现之前的各个德意志国家，因为当时的德意志联盟（Deutscher Bund）中，虽然各个德意志国家之间在工业化和城市化的进程中存在很大差距，各国的城市规划体制直接形成了今天德国的城市规划体制的基础。

2. 1794 年普鲁士在开明的集权专制统治下通过一项具有世界历史意义的法律：《普鲁士土地公法（Das Preussische Allgemeine Landrecht 1794）》[①]。在市场经济条件下，它第一次否定了土地拥有者对自己的土地具有的完全自由支配的权力，并要求对土地的使用权加以约束[②]。1855 年，普鲁士政府进一步明确了，在火灾或自然灾害后的城市重建规划的编制内容和编制程序。

3. 1868 年首先在巴登（Baden），1875 年在普鲁士，而后在所有的德意志国家逐步地把城市规划权限下放到地方市镇政府的日常职能中。与此相应，地方城市政府和议会更加强了自己对城市空间发展进行规划控制的责任感。普鲁士的首都柏林在 1858 年至 1862 年期间编制了城市总体规划[③]，柏林市的城市规划过程引起了对城市发展问题的大讨论，尤其是对城市发展过程中的大城市的环境卫生问题的讨论。1868 年，"德意志公共健康协会"成立[④]，协会提出以疏解方法规划建设城市，应按照不同的使用功能将城市土地布置在不同的城市地段，这成为 19 世纪德意志各国对城市规划基本原则的共识，并开始付诸实施。1871 年德皇威廉一世统一各个德意志联邦，德意志正式成为一个中央集权的帝国。1874 年在柏林举办了德意志首次工程师与建筑师大会，主题是城市规划。大会决议起草人 Reinhard Baumeister 教授在两年后出版了第一本德文的现代城市规划专著：《城市扩展：技术、经济和建筑警察的关系》[⑤]。

4. 1890 年代开始，德国城市已普遍对城市的不同地块[⑥]规定不同的容积率、建筑高度和街面景观形象，并规定了每块用地的使用功能。1891 年在法兰克福出现了德国的第一个城市规划建设的"区划图则（Zonen Bauordnung）"，而这在南德的城市被称为城市规划建设"等级秩序法律机制"[⑦]。德国今天对建筑后院的建筑红线规定（不仅是沿街红线而且还对建筑后院的进深划定红线，以便使街坊内部留出

---

① Das Preussische Allgemeine Landrecht 又有译为《普鲁士土地通法》。

② 有关《1794 年普鲁士土地公法（Das Preussische Allgemeine Landrecht 1794）》的详细讨论。参见：吴志强. 城市规划核心法的国际比较研究. 国外城市规划，2000（1）。

③ 当时普鲁士与其他许多德意志国家为了加强城市规划建设的管理，专门设立了建筑警察"Baupolizei"。而 1858 ~ 1862 年的首都柏林的规划也是在普鲁士国家警察总局的领导下编制完成。

④ "德意志公共健康协会"原文全称为：Deutsche Verein fuer oeffentliche Gesundheitpflege。这个协会中当时聚集了一批医生、社会政治家、工程师和建筑师。

⑤ Reinhard Baumeister 的书的中文译名《城市扩展：技术、经济和建筑警察的关系》为本文作者所译，原书全称为："Stadterweiteiungen in technicher, wirtschaftlicher und Baupolizeilicher Beziehung"，这本书不涉及任何城市形态的美观造型问题，主题集中在城市空间的布局，城市的空间发展，城市基础设施规划，城市发展的经济基础和城市规划管理。而 1889 年 Camillo Sitter 著名的《按其艺术基本原则的城市设计（Der Staedtebau nach seinen kuenstlerischen Grundsaetzen）》一书，却与其正相反，只谈城市建设中的空间艺术创造问题。

⑥ 当时的德国城市规划中的这个"地块"概念，德文称作为"Zone"，也就是以后传到美国的"zonning"一词的来源。

⑦ 德文原文：Rechtsinstrument Staffelbauordnung。

场院空地）也是起源于这个时期。

5. 1900 年代，在德国城市规划的历史上充满了冲击。1903 年在德累斯登举办了德国的第一个城市展①。在这个展览中，大城市作为向上和开拓精神的化身，成为社会文化发展划时代的先锋。来自不同背景的专家，包括工程师、建筑警察、建筑师和住房改革者，开始逐步融合，出现了一个新兴的职业：城市规划师。这些新的职业者开始自觉地形成了一个拥有广泛的社会责任，把城市空间秩序的创造和维护作为己任的团体。1904 年德国出现了第一本城市规划专业杂志②。在学术方面，斯图加特大学的 Theodor FISCHER 教授在建筑学设立了德国第一个城市规划教研室，在柏林的工业大学则把工程学和建筑学教研室组合起来，开设了公共课程——"城市规划设计讲座"系列。这样城市规划设计专业初期的特点开始显现了出来。1910 年第一本以"Planung"命名的德文专业书籍《柏林：新时代大都市规划议程》问世③。同时，随着许多相关科学研究的导入④，对城市发展的预测成为可能，这支持了城市的部分区域空间框架是可以规划设计的观点。也是这一时代，专业圈内对 19 世纪城市发展的批评日益高涨。从上个世纪的转折点，人们开始形成一种共识：即 19 世纪后半叶的城市发展的一些问题，如高密度，缺乏敞地，硬地化，军营型等现象，一致采取否定的态度，对过去的许多巨大变化不再认为是进步，而被看作是一种失落。古迹保护，自然保护，家乡保护被推到最前沿。1907 年普鲁士又一次制定了一部严格的法律，明确提出保护自然的美，反对破坏城市空间造型。

6. 第一次世界大战后，德国社会上的主流是希望有一个新的民主社会，这对当时的城市规划产生了深远的影响，出现了比较系统的新成果⑤。两次世界大战之间的德国城市建设法律法规体系的发展特征是：当时的城市建设法律亟须修订，以适应新的社会价值取向下的城市规划现实。这些修订首先是从体系的底部开始的，即从一些建设法规条例修订着手⑥，由于国家政治变革以及战争动荡的原因，没能成为德国的帝国法。这时在国家的城市规划法律中第一次使用了今天德国的"土地利用规划"这一

名词⑦，其相当于中国目前的"城市总体规划"。在希特勒的"第三帝国时期"，城市规划建设法律的建设处于很不活跃的阶段，这个时期惟一值得一提的是 1937 年的《德意志城市新塑造法（Gesetz zur Neugestaltung deutsch Staedte）》，这部法律给予了国家没收土地的极大权力，以实现巨大的超级的城市轴线和阅兵广场⑧。当时惟一的一本官方的城市规划教材是 Gottfried FEDER 在 1939 年出版的"新城市（Die neue Stadte）"，宣传小城市的再造（Umsiedlug）。大城市的规划都按照"城市细胞（Stadtzellen）"把整个城市进行划分，同时组成一个个城市"街道组（Ortsgruppen）"，用这种政治纪律化的

---

① 这个城市展览展出的是大城市的现代生活设施，以回答以下问题：什么是大城市？大城市对一个民族发展的今天和未来意味着什么？大城市必须如何建构、要满足什么功能？整个城市展中到处洋溢着乐观的情绪。

② 主编是 Camillo Sitte 和柏林的 Thedes Goecke 教授，在首期发刊词中写道："城市规划设计是将工程学和造型艺术完整的结合起来，形成一个整体，城市规划设计是市民骄傲和尊严的纪念，表达对家乡的热爱的真实写照。城市规划设计执掌着交通、执掌着健康和舒适住宅的基础，城市规划设计负责为工业和商业选择最佳的地点，负责社会对立各方的协调。"

③ B. Moehring 等著，德文原名："Gross-Berlin：ein Program fuer die Planung des neuzeitlichen Grossstadt"，该书介绍了大柏林城市规划竞赛的获奖方案。该方案针对当时柏林地区有许多分割的小城镇的情况，强调了从区域整体的角度来整合柏林中心城与其周围的小城镇的大都市的空间结构，在获奖方案中，有雄心勃勃的大尺度大比例的整合，有将绿地插入到城市的中心形成楔形绿地的空间结构。这本书把大柏林的城市展的成果编汇成册，之间收录了许多来自世界各地的方案。

④ 如 Georg SIMMEL、Max WEBER、Werner SOMBART 的研究成果。

⑤ 这些成果包括：对城市空间使用结构的理性模型的建构努力；城市空间布局中的建筑与敞地之间的关系，从市中心到全市的主干线，如道路和轨道以及基础设施干线；提出了分散化和非集聚化的主张，认为高密集是许多社会问题产生的根源，看到未来走向荒芜的萌芽。这种看法源自对大城市居住的抱怨，认为大城市居民是匿名的，没有归属感。对一个巨大的城市，人们如何将其重新认定为自己新的家乡（家乡化？家城化？）。

⑥ 例如一战期间制定的《普鲁士 1918 年救生路线法（Fluchtliniengesen）》，也即那部影响深远的著名的、被称为《住宅法（Wohnungsgesetz）》，1925 年被普鲁士修订颁布为《城市规划设计法（Staedtebaugesetz）》。而后在萨克森 1931 年和图宾根 1932 年都通过了同样的《城市规划设计法》。

⑦ 当时用的原文是"Flaechenaufteilungsplan"直译为"土地划分规划"。

⑧ 现实中，纳粹时期的许多超大的不切实际的城市规划项目只是纸上画墙上挂挂而已。值得一提的是，出于政治目的，在不少城市中进行了城市改造，将有些地段全部铲平新建，因为这些贫民工人阶层集中的地区已经成为共产党生根的根据地。

单位进行社会空间组织。

7. 第二次世界大战结束后的战后重建工作十分艰巨。解决城市居民的住宅问题，恢复和重建城市的公共基础设施和工程基础设施成为首要的城市建设任务，城市建设大规模进行。但是，在这些重建工作中，建设者往往忽视了城市整体的和长远的发展规划。这个阶段中的德国城市建设，虽然在建设中采用了许多新的理念，但缺乏德国意义上的完整的规划。期间，各个新成立的州都纷纷乘着建设高潮编制了各自的《建设法》①，这些各州的《建设法》或多或少地与1947年英国Lemgoer设计的《城乡规划法（Town and Country Planning Act）》有共同之处。1949年德意志联邦共和国成立，1951年，有关部门拿出了《联邦建设法（Bundesbaugesetz）》的设计版提交联邦议会审议，这个版本的《联邦建设法》部分地借鉴了1931年和1942年的法律设计，但由于德国联邦议会当时的工作力量，这部法律直到1960年才通过并颁布实施。但是，在实践中，联邦德国的城市规划体系早已在按其运行了。

8. 1970年代，德国的城市规划从目标到方法和过程都发生了变化，规划界和社会各界开始认识到，城市的空间规划的决策过程本质上是一个政治决策过程而不是一个技术决策过程，经济和社会的发展是空间发展及其规划的决定性框架背景，因此城市规划必须有社会经济的发展预测作为前提，而城市规划的实施过程也必须是一个政治制导过程。这样，至此一直作为城市空间秩序安排的孤独的城市规划，仅仅成了理论上的"整合性城市规划政治（integrierte Stadtplanungspolitik）"的一个组成部分。这个"整合性城市规划政治"涉及城市的经济和社会政治的各个方面，制定各个方面的发展目标并进行制导。在地方政府的管理机构中，纷纷成立了发展局或者至少是一个发展规划办公室管理城市的规划。1974年新组阁的联邦政府上台时，因为觉得《联邦建设法》太过局限于物质性了，甚至弱化了对这个法律的修订工作。基于"整合性城市规划政治"的理念，越来越多的"科学"被邀请进城市规划专业。另一方面在"更多的民主"的口号下，市民参与越来越重要，公众参与通过法律法规的修订成为城市编制

过程中的重要组成部分②。

9. 随着石油危机和罗马俱乐部报告《增长的极限》的发表，1970年代起环境意识的崛起对德国的城市规划体系也产生了重要影响，城市规划中项目的环境影响评估成为必须的法定工作。1960~1970年代社会批判要求的"都市性"的高密度与环境保护的理念间存在明显的矛盾冲突。1980年代德国城市规划体系发展中的另外一个重要特征是对于日益繁多的城市规划法律法规进行整合③。

10. 柏林墙的倒塌使德国人对于市场经济力量的信赖明显提高，德国的城市规划体制中1990年代时新的词是"公共—私有伙伴关系④"。在规划编制、实施和管理过程中，大规模地消减了国家政府的、地方政府的规划机构及其人员编制，把原有的许多政府的规划管理内容进行市场化、企业化和社会化改革。现在尚无法论证清楚，规划的市场化与21世纪的"可持续发展"主题之间的关系是一种冲突还是互动。

二、规划法规体系

1. 今天德国的城市规划法律法规的核心体系⑤，由以下主要有关法律法规组成：

（1）《建设法典（简称：BauGB，全称：Bauge-setzbuch）》1998；

（2）《建设与空间秩序法（简称：BauROG，全称：Bau- und Raumordnungsgesetz）》1998；

（3）《建设法典措施法（简称：BauGB-MassnG，

① 德国的政体采用联邦制，州（Land）在法律意义上是一个独立的国家，但没有军事和外交权，这两部分权利属于联邦。有关这方面的详细内容参见：吴志强. 德国城市规划的编制过程. 国外城市规划，1998（2）。当时各州的《建设法》的原文为"Aufbaugesetz"。

② 参见吴志强. 德国城市规划的编制过程. 国外城市规划，1998（2）。

③ 参见吴志强. 论市场经济条件下城市规划法系的演进. 城市规划，1998（3）：11~19。

④ 原文是"Public-private partnership"。

⑤ 有关城市规划法律法规体系的定义及其结构，请参见：吴志强. 城市规划核心法的国际比较研究. 国外城市规划，2000（1）；吴志强，唐子来. 论市场经济条件下城市规划法系的演进. 城市规划，1998（3）；唐子来，吴志强. 若干发达国家和地区的城市规划体系的评述. 规划师，1998（3）

全称：Massnahmengesetz zum BauGB）》；

（4）《联邦州建筑规定（简称：LBO，全称：Landesbauordnung）》；

（5）《建筑使用规定（简称：BauNVO，全称：Baunutzungsvorordnung）》；

（6）《规划图例规范（简称：PlanzV，全称：Planzeichenvorordnung）》。

其中现行的核心法是 1997 年 8 月 27 版的《建设法典》。规划专项法律有《建设与空间秩序法》、《建设法典措施法》。其中《建设与空间秩序法》主要针对的是德国空间规划体系中最高层次的、联邦政府管理操作层面的区域规划①。在现行德国城市规划法律法规的核心体系中的《建筑使用规定》和《规划图例规范》等属于国家级的城市规划从属法规。

2. 德国的城市规划法律法规体系除了以上的核心体系外，还有由不同的规划相关法构成的城市规划相关法律法规体系，其中最重要的相关法有《联邦自然保护法（简称：BnatSchG，全称：Bundesnaturschutzgesetz）》。

3. 作为城市规划法律法规体系的背景法律最重要的有《管理程序法（简称：VwVfG，全称：Verwaltungsverfahrensgesetz）》、《管理法规定（简称：VwGO，全称：Verwaltunggerichtsordnung）》，以及作为大背景法的《基本法（简称：GG，全称：Grundgesetz）》和《民法典（简称：BGB，全称：Buergerliches Gesetzbuch）》。

4. 在以上提及的 10 部有关建设和规划法律法规中，最重要是《建设法典（BauGB，Baugesetzbuch）》，这部《建设法典》是德国现行规划法律法规体系的核心法，德国的《建设法典》第一版是在 1987 年 12 月 8 日通过，1988 年 7 月 1 日实施的。这是一部对德国 1960 到 1970 年代城市发展总结性的法典，这部《建设法典》在德国的城市建设法律法规体系的建设中起到了一个里程碑的作用。在此之前，德国的建设与规划核心法律由另外两部大法组成的，即 1960 年制定的《联邦建设法（BbauG，全称：Bundesbaugesetz）》和 1971 年制定的《城市建设促进法（StBauFG，全称：Staedtebaufoerderungsgesetz）》。

1980 年代德国把原来的《联邦建设法》和《城市建设促进法》整合汇编，将两部大法合二为一，并以法典这个法律的最高形式修订成为今天的《建设法典》②。1990 年 6 月 1 日修订的《建设法典（BauGB）》，又在原来的基础上，引入了原来独立的《住宅建设减轻负担法（Wohnbauerleichterungs-geesetz）》，作为《建设法典》中一个相对独立的组成部分，成为《建设法典》中的措施法部分的内容。1993 年 4 月 22 日，德国针对统一后的建设任务，为了刺激在原东德地区的投资，通过了《减轻投资负担和住宅建设地方法（Investitionserleichterungs-und Wohnbaulandgesetz）》，这在《建设法典》的措施法部分得到了充分的反映。现行的《建设法典》是 1997 年 8 月 27 日由联邦议会通过，1998 年 1 月 1 日开始实施。新版的《建设法典》与 1997 年 8 月 18 日通过的《建设与空间秩序法（Bau- und Raumordnungsgesetz）》一起将 1993 年 的《建设法典》措施法内容又一次进行了整合。

德国的现行《规划图例规范（PlanzV，全称：Planzeichenvorordnung）》是由德国主管城市建设的"空间秩序规划，建筑与城市建设部（Bundesministium fuer Raumordnung, Bauwesen und Staedtebau）"于 1990 年 12 月 18 日批准，并于 3 个月后开始使用执行的。同时，1981 年 7 月 30 日批准的原版本失效。现行的《规划图例规范（Planzeichenvorordnung）》，包括四大部分：

（1）规划的基础资料；

（2）规划图标；

（3）与原来版本之间的连接；

（4）执行实施。

该版本的《规划图例规范（Planzeichenvorordnung）》后面还附了黑白与彩色的图例，包括了建筑使用的功能，建筑使用的强度和建筑基地的边界线等 15 个方面的内容。

---

① 有关德国的空间规划体系的结构介绍参见：吴志强. 德国空间规划体系及其发展动态解析. 国外城市规划，1999（4）. 12～16.

② 有关德国城市规划的核心法的内容参见：吴志强. 《城市规划核心法的国际比较研究》一文中的《城市规划核心法的结构国际比较一览表》. 国外城市规划，2000（1）.

现行的德国《建设法典》1998 的结构

表 4-1

第一章：城市建设通法（Allgemeines Staedtebaurecht）	条 §
Ⅰ. 建设指导规划（Bauleitplanung）	1-13
Ⅱ. 建设指导规划的实施保证（Sicherung der Bauleitplanung）	14-28
Ⅲ. 建筑和其他使用的规则；赔偿（Regelung der baulichen und sonstigen Nutzung；Entschaedigung）	29-44
Ⅳ. 土地秩序（Bodenordnung）	45-84
Ⅴ. 没收（Enteigung）	85-122
Ⅵ. 开发（Erschliessung）	123-135
Ⅶ. 自然保护措施（Massnahmen fuer den Naturschutz）	135a-135c
第二章　城市建设特别法（Besonderes Staedtebaurecht）	
Ⅰ. 城市建设更新措施（Staedtebauliche Sanierungsmassnahmen）	136-164b
Ⅱ. 城市建设发展措施（Stadebauliche Entwicklungsnassnahmen）	165-171
Ⅲ. 保护性规定与城市建设条例（Erhaltungssatzung und staedtebauliche Gebote）	172-179
Ⅳ. 社会规划和执行困难的平衡（Sozialplan und Haerteausgleich）	180-181
Ⅴ. 房租与地租关系〔Miet- und Pachtverhaeltnisse〕	182-186
Ⅵ. 城市规划措施及其农业结构改善措施的关系（Staedtebauliche Massnahmen im Zusammenhang mit Massnahmen zur Verbesserung der Agrarstruktur）	187-191
第三章　其他规定（Sonstige Vorschriften）	
Ⅰ. 评价调查（评价委员会；交通价值）（Wertermittlung（Gutacherausschuss；Verkehrswert））	192-199
Ⅱ. 一般性规定；职权范围，管理过程，规划保存（Allgemeine Vorschriften；Zustaendigkeiten；Verwaltungsverfahren；Planerhaltung）	200-216
Ⅲ. 有关建设土地事务的汇报过程（Verfahren vor den Kammern（Sinaten）fuer Baulandsachen）	217-232
第四章　交接与警告规定（Ueberleitungs und Schussvorschriften）	
Ⅰ. 交接规定（Ueberleitungsvorschriften）	233-245
Ⅱ. 警告规定（Schussvorschriften）	246-247

三、规划行政体系

德意志联邦共和国的行政体系和立法体系分成为联邦级、州级和社区级上下三级。联邦德国在统一后共有 16 个州。一个州不是省，而是具有独立国家权力的国。他们有自己的州宪法，州宪法必须符合联邦德国的基本法的原则。除此之外，各州在制定州宪法时不受任何限制。

1. 联邦级

在德国的《基本法》中联邦权限的限定标准是，统一各州的规定有无必要，还是各州最好有其各自的发挥余地。联邦的专属立法权包括有外交、国防、货币、铁路和航空的事项，以及税法的一部分。所以联邦的管理机构实际上只有外交机构、联邦铁路、邮政系统、职业介绍局、海关、联邦边防部队和联邦国防军等。国家行政的大部分工作由各州独立办理。联邦的司法权只限于联邦宪法法院和最高法院，这两个法院负责法律的统一诠释。所有其他法院都是州属法院。

2. 州级

各州的立法权权限包括联邦没有加以规范的，或者《基本法》没有写明的事项。因此，教育体制和文化政策中的绝大部分属于州的立法权限，这就是德国所谓的各州"文化自主"。此外，社区法和警察制度也属于州的立法权限。各州的真正实力在于行政管理和通过联邦参议会议参与联邦法律的制定。州负责整个内务管理。它的管理机器同时负责大部分联邦法律规定执行。州的管理任务可分为三类：

执行属于州管辖的任务（例如学校、警察、区域规划）；

独立自主执行联邦法（例如建设规划法、企业法、环境保护法）；

受联邦委托执行联邦法（例如修建联公路、资助教育等）。

由此可见，联邦德国宪政发展的结果，立法方面成为中央集权为主的国家，而管理方面则成为联邦分治为主的国家。

3. 德国《基本法》继承了德国的地方自治传统，明确保证城市、县和乡镇的自治权。因此，各城镇有权在法律规定的范围内自行管理本地事务。城镇法属于各州的权限，因为历史的原因，各州的城镇法大相径庭，但市政管理的实际运作在各州则是大同小异的。

地方自治的自治法规主要包括城镇内的公共交

通、本地的道路建设、供电、供水、供气、城镇建设规划等方面。此外还包括学校、剧院、博物馆、医院、运动场及游泳池等设施的建设和维护。社区还负责成人教育和青少年活动。措施是否合理、经济，由各个社区决定。许多地方性的工作，超过了小城镇的能力，这时可以由作为上级行政机构的县来代替完成。县也是地方自治的一个组成部分。较大的城市不属于任何县，称为"县外市"。

地方自治要成为名副其实，社区必须拥有完成其任务所需的资金，否则就是一句空话。各社区有权自行征税，包括土地税和工商税，此外还可增收当地消费税和附加税。这些加起来一般还不能满足其开销。因此，社区还与联邦和州的工资所得税方面进行分成。此外，还有州内财政均衡政策上的补贴。

地方自治赋予了公民参与和监督的机会。社区中的居民可以在公民大会上发表自己的看法，可以与社区代表进行交谈，他们可以查看财政预算或者讨论新的建设规划。社区是国家政治组织中的最小单元。

四、规划的技术保障体系

德国今天的城市规划，可以分成为两个层面：

（1）城市的《土地利用规划》，即："F-Plan"，全称为：Flaechennutzungsplan；

（2）城市的《建造规划》，即："B-Plan"，全称为：Bebauungsplan。

这两项规划在《建设法典》中统称为《建设指导规划》，即：Bauleitplanung。按照德国的《建设法典》，《建设指导规划》是一个社区有义务制定的项目。假如一个社区需要发展和需要维持日常秩序，社区有义务进行编制以上两项《建设指导规划》。

德国的城市开发控制，主要是依靠具有法律效应的《建造规划（B-Plan）》手段落实的。《建造规划（B-Plan）》的宗旨和任务是：

①保证有序的城市建设发展；

②保证与公众的幸福相适应的社会公正的土地使用；

③保护和发展人类生存的自然基础。

除以上对于市民的一般普遍意义外，还必须考虑：

①保护、更新和继续改善当地的条件和地方的景观形态；

②保护环境、保护自然和景观。

为了实现《建造规划（B-Plan）》的宗旨和任务，《建造规划（B-Plan）》设立了以下内容：

①图纸表现部分（Zeichnerischer Teil），1:500/1:200；

②《建造规划规定（Bebauungsplan-vorschriften）》规定的文字表现表达部分（Textteil）；

③绿地秩序规划（Gruenordnungsplan），1:500/1:200。

《建造规划（B-Plan）》必须附上的附件有：

①生态基础资料调查（Oekologische Grundlagen-erhebung）；

②规划措施的理由说明/措施办法（Begruedung mit Eingriffsregelung / Massnahmen）；

③区位图（Uebersichtsplan），1:5000；

④城市建筑形态规划（Staedtebaulicher Gestaltungsplan），1:500 / 1:100；

⑤常规断面（Regelschnitt），1:200；

⑥规划道路的纵向断面（Laengenschnitte derr Planstrassen），1:500。

还可以附上的附件有：

①系统和功能规划（System-/Funktionsplan）；

②专业规划和评价（Fachplanungen/Funktionsplan）；

③模型（Modell）。

为了实现按照城市规划进行城市的开发和建设，控制和引导城市的有序地发展，《建造规划（B-Plan）》中制定了以下措施：

①禁止变化；

②一般的和特殊的优先购买权利；

③土地上交通批准手续；

④搬迁；

⑤划定边界；

⑥没收；

⑦开发措施；

⑧开发贡献；

⑨建设批准手续；

⑩ 例外和自由；

⑪补偿等等。

五、小 结

应该说，德国的城市规划法规体系，还是相对比较年轻的。1960 年的《联邦建设法（Bundesbaugesetz）》是德国全国范围内第一部统一的城市规划法，这部法律，成为今天的《建设法典（Baugesetzbuch）》和《建筑使用规定（Baunutzungsvorordnung）》的基础。直到 1965 年，德国才有了第一部跨地区的规划法《联邦空间秩序（Bundesraumordnungsgesetz）》。

在德意志帝国时期，1871 年到 1945 年，也没有帝国范围内的统一的城市建设法规。但是专业性的建设指导法规，可以追溯到中世纪，这些法律渊源大致可以分为四类：①建设法（Bauordnungrecht）；②私人与公共邻居法（Nachbarrecht）；③地方规划设计法（Oertliches Planungsrecht）；④跨地区的空间规划与农业规划法例和法规（Ueberortliches Planungsrecht）。德国现行的城市规划法规体系，主要还是在第二次世界大战以后逐步建立起来的，并且在不断完善过程中。

城市建设和规划法规体系的建设是与城市建设发展以及法制立国的思想和民众法制意识的建立平行发展的。现行的德国的城市规划法规体系，具备了德意志民族的严谨性和实用性的特点，法规体系中有许多具体条款，是值得我们在建设有中国特色的城市规划法规体系中借鉴的。

参考资料

1 BRAAM, Werner. Stadtplanung: Aufgabenbereiche, Planungsmethodik, Rechtsgrundlage, 第 2 版, Duesseldorf: Werner-Verlage, 1993

2 HANGARTER, Ekkehard. Grundlagen der Bauleitplanung der Bebauungsplan. Duesseldorf: Werner-Verlage, 1996

3 REULECKE, Juegen. Geschichte der Urbanisierung in Deutschland. Frankfurt am Main: Suhrkamp, 1985

4 SCHMIDT-EICHSTAEDT, Gerd. Einfuehrung in das neue Staedtebaurecht. Stuttgart. Verlag W. Kohlhammer GmbH, 1987

5 WU, Zhiqiang. Globalisierng der Grosssaedte um die Jahrtausendwende. Berlin: ISR, 1994

6 吴志强. 德国的城市规划法规体系, 1998

第五章　瑞士空间规划管理体制

一、瑞士概况

瑞士联邦（Confederation of Switzerland）简称瑞士，位于欧洲中部，是一个内陆国家，总面积41284km²，1997年底全国总人口为709.65万人，其中外籍人口约占1/5。瑞士是一个多山多湖的国家，全境形成3个自然地理区，即汝拉山区、中央高原和阿尔卑斯山区，分别约占国土面积的10%、30%、60%。

瑞士是一个多民族、多语言的国家，主要有4个民族，即德意志瑞士人、法兰西瑞士人、意大利瑞士人和列托—罗马人；有3种官方语言，即德语、法语和意大利语，根据宪法，瑞士的一切法律条文、政府公告、规章制度都要同时用这三种语言制定公布。

瑞士分联邦、州、市镇（一译为社区）三级行政管理体制，全国分为26个州（和半州），州以下又分为3000多个市镇（社区），州和市镇（社区）的规模都是大小不一，最小的州（阿尔卑斯山附近的一个州）只有2.3万人。

到17世纪后期，瑞士已成为当时欧洲先进的工业化地区之一。本世纪以来，由于奉行"武装中立"的原则，瑞士得以免遭两次世界大战的破坏，战后瑞士社会稳定，实行自由的市场经济体制，经济得以持续迅速地发展，成为当今世界上一个实力雄厚的发达国家。1950年，瑞士的一、二、三产业的就业人数比例为21%：43.1%：35.9%，到1995年则已变为4.1%：28.9%：67%。1994年的人均国民生产总值达到12944美元，居世界首位。瑞士实行市场经济，但并不都放弃国家干预，联邦可通过国家投资的重点资助、增拨预算（分联邦、州、市镇三级，联邦预算占全部预算的30%）、信贷、税收政策等手段进行调节和引导。

在政治体制方面，根据宪法，瑞士实行共和体制，实行三权分立，联邦委员会是最高行政机构，联邦议会是最高立法机构，联邦法院掌握着最高司法权。

政府实行多党参政，四党组阁，联邦委员会由7名联邦委员组成，委员人选是由联邦议会选出，任期为4年。联邦委员会实行集体领导（集体议事、集体负责），委员之间权力平等，互不从属。联邦主席、副主席由7名委员轮流担任，主席任期1年，期满不得连任，由副主席递补。

除联邦办公厅作为联邦委员会的常设机构之外，联邦政府多年来一直保持7个部的建制，即外交部、内政部、司法与警察部、军事部、财政部、国民经济部、环境运输与能源通信部。各部下设司（局），必要时几个司（局）可以组成总司（总局），但与司（局）同属一个层次。部与部之间的协调与合作，主要通过一些定期或不定期的部际协调机构来进行，如协调会议、协调委员会、某种提案小组等。

瑞士的联邦体制建立在联邦与州"双重主权"的基础上，各州拥有自己的疆界、宪法和本州州旗，地方政府享有充分的自治权。宪法规定：各州在联邦宪法的限度内享有主权，凡未交联邦政府的权利，概由各州行使。州拥有的权限包括：立法权（但州的宪法等不得与联邦立法相抵触）、行政管理的自主权（如财政预算、税收征管、制定教育卫生政策等）、司法权。除了部分州采取传统的"公民大会"方式作为立法与行政合一的机构以外，大多数州的政府组成与联邦委员会大致相似，即设立"州委会"

作为集体领导的机构，州的议会为一院制，均为普选产生。

二、城市和城市规划的基本情况

在瑞士，人口超过 10000 人的居民集聚点就可以设立成为市镇（社区）。本世纪以来，城市人口数量逐年增长，城市化水平不断提高；二战以后城市继续快速增长，直到 1970 年代以后，城市人口的数量才稳定下来。现在，瑞士全国的城市化水平已达 90% 以上。

三、空间规划及城市的发展和演变过程

瑞士在工业化进程中与欧洲其他工业国家有所不同，它走了一条分散化发展的道路，对城市发展也深有影响。直到 1900 年左右，作为瑞士的大城市，苏黎世、巴塞尔、日内瓦的人口才超过 10 万人。

19 世纪的后半叶，欧洲其他国家的城市经历了激烈的动荡和变化，尤其是历史传统和地方特色都面临着失去的危险，这引起了各国的警惕和反对，这些对瑞士当时的工程规划界产生了巨大的影响，1905 年瑞士成立了瑞士家乡保护协会（SVH），1909 年成立了瑞士自然保护联盟（SBN），从而在国际上树立一种注重保护传统文化的形象。

20 世纪第一个 10 年，瑞士城市中工人阶层的居住问题开始出现矛盾并激化，也影响到了国内的各项政策。在城市建设方面，国外的影响也开始显现，首先是来自德国的影响，1910 年举办的大柏林规划竞赛的方案及有关经验，对瑞士的城市发展产生了巨大影响；与此同时，"田园城市"（Garden City）的理论和思想也在这里找到了知音。

1901 年，首次在法规中规定：新建设地区空间必须做到开敞。1904 年通过联邦立法进一步将此要求法律化，1909 年更把开敞式的空间布局直接写进了法律，以此作为避免整个城市居住过度集中以及未来建设田园城市景观的必要手段。

1914 年瑞士联邦工业大学（ETH）的著名教授

Hans Besnoulli 组织了一个全国性的展览，展示了对 20 多个城市发展的分析和比较结果。1928 年瑞士建筑师联盟（Bund Schweizer Architektur）在苏黎世举办了一个瑞士城市建设展览，展示了瑞士 10 个大城市的发展情况。1929 年 Bernaulli 和 Martin 合作出版了《瑞士的城市建设》一书，这是了解瑞士当时城市发展状况的一部权威著作。

1928 年 CIAM（国际新建设）在瑞士的 La Sarraz 成立，这对于现代主义在瑞士城市建设和发展中的导入起到了推动作用，CIAM 成立大会的参加者中，大部分是法国和瑞士的建筑师和规划师。

在瑞士的城市建设史上，起过重要影响的有 Hannes Meyer 的 "自由村"（Freidoyf）方案，这一方案在三个地方实施过，即巴塞尔的 Muttenz、巴塞尔的样板居住区 Schorenmatten 和 Eglisee、苏黎世 Neubühl 的工人居住新村。

1937 年瑞士土地规划委员会成立，这时开始首次出现了运用税收手段调节土地使用强度的机制，在城市建设竞赛中开始提出容积率指标的要求。

1942 年 Hans Besnoull 专门针对城市的卫生修缮问题写了一篇重要的研究报告《我们城市的有机更新》，他主张将城市的土地归为国有，国家不用为建设支付昂贵的补偿，只有这样城市的结构才能变得清晰起来。1949 年在瑞士第 4 届城市建设大会上，展出了《作为有机体的城市》的专题内容。

对于跨地区的规划，首先是由 Armin Meili 在 1932 年编制的，他的主导思想是 "大城市的分散化"。此后，城市的分散化一直是瑞士城市建设实践及规划师专业活动中奉行的纲领。1937 年编制了日内瓦全州的区域指导性规划。

二战后，瑞士的规划师开始希望以新的思想取代城市规划建设中的一些传统观念，如 Ernst Egli 领导的小组所做的 Fusttal 的城市设计，在 1964 年展出，并用于指导新城建设，他的思想在 1955 年发表的文章《Achtung Schweiz》（请注意瑞士）中进行了阐述，当时在整个瑞士乃至欧洲都引起了很大的反响。

在瑞士的空间规划史上，ORL 的成立具有里程碑式的意义，1965 年按照当时的《居住资助法》在

ETH 建立的 ORL（国土、区域与地方规划研究所），这把整个空间规划推向了学术高度，对瑞士空间规划学科的发展、专业人才的培养等，都起到了历史性的作用。

1969，瑞士的空间规划跨出了法治化的重要一步：开始把城市土地划分成两类："建设地区"（Baugebiet）和"非建设地区"（Nichbaugebiet）；并在瑞士的宪法中增加了条款：联邦政府有权依照法律编制空间规划。

1979 年修订的宪法中，在制订有关土地规划编制的法律法规方面，赋予了州政府更大的权限，并提出土地的利用应是集约性的，着眼于爱护共同生活的家园。

1989 年联邦颁布的新的规定中，要求各级政府更加注意在建设过度的地区停建、少建，注意处理好开发和资源保护的关系。

总体来说，瑞士的联邦体制导致了瑞士的空间规划管理模式形成一种多样化的格局，这包括各州机构设置的不同，规划法规的不同，以及规划内容和深度的差异，并出现了不同类型的中间规划阶段（Plan-Zwischenstufen）。

四、空间规划的体系构成

联邦并没有全国性的系统而完整的规划，联邦统一的规划一般只是一些大的构想、方案，以及有关全国性或国际性的重大题目所做的一些具体的专项规划。空间规划司曾经制定的专项规划如：《最肥沃农业用地的使用规划》，《全国的景观规划》，基础设施系列规划《穿越阿尔卑斯山的交通规划》、《轨道交通规划》、《核废料处理规划》、《全国性博览会规划》、《全国性的体育设施规划》、《军队设施（射击场）规划》、《全国电力网规划》、《全国性的航道规划》、《2006 年冬奥会设施建设规划》。

州的规划，一般有两类：一类是对政府部门的规划，不是强制性的；另一类是对私人机构的规划，是强制性的。州一级的规划要经过联邦有关部门的审批认可，并可取得联邦在资金上的支持，以推动规划的实施。

在州一级，一般要制定全州的指导性规划。州的指导性规划成果包括图纸和文本，图纸比例一般为1/50000。文本和图纸都对市镇（社区）政府有约束力，而州的指导性规划对私人没有直接的约束力，但公众个人有权了解并提出和反映意见。成果其中的一个文本，还要将整个规划编制过程中所有的不同意见都反映进去，汇集在一起。

指导性规划中要制定和明确大的土地利用（如林地、农地、建设用地等）规定哪些地方可以建设，哪些地方不可建设等。对全州的一些重要地点及规划都要加以明确，例如近年来瑞士加强了苏黎世地区的铁路网建设，在铁路线的车站地区，一般都对其土地强化利用，在州的有关规划中都要重点标注出来。

编制指导性规划需要的一些重要信息和基础资料，一般有两个重要的获取途径，一是联邦一级的统计资料（如对全国及各州的人口情况统计：人口百岁图、年龄构成、居住分布等），二是从州规划厅获取一些统计资料或汇总资料（如对有关区域的建设总量的统计监测等等）。

大体上来说，州的指导性规划一般是 10 年编制一次，在此期间也有经常性的调整，是通过议会来进行的。

在州和市镇（社区）之间，从规划的角度一般又分了一级，可称之为地区，但只是一个工作单元。地区的规划成果也由文本和图纸组成。其中图纸主要是三张图，即城市建设区的用地规划图、交通规划图、公用设施规划图。如前所述，地区的规划部门或组织职能较弱，一般并无多少力量，从编制方面，地区的有关规划主要仍是依靠州的技术力量来制定的。

市镇（社区）的土地使用规划是在市镇（社区）全部辖区内全覆盖地编制的，要对市镇（社区）范围内的土地使用方式作出规定，其中具体规定市镇（社区）的土地使用分类、建筑高度、建筑密度等方面的要求，图纸比例一般为 1/5000；市镇（社区）的建设活动只能限于州指导性规划中明确规定的建设用地的范围内。

土地使用规划一经批准是有法律效力的，对每个公民都有约束力。市镇（社区）的土地使用规划一般是由市镇（社区）来编制，同时应符合州的规划；也有的是由州政府负责编制。

就市镇（社区）一级的规划而言，有几个特点：一是社区自决，市镇（社区）政府有权利也有义务编制建设控制的指导性规划；二是各个市镇（社区）之间以及所在的州之间往往也有一些差别，并不完全一致。

五、各级空间规划管理部门的职责权限、机构设置及人员编制

在瑞士的空间规划体系中，对于各级政府之间的关系及各自的管理权限，都以法律的形式作了明确的界定。

1. 联邦级

联邦的规划主管部门是空间规划司，设在司法与警察部。其主要的职能包括：制定《联邦空间规划法》等有关法律；审批州的指导性规划；负责制定空间规划的总的构想和方案；负责制定部门规划与一些零星的、专题性的规划（如航空及机场规划），并不是非常成系统的，在这些规划的执行过程中联邦要与州政府进行协商，州政府负责将有关内容与州一级的规划加以衔接。

上述专题规划具体是由各个专业部门负责牵头，联邦规划司所承担的包括确定具体的规划方式和策略、工作程序和原则；就有关问题接受咨询；在综合协调的基础上负责完成最后的规划图，协调包括两方面，一是各个专题规划之间，二是州与联邦之间，如果专项规划的牵头部门与州政府有矛盾，由空间规划司负责协调；各个专项规划完成后报送规划司进行检查，最后上报联邦政府审批。此外，空间规划司要保证每个公民都有权发表自己的意见，保障其行使有关权利。

联邦政府对市镇（社区）一级的规划管理并不直接过问，主要由州进行管理。如果州政府有违反规划的行为，则联邦政府可以干预过问，但总的来说这种监督并不很强。

空间规划司（BRP）的职责：

①规定联邦一级的有关法律，并根据形势的变化及时进行调整，现行的《联邦空间规划法》是1997年2月7日由全民进行公决，通过了修改调整后的内容。

②对联邦各部门之间有关规划方面问题进行协调；同时，对某些重大项目提出意见，并检查这些项目与联邦和州的规划是否有矛盾；组织召集部际协调联席会议，空间规划司（BRP）与联邦7个部的22个部门都有工作联系，需要进行协调。

③与各州之间进行合作。空间规划司（BRP）要协调州政府和联邦各部门在空间规划方面的关系，对他们的争议和矛盾进行仲裁，如果仲裁无效，可引用《联邦空间规划法》的规定，提交联邦政府出面进行协调并裁定，在这类问题的整个处理过程中，空间规划司（BRP）的作用和权限相当大。如在编制穿越阿尔卑斯山地区的交通规划的过程中，州政府与联邦有关部门对于铁路选线意见有分歧，目前正在进行协调。

空间规划司（BRP）与州政府开展工作的约定包括：就有关规划进行协调及仲裁；开展咨询；州的总体规划编制完成后由空间规划司（BRP）先进行检查，认可后再上报审批；解决争议的工作程序等。

④空间规划方面的趋势和动态的评估和分析，进行大量基础研究工作（如对人口迁居问题的研究）。

⑤监督检查各州的规划是否可行，如果州的规划违背联邦的有关法规和规划的要求，可诉之于联邦法院。

⑥对全体公民进行有关空间规划方面的宣传教育及普及工作。

⑦建立对外联系，开展国际合作（特别是与周边的欧洲国家）。

空间规划司（BRP）的机构设置与人员编制：

自1969年联邦《宪法》规定"联邦有权进行空间规划"后，1972年联邦政府设立了专门的空间规划主管部门，当时的机构为空间规划办公室，设在司法与警察部；1980年改称空间规划司。在此之前，

全国统一性的规划管理只是由瑞士联邦工业大学（ETH）制定了一些推荐性的准则（不具备约束性），由各州自觉执行。

目前空间规划司（BRP）主要履行协调和监督的职能，并不承担具体的规划管理事务。现有编制30人，据瑞士方面的介绍，总的来说感觉人员偏少。空间规划司（BRP）设司长1人、副司长1人。下设的机构有：空间规划处（15人）、法律处（5人）、总秘书处（4人，每周只有一半时间上班）、财务与行政管理处（1人）、人事管理处（1人）、信息处（1人）、国际联系与合作处（1人）。其中，空间规划处主管的业务覆盖三个方面，一是空间结构及住宅、景观；二是基础设施；三是空间经济的分析研究（属参谋性的工作）。法律处主要是为空间规划处提供法律服务，制定有关法律法规，并监督法律法规的执行；法律处在级别上要比空间规划处低半级。全司30人均为公务员，但不都是官员（由政府选派）（从2000年起瑞士将取消官员制），30人的学历背景覆盖12个专业，包括地理、建筑、城市规划、法律、政治、经济、测绘、计算机、林业等。见图5-1。

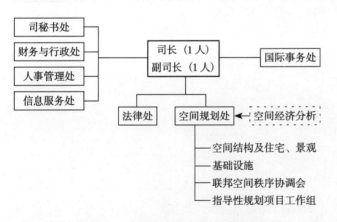

图5-1　空间规划司的组织机构图

2. 州级

州的规划主管部门一般是空间规划厅。严格说来，瑞士是一个邦联国家，而不完全是一个联邦国家，因此州是非常重要的一个层次，空间规划的重点主要是在州一级（联邦的影响并不很强），有关空间规划的管理事务主要是由州来完成的，其主要的职责包括：依据联邦法律的有关规定，制定州的指导规划（覆盖全州范围），并上报联邦一级审批；审批市镇（社区）和地区的有关规划并负责进行监督。

联邦制定的规划与州的指导规划之间的协调平衡，最后是要在州一级进行协调一致，由州的规划主管部门将所有与空间规划有关的内容进行统筹考虑和协调，纳入到一个统一的规划中，在此过程中联邦政府要出面对各州的部进行协调。

州一级的规划是与联邦、市镇（社区）以及相邻的州进行协调的结果，规划成果完成后，由州政府或议会决定是否采纳（也有第三种方式，即由议会先提出框架，政府最后来作决定。各州具体采用何种方式，由州的法律作出规定）。上报的规划一经联邦批准，对各级行政部门都有约束，对市镇（社区）当局当然也具备约束力的。

以下例举德语区的苏黎世州和法语区的沃州，情况如下：

苏黎世州规划厅的机构设置、人员编制与相应职能：

整个瑞士的发展主要集中于苏黎世和日内瓦这两个地区。苏黎世州是26个州（或半州）之一，苏黎世州的吸附和辐射范围覆盖周围10多个州，地理位置非常重要，交通十分方便；下辖117个市镇（社区）。苏黎世州现有总人口95000人，面积约1730km^2；苏黎世市的总人口为36000人，面积约100km^2。

苏黎世州政府由7个部组成，共同领导州政府，每4年选举一次。州政府在州的建筑部下设规划厅（ARV），主管全州的空间规划事务。见图5-2。

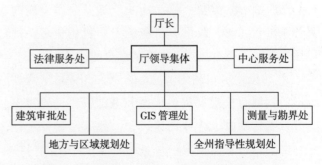

图5-2　苏黎世州规划厅（ARV）的组织机构图

规划厅（ARV）下设5个专业处和2个相关处，由厅长和这7个处的处长共同进行集体领导。5个专业处是：建筑审批处（编制 6 人）、地方与区域规划处（8 人）、全州指导性规划处（7 人）、GIS 管理处（9 人）、测量与勘界处（15 人），2 个相关处是法律服务处（2 人）、中心服务处（9 人）。其中：

建筑审批处的职能：

① 市镇（社区）建设区以外的农村地区的建设项目的报建审批。建筑项目的报建一般是由市镇（社区）规划主管部门审批，但只限于州总体规划批准的建设地区内的项目的审批；当建设项目位于州批准的市镇（社区）建设区以外的农村地区时，市镇（社区）规划部门即无权审批，而要由州规划厅（ARV）来审批。

② 划定保护区内的一切建设项目的报建审批。保护区共分为三级（联邦级、州级、市镇（社区）级），要由各级政府在编制规划的过程中互相协商确定，主要在州的规划中加以明确，在此过程中市镇（社区）当局可以提出自己的意见，并且保护区的规划要求主要是依靠州来实施的。联邦一级的保护区一般较少，范围也较小。

地方与区域规划处的职能：

①市镇（社区）和分区域规划的审批；

②具体管理上，有 4 人专职分地区进行管理，并负责有关工作的监督检查。

指导性规划处的职能：

① 以《联邦空间规划法》为依据，制定州的总体规划。具体内容如：城市建设区的土地使用与建设安排，农业用地、风景区、林地的规划安排，交通规划（公路、铁路、航运等），公用设施的规划（给水排水、电力电信等）。有关交通及公用设施的具体事务，在州一级都有相应的专门机构负责，规划厅主要是进行有关规划方面的综合和协调。

② 对全州空间利用情况进行考察和评估，为规划部门编制有关规划提供依据和基础资料，同时也对公众收费发放。这种评估报告一般有两种，一种是对空间利用总体情况的评估，每年出一期；另一种是就某个专题所做的评估和分析研究，是对前一种报告的附加和补充，是不定期出版的。

沃州（Vaud）的规划管理机构设置与相应职能

沃州是瑞士西南部的一个较大的州，首府为洛桑。全州总面积 3217km^2，到 1997 年底全州总人口为 60.4 万人，占全国总人口的 8.5%，洛桑市人口为 23.5 万人。沃州共有 380 个市镇（社区），其中 1000 人以上的大约有 50 个，最小的只有 50 人左右。

根据沃州有关法律的规定，全州要编制指导性规划。全州从规划的角度分为 19 个地区，分别要求其编制地区的指导性规划，这类规划一般没有强制约束力，为了鼓励引导规划的实施，州政府会在资金上给予一定的支持。每个市镇（社区）都必须编制土地使用规划，并由州审批；同时 1000 人以上的市镇（社区）还要求编制市镇（社区）的指导性规划。州指导性规划中确定的建设区范围内的建筑报建申请，一般由市镇（地区）审批，建设区以外的报建申请由州的规划主管部门审批并发放许可。

沃州的州政府由 7 个部组成：财政部、经济部、外交事务部、环境部、建设部、教育部、社会卫生部。7 个部的部长共同领导州政府。建筑部下设规划厅、土地置换与整理厅、地政地籍管理厅、道路规划与建设厅、运输厅、房屋维护厅 6 个部门，其中由规划厅主管全州的空间规划事务。规划厅内部的机构设置见图5-3。

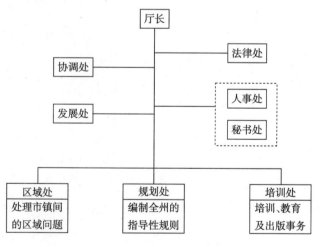

图5-3　沃州规划厅的机构设置

沃州规划厅的主要职能是依据联邦的法律，制定州的有关空间规划方面的法规条令；制定州的指导性规划；承担联邦政府下达的任务；对建设区以外范围内的私人报建申请进行审查并发放建筑许可；进行环境影响评估等。

3. 地区级

如前所述，一般在州和市镇（社区）之间，从规划的角度分了一级，可称之为地区（但只是一个工作单元）。以苏黎世为例，将117个市镇（社区）划分为11个地区，其中苏黎世市本身就是一个地区，即市镇（社区）与规划的地区范围是重合的。每个地区一般都有一个部门或组织管理有关规划事务，有的是由州派出的，有的则是由相邻市镇（社区）自行协商成立的，其经费一般由相应的市镇（社区）提供，但总的来说只是一个附设机构，由于市镇（社区）规划部门可直接与州的规划部门（规划厅）进行业务联系，因此地区的规划部门或组织职能较弱，一般并无多少力量。其主要职能是协调各市镇（社区）的矛盾，组织制定一个该区域的规划，并上报州一级进行审批。

4. 市镇（社区）级

市镇（社区）是一个政治性较强的单元，一般而言，空间规划管理的重点是在市镇（社区）。不同的市镇（社区）的规划主管部门设置不完全一样，其主要职责包括：具体制定市镇（社区）的土地使用规划，并上报州一级审批。

州一级对市镇（社区）土地使用规划的审批，重点是审查其与州的总体规划是否一致；审批的过程本身也是一个协商的过程，市镇（社区）可以就有关内容与州政府进行商讨。见图5-4。

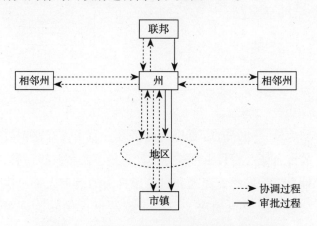

图5-4　各级规划部门之间的审批和协调关系

以苏黎世为例，主管空间规划的部门设在城市建设局内。苏黎世市和周围的6个区域，又自行联

合成立了一个协作组织，协调该地区的规划问题，这7个区域之间有共同的利益和较为密切的关系，如居民在一地居住，而在另一地工作等等。

由于历史上的原因，全瑞士只有日内瓦和巴塞尔的体制是例外的，它们的规划（包括土地使用规划）是由州政府代表进行管理的，市镇（社区）的权力很有限，仅限于配合上。

值得一提的是，在瑞士的空间规划体系中，私人开发商可以参与规划的编制，在这方面，他们有一些具体的做法，规定了一些前提条件和控制手段。

以下例举德语区的苏黎世市和法语区的日内瓦市，情况如下：

苏黎世市的规划管理部门

苏黎世是瑞士最大的工商业城市，苏黎世市政府下设9个部门，9个部门的领导都是市镇委员会的委员，与市长一起进行集体领导。9个部门是：市长办公厅、财政金融署、警察署、健康与环保署、地下工程及排污署、地上工程署、市政工业署、文教体育署、社会福利署。其中涉及城市规划事务的机构包括：市长办公厅下属的城市发展专业局（负责有关城市发展战略方面的宏观问题）、地上工程署下属的城市建设局（负责具体的空间规划的事务）、地下工程及排污署下属的地下工程局和园林及农业局（见图5-5）。在1996年以前，有一个专门的空间规划部门，集中管理有关空间规划的事务（设在当时的地下工程署），后来分成了几个部门，经过3年多的实践，发现分设的效果很不好。

城市建设局（ASB）下设6个处：指导性规划处（7人）、土地使用规划处（9人）、建筑设计处（10人）、文物保护处（12人）、考古处（21人）、服务处（13人）。见图5-6。

城市建设局（ASB）与5个部门有工作联系，需要进行协调。城市建设局（ASB）、城市发展专业局、地下工程局、园林及农业局四个机构的负责人每月要碰头开一次会，协商有关问题。另外，城市建设局、地下工程局以及市政工业署下属的交通局，其负责人每3个月要碰一次头。除此之外，与城市建设局（ASB）联系特别紧密的是财政金融署下属的房产土地管理局，瑞士的土地主要归私人所有，同时

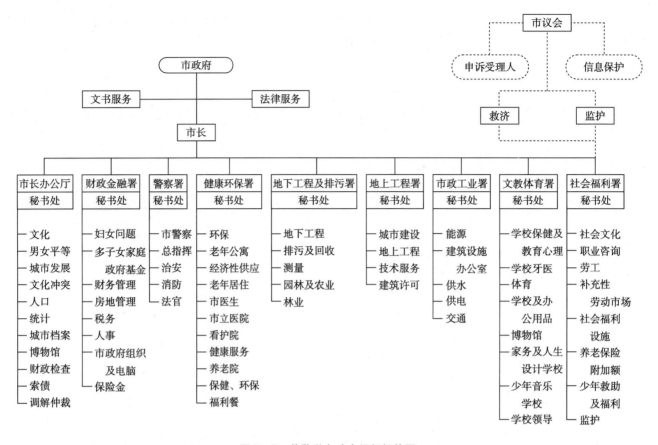

图5-5　苏黎世市政府组织机构图

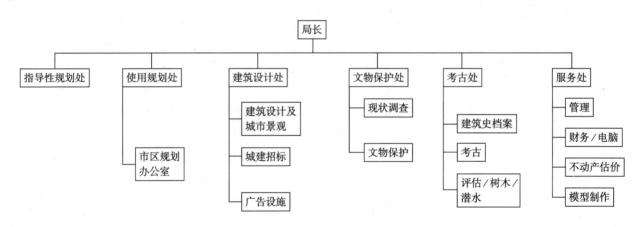

图5-6　苏黎世市城市建设局（ASB）的组织机构

也有一些土地是归联邦、州或市镇（社区）的政府所有，该局就是负责管理苏黎世市政府拥有的土地。

地上工程署下设一个建筑审批局，专门负责建筑项目的报建审批并发放许可证。该局内设法律处、建筑一处（负责审批）、建筑二处（负责验收）、电梯审批处、人事处。报建及审批的一般程序是：申请建设者（私人或政府部门）将有关材料申报建一处，由建筑一处分送有关部门征求意见，之后返回建筑一处，前后要历时6个月，如审查合格则发放许可证（每月由市长办公厅、地下工程及排污署、地上工程署的负责人和建筑审批局的负责人开一次会，共同投票表决，最后由建筑审批局发放许可证）。房屋建造过程中以及建设竣工之后的验收，由建筑二处负责。私人报建的项目，如被审查后退回，可在修改后重新申报；如果报建者对审查结果有异议，则可上诉至州的建筑上诉委员会，或者直接上诉至联邦法院。

一般大型的建设项目，都要经过公众参与和表决。对于政府与私人土地所有者的合作，在建设开始前，市镇（社区）政府都要与私人土地所有者签订合同，私人土地所有者之间也要互相签订合同，所有被涉及到的土地所有者都可以参加有关会议。

日内瓦市的规划管理部门

日内瓦位于瑞士的西南部，属于法语区，是一个很有特点的国际性城市，城市人口18万左右，占全州总人口的40%（但提供的就业岗位占全州的60%）。自1946年联合国的有关机构设在日内瓦以来，城市逐渐出现阶层分化，一部分是国际性的人口；另一部分

是当地日内瓦居民，并形成其特有的活动地域。

1960～1975年是日内瓦历史上发展最快的一个时期。1972年，由于市议会和州议会的矛盾对立而导致成立了市一级的规划管理部门（City Planning Office）。在此之前，日内瓦市一级没有规划部门，只在州政府一级设立。

市政府下设5个部门，5个部门的领导都是市镇委员会的委员，与市长一起进行集体领导。5个部门是：财政署、文化署、建设管理署、安全与运动署、社会与教育署。其中，建设管理署内的规划建设局下设6个处：公有土地管理处、城市规划处、城市景观美化处、建筑处、房屋管理处、能源处。见图5-7。

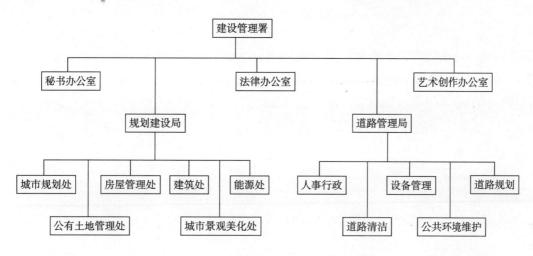

图5-7 日内瓦市规划建设局的组织机构

如前所述，作为两个例外的市镇，日内瓦和巴塞尔一样，它们的规划（包括土地使用规划）主要是由州来进行管理的。土地使用规划是由州负责编制的，对私人具有强制性（土地使用规划中，重点是对城市周围地区的土地用途进行限制，对城市中心地区的土地用途限制并不强，一般用途的用地均可接受）。

政府部门及私人的报建申请均需报州的建筑管理处办理，其中涉及到市的，由州部门转送市的建筑处办理（主要是学校一类的报建），然后返回州有关部门，最后的审批决定权仍在州一级。

六、空间规划的法规体系

在瑞士三权分立的政治体制中，联邦议会是最

高权力机关和最高立法机关，联邦议会对政府实行监督，但不对政府提不信任案也不罢免政府，政府不得解散议会。

联邦议会由国民院和联邦院两院组成，前者相当于众议院，代表全体人民；后者相当于参议院，代表各州的利益和观点。作为最高立法机关，联邦议会的主要职责就是制订属于联邦管理权限内的法律法令，联邦议会每年开会4次，一切法令都要经过两院分别通过才能成立。

相应的，州也有州议会，一般为一院制，为州一级的立法机构。州的宪法要由联邦议会批准，主要检查其是否与联邦《宪法》有矛盾，但州的其他一般法律并不需要联邦议会批准，公民个人如发现存在问题，可向联邦议会反映。

值得一提的是，瑞士在立法方面有一个重要特色，即始源于18世纪的"直接民主"，也称"直接立法"，是载入联邦宪法的。所谓公民直接立法，具体有两种方式，一种是公民对议会法案的"复决"（即全民投票表决）；另一种是公民自己直接提出法案倡议即"创制"。

（1）"复决"。又分两种情况，一是"强制性的复决"，凡是全部或部分修改联邦宪法以及与宪法有关的法令，均需交由公民投票表决，只有得到多数公民和多数州的同意（双重多数），议案才能成立。二是"选择性的复决"，一般性的立法或法令自议案公布的90天内，如有5万以上的公民联名要求，或有8个州提议，则该项法案也必须付诸公民表决，此类复决，只需多数公民同意即可通过。

（2）"创制"。瑞士宪法规定，公民有权提议对联邦宪法进行全部或部分的修改或增删，条件是用书面倡议并征得10万选民的签名，联邦也可以提出反建议，一并交付全体公民表决。

除了联邦范围的公民直接立法以外，各州也都有一套直接立法的规定，即州的公民对本州的有关立法享有"复决权"和"创制权"。

二战后，1969年的联邦《宪法》中规定：联邦有权进行空间规划。在此之前，空间规划的事务主要由州负责。但联邦《宪法》对区域发展问题没有专门的条款，只是泛泛提了一句。

各州有权在《联邦空间规划法》的框架内制定州的空间规划法规、条令。

七、区域协调问题

瑞士是一个多山的国家，城市主要集中于中部地区。在空间布局和规划上面临的矛盾主要表现为两个方面：一是中北部地区最适合发展农业耕种，却集中了大部分的人口；二是人口的居住分布趋向于郊区化，就业与居住地点分离，引起的上下班通勤交通问题（全国性的交通流向以东西向为主，南北向主要是穿越阿尔卑斯山地区的交通）。

区域协调的基本原则是把各个城市联成一个网络系统。为此而采取的基本思路和做法：一是对大城市周围的住宅区建设进行统一安排，使其相互协调，节约用地；二是避免集中发展特大城市，避免居住用地的分散化，提倡集中与分散发展相结合；三是确保各城市之间交通和信息的畅通。

在此原则上，形成空间规划的四大策略：一是通过引导和协调，使城市空间有序发展；二是加强对城市郊区空间的管理，更好应对逆城市化的问题；三是强调保护自然环境和景观环境；四是顺应国际化的目标，注重与整个欧洲融为一体，整体考虑有关问题。

空间规划的不同层面的内容其约束力是不同的，如下表所示，空间规划的基本原则和参考目标对联邦有约束力，对州和私人没有约束力；各州之间以及州与联邦之间进行的合作商讨协议，对联邦和州有约束力，对私人没有约束力；有关对城市发展的规定和考虑（如大型设施的开发建设意图等），则对联邦、州、私人均有约束力。

	联邦	州	私人
基本原则和参考目标	√		
各州之间、州与联邦之间商定的合作协议	√	√	
对城市发展的有关规定和考虑等	√	√	√

在推进实施空间规划、协调区域发展的过程中，仅靠空间规划司（BRP）的力量是不够的，需要与联邦政府的有关部门和区域政策配合并协调。在联邦的国民经济部内设有经济与劳动就业司，下设一个空间秩序与区域政策处，编制15人，专门负责一定范围内分散发展的市镇（社区）间的区域问题，而空间规划司（BRP）主要负责相对集中的市镇（社区）发展问题。曾有动议将这两个部门合并，双方也愿意，但未实现。这两个部门一起合作，并与其他的专业主管部门进行协调，共同推进有关区域的发展问题。这两个部门中，空间规划司（BRP）主要是制定政策，没有经济手段，而空间秩序与区域规划处主要依靠经济手段。

联邦各部门之间进行协调的主要方式，是由空间规划司（BRP）召集"圆桌会议"（空间秩序的部际协调联席会），共有约 20 个有关部门参加，会议主席由空间规划司（BRP）的空间规划处的处长担任。会议的目的一是协调各部门之间的关系，二是为联邦各部门提供一个相互接触和交流的机会。每年定期召开 4 次会议，另外举办一次相关的研讨会。此外，联邦还设有一个"空间秩序专家组"，为政府提供专业咨询和建议。

瑞士联邦区域政策的核心内容，一是《联邦山区投资促进法》（IHG），二是"联邦经济更新地区促进政策"。

瑞士对 1900 年以来的全国人口变化有一个长期的监测分析，第二次世界大战后，出现了一个农民进城的城市化高峰期，城市的工业和服务业发展很快，到了 20 世纪 60～70 年代，政府认识到了这个问题，为了促进汝拉山脉和阿尔卑斯山地区农村的发展，促进山区的道路等区域性基础设施的建设，从而对山区农民给以支持，并减轻城市的压力，1974年联邦颁布了《联邦山区投资促进法》（IHG），其目标，一是改善山区的发展条件和竞争力，二是保护更新或扩建基础设施。该法规定，要获得联邦的投资支持，必须要有一个经过相互协调后的区域发展方案（这里所指的区域是介于州和市镇（社区）之间大小的一定地域范围），同时要由各地区联合制定出一个长期的实施计划。联邦投资支持的方式是提供低息贷款，数额最大可达整个项目全部成本的50%，还贷期限最长可达 30 年。该法 1997 年进行了修改，修改后将投资支持的审批权从联邦下放到了州。

另一个有效的区域协调手段是 1978 年制定的"联邦经济更新地区促进政策"，主要是在失业率高的工业化地区推行，当时主要是在阿尔卑斯山区（建筑业）、西北部的汝拉山系一带（手表制造业）、东部一些地区（纺织业），这一政策的主要目标是支持私营经济发展，对原有的产业结构进行调整和改造；重点对工业企业、服务业的投资进行支持，获得支持的前提条件，一是要有一个改革创新的方案，二是要多行业全面发展。支持的方式，一是由联邦和州为私人提供经济担保，二是提供利息补贴，三是减免税收。

总的来看，瑞士在区域发展及协调方面也存在一些问题，首先是各地发展并不平衡，各州之间贫富差别也不小，据统计，以 1994 年的人均收入衡量，富裕的州（如苏黎世、日内瓦）要比一些穷的州高出 1.5～2 倍。其次，现在已不是一个简单的城市化的过程，区域问题较为复杂，山区各州的情况也各不相同，需要因地制宜，区别对待。此外，在一些大城市的中心地区，也出现了人口向外迁居的中心区衰退的迹象。对上述问题，瑞士政府认为，必须在未来的发展中大力发展全国的城市网络系统，大力加强空间规划与区域发展部门之间的协调和合作。

八、政府实施可持续发展战略的措施

瑞士政府注重经济、社会和环境的可持续发展，早在 1970 年代就开始制定一些环境整治及空间规划的法规，体现和贯彻可持续发展的战略思想；1980年代以后，政府进一步制定了一系列的法律法规，采取了一些有效的政策措施。

早在瑞士出现大面积的森林坏死从而引发环境讨论热点之前，在《联邦宪法》中就写入了有关环境保护的条款，如第 24 条明确："联邦规定保护全体人民以及自然环境，反对一切破坏性的发展及其对环境造成的压力；尤其要与空气污染和噪声污染作斗争"。除此之外，一些不能完全写入《联邦宪法》的有关内容，以及联邦一级没能涉及的一些内容，则在州一级的有关法律法规及政策中进一步反映。

1985 年，联邦议会经过 10 年左右的激烈争论，最终制定了《联邦环境保护法》（1985 年 1 月 1 日生效）。在这部法中，十分重要的是引入了"环境承受力评估审查"（Umwelfvertraglichkeitsprüfung，即 UVP；英文简写为 EIA）。

一个完整的 UVP 过程一般包括以下步骤和程序：

1. 确定 UVP 的工作责任和目的；
2. 进行预研究；
3. 进一步明确责任及目标；
4. 开展正式研究；

5. 整理研究结果及研究报告；

6. 评估研究结果；

7. 提交审定；

8. 对环境是否可以承受规划项目作出决定。

在 UVP 开展的整个过程中，参加的人员和机构包括开发商、政府有关部门（包括最基层的市镇〈社区〉一级制定政府机构）、环保专业组织，最终由政府部门决定审定结果。

附录 1：瑞士空间规划发展大事记（1893 年以来）

附录 2：瑞士联邦空间规划法

条例：关于空间规划的规定（1989 年 10 月 2 日）

条例：关于为空间规划的成本提供财政补贴的规定（1975 年 8 月 11 日）

条例：关于为指导性规划的成本提供财政补贴的规定（1980 年 8 月 13 日）

附录 3：瑞士联邦山区投资促进法（1974 年）

附录 4：索洛图恩州建筑法（1978 年）

附录 5：苏黎士州乌斯特市建筑规定（1994 年）

附录 6：巴塞尔乡村半州经济促进法（1980 年）

附录 7：圣加仑州艾普纳特 - 卡贝尔镇建筑规定（1981 年）

附录一

瑞士空间规划发展大事记（1893 年以来）

1893　苏黎世州颁布了瑞士历史上第一部州《建筑法》（Baugesetz），该法适用于苏黎世州全部土地上的一切建设活动。

1894　在联邦一级宣布设立联邦森林警察（Forstpolizei）。

1895　举办第一个城市规划竞赛——苏黎世地区规划国际竞赛。

1896　Hans Bernhard 主持完成了第一个全国性城镇布局规划的初稿。

1897　在 Winterthur 编制完成了瑞士第一个土地利用控制引导规划。

1898　日内瓦颁布的瑞士第一个州级城市建设规划法生效。

1899　Armin Meili 完成了瑞士第一个居民点规划指导稿。

1900　瑞士国土规划委员会（Schweizerschen Landesplanungskommission）正式成立。

1901　日内瓦州在瑞士首次编制完成了州的指导性规划的初稿。

1902　在 Waadt 州首次颁布了瑞士第一部州的指导性规划的法规。

1903　在 ETHZ 召开了国土规划大会。

1904　瑞士国土规划协会（Schweizerischen Vereinigung für Landesplanung，即 VLP）成立。

1905　在 ETHZ 成立了国土规划与地理研究所（Lanndesplanung und Geographischen Institut des ETHZ）。

1906　1947～1950

1907　第一个区域规划（在 Gallerd 的 Rheinta）编制完成。

1908　1954～1959

1909　全国道路网规划编制完成。

1910　在 ETH 成立了国土、区域与城市规划研究所（ORL）。

1911　1963～1967

1912　制定了第一个风景和自然特色保护措施。

1913　瑞士规划师联盟（Bundes Schweizer Planer）成立。

1914　瑞士《联邦住宅资助措施法》（SR842：Bundesgesetz uber Haushahmen zur Forderung des Wohnungsbaus）颁布。

1915　1965～1971

1916　ORLZ 编制完成了"瑞士国土规划指南"。

1917　1966～1972

1918　《地方、区域和国土规划指导原则》（Richtlinien zur Orts-，Reginoalund Landesplanung）公布。

1920　《国土规划专家指导委员会报告》公布。

1921　在 9 月 14 日的全民复决中首次涉及了有关土地权利的条款的表决。

1922　Kim 工作组完成了《瑞士的空间规划》的报告。

1923　《联邦水体保护及污染防治法》生效。

1924 联邦议会宣布了有关空间规划领域的紧急措施。

1926 Stockerg 工作组完成了《山区资助指导规划》。

1928 在 6 月 3 日的全民复决中，否决了 1974 年联邦议会通过的《联邦空间规划法》。

1929 《瑞士交通总体规划方案》的最终报告公布。

1930 《联邦空间规划法》（Bundesgesetz uber die Raumplanung）生效。

1931 《联邦环境保护法》生效。

1932 在 10 月 2 日颁布《联邦空间规划规定》（Vorordnung uber die Raumplanung），是对《联邦空间规划法》部分内容的补充和细化。

1934 4 月 16 日通过了残疾人使用步行道路权利的有关规定。

1935 10 月 6 日再次对《联邦空间规划法》进行修改，此次涉及第 19、25。

附录二

瑞士联邦空间规划法（1979 年 6 月 22 日）

版本：1996 年 4 月 1 日

根据瑞士宪法第 22 条第 4 款及第 34 条第 6 款的规定，以及瑞士联邦政府 1978 年 2 月 27 日的通知，瑞士联邦议会制定本法如下。

第一部分 总则

第 1 条 目标

1. 联邦、州及市镇保证合理高效地使用土地。以上三方协调进行涉及空间的各种活动，并以预期的国土发展为导向，实现居民点的有序发展。为此，它们必须考虑到自然条件以及居民和经济发展的需要。

2. 它们利用空间规划的手段，特别应对以下活动提供支持：

①保护自然生活环境，如土地、空气、水、森林以及自然景观；

②为经济发展创造并保护住宅区及空间条件；

③促进国家各地区的社会、经济和文化生活，

促进居住及经济方面适度的分散化布局；

④保证国家具有充足的资源基础；

⑤保证国家安全。

第 2 条 规划责任

1. 联邦、州及市镇制定必要的规划并进行互相协调，以便完成其涉及到空间的各种任务。

2. 它们应考虑执行其他任务时将对空间产生的影响。

3. 规划工作的主管部门应注意为下一级部门留出必要的决策余地，以便下一级部门完成自己的任务。

第 3 条 规划原则

1. 规划的主管部门应遵循以下各项原则；

2. 保护自然景观。尤其应注意：

①保证足够而适用的农业用地；

②住宅区、建筑物及各种设施应与自然环境融为一体；

③湖滨及河岸应保留为自然空间，以使公众方便地到达这些地区并可休憩散步；

④保护自然景区及休憩空间；

⑤保证森林能发挥其作用。

3. 按居民的需要设计居住区，并限制其在空间上的蔓延。尤其应注意：

①住宅区及工作区应合理配套，并应建设充足的公共交通网络；

②保护住宅区尽量免受侵害及干扰，如空气污染、噪声及地面振荡等；

③开辟并保护自行车及步行道路；

④保证为货物供应及服务创造有利的条件；

⑤保证住宅区拥有足够的绿色空间及树木。

4. 应为公共建筑物及设施，或涉及公共利益的建筑物及设施选择适当的地点。尤其应注意：

①充分适应所在地区的需求，并消除不利的因素；

②学校、业余活动设施及其他公共服务设施应便于居民到达；

③尽量避免或减少对自然生活环境、对居民及经济发展的负面影响。

第 4 条 信息及参与

1. 规划主管部门向公众介绍根据本法律制定的规划目标及规划程序。

2. 它们保证公众能以适当的方式参与规划。

3. 根据本法律制定的规划是对公众开放的。

第5条 平衡及赔偿

1. 如果根据本法律制定的规划导致重大的优劣差异的话，州法律可作出有关规定，以保证适当的平衡。

2. 如果规划导致对私人财产的限制，并且其影响相当于剥夺私人财产的话，应完全赔偿其损失。

3. 各州可作出规定，在地籍中写明因限制私人财产权应而支付的赔偿。

第二部分 空间规划的措施

第一章 各州的指导性规划

第6条 基本原则

1. 在制定指导性规划时，各州自行决定该地区空间发展的基本方向。

2. 各州可决定：

①哪些地区适合发展农业；

②哪些地区风景秀丽并具有很高的价值，或可作为重要休闲地区，或是重要的自然生活环境；

③哪些地区面临严重的自然或人为威胁。

3. 各州就以下各方面查明最新情况并确定应达到的发展目标：

①居住区；

②交通、生活资料的供应、公共建筑及设施。

4. 各州充分考虑联邦的方案、专题规划、邻近州的指导性规划、地区性的发展方案及规划。

第7条 各部门的合作

1. 如果各部门的工作互有关联，则各州应与联邦及邻近州的有关部门进行合作。

2. 如果各州之间，或州与联邦之间，不能就空间活动达成协调一致的意见，则可要求开展调解程序（按第12条的规定）。

3. 如果有关规划措施的影响涉及到境外地区的话，边境州应与邻国的当地部门寻求合作。

第8条 州指导性规划必须具备的内容

州指导性规划至少应阐明：

①涉及空间的各种活动如何互相协调，以实现预期的发展目标；

②应在时间上以什么顺序、利用什么手段完成规定的任务。

第9条 约束力及调整

1. 指导性规划对各部门都具有约束力。

2. 如果情况发生变化，出现新的任务，或者从整体上来说存在更好的解决方式，则应检查州指导性规划并进行必要的调整。

3. 一般情况下，州指导性规划应每10年进行一次总检查及调整。

第10条 主管机构及程序

1. 各州自行决定主管机构及管理程序。

2. 各州可自行规定，各个市镇及其他担负空间任务的机构如何参与制定州指导性规划。

第11条 联邦政府的审批

1. 如果州指导性规划及其修改内容符合本法律的规定的话，也就是说，如果它们恰当地考虑联邦及邻近州的空间任务的话，联邦政府即批准该指导性规划及其修改内容。

2. 对于联邦及邻近州来说，州指导性规划只有获得联邦政府批准之后，才对它们具有约束力。

第12条 调解

1. 如果联邦政府对州指导性规划或其部分内容不予批准的话，则应在听取各参与方的意见之后作出批示，并进行协调商谈。

2. 在商谈期间，联邦政府有权决定，暂不进行任何对商谈结果可能带来负面影响的活动。

3. 如果各方不能达成一致意见，在联邦政府作出商谈批示之日算起，最迟3年以后，联邦政府可以作出决策。

第二章 联邦的特殊措施

第13条 方案及专题规划

联邦确立必要的规划基础，以便完成其空间任务；它制定必要的方案及专题规划，并对其进行协调。

联邦与各州合作，并及时将联邦的方案、专题规划及建设计划通知给各州。

第三章 使用规划

第一节 目的及内容

第14条 概念

1. 使用规划规定土地的使用。

2. 使用规划目前把土地分为建设区、农业区及保护区。

第 15 条　建设区

建设区的土地为适于进行建设的地区，并应符合下列条件：该地区已基本开发建设完毕，或者预定将于 15 年内使用并开发。

第 16 条　农业区

1. 农业区土地包括：适于作为农业用地或园林的土地，或者从整体考虑应作为农业用地的土地。

2. 应尽量排除较大的、连成一体的土地。

第 17 条　保护区

1. 保护区包括：

①小溪、河流、湖泊及其两岸地带；

②特别秀丽的景区，以及在自然或历史文化方面有价值的地区；

③重要的地方景观、历史古迹、自然或人文遗产；

④受保护的动植物的生存区域。

2. 除了规定保护区之外，州法律也可制定其他适宜的措施。

第 18 条　其他地区

1. 州法律可规定其他用地区。

2. 对于用途尚未明确、或在一定时间以后才允许作某种使用的地区，州法律可作出有关规定。

3. 林业区由森林法进行规定及保护。

第 19 条　土地开发

1. 如果一块土地根据其用途已开辟了足够的出入车道，并且必要的供水排水管道及能源线路距离也非常近，以致不须花费很大费用即可接通的话，该片土地应视为已开发的土地。

2. 建设区在开发计划规定的期限内由公共部门进行开发。州法律具体规定土地所有者为此应支付的款项或物资。

3. 如果公共部门未能在规定期限内把建设区开发完毕，则土地所有者应有权依照公共部门批准的规划自行开发土地，或按州法律由公共部门就其应进行的开发工作而支付费用。

第 20 条　土地置换

如果使用规划作出规定或要求的话，可由政府指令并实施土地置换。

第二节　实施效力

第 21 条　约束力及修改

1. 使用规划对每个人都具有约束力。

2. 如果实际情况发生很大变化，应重新检查使用规划并进行必要的修改。

第 22 条　建筑许可

1. 只有在取得有关部门的许可之后，才能新建或改建建筑物及设施。

2. 建筑许可需要下列前提条件：建筑物及设施符合用地的使用要求，并且该片土地已经开发。

3. 同时应符合联邦法律及州法律规定的其他前提条件。

第 23 条　建设区内部的特例情况

由州法律就建设区内部的特例情况作出规定。

第 24 条　建设区外的特例情况

1. 如果符合下列条件，则可在违反第 22 条第 2 款①的规定的情况下，批准建设建筑物和设施，或改变其使用性质：

建筑物及设施的用途决定了其建造地点必须设在建设区之外，并且没有其他更重要的利益反对这一行动。

2. 州法律可以允许对建筑物及设施进行更新、部分改造或重建，但前提条件是不与空间规划的重要事项发生矛盾。

第三节　主管部门及管理程序

第 25 条　州主管部门

1. 各州自行规定使用规划的主管部门及管理程序。

由州对所有建设或改造建筑物及设施所必需的程序规定期限，并对其实施效力作出规定。

2. 如发生第 24 条所列的例外情况，应获得州有关部门的批准或同意。

第 26 条　协调的原则

1. 如果某一建筑物或设施的新建或改建需要多个部门的批示，则应指定某一部门负责进行充分的协调。

2. 负责协调的部门：

①可以作出必要的、关于工作程序的指示；

②确保对所有的申请材料提出统一的官方规定；

③从所有有关的州部门及联邦部门获取关于该项目的全面意见；

④保证各部门的批示内容协调，并尽量保证各部门共同或同时发布批示。

3. 各部门的指示不得自相矛盾。

4. 上述原则的基本精神也同样适用于土地使用规划程序。

第27条 州有关部门对使用规划的审批

1. 由州的主管部门具体批准土地使用规划及其修改。

2. 该部门应检查使用规划是否与联邦政府批准的州指导性规划协调一致。

3. 经州部门批准之后，土地使用规划便具有约束力。

第28条 规划区

1. 如果需要对使用规划进行修改，或使用规划尚未制定出来，则主管部门可将准确界定的地区规定为规划区。在规划区内不得进行任何可能对使用规划工作带来不便的活动。

2. 规划区的期限最多为五年；州法律可以作出规定允许延长该期限。

第三部分 联邦拨款

第29条 对州指导性规划的拨款

1. 在已批准的预算范围内，联邦为州制定指导性规划而拨给的款项，最多可达规划工作成本的30%。

2. 由联邦议会批准该项资金，同时包括多个年度的义务拨款。

第30条 对由于实行保护措施而支付的赔偿费进行拨款

如果根据第17条的规定，由于实行特别重大的保护措施，从而需要支付赔偿费的话，联邦可以提供拨款进行支持。

第31条 其他拨款的前提条件

如果联邦为根据其他联邦法律而采取的空间措施提供拨款的话，其前提条件为该措施应符合批准后的州指导性规划。

第四部分 组织

第32条 州专业部门

州设置一个空间规划的专业部门。

第33条 联邦专业部门

联邦的专业部门为联邦规划司。

第五部分 法律保护

第34条 州法律

1. 土地使用规划应受公法的限制。

2. 州法律至少应规定赋予一种法律手段，有权对根据本法律及该州的或联邦的实施条例而制定的批示及土地使用规划提出异议。

3. 州法律应保证：

①其合法权益至少与向联邦法院提出管理申诉时的权益相同；

②至少有一个处理申诉的部门进行全面核查。

4. 如果对州有关部门根据第25a条第1款规定作出的批示进行申诉的话，应规定由统一的法律机构受理。

第35条 联邦法律

1. 如果对由于限制私人财产权（第5条）或由于批准事宜（第24条）而作出的赔偿提出申诉，并且不同意州最高机构所作决策的话，可以向联邦法院提出管理申诉。

2. 各州及市镇有权提出申诉。

3. 州最高机构的其他决策是终极的；但有关国家法（staatrecht）方面的问题可以向联邦法院提出的申诉。

第六部分 结束性条款

第36条 指导性规划和土地使用规划的制订期限

1. 各州应保证：

a. 指导性规划最迟应在本法律生效后五年内制订完毕；

b. 应及时制定土地使用规划，但最迟应在本法律生效后八年内制订完毕。

2. 在特殊情况下，联邦政府可延长指导性规划的制订期限。

3. 如果在本法律生效之日，州已拥有已经生效的指导性规划及使用规划，则根据州法律上述规划仍有效，直至它们重新获主管部门的审查批准为止。

第 37 条 各州的实施措施

1. 各州为执行本法律而制定必要的规定。

2. 只要州法律不指定其他部门，州政府有权制定临时性的规定，特别是划定规划区（第 27 条）。

3. 如果尚未确定建设区的范围，而州法律也没有其他规定的话，则已经大部分开发建设完毕的地区应被视为临时性的建设区。

第 38 条 临时性的使用区

1. 如果特别适宜的农业地区、特别重要的自然景观或人文景观受到直接威胁，而在联邦政府规定的期限内又未采取必要措施的话，联邦政府可以划为临时性的使用区。在这种使用区内，不得进行任何有可能对使用规划带来负面影响的活动。

2. 一旦使用规划制定完毕，联邦政府便取消临时性的使用区。

第 39 条 对《水资源保护法》的修改

对 1971 年 10 月 8 日版的《水资源保护法》进行如下修改：

第 19 条（略）

第 20 条（略）

第 40 条 公民投票以及本法律的生效

1. 本法律可通过公民投票进行全民公决。

2. 联邦政府决定本法律的生效。

生效日期：1980 年 1 月 1 日

第六章　澳大利亚规划体制

一、澳大利亚概况

1. 土地与人口

澳大利亚的总面积为 769.2 万 km^2，是世界上第六大领土，同时也是世界上惟一一个覆盖整块大陆及其外围岛屿的国家。澳洲大陆位于南纬 10°至 39°间，是世界上最大的岛屿及面积最小而最为平坦的大陆。其最高点位于新南威尔士州东南部的科西阿斯科山，仅为 2228m。由于澳大利亚基本上处于低、中纬度地带，日照时间长，蒸发强烈，加上东部南北走向的山脉像一道天然屏障，阻挡了来自太平洋的湿风和云雨，所以广大的内陆十分干燥，是世界上人类居住的最干燥的大陆。澳洲也拥有部分湿润而肥沃的土地，可灌溉的土地为 $18800km^2$，可以有效地提供粮食。牛羊与其他牲畜放牧于干旱的乡村地区。但一些用于放牧的土地由于降水减少而沙化，成为一个环境问题。

澳大利亚总人口为 1830 万，相对于其广大的国土面积来说是很少的，人口密度仅为 2.4 人/km^2。但人口分布是相当集中的，多于 70%的人口集中在 5 个大都市地区内，因而城市在澳洲的居住体系中至关重要。

澳大利亚联邦由 6 个州（新南威尔士、维多利亚、昆士兰、西澳大利亚、南澳大利亚及塔斯马尼亚）与 2 个地区（首都地区与北部领土）组成，大部分内部边界沿着经纬线划定。最大的西澳洲，其面积与西欧大致相同。

2. 历史与移民

考古学家们证实，早在 8 万多年前，就有人类到过今天的澳大利亚。但人类正式在澳洲定居则是在 4.7 万多年前，他们就是澳大利亚土著人的祖先。

1788 年 1 月 26 日，英国的第一舰队（由 11 艘舰只组成）载着 1500 人（其中一半是流放犯）到达悉尼植物湾，标志着英国殖民统治的开始。当时的总督菲利普把悉尼港作为驻扎点。然后这一登陆日被定为国庆日，澳洲也随着英国殖民者的进入而逐渐发展起来。到本世纪初联邦政府成立之时，英国已在澳洲大陆建立了 6 个殖民地，成为后来的 6 个州。

英国犯人向东部悉尼所在的新南威尔士的流放于 1840 年结束，但在西澳大利亚，该过程一直到 1868 年才终止。在 80 多年间，约有 16 万英国流放犯到达澳大利亚，但远远少于每年 5 万来自欧洲、主要是英国的自由定居者移入的速度。在 19 世纪 50 年代，淘金热兴起，成千上万来自世界各地的"淘金者"涌入澳洲，这不仅促使澳洲人口骤增，而且黄金的出产大大提高了澳大利亚的经济实力。1901 年，澳大利亚联邦成立，国家的最高首脑是英国女王，而联邦政府则由大选中获胜的党派组阁而成，总管各州政府。其政体一方面仿效了英国的君主立宪制，另一方面，由于地域广阔，无法像英国那样建立一个王国，所以采纳了情况类似的美国的联邦制度。

澳大利亚的多民族多文化社会包括了其原始土著居民及来自世界各地的移民。外来移民已构成澳大利亚社会的一个重要方面。自 1945 年以来，大约有 550 万人作为新定居者来到澳大利亚。移民最初来自英国与西欧，但 20 世纪 60 年代后，来自南欧、中东、亚洲与新西兰的移民不断增加。澳大利亚已成为世界上移民迁入率最高的国家之一。移民对现代澳洲社会的形成起了重要作用。出生于海外的人口及其子女大约占了总人口的40%。

3. 国家经济

对于总人口少于2000万的澳洲来说，其国民生产总值是很大的。1996年澳大利亚国民生产总值达3720亿美元，人均国民生产总值为20300美元。出口额为515.7亿美元，进口额为574.1亿美元。1996年国民生产总值的增长率为3.1%。凭借其丰富的自然资源，澳洲人自19世纪以来就过着高质量的生活。国家对包括教育、培训、保健与交通在内社会基础设施进行了大规模的投资，创造了良好的生活条件。

自1788年英国开始向澳洲大陆移民到1900年，澳洲的经济活动主要是围绕着农业和采矿业开展的。20世纪初期，运输、通信和制造业逐步发展，但是直至20世纪中叶，农业和采矿业仍然是澳大利亚的经济支柱。从20世纪50年代开始，澳大利亚的经济发展进入了一个高速扩展的时期。到20世纪60年代，澳大利亚的制造业已相当发达。其后，澳大利亚的经济结构又发生了基本的变化，第三产业在其国民生产总值中所占的比重，由20世纪60年代初的60%左右上升到1991～1992年度的75%以上，制造业在国内生产总值中所占的比重趋于下降。

在国际贸易中，澳大利亚的出口已连续5年平均递增7.5%。出口占全部经济增长的近四分之一。高附加值产品在出口商品增长中占主导地位。旅游、为外国培养留学生、计算机软件等行业使澳大利亚1995～1996年度的服务性贸易首次出现顺差，1996～1997年度又增长了6%，成为外贸出口的新趋势。澳大利亚经济正在不断适应这种趋势，向高附加值的制造业及服务业倾斜。

自19世纪以来，澳大利亚实行了固定工资体制，利用工业法庭规定工资及待遇。这一体制目前正逐渐转变为更灵活的雇佣制度。

澳大利亚的经济发展一直高度依赖外国的直接投资，尤其是来自英国、西欧与北美的投资。自1980年代早期以来，日本的直接投资增加，但到1990年代又开始回落。北美、欧洲及亚洲的公司常

将澳大利亚作为其业务经营的地区性基地。澳洲也是其贸易伙伴的资金来源，澳大利亚的公司正不断在跨国经营中发挥重要作用。

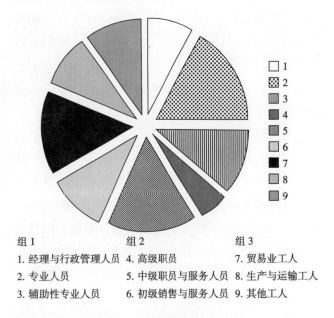

组1	组2	组3
1. 经理与行政管理人员	4. 高级职员	7. 贸易业工人
2. 专业人员	5. 中级职员与服务人员	8. 生产与运输工人
3. 辅助性专业人员	6. 初级销售与服务人员	9. 其他工人

图6-1 澳大利亚劳动力结构

4. 政治体制

澳大利亚政体以自由民主为基础，其章程与实践反映了英国与北美模式的融合，但为澳洲所独有。

澳大利亚联邦成立于1901年。政府以广泛选举产生的议会为基础。而议会由参议院与众议院组成。由两院任命的部长组成执行政府，即内阁。内阁成员同时又是议会议员，即行政机构成员同时也是立法机构成员。内阁会议决定立法与政策。这沿袭了内阁政府向议会负责的英国模式。

尽管澳大利亚是一个独立的国家，但其最高首脑是英国女王伊利沙白二世。这反映了澳洲的起源以及同加拿大体制的相似。女王根据选举产生的澳大利亚政府的建议任命联邦总督。作为女王的代表，联邦总督根据联邦总理的建议任命部长。他的权力广泛，但实际上，几乎在所有事务上，只能根据部长们的意见行事。作为众议院多数党领袖的联邦总理实际上掌握着行政大权。

澳大利亚拥有成文宪法，这一点与美国相同而不同于英国。宪法规定联邦政府的职能主要是外交、贸易、国防和移民事务。州政府受当年殖民地遗留传统的影响，有很大的自治权限。州政府的结构与

联邦政府类似，有女王的代表州督，有竞选产生的政府首脑州总理。各州议会均设两院，只有昆士兰州上议院于 1922 年被废止。各州也都有自己的成文宪法，修改宪法的权力属于州议会。州政府的职能主要是立法、执法、教育、卫生、运输和土地管理。对宪法的修改需要公民投票表决。在公民就一项宪法提案表决之前，议会的两院先对此进行表决。如果两院的意见不一，则提交选民表决。

地方政府根据州立法或地区立法建立。在澳洲，他们没有获得宪法的认可。他们对法律实施及公共教育不负有责任。地方政府的职能各有差异，但通常包括地方规划及对建筑法规的监督，公路、街道、桥梁、污水处理与排水系统的建设与维修，医疗设施的提供，废物和清洁服务，及娱乐设施的提供。他们从联邦政府及州政府手中获得资金，同时征收地方税。

二、城市和城市规划的基本状况

1. 城市的概念与城市化水平

对于澳大利亚的城市，有两个不同的概念，即按聚居的居民点定义的城市和按行政体制定义的城市。前者为联邦政府人口统计所使用的单位，即人口在 1000 人以上的居民点，称为 Urban Center，可译为城市化中心，相当于空间景观上的城市和城镇。这种城市化中心在澳大利亚共有 750 多个，其中 100 万人口以上的有 4 个，即悉尼、墨尔本、布里斯班与柏思 4 个大都市区；20 万人口以上的共 10 个；5 万以上的共 22 个；1 万以上的共 111 个。大部分是万人以下的小城镇。

按行政体制定义的城市是有"市（city）"称号的地方政府辖区，对应于中国的建制市。但澳洲的建制市的设立没有全国统一的标准，各州在地方政府法案中作各自的规定，有的州有具体的标准，有的州则没有。例如，昆士兰州共有 124 个地方政府辖区，其中有 17 个市与 3 个镇，另外 104 个为郡。其设市的标准如下：①该地方政府所辖区必须是所在地区的中心，能为整个地区提供商业、工业、医疗与公共部门的服务；②该地区在设市前的 3 年内

人口必须达到 25000 以上，其中心城市的人口达到 15000 以上、密度达到每平方公里 150 人。在新南威尔士州，地方政府的辖区分为市、郡等，其数量分别为 43 个和 101 个，还有 32 个其他类型的辖区。建制市显然比昆士兰多得多。原因之一是没有具体的设市标准，地方政府法案中只是说有明显城市特征的行政辖区即可称为市。更有趣的是在维多利亚，有的地方政府辖区称为乡村城市（rural city），即有部分城市特征的乡村。若忽略统计标准不同的因素，澳大利亚共有 118 座建制市（city）。

这两种城市概念在实际中又是相互交织在一起的。一个建制市的范围内可能有多个城市化中心；一个大的城市化中心也可能包括有多个建制市。这种不同于中国城市概念的特殊性是探讨澳大利亚城市规划体制时应特别注意的。

澳大利亚的城市化水平很高，据澳大利亚 1996 年人口与住房统计，约有 86% 的人口居住在各级城化中心。而且在农村人口中，还有一部分人在附近的城市工作。若按 2 万人以上的居民点算作城市来统计的话，1921 年澳洲的城市化水平就已达到了 62.1%（见表 6-1）。这与其自然地理条件和移民历史有很大关系。澳洲大陆大部分为降水稀少的荒漠，适合人类居住的地区只是沿海的狭长地带。而对于迁移到新大陆的外来人来说，聚居是最好的生存方式。随着经济的发展和人口的增加，城市也就成长起来。目前澳洲 70% 以上的城市人口集中在 6 个州及联邦首府城市中，而这些城市又都基本上处于沿海地带，成为澳大利亚城市与人口分布的重要特征。

从城市功能上看，澳大利亚的城市主要有以下几种类型：①综合性城市，主要是首府城市，如悉尼、布里斯班、墨尔本，是各州的政治、经济、文化和服务中心；②政治中心，即首都堪培拉，像美国首都华盛顿一样，是专门规划设计的一个首都，有着花园城市的美称；③旅游城市，以亚热带和热带海洋风光为特征的旅游业城市，如黄金海岸，阳光海岸；④工业城市，包括以矿业、钢铁、化工和制造业为主的城市，如卧龙岗、纽卡塞尔。

居住在城市地区（人口在 2 万以上）
的人口占总人口的百分比　　表 6 - 1

年份	城市人口的比例
1921	62.1
1947	68.7
1954	78.7
1961	81.7
1966	82.9
1971	85.6
1981	85.7
1986	85.4
1991	85.2

数据来源：ABS, Year Book Australia, 1990。

2. 城市经济与社会结构

正如其他国家一样，城市经济占了澳大利亚国内生产总值的大部分——布里斯班大都市区产值占全州产值的60%，悉尼大都市区占全州产值的85%。城市的产业结构也出现了与其他发达国家相似的变化，即就业岗位从制造业向服务业及销售业转移。

就业结构的变化在不同的城市间有很大差异。悉尼的生产商服务业的增长处于领先地位，反映了它的"国际城市"的角色与功能；墨尔本与阿德雷德仍以制造业部门的就业率为最高；布里斯班的经济结构则以消费者服务业为特色，体现了其旅游城市的性质。

在城市内部，产业的空间分布也很有特色。生产商服务业都高度集中在 CBD 与郊区商务中心；消费者服务业的工作岗位则比较分散，与人口的分布模式更为一致；先进的制造业则趋向于集中在主要城市中少数的几个地方，尤其是悉尼与墨尔本更为典型。随着国际旅游业的发展，许多非城市地区的服务业部门就业率也已迅速增长。

由于传统制造业的衰退，所有老工业区受到了严重冲击。而原产业工人的居住区高度集中在工业区的周边地带，成为高失业区。传统工业区与其周边的工人居住区构成了城市中的衰退区。在悉尼，这一地区顺着从南部悉尼到 Liverpool 与 Fairfield 一线延伸。在墨尔本，它们位于城市的西部与北部，以

及东南部的 Dandenong ，Oakleigh 和 Springvale。在阿德雷德，它们主要集中在外城北部。在柏思与布里斯班，集中在外城南部。同时，城市中的衰退区也常是低素质的非英语背景群体高度集中的区域。其公共住房通常是劣质的，而且其物质环境经常低于标准。这些区域成为政府恢复计划的首要候选对象。恢复计划包括了住宅更新、环境改善以及用于恢复地方经济的投资，通过各级政府与私人部门间的协作来进行。

同许多城市中富人与穷人居住区明显分离的模式不同，墨尔本内城具有贫富混居的特色。这与公共住房，主要是超高层公共住房高度集中于墨尔本内城相关。因而它由就职于内城服务性产业的富人与居住在超高层建筑中、依靠政府津贴的穷人组成。墨尔本内城的问题在于，由于产业结构的变化，大多数超高层住宅不接近可能的就业岗位。许多超高层住房的居民是没有英语背景的家庭，他们的就业前景在于制造业、个体贸易或销售业。而这些产业大部分位于郊区，因而这些人的目标是尽快脱离超高层建筑搬到郊区去，以便于就业。

3. 城市空间结构与环境

澳大利亚的人口在战后时期一直持续增长，而且增加的人口主要集中在城市地区，尤其是各州的首府地区。在首府地区，居民数量的增长主要发生在新建的远郊区；而在较老的中心区的人口数量却相对下降了，特别是最近的几年，出现了绝对下降。表 6 - 2 表明在 1921 年的悉尼、墨尔本、阿德雷德以及柏思地区，人口一直持续增长，直到1971年，随后才开始下降。所有城市（1971 年之后）人口增加的大部分都是通过空间蔓延而不是通过建成区的人口密度的增加实现的。由于 1921 年的边界没有用一种一致的方法来确定，所以不同城市之间的数据表无法用来互相比较。然而，有一个特征是明显的：老的中心区的人口比例一直是随着时间明显地下降。也就是说，人口增长的大部分发生于首府的郊区。

主要首府城市的人口变化（1921～1991）

表 6-2

首府城市	年份	1	2	3
		大都市/城市人口（000's）	1921 年的人口都市边界（000's）	在 1921 年边界占总居住人口的百分比
悉尼	1921	899	899	100
	1947	1484	1279	86
	1961	2183	1362	62
	1971	2725	1513	56
	1981	2865	1356	47
	1991	3098	1351	44
墨尔本	1921	718	718	100
	1947	1226	1085	88
	1961	1911	1161	61
	1971	2408	1199	50
	1981	2579	1023	40
	1991	2762	977	35
阿德雷德	1921	255	249	98
	1947	383	348	91
	1961	588	504	86
	1971	809	575	71
	1981	883	544	62
	1991	957	544	57
柏思	1921	155	127	82
	1947	273	202	74
	1961	420	218	52
	1971	731	228	31
	1981	809	197	24
	1991	1019	205	20

郊区的扩展是澳大利亚城市形态变化的主要特征。相对较高的生活标准，再加上澳大利亚人喜欢在住房方面投资，使得越来越多的人能够实现拥有一套优质、宽敞、带花园的住所的热望。到 1961 年，每 10 个家庭中已经有 7 个取得了房屋的所有权——大多数的住房都是独立式带花园的住房形式。郊区的发展也伴随着公用设施更为公平的供应，例如学校的服务区的范围成为规划居住区的规模。更多的通向开敞空间和娱乐设施的道路也被列入了战后城市规划体系所设计的目标中。

在同一时期，人们对城市服务水平的期望值也增加了。人们希望当新的地区被开发时，要有水供应，下水道和排水设施，密封的公路，开敞空间，学校以及其他的公共设施。这些期望是由联邦政府以及当地的政府部门来满足的，他们或者是靠自己的财力来解决，或者通过把建设基础设施作为发放开发许可证的条件。

郊区化和城市蔓延造成了对私人小汽车的依赖，而私家车数量的增加和通勤距离的上升又带来了城市环境问题。同世界上其他地区相比，应当说，澳大利亚的城市环境质量还是相当高的。良好的环境是澳洲城市的国际竞争优势之一。但其环境质量也还有很大的改善余地。城市环境污染的主要来源就是能源的生产和交通系统。除燃煤外，机动车是温室气体排放的最大来源。这导致了政府及规划界对城市蔓延式发展的讨论，并使许多城市将"紧凑发展"列为战略目标之一。

4. 城市政策及其演变

澳大利亚从 1970 年代初到目前的城市政策可分为三个主要阶段，即 1970 年代的"社会民主"城市（social democratic city）、1970 年代末出现的"紧凑城市"（compact city），以及 1980 年代末出现的"多产城市"（productive city）。

1970 年代初，政府虽然已意识到了城市蔓延的弊端，但为了满足澳大利亚人对独立住房与花园的需求和实现社会平等，住房及就业地点的发展都间接指向远离中心区的新兴远郊区，这使城市不断蔓延。而直至这一时期的城市规划始终以实体规划为主，即进行土地分区。主持规划的地方政府希望通过空间上的划分解决由于城市蔓延所带来的各种问题，但并未实现。

1970 年代末期，兴起了对规划法的改革并倡导通过规划实现城市的紧凑发展，主要表现在提高住房密度上。这一时期，主张将城市规划与社会、经济政策结合起来的观点开始出现。同时认为，低密度的城市过分依赖私人交通，造成了能源的浪费。而为私人汽车提供高速公路与其他便利措施又对社区结构造成了破坏。而较高密度的住房使公共交通更为有效并减轻了私人汽车对城市形态的影响。但在随后的实践中紧凑发展的政策也逐渐暴露出问题来，其中之一就是提高住房密度对减少城市向外扩展的作用不大，因为这种方式只能为 1/3 的新增人口提供住房。而且它使公路的拥挤状况加重，老城区的基础设施无法满足新增住房的需求，更新基础设施的费用很高。对该项政策怀疑的增多、联邦热情的减退，以及各级政府资金上的限制已使国家城市政策在 1980 年代末转移到对"多产城市"的探讨上。

在全球化趋势和国际竞争的压力下，澳大利亚政府也认识到城市形象对于吸引投资者的重要性。从而更多地从是否有利于经济增长的角度考虑问题，减少政府对城市经济发展的干预，以使澳洲城市更加适应经济全球化的趋势。这在规划上表现为联邦与州政府对战略规划的重视，认为规划是城市政策的重要组成部分，具有政治色彩。因而规划不仅是空间上的，而且要将社会、经济与环境目标作为它的组成部分。澳大利亚是一个拥有多种文化与民族的国家，因而在规划中考虑社会目标是非常必要的。这一讨论引出了1990 年代初期对城市规划工作的一次全面回顾（见三）。

5. 城市规划体制的基本框架

澳大利亚的城市规划体制最初是沿袭了英国的规划体制，规划师的培训也都在英国进行。英国的规划体制以严谨和保守为特点，有大量繁琐的法律条文，灵活性差。因而澳洲最初的城市规划非常僵硬、操作性差，在开发项目的审批过程中必须对所涉及的规划法律条文进行解释，无法适应市场经济的要求。规划的修改也很难进行，使规划难于适应城市经济的发展变化。但 1960 年代以后，澳洲的部分规划师转为到美国培训，他们带回了美国的规划思想，并采用了美国的规划方法，规划中的灵活性逐渐增加。例如，规划的制定与修改年限不再有僵硬的规定，而是可以根据实际情况的需要制定或修改规划。对土地用途的划定也不再是一成不变的，可依据法规与实际需要进行变更。规划中弹性的增加使规划更具实践意义，而使规划更能适应实际变化的需要以及避免项目审批程序的繁琐正是澳洲政府所追求的目标。同时需要指出的是，澳洲城市规划的核心

部分是对各项开发政策的制定，而不是土地的功能分区。这与美国不同，而与英国相同。

澳大利亚的城市规划体制由三个基本部分构成，即法律、规划与开发管理（基本框架见表 6 - 3）。这三者紧密联系在一起。一方面，法律条文在澳洲的规划体制中尤为重要，一切规划方案的制定、审批与修改都要以法律规定为依据，不得与其相违背。而作为规划实施最重要手段的开发项目审批必须依据法律规定进行，并要符合规划的要求。而另一方面，有时为了项目开发的需要，可以要求修改规划甚至法律。规划与项目审批过程中所反映出来的问题可以作为修改规划、甚至法律的依据。而城市规划的主要职能是控制与引导土地的开发利用，使人口、产业及基础设施的分布更为合理，从而在保持并提高环境质量的条件下，进一步提高公众的生活质量。

澳大利亚城市规划管理体制　　表 6 - 3

	法规	规划	管理
联邦政府	环境保护法 文物古迹保护法	国家交通网规划	联邦土地开发审批
州政府	规划法 建筑法 环境保护法 文物古迹保护法	区域战略规划 规划政策	州土地开发审批 规划法庭 （服务于全州） 地方规划审批
地方政府	相关的地方性 规章	地方规划 （覆盖整个行 政辖区）	地方土地开发审批 为公共基础设施 指定土地

三、各级政府规划部门的职能和管理权限

1. 联邦政府

澳大利亚联邦政府中没有专门的规划主管部门，其运输和地区服务部的职能中有一部分与规划相关。它在规划方面所做的主要工作是组织与建设需要在各州之间协调的国家公路与铁路系统。在以前很长一段时间内，联邦政府一直把城市的规划与发展看作是州政府与地方政府的责任。联邦政体的特点使各级政府在重要的开发领域，特别是基础设施的提供、交通、土地利用、就业地点的建设、住房政策

以及基本福利的融资与提供上缺乏合作。但随着城市蔓延的公共成本不断增加，以及环境问题的恶化，城市中失业、贫困化、居住条件不平等这些问题的出现，与城市规划和发展相关的问题引起了联邦政府的重视。近年来联邦政府提出了旨在促进城市更良好发展的一系列计划与项目，并加强了这方面的政府间合作，其中最重要的工作就是进行了澳大利亚城市与区域发展回顾。

澳大利亚城市与区域发展回顾委员会成立于1992年，由7名内阁部长组成。该委员会组织了来自各级政府、私营部门和学术界的人员对澳洲城市与区域发展进行了一次全面的回顾。这次工作的目的在于认清澳大利亚城市中人口、住房、交通、基础设施与公共服务需求不断变化的特征，以使联邦政府的各项政策与城市和区域的发展重点相协调，从而实现以下目标：

①进一步促进经济与就业增长；

②为由于住房与工作地点而处于不利地位的群体创造更多的机会；

③为经济发展保持并改善交通系统与基础设施；

④更好地保护环境。

该项回顾工作最后提出了几条政策性建议：

（1）以区域为新的政策核心

1970年代中期以来澳洲就业情况的变化已深深影响了社会中的贫困阶层及主要城市与非都市地区中的相对落后地区。处于城市与区域社会经济下层的人们不断丧失就业机会，这种状况即使在经济迅速增长或复苏的时期也未得到改变。甚至在1980年代后期经济繁荣达到顶峰时，很多最落后区域的失业率仍高得让人无法接受。联邦政府应针对这些落后地区制定相应的劳动力市场政策以帮助这些人口摆脱贫困。如帮助人们建立就业网络体系以进入其他地区需求旺盛的劳动力市场；实施培训计划，使这些地区的人们有能力获得新工作；支持这些地区的地方创新，通过创新增加就业机会，特别是在面向国际或澳洲迅速发展地区的出口行业中创造就业机会。

（2）对基础设施实施战略性投资

从实现中期发展目标来说，投资于改善陈旧的

公共基础设施对经济增长是至关重要的。有充分证据表明，公共部门对基础设施的投资大大提高了私营部门的生产率、收益率与投资率。但这类投资应有战略眼光，应同有经济增长潜力的部门需求及能促进澳大利亚提高国际竞争力的需求联系起来。战略投资应面向处于新信息产业核心地位的电信基础设施和公共交通基础设施。其中，公共交通应使人们不需要依靠私人小汽车就能方便地到达新产业基地或他们的工作所在地。同时，迫切需要改善澳大利亚的城市货运交通系统，以及为货物生产者与交易者提供到达港口与机场入口的货运公路。

（3）加强区域战略规划

基础设施投资不能只满足短期需求。考虑到城市与区域主要公共基础设施的使用期限及产生的影响，就必须把基础设施投资的进度、地点与规模同地方的土地利用与开发计划结合起来。这就需要加强区域战略规划。

以区域或次区域为单元的战略规划既可为区域的发展设定目标，为保证私营部门及公共部门投资的有效性提供框架，又可为支持严重衰退地区的结构转变与恢复活力起关键作用。严谨的战略规划是实现澳洲城市高效性的关键。

（4）建立各级政府间更加密切的伙伴关系

应当比以往更多地关注宏观与微观经济政策、城市政策与开发政策间的关系。不仅联邦政府应予以关注，而且州政府也应当关注，因为大多数城市开发政策是由州政府实施的。同时，过于简单地划分联邦政府、州政府与地方政府各自的权利与责任经常使以上被关注的事项受到忽略。

各级政府都会对澳大利亚城市与区域事务产生影响。无论它们制定的政策与计划多么全球化，没有任何一级政府能够逃避其政策本地化成效的责任。联邦政府应注意城市规划的特色、质量以及它们对实现关键性国家目标所起的作用。同时，联邦政府应调整其行为，以确保其工作没有背离在城市规划与区域规划中设定的目标与指导方针。

尽管通过这次回顾工作之后，联邦政府的政策转向以城市与区域为中心，但联邦政府在城市与区域发展中的作用仍是综合指导性和协调性的，通过

政策与财政支持来发挥影响，对州政府仍无任何强制性。

2. 州政府

澳大利亚与规划相关的权力主要集中在州政府一级。州政府对规划及大多数基础设施的提供负有直接责任。它通常负责制定相关的立法、战略规划和政策文件。由于澳大利亚实行联邦制，因而各州有不同的规划立法，规划机构的设置也各不相同。例如，新南威尔士州政府的规划主管机构是城市事务和规划部；昆士兰为交流与信息、地方政府与规划部；维多利业为基础设施部，其中又以它的地方政府、规划与市场信息服务处为主要管理单位。这些不同使他们在规划中的侧重点也各不相同。但所有州政府在规划方面的立法都是适用于整个州的，而不仅仅是州内的城市地区。而且他们的职能都集中在以下几方面：

①规划立法与规划政策的制定；

②审批地方规划及大规模的建设项目；

③建立区域组织及组织进行区域规划；

④对规划方面的上诉作最终判决。

同时需要说明，澳大利亚州政府行使权力的过程也体现了民主性的特点，即州政府在行使相关的权力以前，必须由主管部长向可能受影响的地方政府发出有关的通知。通知中说明计划行使权力的原因以及地方政府可提交意见的期限。部长会对地方政府的意见作出相应的决策。

以下对州政府的各项权力予以详细说明。

规划立法与规划政策的制定：各州政府是规划法与规划政策的制定主体。其中规划法是约束其行政辖区内与规划相关行为的首要文件。各州与地区都有自己的规划法，如昆士兰州的《综合规划法案1997》、维多利亚的《规划与环境法案1987》、南澳大利亚的《开发法案1993》等。规划法案一般由主管规划的部门提出草案，提交州议会通过后生效。规划法为土地的使用、开发与保护建立了框架，使公众的当前利益与长远利益相协调，具有很高的权威性。另外，州政府还负责制定州规划政策，由规划部长主管。例如，昆士兰的《综合规划法案

1997》明确规定规划政策具有法律效力，除非特别说明，它适用于全州。其制定过程分为准备、协商与采纳三阶段。除有特别规定外，政策自公告之日起生效。如果规划部长想取消某项州规划政策，需要在全州流通的报纸与公报上发布通知，并向州内的地方政府发放该通知。

审批地方规划及大规模的建设项目：州内各地方政府制定的地方规划或其修改方案，需要提交给州政府规划主管部门审批，通常该项权力集中在规划部长的手中。部长根据规划法与其他州政府相关章程的规定，评判地方规划的合法性与合理性。主管部长的权力很大。为保护全州的利益，他有权要求地方政府复查规划方案，制定或修改规划方案，制定、修改或取消规划政策等，并说明地方政府必须遵守该要求的原因。

对于涉及到全州利益的或可能对州政府规划目标的实现产生影响的、大规模的建设项目，通常也要求提交给部长决定是否发放开发许可证，即部长有"提审权"。他有权在主管机构对申请作出决定之前，要求主管机构将申请提交给自己审批。而主管机构必须遵循部长的指示停止审批过程。部长在审批过程中将获取的有关各方意见提供给一个专门小组，在对专门小组的报告、地方规划及其他相关事务的考虑基础上作出决定。部长也可直接给主管机构下达指示，要求其对有关项目附加条件或不予批准。这一过程使批准进行的开发项目不仅符合小范围内的利益，而且符合全州的总体利益。

建立区域组织及组织进行区域规划：随着大城市中人口的不断增长，城市建成区不断向外扩展。许多新兴的城市边缘地区基础设施与公共交通系统条件恶劣，给居住在那里的人们带来了不便。同时随之产生的环境问题与融资问题日益突出。而这些问题并非所在城市的地方政府自己能解决的，需要同区域内其他地方政府相协调。这促使了州内地方政府间区域联合体的产生。州政府是这些区域联合体的组织者，通过建立这种组织解决与城市发展相关的问题，尤其是经济问题和基础设施问题。都市地区中最大、最有成效的区域组织为墨尔本西部地区议会与西部悉尼议会联合体，两者在制定解决所

属地区经济衰退的政策方面卓有成效。而维多利亚地方政府协会则成为它们应对人口的增长、提高自身经济影响力的方式。值得一提的是，昆士兰州在《综合规划法案1997》中以法律的形式规定了该州的区域组织，即地区规划咨询委员会，负责组织进行区域规划。其中规划部长代表州政府作为它们的组织者。这里的地区没有固定的地理边界，它可以是所有地方政府总的辖区，也可以是其中两个或多个地方政府的辖区，还可包括非地方政府辖区。规划部长可自行决定所建立的地区规划咨询委员会的个数。对其所设立的委员会，他应说明委员会的名称、成员及所覆盖的地区。在没有限制成员范围的情况下，委员会中必须包括地方政府的代表。但地方政府有权不派代表加入。另外，部长通过同委员会及其他他认为合适的团体进行协商，有权变更委员会的任一方面组成要素。该委员会的工作是公开而可参与的，它必须向部长及所覆盖区内的地方政府报告其研究成果。

另外，在州政府的主持下，区域组织可根据实际需要制定区域规划以满足区域发展的需要。区域规划通常为战略规划，而且并非法定规划，具有灵活性。各州政府可根据区域发展的状况决定是否制定规划以及规划所辖区的范围等，并根据情况的变化不断为规划补充新的内容。但区域规划范围内的地方政府一旦签署了区域规划，就必须在其地方规划中遵守区域规划中的规定，使其地方规划与区域规划相协调。例如，《东南部昆士兰区域增长控制大纲1995》就是其中的一个典型。它是各级政府协作的成果，是对东南部昆士兰人口增长压力的反应。该规划支持生态可持续发展的原则，明确了东南部昆士兰地区未来的宏观发展模式并提出了相应的政策框架。

对规划方面的上诉作最终判决：各州与地区设有专门的法庭处理与规划相关的上诉。例如，昆士兰为规划与环境法庭，南澳大利亚是环境资源与开发法庭，新南威尔士为土地与环境法庭等。由于各州规划法庭的具体情况各不相同，本报告仅以昆士兰州为例予以介绍，其详细内容见六。

3. 地方政府

相对于州政府在立法及公共事务方面的巨大权力，地方政府的权限很小。地方政府的设立或取消以及辖区划分都是由州政府决定的。由于历史的原因，各州地方政府众多而辖区狭小，最典型的是几个百万人口以上的大都市区都有70～80个地方政府，从而使其对城市发展变化的应变力差。所以尽管将地方政府看作是澳洲城市发展的看门人，但由于其金融与管理权力弱，这种作用受到了限制。1993年的首府城市市长会议指出，在1980年代，柏思、悉尼、墨尔本与阿德雷德的中心市政府在防止历史文物的破坏、商业建筑的过度供给、人口、零售业及工作岗位从市中心的外迁方面的作用微弱。当在规划上出现冲突时，即使最强有力的地方政府也不能违背州政府的意愿。在悉尼，州政府于1988年取消了悉尼市议会的规划权，将它赋予了中心悉尼规划委员会。认为地方政府具有狭隘的地方观念通常是州政府取消其规划权的原因。当然，地方政府在城市规划中的地位正在改变。各级政府间协作的重要性越来越得到认识。1980年代以来地方政府在社会规划与城市规划方面作用的加强已使各级政府、公共部门与私人部门间形成了更为复杂的伙伴关系。这种转变是地方人口与经济状况变化的结果。同时地方政府也从专门进行物质规划逐步转移到参与战略规划中。

地方政府设有专门的部门管理与规划相关的事务，例如昆士兰州地方政府的主管机构为城市管理局和居民与社区服务局。虽然各州地方政府中的具体设置各不相同，但其主要职能都有以下几方面：

地方规划的制定与修改：地方规划（planning scheme）是由地方政府主持制定的覆盖其整个辖区的规划。它是澳大利亚惟一的法定规划，也是进行建设项目审批时最具体的审批依据，由规划法对其制定与修改作出相应规定。有关的详细内容将在第五部分阐述。

开发许可证的发放：这是地方政府实施规划方案的一个重要手段。土地开发者在进行建设前必须向地方政府提交申请，由地方政府对是否发放许可证做出决定。审批过程要按照州规划法案的规定进行。有关的具体情况将在六中予以说明。

为公共基础设施指定土地：对于在地方规划中确定的基础设施和公共设施用地，若不是地方政府所有，地方政府有权将其予以指定，即该土地不再允许用于其他开发途径，只能保持现有用途直到政府将其购买并用于基础设施建设。规划法规定只有当公共基础设施的建设满足以下条件时，即：①有利于有关环境保护或生态可持续的法律与政策的实施；②有利于资源的有效分配；③满足公众对基础设施的需要；土地的指定者才有权为其指定土地。指定的有效期为6年，即6年之内若政府没有开始进行建设，则指定失效。

需指出的是，州政府也有指定土地的权利。其程序和要求与地方政府的相同，都在规划法中有明确的规定。

制定相关的地方性规章：地方政府无立法权，但可以根据州政府的规划法与地方政府法制定地方性规章。

四、城市规划法规体系

澳大利亚联邦政府没有与规划相关的法律，只有有关文物保护与环境保护的法律中的部分条款对规划产生间接影响。规划法的制定权完全集中在州政府的手中。而地方政府只是州规划法的遵守者。

1. 州政府规划法

澳大利亚各州与地区的规划法规体系各不相同，但它们都拥有自己的规划法案，如维多利亚是《规划与环境法案1987》，昆士兰是《综合规划法案1997》，塔斯马尼亚是《土地利用规划与审批法案1993》。州政府制定的规划法案是在本州内进行的规划相关行为所能依据的首要法律文件，具有最高权威性。各州规划法案的侧重点不尽相同，如维多利亚《规划与环境法案1987》认为该法案的目的是"为了维多利亚人的当前与长远利益，为规划土地的利用、开发与保护建立大纲"。而昆士兰《综合规划法案1997》对其制定的目的作了较详细的阐述，认为法案的基本目的是"通过协调地方、区域与州级

规划以及控制开发的过程和其对环境的影响以实现生态可持续性。"并把这一基本目的扩展为"①确保决策过程负责、协调而有效，考虑开发对环境的短期与长期影响，并寻求实现代际公平；②确保可更新自然资源的持续利用与不可更新资源的谨慎利用；③尽量避免或减轻开发给环境带来的负面影响；④以协调、有效而有序的方式提供基础设施；⑤为公众参与决策提供机会。各州规划法的制定由规划部门拟订草案，然后交立法部门审核通过。根据实际情况的变化，法案也进行不定期的修改。每次修改后都将修改了的条款在一个新的法律文件中公布，并在原法案的相应条款下注明。

2. 规划法的主要内容

各州规划法虽然各有特色，但都包含下列主要内容：

①地方规划的制定与修改：地方规划是澳洲规划法所规定的惟一法定规划，因而在法案中详细规定了它的制定与修改程序，并着重说明了公众如何参与其过程以及地方政府或个人如何对地方规划进行复查；

②开发许可证的审批：各州规划法都用了相当大的篇幅对有关土地开发许可证的申请和审批作了详细的规定，包括申请开发许可证的要求，对申请的评估，征求意见以及最后的决策。这些规定使得开发行为能够完全依法进行，以确保土地开发能够保障规划目标的实现；

③补偿制度：规划法规定土地所有者在其土地被政府指定为基础设施用地后，其经济损失可以向主管部门要求进行补偿，并对补偿程序及补偿金的标准作了详细规定。还说明对于主管机构的补偿决定，有不同意见的所有者有权向法庭提起上诉。这些规定避免了由于政府行政权的介入而使土地所有者的利益受损；

④规划上诉体系：为了保证开发许可证审批过程的公正、合理和对审批机构的监督，规划法中以法律的形式建立诉讼制度，详细规定了申请者在哪些情况下可进行上诉、上诉期限、主管法庭的构成以及法庭的裁决程序等；

⑤强制执行条例：为了确保规划和法律的执行，各州城市规划法都规定，未获得开发许可证的开发是非法的，并详细规定了负责机构或任何个人如何向法庭申请对非法开发发放强制执行令，以及如何对非法开发者进行处罚；

⑥新旧法案的衔接：规划法对旧法案如何与新法案相衔接、根据旧法案所制定的地方规划及规划政策在新法案下是否有效等问题作了详细规定，从而实现新旧法案的良好过渡。

3. 其他相关法律

除规划法外，州政府还制定建筑控制法案，如维多利亚的《建筑法案1993》与《维多利亚建筑规章1993》，南澳大利亚的《开发法案1993》，新南威尔士的《环境规划与评估法案1979》等。另外还有相关的文物古迹保护与环境保护法案。前者如昆士兰的《昆士兰文物古迹法案》，塔斯马尼亚的《历史文化古迹法案1995》等；而后者如昆士兰的《环境保护法案》，维多利亚的《环境影响法案1978》等。这些法案都是建设项目审批的依据。

五、城市规划的层次结构

澳大利亚的城市规划主要分为两个层次，即区域规划与地方规划。区域规划是跨地方政府辖区的，一般都是战略规划。区域规划为非法定规划，但地方政府一旦签署，就必须在自己的地方规划中遵守其相关内容。地方规划是地方政府辖区范围内的规划，由地方政府主持制定。它是州规划法所规定的惟一法定规划文件，以实体规划为主要内容。

另外还可以根据实际需要制定小区规划。

1. 区域规划

在澳大利亚，跨地方政府辖区的规划都称为区域规划。由于地方政府辖区都比较小，所以大城市的实际范围都包括了多个地方政府辖区，如悉尼大都市区就有多达70多个地方政府。因而大城市就都需要有一个区域规划，即覆盖整个都市区的统一规划。这种区域规划的特点是战略性与综合性，因而常称为战略规划。其战略性表现在要为整个城市的发展确定战略目标和整体构架，在宏观层次上提出解决现有问题的方案。其综合性在于把经济、社会与环境三方面均纳入到规划中来。

除大都市区的区域规划之外，州政府还根据情况对经济发展和人口增长快的地区进行区域规划。这种区域规划可能包括多个城市及部分乡村地区，也是战略性规划。

如果规划区的面积较大，有时还在区域规划的基础上做次区域结构规划。即把规划区分为几个次区域，对每个次区域做结构规划。这种结构规划也是战略性的，只是比区域规划更具体一些。通过结构规划把区域规划的战略目标进一步落实到次区域上，并结合次区域的具体条件提出进一步的目标。同时也从次区域的角度对区域规划的合理性与可行性进行验证，有时会提出对区域规划的修改意见。

对于区域规划的制定，规划法中并没有相应的规定，因而它是一种非法定规划，是实际需要的产物。规划成果是一种文本文件，后有相应的附图。但附图往往是示意图，不是精确的规划图。下面以昆士兰东南部地区《区域增长管理大纲（The Regional Framework for Growth Management）》为例加以具体说明。

（1）规划的组织机构

为制定该规划，政府组织了一个规划组，称为Regional Planning Advisory Group，由来自联邦、州、地方政府和社区的人员组成。此外又组织了5个专门小组来配合规划组的工作，包括技术组和社区咨询组。规划组经过3年的工作完成了规划报告。而后规划组被区域协调委员会所替代，该委员会由来自各级政府部门、企业界、非政府组织和社区的代表所组成，负责进行规划的复审和实施。在进行次区域结构规划时又为各次区域组织了不同的规划班子。

（2）规划的主要内容

规划报告中阐明了该规划的宗旨是"使昆士兰东南部地区以其可居住性、自然环境及经济活力而享誉世界"。规划内容包括了以下15个方面：

① 自然环境保护；

②经济资源；

③水质量；

④空气质量；

⑤区域绿地系统；

⑥城市增长；

⑦住宅开发；

⑧主要的区域中心；

⑨就业中心；

⑩社会公正/社会服务；

⑪可居住性；

⑫文化发展；

⑬交通；

⑭供水；

⑮污水处理。

规划对这15个方面分别确定了发展目标（Objective）、战略原则（Principles）和行动方案（Priority Actions），以及实施各行动方案的牵头机构（Lead Agency）。例如，关于水质量方面，其发展目标是"保持并提高昆士兰东南部地区的水质"；而为实现该目标所制定的战略原则包括："①使昆士兰东南部地区的开发对各种水体的破坏降低到最小；②保持并提高区域地表水与地下水的环境价值；③有效控制城市地区的开发以实现对整个区域水质的保持与提高；④涉及到高敏感性集水区的开发项目应与保持环境价值的目标相协调"；其相应的行动方案与牵头机构是："①为保护沿河与沿海的水质制定并采纳一项环境保护政策，牵头机构为昆士兰环境与文物古迹部；②制定一份备忘录用以明确州政府各机构及地方政府在集水区、沿河水资源及沿海水资源保护方面的行政与管理责任，牵头机构为昆士兰重点产业部及环境与文物古迹部；③为使开发对区域水体的影响最小化，制定有关水质保护的详细战略与指导方针，制定的重点首先应放在以下地区：Pumicestone Passage，Upper and Lower Moreton Bay and the upper estuarine reaches of the Brisbane River，牵头机构为昆士兰环境与文物古迹部；④为建成区与新区制定并实施城市雨水管理指导方针，牵头机构为昆士兰重点产业部及环境与文物古迹部；⑤在与澳大利亚水资源委员会有关地下水保护的指导方针相协调的条件下，为区域内的含水土层制定并实施地下水管理指导方针，牵头机构为昆士兰重点产业部及环境与文物古迹部。

这种从目标、原则到行动方案和负责机构的规划方法使战略规划具有了可操作性，从而为规划的实施提供了保证。

（3）次区域结构规划

在区域规划的基础上，政府又划分出4个次区域，分别制定了次区域结构规划。以布里斯班次区域为例，政府组织了专门的规划班子，由下列人员组成：

①来自昆士兰州政府住房、地方政府与规划部的两名代表；

②东南部昆士兰2001区域资源小组的一名代表；

③来自昆士兰交通规划小组的一名代表；

④来自昆士兰州除布里斯班外的其他3个次区域组织的代表各一名；

⑤来自娱乐、环境、交通、社团、经济与商业、学术、贸易联盟及职业部门的代表各一名；

⑥4名布里斯班市议员。

结构规划的主要内容如下：

①把区域规划中的政策框架进一步具体化；

②把区域规划中的原则与行动方案落实到本区；

③协调战略规划与社会服务提供者的计划；

④对绿化空间、环境敏感地区及自然资源等作准确的确认；

⑤进一步明确城市未来扩展区的地点、城市形态与人口密度，以及它们的发展阶段；

⑥规划就业地、主要中心的所在地以及它们同居住地和公共交通的关系；

⑦将社会服务提供计划结合到土地利用计划及交通规划中；

⑧协调水供给、水质量及水处理战略。

总之，昆士兰东南部的区域规划在生态可持续发展和社会公正的原则下，提出了该区域未来的宏观发展模式，为州与地方政府提供了法定规划与开发控制的政策框架，成为各级政府间协调规划及基础设施项目的基础。

2. 地方规划

地方规划是由地方政府主持制定的覆盖其整个辖区的规划，称为规划大纲（planning scheme）。这是澳大利亚惟一的法定规划，由规划法对其制定与修改作出相应规定。每个地方政府都要对其辖区做出地方规划，不论其辖区是城市还是乡村。所以地方规划并不是严格意义上的城市规划，但其规划内容与手段基本与城市规划相同。

传统的地方规划是一种实体规划，即以土地利用为中心，详细规定出各地块的使用用途、人口密度、建筑形式及各种开发限制条件，各种基础设施的具体区位及线路走向。规划文件以图纸为主体，也附有文本说明。在进行建设项目审批时，地方规划是最具体的审批依据。

地方规划的实体性与其辖区面积狭小有关。大的地区（面积大、人口多、城市化水平高的地方政府辖区）在其规划中都不可避免地包括有经济、社会、环境各方面的发展目标、计划和实施措施。维多利亚州政府采取了一项激进的措施，即把全州原来的200多个地方政府合并为80来个，并在规划法中规定地方规划必须包括有地方发展战略和发展政策的内容。总的来说，地方规划在向着综合性的方向发展。

地方规划的制定与修改过程是公开的，从一开始就给出了公众参与的渠道。以昆士兰州为例，规划法规定地方规划的制定分为三个阶段：初步协商与准备阶段，考虑全州利益与进一步协商阶段以及正式通过阶段。法案规定在第一阶段中，地方政府必须在辖区内流通的报纸上发布通知，其中要说明：

①地方政府的名称；

②地方政府已准备了制定地方规划的提纲及其说明，可供查询和购买；

③获取有关信息的联系电话；

④任何人均可就此提纲提出意见；

⑤向政府提交意见书的期限（至少是在通知发布后40个工作日）；

⑥对提交意见书的格式要求。

同时规定，政府应在其公众接待办公室中张贴通知的复印件并提供可供查询与购买的提纲复印件；

对所收到的意见，地方政府必须予以考虑。并明确指出，这只是征求公众意见的最低限度的要求。

在第二阶段，在就地方政府提交的地方规划方案与州里交换意见之后，地方政府仍应按照第一阶段中的方式向公众通告并提供提交意见的途径。征求意见的期限延长到至少60个工作日（若是地方规划的修改，则至少30个工作日）。在对公众意见考虑之后，若地方政府对地方规划做了重大修改，则必须重新向公众发布通告和征求意见。对于每一份意见书，政府都要加以考虑，并就其对意见的处理提出报告，并将它寄送意见提出者。

在第三阶段，地方政府正式通过了地方规划之后，必须尽快在报纸与政府公报上发布通知。而仍对该规划持有异议的公众，可就此向主管规划诉讼的专门法庭——规划与环境法庭提起诉讼，由该法庭作出最终决定。

规划法还规定地方政府必须每6年对规划复查1次，复查中必须包括对地方规划中所确定的环境目标的实施情况的评价。在复查以后，地方政府要决定：①是否制定新的规划；②是否修改原规划；③如果认为规划继续适用，则无需采取进一步行动。

另外，如果个人认为有必要对地方规划进行复查，他可以向地方政府的首席执行官提出书面申请，在得到批准后，同政府协商进行复查的条件，然后由首席执行官指定人员进行复查。复查人员的报酬由要求进行复查的人支付。政府相关部门有义务提供必要的帮助。复查的结果以书面报告的形式提交给首席执行官，再由他将报告提供给要求进行复查的人和地方政府。地方政府在收到报告后，必须就其中有关修改规划、制定新的规划政策等方面的建议作出是否采纳的决定，并将有关决策与其原因的文件提交给要求进行复查的人及州政府中主管规划的部长。规划部长在考虑过复查报告、地方政府对复查的决策报告后，对是否在州一级采取相应的措施作出决策，并将其决策结果及原因以书面形式通知地方政府。

3. 小区规划

小区规划是对某一特殊的小区域制定的开发或

改造规划，如老工业区改造、旧城更新或海湾区开发等。小区规划不是法定的规划层次，而是根据实际需要确定的。小区规划往往需要成立专门的小组来主持。若小区在某一地方政府的辖区内，则由地方政府负责组织。若小区跨地方政府辖区，则由州政府负责组织。这个专门小组类似于中国的开发区管委会，它不仅负责制定规划，而且负责规划的实施，即要组织各方面的投资把改造或建设工程全部完成。所以有时这个小组就变成了一个政府所属的经济实体。

六、城市政府实施规划的主要方式

澳大利亚各州与地区分别拥有自己的政府机构，负责实施规划。例如，在新南威尔士州，州政府中相应的负责机构是城市事务与规划部；在昆士兰，州政府的负责机构是交流与信息、地方政府与规划部，另外，还有由该部部长建立的区域咨询委员会。维多利亚通过8个区域办公室实施州政府的规划政策，其基础设施部，尤其是其中的地方政府、规划与市场信息服务处，负首要责任。各地方政府也有相应的部门负责规划的实施工作。虽然机构设置各不相同，但都主要通过以下方式实施规划：

开发许可证的审批： 这是政府实施规划的一个主要手段。对于新的土地开发和原有用地的改建实行审批制度，以确保所有建设都符合规划的要求。评审工作主要由地方政府进行，特殊项目由州里评审。评审的依据包括有关的各种战略、政策、规划和法律（规划法、建筑控制法、文物古迹保护法及环境保护法等）。

各州规划法都用了相当大的篇幅对有关土地开发许可证的申请和审批作了详细的规定，包括申请开发许可证的要求，对申请的评估，征求意见以及最后的决策。这些规定使得开发行为能够完全依法进行，以确保土地开发能够保障规划目标的实现。许可证的发放通常由地方政府负责。以昆士兰州规划法为例，它把土地开发许可证的申请和审批过程划分为4个阶段，并对每一阶段做了详细的规定：

首先，在申请的提交阶段，申请人必须向主管机构（通常是地方政府）提交正式的申请文件及所要求的附件，并交纳申请费。主管机构在审查后若认为全部材料都符合要求，就要在30个工作日（从收到申请之日算起）之内给申请者一个通知，告之申请已收到，其开发项目需要哪些方面的相关评估审核以及评审机构的名称和地址。法律还对申请文件的修改及撤销作了相应的规定，并要求主管机构必须保有申请及其支持材料以供查询或购买。

在称为"信息与相关机构评估阶段"的第二阶段，主管机构若需要进一步了解情况，可向申请者进行书面询问，问卷必须在发出申请收到通知后10个工作日内发出，这段时间叫做"信息询问期"（information request period）。必要时可将限定时间延长。同时法律规定对于这种询问，申请者可以提供全部或部分索要的信息，也可以不提供任何信息，并要求主管机构继续其评审程序。同时在这一阶段中，申请者要将申请材料和主管机构的通知送交相关的评审机构，并将送达日期通知主管机构。相关评审机构必须根据本机构权属范围内的法律、规章、政策和规划进行评审，提出允许开发、附加开发条件或拒绝的意见，送交主管机构，并将复印件寄送申请者。整个工作应在30天内完成。在主管机构收到了申请者对问卷的答复和其他评审机构的意见之后，这一阶段结束。

第三阶段为"公告期"（notification stage），对于需要进行开发影响评估的项目，申请者须在此阶段将其开发计划向公众公告，采取三种形式：①在当地流通的报纸上至少公告一次；②在准备开发的土地上设立公告牌，保留15~30天；③给所有相邻土地的所有者送发公告。任何人都可以在公告期内向主管机构提交意见书。这些规定保证了申请的公开性和有关人员提出意见的渠道，从而使开发项目不会损害他人的利益，这不仅包括经济上的损失，还有舒适性的损失等。

第四阶段为决策阶段，主管机构要根据有关的法律、法规、政策和规划对申请进行评估，并考虑相关机构和公众意见，作出批准、部分批准、有条件批准或不批准的决定，将决定书面通知申请者。对部分批准、有条件批准或不批准的决定要说明原因，并告知申请者其享有的上诉权利。此阶段为 20 个工作日。

此后主管机构将保存批准文件的复印件供人查询。若开发项目未在规定的时间内开始，则许可证失效。在许可证发放后的有效期内，开发者可提出修改许可证内容及延长有效期的申请。申请者也可对被否决的申请或附加了条件的批准向法庭提起诉讼。而开发项目的反对者也可就批准发放许可证的决定在一定期间内向法院提起诉讼。法庭所作出的判决为最终决定。若法庭判决证明原主管机构的决定有误，主管机构要对由此给相关人员带来的损失进行赔偿。

另外，在土地开发审批中还有一个特色，就是州里的主管部长有"提审权"。即如果主管规划的部长认为某开发申请涉及到州里的利益或有可能对州政府规划目标的实现产生影响，他有权在主管机构对申请作出决定之前，要求它将申请提交给自己审批。而主管机构则遵循部长的指示停止审批过程。部长在审批过程中将获取的有关各方意见提供给一个专门小组进行研究，在对专门小组的报告、规划大纲及其他相关事务的考虑基础上作出决定。部长也可直接给主管机构下达指示，要求其对有关项目附加条件或不予批准。这一过程使批准进行的开发项目不仅符合小范围内的利益，而且符合全州的总体利益。

强制执行条例：为了确保规划和法律的执行，各州城市规划法都规定，未获得开发许可证的开发是非法的。立法赋予相应的负责机构或任何个人向法庭申请对非法开发发放强制执行令的权利，或直接赋予负责机构发放强制执行令的权利，并对开发者予以罚款。强制执行令的内容通常为以下几方面：即要求开发者：①停止违章建设；②拆毁或迁移走所进行的工程；③申请开发许可证；④重新制定方案以确保开发可获得批准或符合法律规定；⑤或按通知的其他要求修正其行为。如果开发者不能执行强制令，负责机构或其他人可帮其实施，可能的费用由开发者承担。另外，除对开发者在没有开发许可证的情况下进行开发以及不执行强制执行令的行为可实行罚款外，对拆毁了地方规划中署明有遗产

价值的建筑，或开发者不按批准的开发范围进行施工等行为也可实行罚款。罚金偿付给受到危害的地方政府或个人。开发者还要支付因此而产生的调查费用。另外，对于行为极为恶劣的开发者可在罚款的同时予以判刑的惩罚。

诉讼体系：为了保证开发许可证审批过程的公正、合理和对审批机构的监督，规划法中以法律的形式建立起诉讼制度，申请者可就拒绝发放开发许可证进行上诉。上诉期限在遭拒绝后的 28 天到 12 个月内不等。上诉由专门的法庭根据相应的法律审理。在新南威尔士由土地与环境法庭审理，在南澳大利亚为环境、资源与开发法庭，维多利亚为民事与行政法庭。在昆士兰，上诉根据《综合规划法案 1997》由规划与环境法庭进行审理。下面以昆士兰为例加以说明。

昆士兰州设有规划与环境法庭，主管与规划相关的法律事务，是常设法庭。常设法庭有力地体现了法律的权威性，其司法权包括对每一项基于《综合规划法案 1997》的起诉进行听证和判决。该法案给予法庭的司法权是专有的，通常情况下，法庭的每一项判决都是结论性的和最终的，不允许任何指责和重新起诉、复审及废除，也不允许在任何法庭中提出质疑。

法官由州长公开正式任命，然后组织法庭。法庭中包括书记员、代理书记员和其他官员。除法律规定的可不公开的事情外，每一项向该法庭提起的诉讼都必须进行公开的听证和判决。法庭可以传唤某人作为证人，要求他写下证言材料，并对其进行复查。同时，法庭也可以对拒绝出庭、作证和写材料的人予以处罚，不执行法庭命令的人也以藐视法庭论处。在宣誓或未宣誓的情况下，法庭都可获取证词或口供，并记录。如果所取得的证据中有规划图，则规划图的复印件应经地方政府中的主管官员加以确认，经确认后的复印件才可作为证据。诉讼的各方要对自己所请的证人支付合理的报酬。

以与开发许可证相关的事务为例，开发项目申请者可就以下问题向法庭起诉：①申请被否决或申请的某部分被否决；②对开发批准文件中的陈述、开发的附加条件、及对有关规章的解释有异议；

③给予初步批准而不是同意签发许可证的决定；④关于时间期限的异议；⑤对申请的意向性否决（指在决策阶段结束仍未作出决策）。对于情况①～④，在决定或调解决定公布之后的20个工作日内可以提起诉讼。对情况⑤可在任何时间提起诉讼。在与开发申请相关的诉讼开始后，开发活动必须停止，直到对诉讼作出判决或撤销诉讼为止。但如果法庭认为开发或部分开发活动不会影响诉讼的结果，法庭可以允许其进行。

对法庭的判决结果只有在以下情况下才能向上诉法庭提出上诉：①法庭在法律根据上有错误；②法庭没有作出判决的司法权；③法庭在作出判决时超越了自身的司法权。上诉必须在取得上诉法庭或其法官同意之后才能进行。上诉人可在判决作出后的30天内提出上诉要求。上诉法庭同意后，需在30天内对上诉进行受理和作出判决。可作出的判决如下：①维持原法庭判决，或修改、取消判决，或作出新判决；②将上诉同上诉法庭的决定一同驳回原审法庭。③作出上诉法庭认为合适的任何决定。

除规划与环境法庭外，昆士兰州还有建筑与开发仲裁委员会。这是一种非常设机构，是根据诉讼案件的需要而设立的。法庭的首席执行官可以根据情况在任何时间内决定设立仲裁委员会，受理相应的诉讼。该委员会由5名以内的仲裁人组成，他们由主管规划的部长任命，其任期不得超过3年。但如果设立该委员会的意图仅是听取关于地方政府按标准建筑法规对建筑所做的舒适性评价与美学评价的诉讼，则委员会可以只由3名由首席执行官指定的美学鉴定人组成。同时，部长与首席执行官有权在任何时候取消对他们的任命。委员会在其存在期内必须由不变的成员组成，如果它不能对某一事件作出决策，首席执行官可以另外建立一个仲裁委员会重新处理该事件。仲裁委员会受理的案件包括所有与开发申请的审批决定有关的诉讼，以及与建筑法案（1975）相关的诉讼。该委员会可就案件作出如下决定：①维持原决定；②更改原决定；③重新作出决定。如果诉讼人或被告在可上诉期内没有对仲裁委员会的决定进行起诉，则决定生效。如果又起诉到规划法庭，则按法庭的最后判决执行。仲裁

委员会制度增加了法律运行体系的灵活性和完善性，同时减轻了规划法庭的工作压力。

七、职业组织与行业管理

1. 主管机构

澳大利亚皇家规划协会是澳大利亚规划领域的主管机构。协会的成员具有在澳大利亚作为规划人员的资格。但并非所有规划人员都必须加入该协会。只要具有规划学位的人员就有资格从事规划工作。协会的事务管理机构称为"理事会"，它有权设立协会的分支机构，对各分支进行合并或细分。协会设有总部并在各州与地区都设有分支机构，其中州与地区所属的分支机构是协会的主体。各分支机构的行为应符合协会章程。某一分支机构的成员如果想同时成为另一分支机构的成员，必须征得其所在机构的同意。

该机构的正式成员分为三个等级，即终身特别会员、特别会员与会员。还有由其分支机构章程确定的非正式会员。

该机构的职能包括以下方面：

①进行区域规划、城市规划、城市设计以及其他相关的艺术、科学方面的研究；

②为各级学校、教育机构及其他机构在城市规划的功能、城市规划课程的设置等方面提供信息与建议；

③参与教育权威机构、学校及其他教育组织有关城市与区域规划课程的讨论；

④提高准备从事或已从事城市或区域规划的人员的专业技能，通过考试或其他方式进行考核，负责发放从事规划行业的许可证，并对许可证持有者进行登记；

⑤为提高公众对区域规划与城市规划方面知识的了解组织讲座、讨论会等；

⑥出版区域规划、城市规划、城市设计及相关方面的刊物或为其出版提供资金；

⑦促进城市与区域经济、社会、科学与美学方面的发展；

⑧通过只允许在规划领域有丰富的知识与实践

经验的人成为该机构的正式成员，提高公众对规划的信任；

⑨同相关机构进行合作。

理事会只有征得 2/3 以上正式成员的同意，才能对协会章程进行修改、增加或取消。

2. 规划人员的工作类型与职业素质

规划人员的工作领域可分为以下两类：

①州政府与地方政府中的规划师，进行规划的管理与协调工作；

②从事咨询性工作的规划师，为政府及开发商计划进行的项目准备报告，以及为政府或诉讼各方准备技术性材料。

规划学位的取得通常需要 3 年的专门学习，但也可以通过业余班的课程学习获得。未获得相关学位或没有正在为此而学习的人几乎不可能被相关的政府机构或咨询公司录取。

规划人员除具有规划方面充分的理论知识与实践经验外，还应完成"完善职业技能"计划。该计划旨在使规划人员保持职业竞争力与责任感。它包括进行规划、与规划相关或非规划活动，如在有新发展的规划领域或相关领域工作、参加正式的短期课程班或兼职课程班以增强规划知识与技能、参与有利于增强交往技能等非规划领域的活动以提高个人素质。规划人员每年用于该计划的实践时间不得少于 10 小时，并应达到年平均 25 小时的标准。其中50% 以上的活动应是同规划相关的。在每年澳大利亚皇家规划协会会员更新时，规划人员应报告在过去的一年里他们的计划完成情况并有可能以随机抽样的形式被要求提交相关记录。如果协会的正式成员未完成该计划，有可能被免去正式成员的资格。另外，规划人员所在的澳大利亚皇家规划协会分支机构负责向会员提供有关该计划的活动信息。

3. 职业管理法

适用于所有城市与区域规划人员的法规是职业管理法。它认为从业人员应在工作中遵守以下标准：

①在规划中消除对不同种族、年龄、所在地等组成的背景的差别对待；

②保证所有可能受规划决策影响的人有机会参与到决策制定的过程中；

③使规划过程尽量公开，并向相关的利益群体披露全部相关的信息；

④尽力保证发展是持续而有经济效率的，实现对自然资源与人造资源的保护；

⑤维护行业与协会的良好形象；

⑥当规划人员的自身利益与他们的客户的利益或公众利益有潜在的冲突时，他们不得参与到规划中；

⑦为避免客户的利益受损，规划人员不得同时为两家客户服务；

⑧不得接受来自第三方的、可能对规划工作造成影响的礼物与回扣等；

⑨应在规划过程中对所有提供给他们的信息进行保密，不得为私人目的披露或使用这些信息，除非为了保护公众利益或遵守章程规定，否则不得向第三方披露信息。

该法规为规划人员提供了指导与支持，以确保他们的规划实践具有最高的专业水平，并赢得公众的信任与尊敬。

八、典型城市的案例

在澳大利亚，与中国的城市相对应的地域范围并非地方政府的辖区，而是大都市区，如悉尼大都市区、墨尔本大都市区等。由于每个大都市区都由几十个地方政府辖区组成，因而整个都市区的规划都是由州政府主持制定的，即城市发展战略规划。悉尼是澳洲规模最大、历史最久的城市，其战略规划的发展进程堪称澳洲城市的代表，下面我们就以它为例，对其战略规划的发展及近期的主要工作等内容做详细的介绍。

1. 悉尼战略规划的发展过程

悉尼都市区的人口 1998 年已超过 400 万，是澳洲的最大城市。它是澳大利亚最主要的商业与国际金融中心，在工业、教育、旅游、文化及政治方面也起了重要作用。悉尼大都市区的持续增长反映了其经济实力与高生活质量。

悉尼城市地区的历史相对较短。在1788年，它作为殖民地开始了自己的历史。到1860年，悉尼的人口已稳步增长到近10万。悉尼受经济发展及作为贸易与服务业中心的职能驱动，在1888年，悉尼百年历史之际，人口已达近25万。到20世纪初，悉尼人口已接近50万。

在本世纪前的大部分时间内，悉尼的发展是随机的，并未经过规划。其发展形式受到高原严重沙化等因素的影响。同时，这段时间内建设的铁路系统是由原始市中心向外呈辐射状扩展的，这一分布形式及已建供水系统等基础设施的分布状况也对悉尼的发展产生了重要影响。

悉尼在规划方面有不少早期的尝试，但直到二战后才真正开始进行大范围的都市战略规划。它的第一部战略规划《the County of Cumberland Plan》于1948年提出，它力图解决无控制的郊区化、机动车的副作用等在过去已出现的问题，以及悉尼在二战过后所面临的诸如房屋短缺及就业岗位短缺等急待解决的问题。该规划对人口增长做了保守估计，预计在1948年175万人口的基础上，在以后的25～30年间增长55万。它将大部分新增人口安置在规划的郊区扩展地带，并计划实现更多的当地就业以及发展包括公交在内的交通系统。为限制郊区的扩展，它还计划修建环城绿带，并使其与风景区、灌木丛地区相连。

但在二战后的几十年中，城市发展并不与规划者的预测一致。由于高出生率及更多的人口迁入，悉尼的人口迅速增长，在1947～1971年间增长了110万，是规划的2倍。另外，由于平均住房面积的减小、收入的增加以及经济的高速增长，对郊区住房及工业用地的需求不断增加。因而在1968年重新制定了规划——《悉尼地区宏观规划》，以适应悉尼的未来发展。该规划预计经济将持续而强劲地增长，到本世纪末，悉尼人口将增加275万，总人口将是1966年的两倍多。它支持对小汽车依赖性不断增强的、向外扩展的、低密度的城市发展方式，这反映了当时公众与政府对私人汽车运输的偏好，以及公民对独立住房的向往。尽管到1970年代末为止，战

后大规模的人口扩张及作为其基础的经济繁荣已结束，但悉尼目前的发展模式仍在很大程度上反映了1968年规划。

接下去的战略规划——《进入第三个百年的悉尼》在1988年完成。它以早期规划成果为基础，又包括了许多重要变化。它预计人口将以减慢的速度持续增长。在1986～2011年间，大都市区人口将增加100万，达到450万。为了容纳持续增长的人口，该规划就1980年代出现的几个重要问题提出了解决办法。这些问题包括地域扩展的成本不断提高、就业的郊区化、零售业的郊区化、对新的市区土地供给的限制，以及由于人口的减少，对城市建成区基础设施的低效率利用。1988规划就如何容纳新增人口及如何面对各方面的挑战等问题汲取各方意见，最终决定采取集中的发展方式以限制城市的持续扩张。同时，报告还就解决前面所提到的问题提出了政策方案。这些政策包括提高建成区新建住宅的比率，建立更明确的地区就业与服务中心发展模式。1989年对1988年战略的简要复查在总体上支持该战略，但预计在2006年，而不是2011年，人口达到450万。这反映了1980年代末期增长的人口迁入率。

2. 战略规划的最新动态

（1）新战略规划产生的背景

1988战略规划是悉尼规划史中的重要文件，而且它的大部分内容目前仍起作用。在某种程度上，它反映了所在时代的特征，即澳洲经济同世界大部分地区一样，正经历着一个扩张阶段。在1980年代的大部分时间内，商业投资发展强劲，就业增加。而且虽然当时环境问题已变得重要，但并未成为有关悉尼未来的讨论焦点。

但近几年来情况的变化使悉尼地区的发展面临三个主要的挑战，即：

①如何实现悉尼的持续发展；

②如何保持并提高环境质量；

③如何维持繁荣的局面。

其中，前两个与城市的持续扩张直接相关，而另一个实质上是经济上的挑战，即悉尼如何同澳大利亚其他地区一道在不断变化的经济环境中生存与

发展下去。

环境上的挑战： 澳大利亚联邦政府及各州政府正积极参与全球环境事务。例如，澳大利亚是《气候变化公约》的签署者之一，它拥有数个为全世界将来的人类发展而设立的、以保护稀有物种与环境为目的的世界性遗产保护地区。澳大利亚各团体的成员正逐步认识到全球环境问题与他们的自身行为及决策间的联系，并作出了积极的反应，而且这一过程仍在继续。近年来，已建立了一个环境保护权威机构，通过设立深海出口，海洋污染的问题已减少。而且自 1986 年以来，规定新机动车必须使用无铅汽油。人们已逐渐认识到，悉尼的许多地方性问题及地方性环境问题是由于城市的大规模、低密度的发展模式，以及对私人汽车运输的持续依赖所产生的。另外，悉尼边缘地带的许多新城市用地都远离良好的公交系统，它们依赖私人汽车的发展将对环境造成新的冲击。所有这些问题的解决都需要一个新的战略规划，以对环境进行全面管理，而且在规划中尤其要注重土地利用与交通间的关系。这一需要已成为重新审查 1988 都市战略规划的主要原因。

经济上的挑战： 悉尼是澳大利亚经济的主要组成部分。21% 以上的澳洲劳动力在悉尼工作，而且悉尼地区的产值在国民产值中占了很大比重。相毗邻的纽卡斯尔和卧龙岗地区是重要的生产与就业中心，在制造业方面尤为突出。而且，澳大利亚经济正以史无前例的速度与深度进行着结构转换。为了适应不断变化的世界形势，特别是亚太地区的发展，在过去的十几年里，国家经济政策已转为向世界开放澳洲经济。降低关税、实行无管制的金融体系以及在公有与私营企业中追求高生产率已成为结构转换的重要组成部分。对结构转换的需要及其产生的影响将在今后的多年内持续下去。这种经济环境中机遇与阻力并存，对悉尼未来的战略规划产生了重要影响。从正面来说，通货膨胀率与利率已达到多年来的最低水平，同时经济竞争力增强，这为未来的发展提供了合理的基础。经济结构的转换已成为诸如城市机场的扩建等主要基础设施项目的催化剂，并促成了开发许可审批过程的简化。但从负面上看，

澳洲与悉尼不断变化的经济环境加大了公共部门融资的困难。这就需要对城市发展，特别是基础设施投资及服务供给中的成本结构进行深入的考虑。必须进一步重视社会团体所做的贡献并为它们支付合理的报酬。应寻求建设城市与控制其发展的更有效途径。

总之，各级政府与团体已更清楚地认识到悉尼需要建设与发展，因为这样才能促进经济的发展与繁荣。而战略规划过程的重要成果就在于能够创造出拥有国际竞争力的悉尼，使它具有高效的规划与开发过程，有效利用的基础设施及高品质的生活。

（2）新战略规划的制定方法与过程

在 1992 年，新南威尔士州政府决定开始制定新的悉尼战略规划。这是对上述挑战的直接回应。这次规划以以往战略规划的成果为基础并汲取了它们在实施过程中的教训，使规划的制定过程得到改进。新规划在准备过程中利用了来自其他机构的材料与成果和正在进行中的各方面研究，以及诸如政府定价委员会与环境保护局等新建机构的工作成果。这种利用各方面现有材料的方法同需要进行大量基础性、全新调查的方法相比，更有利于高效率地制定战略规划。

同以往的制定过程不同，从一开始起，公众就拥有参与制定新战略的优先权。使更多的人理解并支持新战略已成为该过程的重要组成目标。政府为公众提供机会以提出他们对于战略中的观点及指导方针的看法。同时，建立了一个独立的咨询委员会帮助制定新战略，它由来自环境组织、工业、地方政府及商界的代表组成。

通过该过程，机构合作小组完成了名为《悉尼的未来》的讨论稿。它探讨了悉尼地区所面临的挑战并提出了相应的战略草案。运用类似的制定过程，交通部完成了名为《综合交通战略》的配套文件。该文件是以交通问题为重点的讨论稿，并着重就如何将土地利用与地区交通规划结合起来提出了发展战略。这两个讨论稿于 1993 年 10 月由政府签署并发表，并为它们制定了一个旨在了解公众意见的公众磋商计划。在此基础上，新都市战略规划在 1994 年底全部完成。

通过特别工作组与独立咨询委员会的努力，新战略规划的宗旨与目标已基本确定。以支持战略规划的宗旨为目的的三个基本目标构成了战略框架。效率的目标反映了对竞争与优质管理的需求，对地区发展障碍的认识以及对如何最有效利用现存资源的认识。公平的目标阐明了公平的价值并主张机会的均等。环境质量的目标阐明了保持清洁而健康的环境的价值，同时它还强调了保护自然资源及实现综合环境管理的重要性。

目前，战略规划又发展了第四个目标，即可居住性。这是对其他目标中生活质量因素的综合表达。它说明了诸如安全性、多样性、机会及选择权等的价值。

（3）新战略规划的内容

该战略规划认识到影响都市发展的因素间有着广泛的内部联系，并对此作出了回应，体现为规划的综合性。它就与城市建成区的发展变化相关的问题以及与城市扩张相关的问题提出了解决办法。它并不试图成为最终的、决定性的战略，而是能够根据环境变化作出灵活的变动。同时，它为各级政府机构提供了框架，使它们能有效地参与到实现战略宗旨的过程中并为此作出贡献。

该规划为应对大都市区所面临的挑战采纳了四个主要的战略方针：

①使城市更为紧凑，即占用更少的新增城市用地，从新增的及现存的土地及基础设施中获得更多收益并改善交通，以使住房、工作及服务设施更为紧凑；

②提高环境质量，其途径是增加对公共交通的利用，减少在 Hawkesbury/Nepean Basin 区的发展，提高环境信息、评估与管理的质量；

③使城市更加公平、有效，即增加服务的供给与获得途径，使工作与住所就近，有效地利用基础设施，经济结构更加合理；

④通过提高管理质量，机构与公众的参与程度，使战略规划得以有效实施，以实现它的宗旨及目标。

3. 悉尼战略规划的实践经验

从悉尼自 1948 年开始的都市战略规划实践中，可以获得以下经验：

①必须通过协作来制定都市战略规划。应吸引所有政府机构，尤其是那些负责大规模资金投入的机构参与到城市发展的过程中。应使更多人理解并支持战略目标及其实施方案。如果没有政府各部门的参与，规划部或其他类似机构独立制定的战略规划是没有多少价值的；

②战略规划必须由有效而持续的实施进程及其执行机构所支持。在《悉尼的未来》的制定过程中，已把重点放在这方面。而且，目前正在复查为实施新战略规划而制定的行动方案。它们包括：

a. 促使战略规划成为政府各部门的"合作计划"，即所有机构必须对战略规划进行考虑并做出相应的部门规划；

b. 为实施战略制定行动计划，明确所有政府参与机构的责任；

c. 把战略规划同政府预算的决策过程联系起来，以促进规划的实施；

d. 使战略规划发展成为能够适应变化的、有活力的、灵活的文件。

③在就业地点上，自 1980 年代中期以来，"中心区政策"已是悉尼都市规划的一部分。而且在 1988 年战略中专门强调了该政策。当然，在《悉尼的未来》与《综合交通战略》中也把在公共交通便利的主要交通中心提供就业岗位作为政策的核心。

④有效的都市战略规划不能仅包括土地利用规划的内容。目前，必须考虑的因素的广泛性要求有更为综合性的战略。因此，在《悉尼的未来》中采用了综合性的城市管理战略，并且在《综合交通战略》中也有对综合性的明确表达。

⑤此外，悉尼的一个主要经验教训是它这种规模的城市不能在公交系统条件差的情况下以低密度、无限制地向外扩展。环境代价，以及政府与消费者在基础设施及服务供给上付出的直接成本太大了。与此同时，城市中部分建成区中的存量土地，服务设施及基础设施的利用率低也是一个问题。因而在《悉尼的未来》中，把实现城市的紧凑作为了一个主要发展目标。

九、最近主要的规划工作动态

澳大利亚的许多城市具有重要的国际地位。澳洲人有一个与城市相关的传统观念，即重视生活质量。同时，澳洲的城市喜欢强调彼此的差异，但实际上城市间的相似性更为突出。

在1990年代初，由7名内阁部长组成了澳大利亚城市与地区发展回顾委员会。其工作对联邦政府制定城市与区域发展政策产生了很大影响。他们提出，要加强各级政府在工作中的合作，特别是在基础设施建设、交通、土地利用、就业地选择、住房政策以及基本福利的提供方面。1990年代悉尼、墨尔本及布里斯班三大城市的规划报告就是他们所倡导的各级政府间合作的成果，简介如下：

悉尼的未来：这是一篇关于悉尼大都市区的规划报告。报告中注重了公众所关注的问题，如空气与水的质量、就业困难及与城市蔓延相关的问题。该报告中的规划战略以解决这些问题为重点，并提出了相应的政策与行动方案，以促使悉尼成为一座丰富多采、充满活力，并可持续发展的城市。

2010交通发展方案：这是一部悉尼的综合交通规划。报告中指出，良好的公路与公共交通系统是悉尼这座澳大利亚最大城市的血液循环系统。悉尼市民的工作与日常活动依赖于公共汽车、火车、渡轮、出租车及私人小汽车。城市中私人汽车的数量不断增加，污染也日益严重。虽然对公共交通的利用也在增长，但其速度慢于私人汽车，这对空气质量造成了威胁。目前悉尼的市内铁路系统是世界上最为方便可靠的公交系统之一，但为了满足不断增长的人口需求，它仍有待于进一步改善。该报告为下一步如何行动提出了建议。

创造未来——维多利亚首府发展政策：该报告旨在通过提高维多利亚首府在国内及国际中的形象、地位及竞争力，为维多利亚及墨尔本大都市区创造更美好的未来。1993年9月，维多利亚政府宣布，将把墨尔本建成维多利亚的商业、国际贸易、娱乐、运动及地方文化活动中心。该报告为提高墨尔本市的形象与经济活力构建了框架，以迎接澳大利亚联邦的百年国庆。

运动的墨尔本：这是有关墨尔本综合交通系统的战略大纲。墨尔本拥有良好的、具有国际标准的交通系统。它的火车与电车体系同延伸至郊区的主要公路系统相协调，构成了都市高效交通系统的基础。墨尔本希望在将来拥有更美好的前景：它将增加教育与就业机会、商业设施、工厂、机场、港口及国际交通网络。而该报告将通过帮助墨尔本在21世纪拥有高品质的交通系统来实现这一目标。

1995昆士兰东南部地区增长管理大纲——东南部昆士兰2001：在过去的5年里，由于国内移民的结果，昆士兰东南部地区人口的增长已超过25万。目前，它是澳大利亚发展最快的大都市区，在1991~2011年间的人口增长几乎将占澳大利亚的1/3，同时，其增长速度将超过悉尼。到2011年，人口在目前200万的基础上将再增加100万。1995增长管理大纲覆盖了包括18个地方政府的区域，为控制人口提供了可靠的基础。另外，布里斯班市议会制定的《布里斯班2001规划——未来有活力的城市》是《东南部昆士兰2001》的一部分。布里斯班是该地区的中心，州政府所在地，拥有该地区2/3的工作岗位以及80万的人口。在《东南部昆士兰2001》的制定过程中，布里斯班积极支持由各级政府及团体采纳的合作方案，其主要创新是成立了城市更新工作小组，负责对东北部郊区进行再开发。

小　结

综上所述，澳大利亚城市规划管理体制具有以下特点：

（1）与规划相关的权力主要集中在州政府手中，体现在主持制定规划法，组织制定区域规划和审批地方规划。

（2）规划层次简洁，只有区域规划和地方规划两个层次，前者为战略性的，后者为实体性的。两层次之外辅以小区规划。

①市规划具有综合性的特点，包括了经济、社会与环境各方面，尤其是强调发展的持续性。

②规划以人为本，注重通过规划实现生活质量

（住房、就业、环境等）的提高，尤其是关注落后地区和贫困人口。

③强调规划中的公众参与，从规划的制定、修改到实施均设有公众参与的渠道，公众协商机制健全。

④法制系统健全，规划的制定与实施均以法律为依据。各州都拥有专门的规划诉讼法庭，受理与规划相关的起诉。

参考文献

1. 洪海灵. 国际性城市基础设施的探讨，1997；深圳市南山区规划局. 澳大利亚访问报告

2. 澳大利亚概况第 12 号，1998

3. 澳大利亚概况第 9 号，1998

4. 澳大利亚简易参考地图，produced by the Australian Surveying and Land Information Group

5. 1996 Census of Population and Housing. http://www.abs.gov.au

6. 1996 Census of Population and Housing (New South Wales). http://www.abs.gov.au

7. 1996 Census of Population and Housing (Victoria). http://www.abs.gov.au

8. 1996 Census of Population and Housing (Queensland). http://www.abs.gov.au

9. Royal Australian Planning Institute Constitution. Royal Australian Planning Institute, June 1995

10. Continuing Professional Development Guidelines. Royal Australian Planning Institute Inc, January 1996

11. Metropolitan planning in Australia. published by the Australian Urban and Regional Development Review

12. 'STATE OF PLAY' DOCUMENT：Comparison of Planning System in Australian States and Territories. national office of local government October 1998

13. Australian cities and regions：a national approach. published by the Australian Urban and Regional Development Review

14. BRISBANE 2011——the Livable City for the Future. (draft for consultation) Brisbane City Council, October 1994

15. BRISBANE 2011——the Livable City for the Future. (draft for consultation) Brisbane City Council, October 1994

16. BRISBANE 2011 PLAN——the Livable City for the Future. Brisbane City Council, 1996

17. SOUTH EAST QUEENSLAND REGIONAL FRAMEWORK FOR GROWTH MANAGEMENT 1995. Regional Coordination Committee, November 1995

18. BRISBANE CASE STUDY. MEIP；Recent Planning Development in South East Queensland

19. AUSTRALIAN CITIES——Issues，Strategies and Policies for Urban Australia in the 1990s. Edited by PATRICK TROY. Cambridge University Press

20. Planning and Environment Act 1987. Victoria State Government

21. Integrated Planning Act 1997. Queensland State Government

22. Integrated Planning Act Customer Information. Brisbane City Council

23. Local Government Regulation 1994. Queensland

24. Local Government Website. New South Wales www.nsw.gov.au

25. Local Government Act 1989. Victoria

第七章　日本城市规划体系

一、日本的概况

1. 地理位置与国土面积

日本位于太平洋西岸，与亚洲大陆隔海相望。日本列岛由北海道、本州、四国、九州4个主要岛屿和其他大大小小4000多个岛屿组成，形成与亚洲大陆东海岸平行的长达3000km的弧形列岛（图7-1）。

日本的国土总面积约为38万 km²，是中国的1/26。日本国土的75%由地形起伏较大的山区所覆盖，平原约占国土面积的25%。平原主要由山间盆地以及沿海的冲积平原组成。如果将比较容易利用的低洼地、台地及部分丘陵地，即坡度在8%之下的地区包括在内，可供城市建设和人类生活居住使用的地区也只占国土面积的30%～35%。（图7-2、图7-3）

图7-1　日本的国土范围

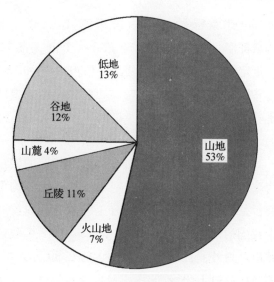

图7-2 各种地形在国土中的比例

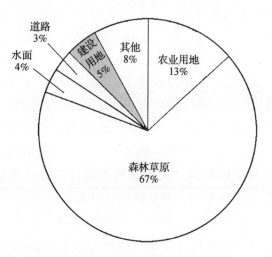

图7-3 各种土地利用在国土中所占比例

2. 气候与自然灾害

日本的国土呈西南东北向狭长型，虽然本州最宽处太平洋一侧至日本海一侧的直线距离不足100km，但南北横跨从北纬20°至45°，长达3000km。由于国土南北跨度较大，气候变化显著，从北海道的寒带气候到琉球群岛、小笠原群岛的亚热带气候，而本州、四国、九州等大部分地区则属于温带气候。日本的大部分地区四季分明，夏季的东南季风和冬季的西北季风为日本列岛带来了丰富的降雨量，但是夏季的台风和冬季的大雪也带来了自然灾害。

日本位于环太平洋地震带之上。变化多端的火山山脉造就了日本丰富的地形，提供了温泉等自然

资源。但火山的喷发和频发的大大小小的地震也给日本带来了众多的灾害。

3. 人口

1997年日本的总人口约为1.26亿人，其中男性6180.5万人，占总人口的48.99%；女性6436.1万人，占总人口的51.01%。日本的人口主要分布在气候温暖、交通方便、经济发达的沿海，尤其是沿太平洋的平原地带。大约70%以上的人口集中在南关东至北九州一带，其中，在以东京为中心的首都圈、以大阪为中心的近畿圈和以名古屋为中心的中部圈三大城市圈中集中了大约总人口的43.5%。

第二次世界大战后，日本人口的老龄化持续发展。1997年老龄化指数首次突破100%。（图7-4）

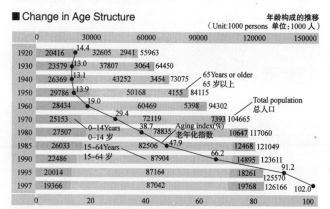

图7-4 日本人口年龄结构图

4. 政治制度

日本实行形式上的君主立宪制，第二次世界大战后仍旧保留了天皇的称号，作为国家的象征，但不再具有实质意义上的政治权力。日本实行立法、行政、司法三权分立而治的政治体制。

国会是作为立法机构的国家最高权力机构，由参议院和众议院组成。参、众两院均由通过全民选举产生的国会议员组成。国会具有任免内阁总理大臣、审议法律、国家财政预算、批准条约、弹劾法官、修改宪法的权力。

行政权限属于内阁，由内阁总理大臣组阁，行使行政权力，并对国会负责。内阁负责实施法律、处理外交关系、签订条约、编制财政预算、指定条例等日常行政事物。内阁下设12个省分管各项事务，其行政首脑为国务大臣，由总理任免。

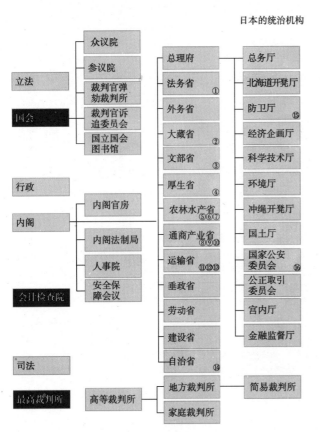

日本的统治机构

❶公安调查厅 ❷国税厅 ❸文化厅 ❹社会保障厅 ❺食量厅 ❻林野厅 ❼水产厅 ❽资源厅 ❾特许厅 ❿中小企业厅 ⓫海上保安厅 ⓬海难审判厅 ⓭气象厅 ⓮消防厅 ⓯防卫施设厅 ⓰警察厅

图7-5 日本的统治机构

法院是司法权的代表和体现。法院由最高法院和普通法院组成，普通法院又根据其审理案件的类型分为高等法院、地方法院、家庭法院和简易法院。所有法官均在宪法和法律约束下独自行使其权力。最高法院院长由天皇根据内阁的提名任命；其他法官由内阁任命。（图7-5）

5. 行政区划

日本的行政区划分为"都道府县"与"市町村"两级，分别相当于我国的省、县级，统称为地方公共团体。"都道府县"级的行政单位共47个，

即一都（东京都）、一道（北海道）、二府（大阪府、京都府）和43个县，下辖694个市（含12个政令指定城市和23个特别区）、1990个町和586个村（1999年4月1日数据）。"市町村"的主要区别在于其城市化水平的高低。市的人口必须在5万人以上，并满足《地方自治法》所定的其他条件。

人口在50万人以上，并获得政令指定的城市被称为政令指定城市。政令指定城市的政府机构可以行使包括城市规划在内的部分上级政府的权限，类似于我国的计划单列城市。目前日本有12个政令指定城市。另外，自1995年起，人口在30万人以上，管辖面积超过100km²的市，并符合其他政令规定条件的城市被称为"核心城市"。目前已有25个城市成为"核心城市"。

6. 经济发展水平

日本战后的经济经历了以恢复生产为主要目的的战后恢复时期（1945年~20世纪50年代初）、平均经济增长率高达10%以上的经济高速增长时期（20世纪50年代中期~60年代）、20世纪70年代后两次石油危机和日元升值所造成经济低速增长期（20世纪70年代~80年代初）以及20世纪80年代末到90年代初所形成的泡沫经济时期（20世纪80年代中~90年代初）。20世纪90年代初泡沫经济破灭后，日本经济陷入了长期低迷的状态，1997、1998年实际国内生产总值（GDP）连续两年呈负增长（分别为-0.1%和-1.9%）①，生产规模缩小、物价指数下降。

虽然日本战后经济的发展起伏跌宕，但总体规模有了相当大的发展。1998年的国内生产总值达38319亿美元，仅次于美国居世界第二位；人均国内生产总值达30323美元，居世界第7位②。（图7-6）

在国内生产总值中，第一、二、三产业的比例分别占2.0%、36.9%和61.1%③。由于第一产业的农林水产业在国内总产值所占比例微小，所以，日本经济实质上是城市经济。

---

① 数据来源：日本经济企画厅统计网页。
② 同注①。
③ 1996年数据。

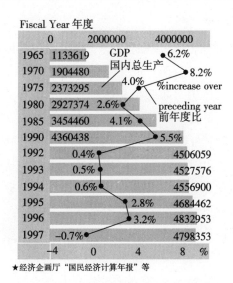

图7-6　日本实际国内生产总值变迁

二、日本城市与城市化

1. 城市发展沿革

日本的城市发展大致可以分为古代、中世纪、近代和当代几个时期。这种划分恰好分别涵盖了日本历史上4个较为集中的城市发展时期，即：①公元7世纪末至10世纪初以首都建设为代表的城市建设；②16世纪中叶至17世纪中叶日本独特社会经济条件下的城市建设；③明治维新后至第二次世界大战前伴随近代资本主义的发展而展开的城市建设；④第二次世界大战后伴随经济高速增长的城市建设①。

（1）古代的城市建设（公元7～10世纪）

日本历史上可以考证的城市建设始于公元7世纪的首都建设。伴随中国大陆佛教文化、法律制度以及土木建筑技术的传入，日本从7世纪初开始逐步建立起中央集权的古代国家体制。在著名的"平城京"之前，每当天皇更迭之际，日本的首都就要变换地点。中国风水中青龙、百虎、朱雀、玄武的方位理论对当时日本都城的选址起着决定性的作用。这一时期中，具有代表性的滕原京（现礓原市）、平城京（现奈良市）、平安京（现京都市）的建设，均模仿了以唐长安为代表的当时中国都城建设的格局。例如：棋盘式的方格网道路系统和里坊制（平城京称"坊"、"坪"；平安京称"坊"和"町"）、

以南北向干道朱雀大路为轴线的左右对称布局，以及位于城市轴线北端的皇宫等（图7-7）。当时的都城内除宫殿、行政设机构还有大量的寺院。

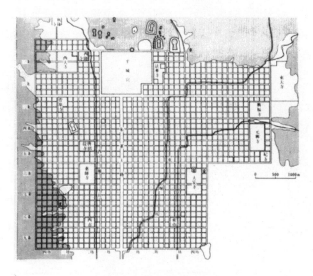

图7-7　平城京复原图

另一方面，作为地方统治机构的所在地，位于九州地方的太宰府和遍布全国的大约70个国府在城市建设上大都模仿首都的格局，但在规模上较都城小得多。

因此，日本古代城市的职能主要集中在政治、宗教及军事方面，其形态直接模仿中国古代的都城。

（2）中世纪的城市建设（公元10～19世纪）

虽然在古代就存在着自发产生型城市的萌芽，但日本独自的城市形态是10世纪后伴随"庄园制"的发展而得以确立的。首先，伴随着生产力的发展、对外贸易的开展、流通的旺盛和交通设施、制度的逐渐完善以及由此而形成的发达商业，被用来运输集散货物的港口城市（港町）、市场城市（市场町）、位于交通要道上的宿留城市（宿场町）得到较大的发展。

另一方面，自古代末期开始逐渐形成的武士阶层形成了被称作"城下町"的另一城市形态的雏形。这一雏形在战国时期进一步发展为以作为军事要塞的城堡为中心，武士阶层聚集在周围的初期"城下町"。16世纪中叶以后，"城下町"的军事意义逐渐

---

① 都市计画教育研究会编. 都市计画教科书（第2版）. 章国社，1995

被其作为诸侯国政治、经济、文化中心的意义所取代，整个城市除城堡外还包括武士居住的武士地区（武家地区）、一般市民居住生活的地区（町屋地区）和寺院地区，城市的位置也由原先的利于军事作战的山顶移至地势平坦、交通方便的平原地带。与中国和欧洲的城堡城市不同，日本的城堡仅限于军队的屯驻和作战，普通市民的居住生活部分均在城堡之外，与城堡呼应形成独特的城市形态（图7-8）。

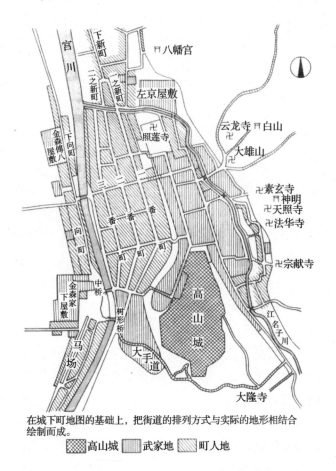

在城下町地图的基础上，把街道的排列方式与实际的地形相结合绘制而成。

▨ 高山城 ▥ 武家地 ▨ 町人地

图7-8 "城下町"中城市与城堡的关系

此外，中世纪宗教活动的广泛开展产生了被称为"门前町"和"寺内町"的城市形态。"门前町"是在沿寺院前参拜通道两侧形成的商业服务设施和以此为基础发展起来的城镇；"寺内町"则是由信徒建造的以寺院为中心带有军事防御目的的聚落。

中世纪的日本城市虽然在道路格局上仍然沿用方格网式，但已不再受左右对称等中国都城规划格局的限制，而是根据具体的城市性质和所处环境进行规划、建设。

17世纪初，德川幕府确立了中央集权的的幕藩体制。江户（现东京）成为全国的政治中心，大阪成为全国的经济与商业贸易中心，加上原来的首都京都，形成了当时的日本的三大城市。其中，18世纪中叶之后，江户城的人口超过100万人，在成为超大城市的同时，城市用地范围的无节制扩大、居住环境的恶化、火灾、瘟疫、犯罪等城市问题开始显现。

（3）近代的城市建设与发展（1868明治维新~第二次世界大战）

1868年明治维新后，日本走上了资本主义的道路。至1941年太平洋战争爆发，城市建设与发展可以大致分为以下三个阶段。

①明治维新后至甲午战争（1894年）的城市近代化与城市格局变迁的阶段

在明治维新后的头20年中，由于封建制度的灭亡而导致的社会政治经济体制的大变革使城市中的人口一度向地方分散。但在明治政府"富国强兵、殖产兴业"政策的鼓励下，在既有城市近代化的同时，在全国范围内原有的城市分布格局发生了较大的变化。东京、大阪，以及一批"城下町"等封建城市逐步演变成全国的政治、文化中心、近代产业城市和新的区域政治、经济、军事中心。横滨、神户等港口城市作为对外贸易交流的窗口得到了长足的发展。与此同时，另一些城市失去了原有的中心地位，趋于衰弱。

在这一时期，作为日本近代地方自治体制的市町村制开始实施。日本第一部关于城市规划建设的立法《东京市区改正条》颁布实施。

②甲午战争至第一次世界大战（1914年）的资本主义城市壮大阶段

通过甲午战争、日俄战争等侵略性手段扩大市场，确保资源，日本初步完成了工业革命，重工业和化学工业得到较大的发展。伴随着资本主义体制的完善和壮大，除大城市的发展外，地方矿业城市、工业城市、军事城市都有了较大的发展。但城市劳动阶层处境悲惨，城市问题开始得到关注。

1919年，日本首部《城市规划法》颁布实施。

③两次世界大战之间的大城市问题激化与地方工业城市发展的阶段

第一次世界大战后，日本经历了数次经济危机。伴随工人、农民运动的蓬勃发展，城市问题、住宅问题日益激化。1923 年发生关东大地震。1931 年"九一八事变"后，工业生产转向为以满足军事需要为目的。在此背景下，包括川崎、尼崎等四大工业地带中的城市在内的地方工业城市、军事城市以及福岗、仙台、广岛等区域性中心城市发展较快。东京、大阪等大城市伴随周边町村的合并，市域行政管辖范围进一步扩大，周边卫星城镇形成。1941 年后日本开始进入战时状态，正常的城市建设活动基本停止。

在这一时期中，日本的城市完成了由封建城市向资本主义近代城市的转换。城市的发展与经济发展同步进行。但以城市劳动阶层的低劣生活状况为代表的城市问题开始表面化，城市建设在相当程度上带上了为侵略战争服务的阴影。

（4）当代的城市建设与发展（1945 第二次世界大战后～ ）

第二次世界大战后日本的城市建设与发展大致可以分成以下几个阶段。

①战后恢复时期（战后～20 世纪 50 年代中期）

第二次世界大战结束后的前 5 年，日本处于战争灾害的恢复时期，战争期间疏散到地方的人口开始返回城市，城市建设集中在战灾复兴工程方面。1950 年开始的朝鲜战争为日本战后经济的恢复提供了机遇，使日本经济在 1950 年左右恢复到了战前的水平。1950 年《国土综合开发法》颁布，以资源开发为核心的国土开发开始实施。

②经济高速增长时期（20 世纪 50 年代中期～70 年代初）

20 世纪 50 年代中期以后，日本进入了经济高速增长时期，1967 年，国民生产总值超过当时的西德，跃居世界第二位。人口、产业等急剧向大城市圈为首的城市地区集中，造成中心城市市中心地区城市功能的过度集中和城市用地向周边地区的无秩序扩展。住宅问题、远距离通勤、交通堵塞、中心区夜间人口减少等城市问题相继产生。

为此，这一时期，日本城市建设的重点主要集中在道路、公园、下水道等城市基础设施的建设和包括新城建设在内的住宅建设方面。《城市公园法》（1956 年）、《下水道法》（1958 年）相继诞生；车辆燃油税专项用于道路建设的制度得到确立（1953年）；以为大城市圈地区提供平价实用住宅为目的的公共机构——日本住宅公团成立（1955 年）。

另一方面，为从区域角度解决大城市问题，以1956 年的《首都圈整备法》为开端，陆续颁布了有关三大城市圈地区开发建设的法规。在东京，试图采用设置环状绿地、建设外围卫星城、限制建成区中工厂、大学的建设等方式，限制大城市用地的无节制扩展，但实施效果很不理想。

在经济高度增长期的后期，环境问题、土地问题、过密过疏问题以及生活环境建设的滞后等以促进经济增长、产业开发为中心的城市发展的弊病暴露无遗。以《公害对策基本法》（1967 年）的颁布为代表，城市建设中对环境问题和对生活环境质量的重视程度逐渐提高。

新《城市规划法》和《城市再开发法》分别于1968 和 1969 年颁布，对城市化范围的控制和城市内部的改造起到了积极的促进作用。

③经济安定增长时期（20 世纪 70 年代初～80年代）

1973 年第一次石油危机后，日本经济由高速增长期转入安定增长期。在这一时期，人口向大城市圈地区聚集的倾向得到缓解，并在一定程度上出现向地方核心城市回流的现象。以规模扩张为主的城市大规模建设告一段落，城市建设质量与生活环境质量得到进一步的关注。在 1980 年修改后的《城市规划法》和《城市再开发法》中，新设立了"地区规划"（详细规划）制度。大城市地区的住宅建设继续成为重点。

另一方面，由于企业法人在土地买卖中的投机行为，致使土地价格在 1972 至 1973 年间飞涨，土地问题成为城市建设与发展中备受关注的焦点。以《国土利用规划法》（1974 年）的颁布为契机，土地买卖限制、闲置土地的利用、土地利用基本规划的编制以及相应的土地税收政策出台，在一定程度上抑制了土地投机。

20世纪80年代中期之后，日本经济的安定持续增长、产业结构的转换和大幅度对外贸易逆差等原因导致了大城市地区土地价格的再次飞涨，并构成了泡沫经济的主要组成部分。带有相当程度投机成分的高地价对市民居住环境条件的改善和城市基础设施的建设带来了较大的负面影响，并造成城市商务设施供给过剩和土地资源的浪费①。

④后城市化时期（20世纪90年代初~　　）

以1987年的股市暴跌为开端直至1992年大城市地区土地价格的全面回落，20世纪80年代中期形成的泡沫经济彻底破灭。与此同时，人口老龄化和出生率的下降、经济的空洞化和持续低增长乃至负增长反映在城市发展方面，则体现为建成区规模扩大速度的减缓、区域间人口移动的减少、城市间发展状况的不平衡和城市中心地区的空洞化。一般市民对环境问题更加关注，对城市规划、建设的参与意识更加强烈。因此，城市建设与发展重点不再是伴随人口与产业的集中而产生的量的扩大和以外延为中心的发展，而是更加关注城市内部结构的调整与环境整治。即城市化进程由着重外延的"城市化社会"转向注重内涵的"城市型社会"。因此，暂且将这一时期称作后城市化时期。

后城市化时期的城市建设重点主要在：a. 既有建成区的整治与城市间的相互配合；b. 促进新形势下产业发展的城市建设；c. 注重环境、景观的城市建设②。

1990年与1992年，《城市规划法》的两次修改也着重体现了对城市土地利用的详细规划与控制。

2. 城市化水平

（1）城市化水平指标 D. I. D.

日本在1960年之前采用城市行政范围内人口作为城市人。鉴于这种方法不能很好表达城市化的实际水平，自1960年国势调查③起，采用"人口集中地区"（densely inhabited district，略称 D. I. D.）的概念，用以表达城市化水平。具体来说，D. I. D. 是指以国势调查中的调查区为基本单位，当市町村范围内人口密度超过每公顷40人的调查区连成一片，其

总体人口规模超过5000人时的地区。这种地区被认为是城市化地区，其中的人口被认为是城市人口。这种以人口密度划分城市化与非城市化的统计方法，在实践中被证明与实际情况较为吻合。

（2）城市化发展过程

由于日本在1960年之前所采用的统计方法难以正确表达城市化的实际水平，所以只能根据推断认为第二次世界大战后，20世纪50年代初期的城市化水平大致在25%~30%左右。与经济的增长相吻合，20世纪50年代中期至70年代中期是日本城市化水平飞速提高的时期。D. I. D. 人口占全国总人口的比例从1960年的43.3%增加到1970年的53.5%，城市化水平平均每年增长一个百分点。1980年日本的城市化水平接近60%，当时预计到20世纪末城市化水平可达到70%。但实际上，1980年之后日本城市化水平的发展速度有所减缓，在1980年至1995年的15年中，城市化水平仅增长了5个百分点。1995年的城市化水平接近65%（图7-9）。

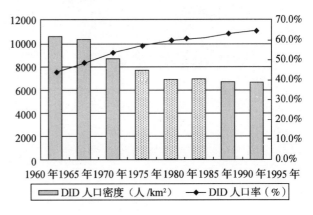

图7-9　日本的城市化水平变迁

日本城市化过程中的另一个突出特征是城市化地区人口密度的降低。D. I. D. 的人口密度由1960年的每公顷106人降低到1980年的不满70人和1995年的66人。造成这一结果的原因主要是由于土地利用的监管不利和私人轿车的发展所造成的城市建设

---

① 有关日本的地价问题，参阅：谭纵波. 日本的地价高涨与城市规划——对中国的启示. 国外城市规划，1994（2）

② 建设省监修. 日本的城市—平城10年度版一. 第一法规出版株式会社，1999. 199

③ 由日本政府每隔10年进行一次的针对全体国民的人口调查（两次调查之间进行一次简易调查）. 相当于我国的人口普查。

用地对城市边缘地区的蚕食（Sprawl）。1980 年之后城市化地区的人口密度趋于稳定。

（3）城市化的区域间差别

日本的城市化水平在国土范围内的不平衡性是其又一大特征。东京、大阪等大城市圈地区的城市化水平远远高于全国平均水平。1980 年，相对于 60% 的全国平均水平，东京大城市圈地区（包括东京、神奈川、千叶、奇玉一都三县等范围）及大阪城市圈地区（包括京都、大阪、兵库两府一县的范围）的城市化水平均达到了 84%；而四国、东北等城市化水平较低的地区还不到 40%。这也反映出日本的城市化在很大程度上是依靠全国人口向东京、大阪等少数大城市圈的集中而达成的。

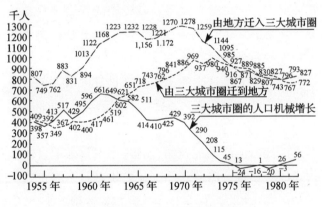

图 7-10　日本人口区域间迁移动向

图 7-10 反映了日本战后人口迁移的动向。从中可以看出：1957 年 ~ 1977 年间大量人口涌向东京、大阪和名古屋三大城市圈地区，使该地区的人口机械增长率较高，城市化发展迅速。这种状况在 1977 年之后趋于平缓，1975 年后趋于平衡。

3. 城市建设的现状与问题

（1）城市现状

1999 年日本城市的数量达到 678 座（东京 23 个特别行政区分别按市计算），总人口约为 9877 万人，占总人口的 78%。其中人口 877 万人以上的城市 87 座（横滨市、大阪市、名古屋市、札幌市等）；不满 5 万人的城市 223 座。如果加上大约占城市总数 1/3 的 5 ~ 87 万人城市，日本城市中，中小城市的数量占到总数的 2/3。在 678 座城市中，有 248 座位于东

京、大阪、名古屋三大城市圈中，占城市总数的 36%。其余接近 2/3 的城市则分布在三大城市圈之外的地域中。

从当代城市的历史渊源上看，最早源于"城下町"类型的城市约占 37% 左右；源于留宿城镇（宿场町）类型的城市约占 27%；源于港口城市类型的城市略高于 87%。也就是说大约 67% 的城市脱胎于江户时期的旧城镇，拥有大约 477 年的历史。但是，87% 的城市是二次世界大战后设市的，现代城市建设仅有 57 年左右的历史①。

（2）城市建设的特征

由于日本所处地理条件、历史和当代城市化过程的原因，城市建设体现出以下特征：

①由于日本多山的地理条件的限制，城市多结合山川、河流等自然地形，并将其作为划分城市的天然界限，地理条件所造成的城市建设用地紧张，致使传统街区的建设密度较高。同时，丰富的森林资源使木结构建筑发达。密集的木结构建筑群所组成的城市很容易受到火灾的威胁，因此防火问题历来是城市建设所关注的重要问题。另一方面，长期以木结构独立式住宅为舞台的生活习惯也是日本人偏爱土地、较难接受公寓式居住方式的主要原因。

②日本作为由单一民族组成的岛国，历史上很少受到异族或异教徒的威胁和残酷的战争，因此传统城市的防御功能较弱，在"城下町"这种典型的传统城市格局中，军事意义上的城堡和作为庶民生活场所的城市相互独立，自成一体。因此，城市建设较少受到防御和军事因素的影响。与欧洲国家相比较，日本城市的交通方式基本上由步行直接过渡到铁路和汽车，没有经过马车时代。所以，传统城市中的道路宽度较窄，且兼有户外交往的功能。

③日本的城市化过程主要在战后 57 年较短的时间内完成的，形成了以东京超大城市圈为代表的城市群，城市建设面积迅速扩展，形成对农业用地的蚕食状态。以经济建设为核心的城市建设使得基础设施建设向生产方面倾斜；城市基础设施建设与生

① 都市计画教育研究会编. 都市计画教科书（第 2 版）. 章国社, 1995. 21

活环境的改善落后于经济的发展，私人汽车的快速发展进一步加剧了这种矛盾。为实现城市快速发展而追求效率优先，造成大部分城市大同小异，缺乏个性。

（3）城市建设中的问题

在日本城市建设中存在着众多需要改善的问题。但这些问题在不同的城市以不同的形式表现出来，或不同城市所面临的问题本身具有较大的差异。从宏观上来看，这些问题的起因均与战后经济高速增长时期，短时期内的城市化有关。具体表现在：①狭窄的街道、缺少公共开放空间的密集木结构住宅，以及汽油等易燃易爆物质的增加所造成的火灾危害依然存在，城市抵抗台风、暴雨、滑坡等自然灾害的能力尚待提高；②与欧美工业化国家相比较，道路、下水道、公园、开放空间等与城市生活相关的城市基础设施水平较低；③经济高速增长时期所造成的城市环境污染状况仍需继续改善，被忽视的历史、文化等方面的价值需要重新得到重视；④由不同背景、不同价值观的群体所组成的城市社会需要构筑新的秩序和道德准则。

（4）城市建设的方向

日本经济高速增长时期结束后，特别是1997年代泡沫经济破灭后，日本的社会经济环境发生了根本性的改变。产业结构转向知识、技术集约、高附加价值型；普通民众追求的重点由物质生活转向精神生活；人口老龄化，社会的国际化、信息化对新时期的城市建设提出了与以往不同的要求。

对此建设省从以下三个方面提出今后城市建设的基本方向①：

①注重城市内部的挖潜改造

促进"城市化社会"向"城市型社会"的转变，将城市建设的重点由过去的外延转向内部的挖潜、改造。通过城市规划道路的建设和城市开发项目的实施，达到改造城市结构、激活经济的目的。

②营造高质量的城市生活环境

高质量的城市环境包括：适应老龄化社会的各种福利设施的建设和公共服务实施的无障碍化；城市中绿色空间、水空间的建设；历史文化遗迹的利

用和各种文化、交流设施的建设；对应信息化时代的基础设施建设。

③注重城市减灾、推动城市的安全建设

汲取阪神大地震的经验教训，积极建设对城市减灾具有良好效果的各级道路、公园；加快三大城市圈中现存密集地区的改造步伐；继续推动阪神受灾地区的重建工作。

三、日本的国土规划与区域规划

1. 日本国土规划概观

（1）国土规划的产生与发展

国土规划通常是对国家疆土范围内的资源利用、产业开发、人口分布以及基础设施的建设等内容做出的长期的综合性的计划。一般，国土规划包含开发与控制两个侧面。

日本的国土规划始于第二次世界大战期间，并与臭名昭著"大东亚共荣圈"有着千丝万缕的联系。1940年由企画院编制的《国土规划纲要》被视作是日本近代国土规划的开始，其内容主要是配合军国主义政府扩张侵略的政策，从强化对日本本土的统治和对我国东北地区乃至整个亚洲地区的占领出发，提出的加强国防体制、增强生产力、促进移民等政策。虽然在此之前，从明治时期开始就有过开发北海道及日本东北地区的区域性规划，但1940年《国土规划纲要》是第一次将势力范围内的土地作为一个整体进行的综合性规划。

第二次世界大战结束之后，当时日本的主要任务是医治战争创伤，恢复和发展生产。在这种背景下，内务省国土局于1946年9月发表《国土复兴规划纲要》，在预测未来5年人口增加规模的基础上，提出农业用地的开垦计划，以解决战后粮食供应短缺的状况。在此基础上，国土开发审议会于1949年成立，并于1950年颁布了日本有关国土规划方面的第一部法律——《国土综合开发法》。根据《国土综合开发法》编制的第一个规划是以资源开发为目的

---

① 建设省监修. 日本の都市—平成10年度版—. 第一法规出版株式会社，1999. 21～23

的特定区域开发规划——"北上川综合开发"（1953年2月内阁通过）。在当时经济恢复与发展作为首要任务的背景下，国土规划事实上被作为经济发展计划的一个组成部分。1954年9月形成的《综合开发构想》就是一个例子。在经过1957年"新长期经济计划"、"国民收入倍增计划"、"太平洋带状发展地带构想"等一系列经济发展规划之后，1962年10月政府通过了日本战后第一个正式的国土规划——《全国综合开发规划》（即第一次全国综合开发规划，俗称"一全总"）。在此之后，又分别于1969年5月、1977年11月、1987年6月和1998年3月通过了第二、三、四、五次全国综合开发规划（即"二全总"～"五全总"）。

（2）国土规划的法律根据

目前，在日本与国土规划相关的立法主要有三个，即：1950年《国土综合开发法》、1974年《国土利用规划法》和1988年《土地基本法》[①]。其中《土地基本法》阐述了对国土性质的基本认识和土地利用的基本原则，即土地利用中的：①公共福利优先原则；②服从土地利用规划的原则；③取缔土地投机的原则；④土地收益返还社会原则等，并不直接涉及国土规划的具体内容。

1950年《国土综合开发法》是日本第一个有关国土规划的立法。该法律在其第一条中将其目的定为"考虑到国土的自然条件，从经济、社会、文化等诸项政策的综合角度，对国土实施综合的利用、开发及保护，并确立合理的产业布局，提高社会福利"。依据该项法律，中央政府或地方政府可以编制全国综合开发规划、都道府县综合开发规划、地方综合开发规划以及特定区域综合开发规划。所以，该法律的着眼点在于对国土实施综合、合理的开发，根据该法律编制的综合开发规划也主要着眼于国土的开发建设，而缺少包括土地利用控制在内的国土利用综合方针。

20世纪60年代末，70年代初，在以开发为主的国土开发政策、规划的指引下，随着战后日本经济的高速发展，人口、产业向大城市集中，以城市区域过密和农村区域过疏为代表的国土利用的非均衡化逐渐显露出来。同时，由此而派生的地价高涨和土地利用

的混乱状况等土地问题发展到较为严重的程度。鉴于这种情况，1973年1月地价对策内阁协议会通过了以土地利用规划的编制及土地利用控制、改善土地税收、促进住宅供给为核心的综合土地对策，并向国会提出了修改《国土综合开发法》，将综合土地对策与已有的国土综合开发规划相结合的建议。但该提案在其审议过程中，最终改为以《国土利用规划法》出现的单独立法，并于1974年公布。《国土利用规划法》提出了通过编制国土利用规划及土地利用基本规划，创立土地交易许可制和申报制，提出闲置土地处理措施等手段，达到国土的有计划综合利用，防止土地投机、稳定地价等目的。

由此，《国土综合开发法》与《国土利用规划法》以及以其为依据的国土综合开发规划、国土利用规划和土地利用综合规划平行存在，分别承担着不同的职能。两者的主要区别在于前者偏重于国土开发建设的蓝图式目标；而后者偏重于国土的分类利用目标规模控制和通过与其他相关法律的配合，达到土地利用控制和综合利用的效果。

从与日本国土规划相关的三个主要法律的立法时期来看，实施具体开发内容的《国土综合开发法》最先确立，而确定土地利用基本政策《土地基本法》最后出台，与通常先原则后具体，先方针政策后实施手法的立法顺序截然相反。由此可以看出日本国土规划的以实际为导向的性质。

（3）国土规划的特征

有关日本国土规划的特征，本间义人[②]在其论著中归纳为：

①以发展经济为出发点的规划；

②受政治、政策左右的规划；

① 与国土规划或区域规划相关的现行法律还有：1988年《多中心分散型国土形成促进法》、1956年《首都圈整备法》、1958年《关于首都圈近郊整备地带及城市开发区域整备的法律》、1959年《关于限制首都圈建成区内工业等的法律》、1966年《首都圈近郊绿地保护法》、1963年《近畿圈整备法》、1964年《关于限制近畿圈建成区内工厂等的法律》、1964年《关于近畿圈近郊整备区域及城市开发区域整备与开发的法律》、1967年《关于近畿圈保护区域整备的法律》、1966年《中部圈开发整备法》、1967年《关于中部圈城市整备区域、城市开发区域及保护区域的整备等的法律》等。

② 本间义人. 国土计画を考る——开发路线のゆくえ. 中央公论新社, 1999

③作为土木工程国家支柱的规划。

实际上贯穿在其中的是一条与城市规划等其他相关规划相类似的现实主义路线。

2. 国土利用规划与土地利用基本规划

根据1974年《国土利用规划法》，国土规划分为国土利用规划与土地利用基本规划两大类，同时与土地利用相关法律及土地利用控制措施相配合。

（1）国土利用规划

国土利用规划分为全国、都道府县和市町村三个层次的规划。其编制内容主要为：关于国土利用的基本方针、按照利用目的划分的各种用地的规模目标及各个区域的概要、实现目标所采取必要措施的概要。其中，"按照利用目的划分各种用地的规模目标"是指将国土按照利用目的分成农业用地、森林、荒地、水面、道路、建设用地等土地利用类别，并给出各种土地利用类别的规划面积目标值。表7-1是东京都国土利用规划（1988—2005）中按照利用目的划分的各种用地的规模目标的实例。"各区域概要"是根据自然、社会、经济及文化背景而划分出来的不同的地区，并对每个地区所要达成的规划目标进行概要的描述。例如：东京都国土利用规划（1988—2005）将东京都所管辖的整个范围分为区部、多摩城市部、多摩山村部和岛屿部四个区域。

国土利用规划按照其对象范围，分为全国规划、都道府县规划和市町村规划。

东京都国土利用规划（1988~2005）

用地类别及其规模目标　　表7-1

用地类别		面　积（hm²）			所占比例（%）	
		1988年	2005年	增减	1988年	2005年
农业用地		11800	9560	-2240	5.4	4.4
	农田	11590	9350	-2240	5.3	4.3
	草场牧地	210	210	0	0.1	0.1
森林		79560	77250	-2310	36.5	35.5
河流水面		8230	8410	180	3.8	3.8
道路		15710	18630	2920	7.2	8.5
建设用地		61590	65430	3840	28.2	29.9

续表

用地类别		面　积（hm²）			所占比例（%）	
		1988年	2005年	增减	1988年	2005年
	居住用地	39350	42620	327	18	19.5
	工业用地	2910	2740	-170	1.3	1.3
	商务、商业用地	12610	13180	570	5.8	6.0
	公共用地	6270	6890	170	3.1	3.1
其他		41330	39500	-1830	18.9	18.1
	公园、绿地	7160	10870	3710	3.3	5.0
	城市设施等用地	10380	9920	-460	4.8	4.5
	上述用地之外用地	23790	18710	-5080	10.9	6.6
合计		218220	218780	560	100.0	100.0

资料来源：日笠端. 市街化の计画の制御. 共立出版株式会社，1998

①全国规划

全国规划的正式名称为：就全国范围制定的有关国土利用的规划。该规划由内阁总理大臣在听取国土利用规划审议会和都道府县知事意见的基础上制定，并通过内阁审议最终决定。规划主要内容是将国土按照农业用地、森林、荒地、河流水面、道路用地、建设用地以及其他用地7大类，对照现状面积，对未来10年中的变化给出预测和规划。

②都道府县规划

都道府县规划（就都道府县范围制定的有关国土利用的规划）是由都道府县根据全国规划，在听取国土利用地方审议会和市町村长意见的基础上，通过议会审议表决而决定的国土规划。目前所有的都道府县都编制了这种规划。

③市町村规划

市町村规划（就市町村范围制定的有关国土利用的规划）是由市町村根据都道府县规划和市町村建设基本构想，在事先举行公开听政会的基础上，通过议会审议表决而决定的国土规划。截至1993年5月，全国共有约1700个市町村（约占市町村总数的52%）编制了这种规划。

应该指出的是，国土利用规划仅仅是有关规划范围内国土利用的基本方针和对各类用地规模在行政管理上的指导思想，并不具体规定各种用地类别的具体利用形式、状态，更不具备对具体土地利用的控制职能。

（2）土地利用基本规划

如上所述，国土利用规划仅确定了土地利用的方针，而为了达到防止土地投机所带来的地价高涨，防止国土的无秩序开发，促进闲置土地的有效利用所实施的土地交易控制、开发行为的控制以及促进闲置土地有效利用的具体措施都必须通过土地利用基本规划得以实现。

土地利用基本规划由都道府县知事根据全国及都道府县国土利用规划，在听取国土利用地方审议会及市町村长意见的基础上负责编制。规划在得到内阁总理大臣承认后确定、生效。土地利用规划将规划范围内的国土分为城市区域、农业区域、森林区域、自然公园区域以及自然保护区域 5 种区域，并通过与每个区域相对应的相关法律及其规划控制内容的配合，达到协调土地利用，实现国土利用规划所列规划目标的目的。例如：与城市区域相对应的有《城市规划法》；与森林区域相对应的有《森林法》，以此类推（表 7-2）。因此，土地利用基本规划具有协调城市规划、农业振兴规划等单项规划的职能，并可以对土地交易实施直接控制，并通过单项法规对开发行为等实施间接控制。

由于土地利用基本规划所涉及的 5 个单项土地利用相关法规的出发点不同，所以根据这 5 个单项法规划定的 5 种土地利用区域之间有较大范围的重叠，甚至有些地区同时属于 3 种区域（图 7-11、表 7-2）。对于区域重叠地区的土地利用，土地利用基本规划必须按照具体重叠的状况，明确其调整指导方针。例如：在城市区域与农业区域相重叠的地区，当城市规划中所制定的城市化地区或已经确定用地分区的地区之外的城市区域与农业区域中的农业地区相重叠时，该用地应优先考虑作为农业用地；而

土地利用基本规划分区及相关内容一览表　　　　　　　　　　　表 7-2

区域种类	定义	依据法律	规划表示内容	控制手法及（执行者）
城市区域	有必要将城市作为整体进行综合开发、建设及保护的区域	《城市规划法》	①城市化地区及城市化控制区 ②城市规划区中的用地分区	开发许可、建筑控制（都道府县知事）
农业区域	应用作农业用地的土地，有必要综合振兴农业的区域	《关于农业振兴区域开发建设的法律》	①农业振兴区域 ②农业用地地区	对开发行为的劝告（都道府县知事） 开发许可（同上）
森林区域	应用作林地的土地，有必要振兴林业或维持、增进森林所拥有各项功能的区域	《森林法》	①国有森林 ②保安森林 ③区域森林规划对象民有森林	采伐许可（都道府县知事） 开发许可（同上）
自然公园区域	具有优良自然风景的地区，应对其保护并增进其利用的区域	《自然公园法》	①国立及国家制定公园中的特别区域 特别保护区 海中公园地区 普通区域 ②都道府县立自然公园中的 特别区域 普通区域	开发许可（环境厅长官及都道府县知事） 开发行为及特定行为的许可（同上） （同上） 开发行为申报（都道府县知事） 开发行为及特定行为的许可（都道府县） 开发行为申报（同上）
自然保护区域	已形成良好自然环境，并应对其进行保护的区域	《自然环境保护法》	①原生自然环境保护区域 ②自然环境保护区域 ③都道府县自然环境保护区域	开发行为及特定行为的许可、禁入地区（环境厅长官）开发行为及特定行为的许可等（同上） （都道府县）

对于上述城市区域与非农业地区的农业区域相重叠时，则可以在协调与农业用地的前提下，允许用作城市用地。

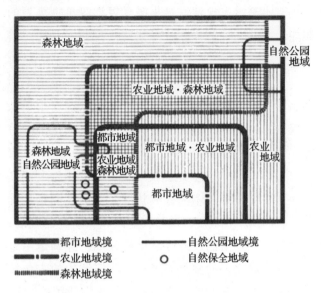

森林地域
自然公园地域
农业地域·森林地域
森林地域 自然公园地域
都市地域
都市地域·农业地域
农业地域 森林地域
农业地域
都市地域

—— 都市地域境
—— 农业地域境
▦▦ 森林地域境
—— 自然公园地域境
○ 自然保全地域

图 7-11 土地利用基本规划概念图

土地利用基本规划由规划说明书及相应规划图组成。规划说明书主要记述土地利用的基本方向、对 5 种区域重复地区的土地利用协调指导方针以及与土地利用相关的公共机构的开发建设与保护规划等。规划图采用 1/50000 或 1/100000 的地形图作为底图，标明 5 种区域的范围以及依据单项法规所划定的各种区域和地区的界线。

3. 全国综合开发规划

按照 1950 年《国土综合开发法》的规定，国土综合规划包括：土地、水源等自然资源的利用；水灾、风灾等减灾；城市、农村的的规模及布局；正确的产业布局；以及电力、运输、通信等重要公共设施与文化、福利、观光资源的保护及其相关设施的规模和布局等五大项内容。如上所述，日本的国土规划在很大程度上是经济发展规划在国土空间上的投影。所以国土规划的内容也在很大程度上集中在通过产业开发来发展经济或纠正由于经济发展所带来国土利用上的偏差方面。

国土综合开发规划根据其覆盖的范围分为：全国综合开发规划、都道府县综合开发规划、地方综合规划、特定区域综合开发规划四种。在 20 世纪 60 年代

之前，主要以河流流域综合开发为目的的特定区域综合开发规划为主，但从 20 世纪 60 年代初至今，并仍在发挥作用的只有全国综合开发规划①。以下是迄今为止 5 次全国综合开发规划内容的概要（表 7-3）。

（1）全国综合开发规划（一全总）

1962 年 10 月制定的"全国综合开发规划"是日本战后首次根据《国土综合开发法》制定的全国范围的国土规划，因此被冠以"一全总"的简称。"一全总"认为：企业的适度集中虽然有利于提高企业本身的生产效率，从而提高社会资本的回报率，促进国民经济的发展，但是，产业的过度集中导致了城市规模过大的问题和地方的城市化、工业化的发展缓慢，以及由此产生的区域间发展水平差别的扩大。因此，为了防止过大的城市规模，缩小地区间的差别，有必要对作为经济发展主要动力的工业实行分散布局的政策。为了实现这一目标，"一全总"采用了重点地区开发的模式，将国土分成过密地区、充实地区和开发地区。也就是充分利用并控制东京、大阪、名古屋等已有的产业集中地带，设定大规模开发重点地区（包括工业开发重点地区和地方开发重点地区）及中小规模的重点开发地区，并通过高质量的交通、通信设施将这些地区连接成有机网络，形成连锁反应式的开发。其中，新产业城市的建设就是这种开发方式的代表。

（2）新全国综合开发规划（二全总）

进入 20 世纪 60 年代后，日本经济持续增长，日本即将进入城市化的时代。在国土开发方面，以民间企业为主导的工业向地方的分散已不能满足对国土综合开发的需要，由国家主导的通过大规模基础设施的投资建设引导国土开发方向的方式应运而生。

在这种背景下，新全国综合开发规划（二全总）于 1969 年诞生。"二全总"实际上是为有效开展大规模社会基础设施投资做准备的先行基础规划。同时，对民间的投资活动也起到一定的指导与诱导作用。因此，"二全总"在"一全总"重点地区开发模式的基础上，采用了以网络建设为中心的大规模

① 本间义人. 国土计画を考る——开发路线のゆくえ. 中央公论新社，1999

开发项目方式。根据这种方式，首先建设一个以中枢管理功能的集中与物流设施系统化为目的的全国性网络，作为开发的基础。然后规划、实施一系列发挥地方特色、独立自主的、高效益的大规模产业开发与环境保护项目。由此带动各地方的发展，逐渐将其影响波及至全国，最终达到国土均衡发展的目的。同时，通过设定区域生活圈，和对圈内生活环境设施、交通通信设施的建设，使国民可以享受到均等的安全、舒适的生活环境。

（3）第三次全国综合开发规划（三全总）

随着20世纪60年代后期日本经济的持续增长，被称为公害的环境问题浮出水面，同时，随着1974年石油危机给世界经济所带来的冲击，资源的有限性被重新认识。另一方面，达到一定经济水平后的日本民众对价值观的多样化、生活的安定性和安全性的追求越升到了首位。

日本历次全国综合开发规划概要一览　　　　　　　　　　　　　　表7-3

	全国综合开发规划（一全总）	新全国综合开发规划（二全总）	第三次全国综合开发规划（三全总）	第四次全国综合开发规划（四全总）	21世纪的国土总体设计（五全总）
制定日期	1962年10月	1969年5月	1977年11月	1987年6月	1998年3月
当时内阁	池田内阁	佐藤内阁	福田内阁	中曾根内阁	桥本内阁
背景	1. 向经济高速发展时期过渡 2. 城市过大问题，收入差距的扩大 3. 收入倍增计划（沿太平洋带状区域设想）	1. 经济高速发展时期 2. 人口、产业向大城市集中 3. 信息化、国际化，技术革新的进展	1. 经济稳定发展 2. 人口、产业向地方分散的征兆 3. 国土资源、能源等资源有限性的表面化	1. 人口及各种城市功能向东京单一中心集中 2. 由于产业结构的急剧变化等，地方的雇用问题越来越严峻 3. 国际化的真正发展	1. 全球化时代（地球环境问题、全球范围的竞争、与亚洲各国之间的交流） 2. 人口减少，老龄化时代 3. 高度信息化时代
规划目标年限	1970年	1985年	1977年后的大约10年间	大约2000年	2010年至2015年
基本目标	区域间的平衡发展	良好环境的创造	人居综合环境的建设	构筑多中心分散型的国土	形成多轴心型国土结构的基础
开发方式	重点区开发方式 　为实现目标，必须分散工业。在与东京等已有工业集中地区建立联系的基础上，布置重点开发地区，并通过交通及通信设施使之相互联系，相互影响。在照顾到周围地区特点的基础上，实现连锁反应式的开发，以达到区域间均衡发展的目的	大规模开发项目的设想 　通过建设新干线、高速公路等交通网络，推动大规模开发项目的开展，纠正国土利用中的偏颇，消除过密、过疏的状况以及区域之间的差别	居住圈设想 　在控制人口与产业向大城市集中的同时，振兴地方，解决过密、过疏问题，实现国土利用的全面平衡，形成人居综合环境	交流网络设想 ①充分尊重和利用各地区的特点，促进区域建设 ②在全国范围内推动基干交通、信息、通信系统的建设 ③通过中央、地方、民间各团体之间的协调统一，提供多种多样的交流机会	参加与纽带 ①创造接近自然的居住地区（小城市、农、山、渔村、中型山区地区） ②大城市更新（大城市空间的修复、更新、有效利用） ③区域协调轴线（沿轴线展开的区域联系地区） ④大范围国际交流圈的形成
投资规模		1966年到1985年累计形成政府固定资产约130兆至170兆日元（1965年价格）	1976年到1990年累计形成政府固定资产约370兆日元（1975年价格）	1986年度到2000年度公共、民间累计国土基础投资约1000兆日元（1980年价格）	未提出投资总额，仅指出投资的重点化、效率化的方向

资料来源：本间义人. 国土计画を考る——开发路线のゆくえ. 中央公论新社，1999

薄井充裕. "21世纪の国土のグランドデザイン"の开发论を检证する. '都市计画'财团法人都市计画学会，1998

为适应新的经济与社会发展形势，1977 年在对"二全总"作出修订的基础上，第三次全国综合开发规划，即"三全总"出台。与以往产业开发为中心的综合开发规划不同，"三全总"立足有限的国土资源，将充分发挥地方特色，扎根于历史与文化传统的、人与自然协调、具有安定感的、健康且富于文化气息的综合人居环境的有计划建设，作为其基本目标，并采用了相应的被称为"定居设想"的规划模式。

定居设想具体包括两个方面，一是力图形成扎根于历史文化传统的、自然环境、生活环境、生产环境相互协调的人居综合环境；二是在控制人口、产业向大城市集中的同时，振兴地方经济，缓解过密、过疏状况，创建新的生活圈。同时提出了"定居圈"的概念。"定居圈"即通过统一的对以自然环境为主的国土的保护和管理、生活设施以及生产设施的建设与管理，在规划上设定一个可以充分反映居民意见的区域范围。"定居圈"是由"二全总"中的"区域生活圈"的概念发展而来，其建设方向需由地方政府根据当地居民的意见等因素确定。在实现"定居圈"的过程中，各级政府扮演着不同的角色，其中，市町村负责生活环境的建设和以地方振兴为中心的综合居住环境建设；都道府县负责协同市町村按计划实现以国土资源的利用、管理、交通网络的形成以及确保居住安定性的基础设施的建设为中心的定居圈；而中央政府则负责"定居圈"建设相关政策的制定和推行。

（4）第四次全国综合开发规划（四全总）

进入 20 世纪 80 年代后，日本的工业依靠电子、生物技术等尖端产业的发展，整体水平有了较大的提高，并由此带动了整个社会的信息化和国际化。在国土利用方面，由于国际金融机构以及信息中心职能向东京的集中，使得东京超越日本的首都，而向着国际化大都会的方向迈进。同时由于全国城市化的发展，使得原来农村的生活方式也逐渐向城市生活方式过渡。

在这种背景下，1987 年制定了第四次全国综合开发规划（四全总）。"四全总"以 2000 年为规划目标，将通过定居与交流活跃区域经济促进区域发展、实现国际化环境下国际化城市职能的重组、创造安全高质量的国土环境作为基本任务，提出了实现"多中心分散型"国土结构的 21 世纪国土开发建设的方针。

"多中心分散型"国土结构是以生活圈（定居圈）为基本单位，根据中心城市的规模、功能形成超越定居圈的更大范围的区域。这些区域之间形成相互重叠的结构，各个区域通过在全国范围内的相互配合形成一个整体网络。在诸多以生活圈为中心形成的区域中，东京圈、关西圈、名古屋圈以及以地方中心、中枢城市为中心形成的区域，构成全国范围的相互协作网络。同时，地方中小城市圈也可以利用其在技术、文化、教育、旅游等方面的特色，建立起与全国其他区域乃至世界的相互联系。也就是说："四全总"的核心是通过扩大交流，建立起区域间的分工协作网络，最终实现多中心分散型的国土结构。

在此基础之上，1988 年国会通过了《多中心分散型国土形成促进法》，用来促进中央政府机关的疏散，纠正中枢管理功能向东京过度集中的问题。

（5）21 世纪的国土总体设计（五全总）

在"四全总"公布后，伴随着 20 世纪 80 年代末到 90 年代初日本泡沫经济的形成，日本的国土结构非但没有向"多中心分散型"转移，相反，以信息产业、金融业为代表的新兴产业向东京的集中进一步加剧，国土结构更加趋于"一极化"（向东京集中）和"一轴化"（向沿太平洋带状地区集中），并由此带来了诸如地价飞涨等弊病。另一方面，20 世纪 90 年代初泡沫经济的破灭以及此后长时期的经济发展停滞，也迫使需要对原有国土规划及国土开发的方针重新作出评价。

因此，新一轮的全国综合开发规划力图在前 4 轮的基础上有所突破。首先在名称上摒弃了"第 X 次全国综合规划"的提法，而代之于"'新全国综合开发规划'21 世纪的国土综合设计——促进区域自立、创造美丽国土"的正式名称（习惯上仍称为"五全总"）。其次，在内容上转变了过去国土综合开发规划中单纯注重开发的思想，而提出"参加与纽带"、"园林之岛"、"接近自然的居住区域"等注重环境、市民生活和地方特色的目标与口号；对新干线、道路、桥梁等大型公共项目的建设，强调其过程中的技术开发、区域间的交流与纽带、对周边环境影响的评价以及投资效果的评价和投资负担的计划。同时，规划中第一次没有明确提出规划期内具体的投资规模。对于这种转变，规划中论述到："沿太平洋带状区域是明治维新后 100 多年来形成的结果。因此，作为面向 21 世纪国土政策的基本方向，就是要以相同的长远观点来建立新的国土轴心，使一极一轴的国土结构向多轴的结构转变，实现各种区域特点得以充分展现的国土均衡发展，为国民提供可选择丰富多彩生活方式的可能性。"

另一方面，也有学者认为"五全总"所提出的规划目标与实现目标的手段严重脱节，其作用与前 4 次规划相同，仍然以促进社会基础设施的公共投资为主要手段，仍然是一个"开发规划"。同时，由于按照国土综合开发规划所进行的大规模国土开发建设将原本是"园林"的国土自然环境破坏，且这种破坏仍在继续，根本无法实现"园林之岛"的既定目标①。

4. 大城市圈开发建设规划与区域开发建设规划

（1）首都圈建设（整备）规划

首都圈是指包括东京都、神奈川县、琦（土字旁）玉县、千叶县、山梨县、群马县、栃木县和茨城县一都七县的范围，其中，东京都、神奈川县、琦（土字旁）玉县、千叶县和茨城县南部部分地区又被称为东京大城市圈。1997 年首都圈中的人口超过 4000 万人，约占日本全国人口的 1/3。

首都圈建设规划是根据 1957 年《首都圈整备法》，由内阁大臣在征求相关行政机构和都道府县知事以及国土审议会意见的基础上，编制的规划。整个规划由基本规划、建设规划（整备规划）和实施规划（事业规划）三部分组成，至今已进行了 4 次规划编制工作。在首都圈地区开展区域规划的目的当然是为了将首都圈建设成名副其实的全国政治、经济、文化中心。由于经济高速发展时期，人口、产业向首都及其周围地区的急剧集中，使该地区产生了以过度密集为首的直接的或派生的城市问题。

而首都圈建设规划的主要目的就是要通过对人口、产业、土地利用等要素的重新布局与控制，达到缓解或解决诸多城市问题的目的。

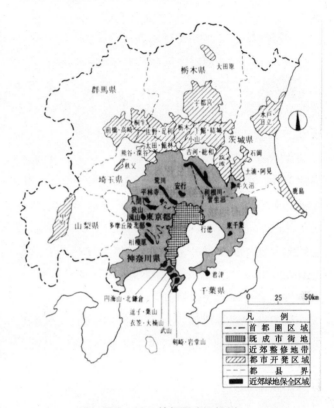

图 7-12　首都圈建设规划

第一次首都圈建设规划于 1959 年制定。该规划仿照 1944 年大伦敦规划，在建成区的周围设置了宽度为 5~10km 的绿化带（近郊地区），并在其外围布置卫星城（城市开发地区），以控制工业用地等继续沿建成区向外扩散，从而达到防止首都东京过大化及已有建成区过密状况的出现。但是，由于被设定为近郊地区中市町村的联合反对以及国家直属城市开发机构②带头在规划绿化带地区内开展住宅开发活动，所以类似伦敦城市周围绿化带的设想并未实现。另一方面，虽然已有建成区中工业企业的发展有所抑制，但随着工业企业向千叶、横滨等周边地区的扩散，以及规划卫星城的"卧城化"，加速了中心建成区功能向大城市圈中心的转变和以此为中心的大城市圈的形成。

---

① 本间义人. 国土计画を考る——开发路线のゆくえ. 中央公论新社，1999. 137~161

② 1955 年成立的住宅公团，后改名为住宅、都市整备公团。

第二次首都圈建设规划于 1968 年公布，其中提出了将东京作为经济高速成长下日本的管理中枢，并实施以实现管理中枢功能为目的的城市改造。而事实上中心建成区的大规模城市改造活动以及原城市外围绿化带地区的开发早在 20 世纪 60 年代中期就已全面开展，该规划不过是对这种现状的一种追认。

第三次首都圈建设规划于 1976 年出台。鉴于对国土范围中单极城市结构的反省和对大城市极限的认识，规划中提出了在首都圈中建立区域多中心城市复合体的设想。具体来说，就是在东京城市群外围的千叶、横滨、八王子等地区布置新的核心城市、并将以此为核心的城市圈作为东京城市圈的重要组成部分；在原有分散工业流通、教育研究诸功能的基础上，进一步分散中枢管理功能。但由于东京都与中央政府在这一问题上的微妙但具本质性的差别，这一目标至今尚未完全达到①。

第四次首都圈建设规划于 1986 年制定，基本上延续了上次规划的思想，仅对周边核心城市进行了调整。同时，伴随着日本国土范围内的国际化和金融时代的到来，提出了进一步强化中心建成区的国际金融职能和高层次中枢管理职能的设想。这种设想也是导致后来东京地区地价过高的原因之一。

（2）近畿圈建设（整备）规划

近畿圈规划是根据 1963 年《近畿圈整备法》，由内阁大臣在征求相关府县知事、指定城市和国土审议会的意见，并在与相关行政机构协商的基础上，编制的规划。规划范围为包括近畿地区三大城市（大阪、京都、神户）在内的二府（大阪府、京都府）六县（福井、三重、滋贺、兵库、奈良、和歌山）。1997 年该地区中的人口约为 2300 万人，约占全国总人口的 18%。

近畿圈建设规划共编制过 4 次，最近一次是 1988 年编制的第四次近畿圈建设规划。规划期限约 15 年，规划宗旨是力图将近畿圈建设成与首都圈相并列的具有全国及世界中枢职能的城市地区。整个规划由基本建设（整备）规划、建设（整备）规划和实施（事业）规划三部分组成。与首都圈建设规划相同，近畿圈建设规划将规划范围分为已有城市地区、近郊建设地区、城市开发地区、近郊绿地保护地区和保护地区，并确定各个地区中的人口、产业规模、土地利用、基础设施建设等。限制已有城市地区中的工业企业发展，促进近郊建设地区和城市开发地区中工业园区开发等开发活动。

（3）中部圈开发建设（整备）规划

中部圈开发建设规划是根据 1966 年《中部圈开发建设规划法》，在相关诸县之间协商，并经过中部圈开发建设地方协议会的调查审议后编制方案的基础上，由内阁总理大臣听取国土审议会意见，并与相关行政机构进行协商后决定的规划。中部圈开发建设规划的范围是以名古屋为中心，由富山、石川、福井、长野、歧阜、静岗、爱知、三重、滋贺 9 县所构成的地区，1997 年人口约为 2130 万人，约占全国总人口的 17%。

中部圈开发建设规划共编制过 3 次，最近一次是 1988 年编制的第三次中部圈开发建设规划。规划期约 15 年，该规划力图形成以名古屋为地理中心，以产业、技术发展为核心的地方城市圈。整个规划由基本开发建设（整备）规划、建设规划和实施（事业）规划组成。规划范围分为城市建设（整备）地区、城市开发地区和保护地区。由于在中部圈范围内尚未产生如同首都圈和近畿圈地区所产生的建成区过密的状况，所以规划中既没有设置限制工业企业发展的地区也没有实施工业园区建设等政策。

（4）其他地方圈的建设规划

日本除上述三大城市圈外，其他地方的人口在全国人口中所占的比例从 1960 年的 47% 下降到 1990 年的 38%，人口向大城市圈地区集中，地方城市的衰退和地方区域中的过疏现象在 20 世纪 60 年代后伴随着经济高速发展日趋严重。20 世纪 70 年代后，虽然人口向大城市圈集中的现象有所缓和，但地方圈中人口老龄化的进展、农林渔业、资源型工业的相对发展停滞等日本国土开发中存在的不均衡状况并未好转。虽然信息化、后工业时代的产业发展特点以及以交通设施为代表的社会基础设施的全面普及为地方的振兴与发展提供了前所未有的可能，但地

---

①　对于中央政府提出的改变城市功能向"一极集中"的结构，作为"一极集中"最大受益者的东京都提出相应的避免"一点集中"的城市发展策略。即在东京都行政范围内分散城市中心功能。

方圈中相对丰富的土地、水等自然资源的有效利用，国土的均衡发展仍是下个世纪日本国土及区域规划的重要主题。

因此，在日本区域规划的体系中，除上述三大城市圈的建设规划外，还有专门针对北海道、东北、北陆、中国、四国、九州、冲绳等地方城市圈制定的相应区域规划的法律和根据法律编制的地方圈建设规划。

其中，东北开发促进规划、北陆地方开发促进规划、中国地方开发促进规划、四国地方开发促进规划以及九州地方开发促进规划是促进各地区土地、水资源、山林、矿产、电力等资源综合开发的规划。规划由内阁大臣经国土审议会的审议编制。规划编制后，由国家、地方政府根据实施规划，负责相关开发建设项目的实施，国土厅长官负责对每个年度的实施规划进行必要的调整。

北海道综合开发规划是根据战后为解决国民经济的复兴和人口问题于 1950 年制定的《北海道开发法》，以综合开发北海道的自然资源为目的的规划。该规划由中央政府直接编制。为了方便规划的编制和实施，中央政府机构中设有北海道开发厅，并在当地设置作为其下属单位的北海道开发局，负责农林水产省、运输省、建设省等中央机构直属开发项目的实施。

冲绳振兴开发规划是根据 1971 年制定的《冲绳振兴开发特别措施法》编制的规划。1971 年，美军结束对冲绳的占领后，冲绳重新回到日本。该规划根据冲绳地区这一特殊情况，以提高当地居民生活水平和稳定就业为目的，对基础设施条件的改善和符合自然地理条件的区域振兴开发进行了规划。该规划由冲绳县知事编制规划草案，经冲绳振兴审议会的审议，由内阁总理大臣与相关行政机构协商后最终确定。中央政府为推动规划的实施设立了冲绳开发厅和作为其下属单位的冲绳开发事务所。

四、日本的城市规划

1. 城市规划的概要

在日本的城市规划中，首先需要确定的是城市规划区也就是城市规划范围，所有与城市规划相关

的行为仅在此范围内具有法律所赋予的效力。

作为城市规划指导方针的"建设、开发及保护的方针"以及市町村制定的城市规划基本方针，主要对城市发展目标、土地利用、城市开发、交通体系建设以及绿化环保等方针从宏观上做出描述，被称作城市的总体规划（Master Plan）。

日本城市规划的内容按照其职能可分为城市规划控制和城市规划实施项目两大类（图 7－13）。

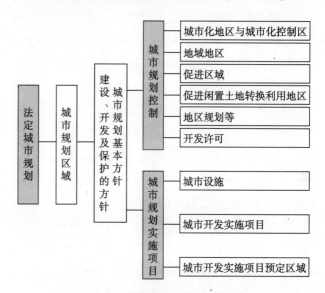

图 7－13　法定城市规划内容概要一览

城市规划控制包括：①将城市规划区分为城市化地区和城市化控制区，以控制城市用地发展规模及方向；②类似区划制度（Zoning）的地域地区；③配合相关法规，促进土地利用按照规划意图实现的促进区域以及促进闲置土地转化利用地区；④以城市局部地区为对象开展为详细规划控制的地区规划；⑤其本身虽不是规划内容，但与城市化地区及城市化控制区的划分相配合，形成良好市区并防止城市建设用地无秩序蔓延的开发许可制度。

城市规划实施项目包括：①道路广场、公园绿地、给排水等城市设施；②土地区划整理、城市改建等城市开发实施项目；③确保大型住宅区开发、工业园区开发等顺利实施的城市开发实施项目预定区域指定制度。

2. 城市规划区的划定

城市规划区是制定、实施城市规划的空间范围。

可以说，任何形式的城市规划都存在其对象空间范围，但日本真正从城市规划制度上对城市规划区加以明确始于 1919 年《城市规划法》，以区别城市的行政区划范围。但在 1933 年后，伴随着《旧城市规划法》的修改和适用范围的扩展，城市规划区又基本上同城市行政范围合而为一，直至 1968 年新《城市规划法》颁布，城市规划区才与城市行政范围相脱离，而根据城市实际状况划定。

城市规划区的划定分为两种。一种是以某个城市中心区为核心，根据自然和社会状况以及人口、土地利用、交通量等现状和发展条件，将可以作为一个城市整体进行开发、建设与保护的范围划定为一个城市规划区，大量由长期发展自然形成的城市都属于这种情况；另一种是首都圈、近畿圈和中部圈中城市开发地区、以及其他新兴城市的规划区，卫星城等现状中不存在城市中心区，但需按城市规划进行统一开发的地区属于这种情况。

城市规划区的划定意味着：在其范围内，一定规模以上的开发行为需经过开发许可审查；可征收城市规划税；建设建筑物时，需接受审查的范围较广，需按照《建筑基准法》第三章中的规定执行。

截止到 1996 年 3 月底，日本共有 1987 个市町村划定了城市规划区。

3. 城市规划的内容

按照现行《城市规划法》，日本的法定城市规划内容分成以下八大方面：

（1）城市化地区与城市化控制区

城市化地区与城市化控制区为 1968 年《城市规划法》中首次引入的概念，其目的在于通过将城市规划区划分为促进城市发展建设的地区（城市化地区）与原则上控制城市开发建设活动的地区（城市化控制区）的方法，配合"开发许可"制度，达到控制城市用地无秩序扩展，保障城市建设用地中的城市基础设施达到一定水平。由于该手法将城市规划区一分为二，所以又称为"划线"制度（图 7-14）。

城市化区中又包含了两个概念。一个是"已形成市区的地区"，即建成区；另一个是"应在大约

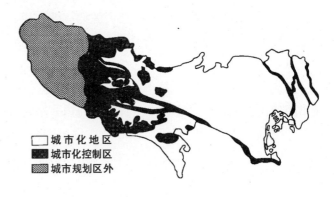

图 7-14　城市规划区、城市化地区与城市化控制区的关系（东京都）

10 年以内优先且按规划城市化的地区"。由于符合一定标准的建成区理所当然地包括在城市化地区之内，所以城市规划中所要确定的主要是未来 10 年内城市建设用地发展的方向和规模。

虽然原则上在所有的城市规划区内都可以划分城市化地区和城市化控制区，但考虑到这一手法对土地利用性质的影响，目前仅在三大城市圈中的城市以及人口在 10 万人以上的城市等符合一定条件的城市规划区中制定。

在划定城市化地区与城市化控制区的的规划中，必须分别制定这两种地区的开发、建设（整备）及保护方针。特别是 1990 年《城市规划法》修改后，这一方针被赋予了城市总体规划（Master Plan）的职能。虽然其本身不具有城市规划上的直接约束力，但可以起到协调地域地区、城市设施以及城市开发项目等原有城市规划内容的作用。

截止到 1997 年 3 月底，共有 842 个市町村（其中，市 404 个）的城市规划制定了有关城市化地区与城市化控制区的规划内容。

此外，城市化地区与城市化控制区的范围，结合每隔 5 年进行一次的城市规划基础调查，大约每隔 5 年进行一次调整。

（2）地域地区

地域地区首次出现在 1919 年《城市规划法》中，其作用是通过将城市规划区范围内的用地，按照规划意图划分为不同的"地域"或"地区"，并协同建筑法规等相关法规，对各个区分范围内的土地利用实施不同程度的和不同目标的控制，使城市

土地利用的质量保持在某个最低水准之上。现行《城市规划法》共提供了 5 大类，19 种①可供选择使用的"地域地区"，其中，与《建筑基准法》相配合的用地分区（用途地域），按照居住、商业、工业之间的用途纯化或兼容，分 12 类对建筑物的用途、建筑密度、容积率、体形等设施进行控制，是法定城市规划的基础内容。其他种类的地域地区可根据实际需要选用。各种"地域地区"的范围可相互重叠。该手法与北美地区广泛应用的 Zoning 制度颇为相似（表 7 - 4、图 7 - 15）。

地域地区的种类

表 7 - 4

类别	名　称		设　置　目　的	实施控制的依据法规
用途	用地分区（用途地域）	第 1 种低层居住专用地域	低层住宅专用地区	《建筑基准法》
		第 2 种低层居住专用地域	允许小规模独立式商店的低层住宅专用地区	
		第 1 种中高层居住专用地域	中高层住宅专用地区	
		第 2 种中高层居住专用地域	允许大规模为住宅服务设施建设的中高层住宅地区	
		第 1 种居住地域	限制大规模商业、商务设施，但允许一定程度混合土地利用的住宅地区	
		第 2 种居住地域	允许大规模商业、商务设施和一定程度混合土地利用的住宅地区	
		准居住地域	允许大规模商业、商务设施和汽车设施存在的住宅地区	
		近邻商业地域	为附近住宅区提供服务的商业、商务地区	
		商业地域	便于商业、商务活动的地区	
		准工业地域	无环境影响的工业区	
		工业地域	工业区	
		工业专用地域	工业专署地区	
	特别用途地区	中高层居住专用地区	低层为商业、商务设施、中高层为住宅的地区	《建筑基准法》地方政府条例
		高层居住诱导地区		
		商业专用地区	限制低层住宅及工厂的大型商业、商务、服务设施地区	
		特别工业地区	分为防止污染型与保护地方产业型	
		文教地区	维护学校、研究所、图书馆、美术馆等设施周围环境的地区	
		零售商店地区	限制商业地区中色情营业场所的地区	
		商务办公地区	行政机构、大型企业总部所在地区	
		卫生福利地区	保护医疗设施、运动设施及福利设施周围环境的地区	
		娱乐、游乐地区	将特定娱乐服务设施限定在一定范围内的地区	
		旅游地区	将自然资源与住宿设施相分离的地区	
		特别业务地区	集中某一类型的业务，并限制其他种类业务的地区	
		研究开发地区	研究设施集中、限制有碍研究开发活动的建筑的地区	
形态	高度地区		限定建筑物最高高度（维持日照等）和最低高度（形成防火带）的地区	《建筑基准法》
	高度利用地区		推进城市土地的高效利用，保护城市开敞空间的地区	
	特定街区		推进建成区中开敞空间建设的地区	
防火	防火地域		防止商业区中火灾危险较高地段发生火灾的地区	《建筑基准法》
	准防火地域		提高城市中心区防火能力的地区	

① 用地分区（用途地域）、特别用途地区分别按 1 种计，地区种进一步划分第 1 种和第 2 种的只按一种计。

续表

类别	名　称	设　置　目　的	实施控制的依据法规
景观绿化保护	美观地区	为保持城市景观对建筑物实施一定控制的地区	《建筑基准法》地方政府条例
	风貌地区	保护高级住宅区、别墅区、自然景观、公园附近等自然景观的地区	《建筑基准法》都道府县条例
	历史风貌特别保护地区	保护古都及其周围自然环境的地区	相关特别措施法
	历史风貌保护地区（第1、2种）	保护明日香村历史风貌的地区	相关特别措施法
	绿地保护地区	对树林、草地、滨水地区等良好的自然状态实施冻结性保护的地区	《城市绿地保护法》
	生产绿地地区（第1、2种）	将城市化地区内的农业用地保留用作开敞空间及公共设施备用地的地区	《生产绿地法》
	传统建筑群保护地区	保护传统历史街区的地区	《文物保护法》市町村条例
特殊功能	飞机噪声防止地区	防止机场噪声的影响，推动土地合理利用的地区	相关特别措施法
	飞机噪声防止特别地区	同上	
	临港地区	限制与港湾功能无关的建筑，促进港湾功能发展的地区	《港湾法》地方政府条例
	流通业务地区	禁止妨碍流通业务的设施，引导卡车货运中心、铁路货站、批发市场、仓库等建设地区	《关于建设流通业务地区的法律》
	停车场建设（整备）地区	建设停车场，保障正常道路使用、交通畅通的地区	《停车场法》

资料来源：根据建设省监修、都市行政研究会编集. 日本の都市（平成10年度版）. 第一法规出版株式会社，1999；伊藤滋监修，（财）日本经济研究所，日本开发银行都市研究会. 都市开发その理论と实际. 株式会社ぎょうせい，1990；都市计画教育研究会编. 都市计画教科书（第2版）. 株式会社章国社，1995等汇总）

图7-15　用地分区规划图（局部/大阪市）

（3）促进区域

促进区域是1975年伴随《城市再开发法》的修订和《关于促进大城市区域住宅用地等供给的特别措施法》的颁布而新设立的规划制度。相对于被称为"消极的土地利用控制"手法的地域地区，促进

区域增加了土地所有者在一定期限内实现预定土地利用的义务以及义务未履行时的措施。因此，被称为是"积极的土地利用控制"。促进区域共分三种，即：城市再开发促进区域、土地区画整理促进区域和住宅地区建设促进区域。

（4）促进闲置土地转换利用地区

促进闲置土地转换利用地区是1990年修改《城市规划法》时新增加的内容，目的在于促进城市化地区中尚未充分利用土地的合理使用，减少土地私权对合理城市开发所形成的障碍，减少土地投机。

（5）城市设施

相对于对土地利用实施控制的地域地区，城市设施是通过积极的规划建设，达到城市规划目的的主要手段。1919年《城市规划法》没有规定城市设施的具体范围；而现行《城市规划法》列举出了可以通过城市规划确定的城市设施。这些设施大致可以分成三类，即：①道路、公园、排水等城市基础设施；②学校、医院、市场等社会公益设施；③一定规模以上的住宅、政府机构或流通设施等。城市设施规划的确定可以保障城市基础设施建设的先行并引导城市用地的发展，同时通过对设施用地范围内建设活动的控制，以及利用土地征用政策，确保城市基础设施、公益设施建设的顺畅。

（6）城市开发项目

通常，政府的职能是通过土地利用规划实施对开发活动的控制，由政府组织实施的城市建设项目仅限于上述城市设施。但在特别需要按规划形成良好城市环境的地区，特别是需要在较短时期内完成时，政府可以亲自组织实施城市开发项目。这些项目包括土地区画整理、城市再开发、新住宅地区开发项目等6种，统称城市开发项目（表7-5）。

（7）城市开发项目预定地区

城市开发项目预定地区就是为了顺利实施城市开发项目，在项目策划初期决定的项目实施范围，对该范围内的其他建设活动进行较强的限制和约束。

（8）地区规划等

地区规划是1980年修改《城市规划法》时新增的内容，后逐步扩展为包括住宅高度利用地区规划、再开发地区规划在内的6种不同类型的地区规划（表7-6）。地区规划主要通过对对象地区内的地区设施（主要供地区内使用的道路、小公园等）、以建筑利用为主的土地利用状况（用途、建筑密度、地块面积等）进行规划，达到针对城市局部地区实际情况，实施详细规划的目的。根据不同种类的地区规划，在不违反城市整体规划意图的前提下，地区规划可适度严格或放宽地域地区中所确定的土地利用控制指标。地区规划是日本法定城市规划中惟一以城市局部地区为对象，即相当于详细规划的规划手法。

城市开发项目一览表 表7-5

项目种类	法规依据	实施中的法律手段
土地区画整理	《土地区画整理法》	土地置换
新住宅地区开发	《新住宅地区开发法》	土地征用
工业园建设	《关于首都圈近郊建设地带及城市开发区域的改善与开发的法律》、《关于近畿圈近郊建设地带及城市开发区域的改善与开发的法律》	土地征用
城市再开发	《城市再开发法》	权利置换或征用
新城市基础设施建设	《新城市基础设施建设法》	同时使用征用与置换手段
住宅街区建设	《关于促进大城市区域住宅用地等供给的特别措施法》	土地置换

地区规划的种类及概要一览表 表7-6

种类	设立的目的	主要规划控制内容
地区规划	对城市的局部地区，在充分听取相关市民意见的基础上，制定详细、符合实际情况的规划	①地区设施（主要供当地使用的道路、公园等）；②建筑物的用途、容积率、建筑密度、建筑基地面积、建筑面积的最小值、建筑外墙位置、建筑高度、体形、外观、院墙；③现状树木、草坪的保护
住宅区高度利用地区规划	推动城市化地区中农业用地向城市用地的转换，缓解大城市地区住宅用地紧张的状况	同上。并在一定条件下，减缓对建筑物的用途、容积率、建筑密度、高度以及建筑斜线的限制
再开发地区规划	促进、位于城市重要地段的工厂、铁路站场等的旧址改建，实现土地利用的转换和与这一转换相适应的城市基础设施建设	同地区规划。并在一定条件下，减缓对建筑物的用途、容积率以及建筑斜线的限制
减灾街区建设地区规划	接受阪神大地震的经验教训，促进城市密集地带的减灾工作，强化城市的减灾功能，实现合理的土地利用	①具有减灾效果的道路、公园等设施；②与建筑物同时建设减灾设施；③其他设施及建筑物等
沿路地区规划	降低道路交通噪声所带来的危害，促进道路沿线地区土地的合理利用	①面向道路建筑物的比例、高度、建筑物的用途、外墙位置、容积率以及遮音措施等；②地区道路、绿地等
村落地区规划	提高既有村落地区的公共设施水平、防止无秩序的城市化	除容积率、建筑基地面积最低限以外，同地区规划

此外，伴随地区规划种类的逐渐丰富，同时出现了与各种地区规划相配合的规划手段。例如：针对不同的用途采用不同的容积率指标，根据地区公共设施的建设水平设置不同的容积率指标，在规划范围内重新统一分配容积率值，促进街道景观形成，允许道路与建筑物在同一水平投影范围内的立体道路，以及对地下空间的综合规划利用等。

4. 城市规划的审批程序

（1）制订城市规划的主体

在日本城市规划行政中，城市规划的决定权限分别掌握在中央政府的主管部门（建设大臣）、都道府县一级政府（知事）和作为基础行政单位的市町村手中。在1968年《城市规划法》实施之前，城市规划行政权主要掌握在中央政府的手中。在此之后这种格局有了较大程度的改变，市町村一级政府成为城市规划行政管理的主要部门，都道府县仅掌管部分涉及区域的和较为重要的规划权限，而中央政府仅保留了监督及协调的权限。造成这种变化的原因，一是日本战后政体民主化的结果，另外也是由城市规划本身更加贴近市民日常生活的特点所决定

的。对此，日本建设省的正式见解是："由于城市规划的根本任务是确保当前及未来城市的机能，并确定其发展方向，所以，城市规划的编制确定必须充分尊重作为城市行政基本单位的市町村的意见。同时，从通过土地利用控制和具体项目的实施，卓有成效地实现城市规划内容的角度来看也是必须的。但是另一方面，为适应城市区域化的状况，国家及都道府县有必要保留在更大范围内进行协调的可能。同时，由于城市规划对市民的财产权产生相当大的约束，国家有必要对其妥当性进行检查。"[1]

因此，对带有区域性的城市规划内容以及一定规模以上的道路、公园等骨干城市设施的规划由都道府县知事在征求所在市町村意见的基础上，经城市规划地方审议会审议，并在一定情况下报经建设大臣认可后行使决定权限。除此之外的所有城市规划内容都是由市町村在征得都道府县知事同意后行使决定权限的[2]。在城市规划区横跨两个以上都道府县行政范围时，该范围内原来由知事行使决定权限的规划内容改由建设大臣决定。除此之外中央政府不再对具体的规划内容行使其决定权限。各级政府所决定的规划内容详见表7－7。

城市规划决定者及其决定内容一览表　　　　　　　　　　表7－7

规划决定者	规划内容类别		详细内容	法律法规依据
市町村	除都道府县知事、建设大臣决定规划之外的所有规划			法15条
都道府县知事	城市化区及城市化控制区		全部	法15条
	临港地区及历史风貌特别保护地区等		临港地区	法15条
			历史风貌特别保护地区	
			第1种、第2种历史风貌保护地区	
			绿地保护地区	
			流通业务地区	
			飞机噪声防止地区	
			飞机噪声防止特别地区	
	从区域角度设置的地域地区		风致地区	令9条
			《首都圈整备法》、《近畿圈整备法》及《中部圈开发整备法》适用地区中，城市规划区中的地域地区	
			新产业城市、工业建设特别区域中地域地区	

① 建设省都市局都市计画课监修. 逐条问答都市计画法的运用〈第2次改订版〉. 株式会社ぎょうせい，1991. 243.
② 地区规划部分内容的决定可不必征得道府县知事的同意。

规划决定者	规划内容类别	详细内容	法律法规依据
都道府县知事	从区域角度设置的地域地区	东京都、府县政府所在城市及人口 25 万人以上城市中的地域地区	令 9 条
		国立、国定公园中集团设施地区中的地域地区	
	骨干城市设施	道路（一般国道、都道府县道、宽 16m 以上（指定城市中 22m）的道路及汽车专用道	令 9 条 2 款
		城市高速铁路	
		汽车站	
		机场	
		面积 4hm^2（指定城市 10hm^2）以上的公园绿地及广场	
		面积 10hm^2 以上的墓地	
		供水	
		排水分区跨越两个以上市町村的公共下水道以及流域下水道	
		一级、二级河川及运河	
		大学、职业高中	
		成组的住宅设施（1000 户以上的住宅区）	
		成组的政府办公设施	
		流通业务园地	
		防潮汐设施	
	城市开发实施项目	面积 20hm^2 以上的土地区划整理	法 15 条
		新住宅区开发、工业园区建设、城市改建、新城市基础设施建设、住宅街区建设	
	城市开发实施项目预定区	全部	
建设大臣	有关横跨两个以上都道府县行政区划的城市规划区	原由都道府县知事决定的全部内容	法 22 条

注 1：法 15 条代表 1968 年《城市规划法》第 15 条，令 9 条 2 款代表《城市规划法施行令》第 9 条第 2 款。

注 2：本表格根据都市计画教育研究会编. 都市计画教科书（第 2 版）. 株式会社章国社，1995. 208 表 10.11 及建设省都市局都市计画课监修. 逐条问答都市计画の运用〈第 2 次改订版〉. 株式会社ぎょうせい，1991. 244~248 表格，汇总而成。

（2）城市规划的审批程序

城市规划的审批根据其决定者的不同，需按照法律所规定的不同程序进行。

都道府县知事编制的城市规划在经过为期两周的公开阅览，征求意见后，经城市规划地方审议会的审议，并在一定情况下报经建设大臣的认可后，最终确定。都道府县知事必须将已确定的城市规划文件（包括图纸、文字）公之于众，并送交建设大臣及相关市町村备案，同时在该规划有效期内，为市民提供长期阅览的条件（图 7-16）。

市町村编制的城市规划在经过为期两周的公开阅览，征求意见后，报经所属都道府县知事同意，即可决定。市町村必须将已确定的城市规划文件（包括图纸、文字）公之于众，并送交建设大臣及相关都道府县知事备案，同时在该规划有效期内，为市民提供长期阅览的条件（图 7-17）。

在现行城市规划审批程序中，城市规划的信息公开和市民参与被摆在了较为重要的位置。首先，在城市规划方案的编制阶段，规划编制者即可采取公共听证会、说明会等形式，广泛听取市民意见或向市民介绍规划的内容。但该类听证会、说明会的召开与否由规划编制者决定，不属法定的必要条件。

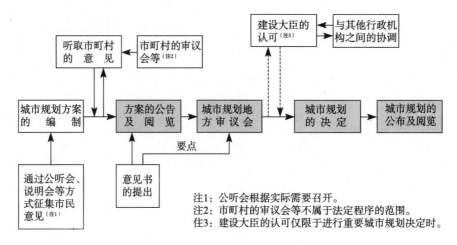

图 7 - 16 都道府县知事决定城市规划的审批程序

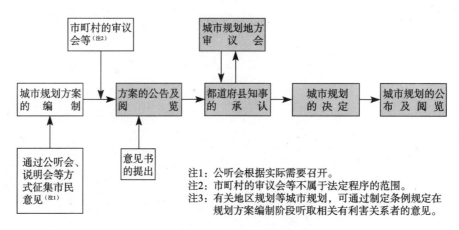

图 7 - 17 市町村决定城市规划的审批程序

其次，城市规划方案编制完成后，编制者必须将其公之于众，并提供为期两周的公共阅览时间。一般市民如有意见，可在规划方案的阅览期内，向规划方案编制者提交意见书。该意见书的要点随同规划方案一起提交给城市规划地方审议会（规划编制者为都道府县知事时）或都道府县知事（规划编制者为市町村时）。

5. 城市规划的实施及其保障手段

（1）实施城市规划的两种手段

城市规划编制、审批后就要按照规划实施城市建设。城市当局作为城市规划实施者，为了实现城市规划的目标，一方面要在城市财政允许的范围内进行道路、公园等城市基础设施的建设，另一方面要诱导、控制大量的民间建设活动按照城市规划的意图进行。也就是说，城市规划的实施主要依靠两种类型的手段，即城市规划建设与城市规划控制。

（2）城市规划中的控制手段

在城市规划的控制手段中，又可以分为广义的城市规划控制手段和狭义的城市规划控制手段。从另外一个角度，也可以分成积极的控制手段与消极的控制手段。

所谓广义的城市规划控制是指《城市规划法》第三章中所包含的所有内容，其中包括对土地开发活动的控制（如开发许可、促进闲置土地转换利用地区等）；而狭义的城市规划控制主要是指传统意义上对建筑物的建设活动的控制。对作为城市设施的规划道路用地内建设活动的限制应该是最具代表性的实例。

所谓积极的控制手段是指对大量私有土地中的开发活动，依据城市规划中有关土地利用的诸项指标，进行逐一的核对，允许符合条件的开发活动，限制不符合条件的开发活动，使土地利用的结果更加接近规划目标。这一类手段主要有：①开发许可制；②地域地区；③促进区域；④地区规划。

其中，开发许可并不是一项单独存在的规划内容，而是一种配合实现城市化地区与城市化控制区规划目的的保障制度。目的在于通过对一定规模以上的开发建设活动实行申请、许可制度，使得开发后的地区在道路、排水等基础设施方面达到一定水准，同时，防止城市化控制区中发生有悖于控制城市化目的的开发活动。

另外，由于促进闲置土地转换利用地区对其范围内土地利用状态改变的要求伴随时限性和政府机构介入可能性，所以，也可以理解为在另一种意义上的积极控制手段。

相对于积极的控制手段，对城市规划设施用地范围、城市开发项目的实施地区城市开发项目实施预定地区中建设活动的控制，由于其目的主要是减缓将来土地征用时的难度，并不伴随某种特定的土地利用目标，所以被称作"消极的控制手段"。

（3）城市规划中的建设手段

城市规划中的建设手段主要是城市规划实施项目。城市规划实施项目包括城市设施的实施和城市开发项目的实施。在法定城市规划中，城市设施和城市开发项目的规划仅仅标明将来项目实施的位置，并通过对实施预定地区内建设活动的控制来减少将来实施时的障碍，并不意味着项目实施的开始。而有关城市规划实施项目的决定则标志着该项目即将按计划付诸实施，包括明确实施项目的实施者，利用土地征用法规的条款实施土地征用，进一步强化对实施预定地区内建设活动及房地产权交易的控制，并对由于项目实施而出现的权益问题做出明确的计划。例如：允许接受土地所有者提出的土地收购申请，保障因土地征用等原因导致丧失谋生手段者的合法权益以及征收因项目实施而获得额外利益者的受益负担金等。因此，《城市规划法》中，有关城市规划实施项目的条文规定是对实施城市规划的保证，而非城市规划内容本身。

五、日本的城市规划法规体系

日本自1888年颁布《东京市区改正条例》起，在迄今为止的100多年中逐步建立起一个较为完整的城市规划法规体系，对日本的城市建设和城市规划的发展起到了不可取代的作用。可以说，日本城市规划的历史就是城市规划实践→实践内容成文法规化→再实践的过程。

1. 城市规划立法简史

在日本近现代城市规划立法的历史上，有三次重要的立法活动，即1888年《东京市区改正条例》①，1919年《城市规划法》和1968年《城市规划法》②。这些立法活动的进行与当时城市所面临的问题、政府的意图以及城市规划技术的引进和发展密切相关。其立法内容也反映出各个时代对城市规划实质的认识，对日本城市的发展产生了深远的影响。

（1）1888年《东京市区改正条例》

日本的近现代城市规划起源于东京的城市改造和建设。1868年明治维新后，维新政府定都东京（原江户城），并将皇室及中央政府机构由京都迁至东京。当时维新政府在城市建设方面所面临的任务主要有两个。一是要解决由密集木结构建筑所组成城市的防火和环境问题；二是急于改变城市原有的落后面貌，跻身"文明开化"国家的行列。1872年至1877年间的银座砖石建筑一条街的建设就是这种意志的集中体现。

另一方面，为从根本上解决城市的改造与建设问题，以当时东京府、内务省官员为主组成的"市区改正调查委员会"，"市区改正审查委员会"等开始着手城市规划方案的编绘和作为法律依据的城市规划立法条文的制定。1888年《东京市区改正条

---

① "市区改正"：日本明治时期（1868～1912）的用语，具有城市改造、城市规划的含义。

② 文中按照冠以颁布年的方式区别各个时期的法律，如1919年《城市规划法》。但为简洁起见又将1919年《城市规划法》称为"旧法"，以区别1968年的"新法"。

例》在由于财政预算问题没有得到当时的立法机构元老院通过的情况下,以"赦令"的形式强行公布①。

《东京市区改正条例》共16条,其中10条是关于按规划进行城市建设所需经费的来源和征收、使用方法;6条是关于城市规划编制及实施手续的。以当今的标准衡量过于简单,但对当时急需解决的主要问题作出了规定,即确定了城市规划编制及实施的组织、城市规划的审批程序、以及按照规划进行城市建设所需经费的来源及征收和使用方法。与《东京市区改正条例》相配套制定的还有1889年《东京市区改正土地建筑处置规则》②。计划同时出台的《房屋建筑条例》因故未能颁布。

《东京市区改正条例》无论是制定目的、条文内容还是以此为依据实施的东京市区改正规划以及规划实施的成果,其重点均为道路桥梁、公园、给排水等城市基础设施的建设。因此,东京市区改正条例的意义在于保证了作为城市骨架的基础设施的优先建设,但另一方面,由于《家屋建筑条例》的流产,城市规划立法的另外一项主要职能——对大量的单体建设活动实施控制未能得到体现。在城市规划技术上《东京市区改正条例》所体现的内容被认为深受奥斯曼巴黎改造规划的影响。

虽然《东京市区改正条例》最初的适用对象仅为东京,直至1919年《城市规划法》颁布前夕才扩大到大阪、京都等其他五大城市。但其颁布是日本城市规划立法中的一个里程碑。它代表着日本的城市规划与建设从此走上了法制化道路。

(2) 1919年《城市规划法》

在《东京市区改正条例》颁布后的30年中,日本的城市有了较大的发展,同时,城市发展过程中的各种问题和对规划的需求也日趋表面化。对新型城市规划立法的要求孕育其中。这主要体现在:①伴随工商业的发展,城市经济在国民经济中的比重有了较大的提高,城市与城市人口的数量有了相应的增加,需要带有普遍性的城市规划立法;②以东京的城市改造为目的《东京市区改正条例》无论其内容还是手法都无法满足新兴工业、军事城市的建设,以及大城市向郊区扩大过程中对城市规划手段的要求;

③西方工业化国家中城市化的实践及产生的相应城市规划技术,以及大阪等地方城市中对建筑物控制的实践为新的立法提供了可借鉴的思路。

1919年(大正8年)《城市规划法》以及与之相配套的《市街地建筑物法》由内务省提交帝国议会审议后,正式颁布③。该法由正文26条、附则7条,共33条所组成。正文的主要内容有:城市规划法的定义(第1条)、城市规划区的划定(第2条)、城市规划及城市规划实施项目的决定(第3条)、城市规划委员会(第4条)、城市规划实施项目的实施、费用负担、特别税(第5~8条)、国有河滩地的出让(第9条)、地域地区制度(第10、11条)、土地区画整理(第12~15)、土地与建筑物等的征用以及土地征用法的适用(第16~20条)、以及其他相关法律的适用及行政诉讼等。附则对与《东京市区改正条例》的关系以及法律适用范围等作出了规定。

1919年《城市规划法》虽然在城市规划编制审定程序、机构、城市规划实施项目的实施体系等方面继承了《东京市区改正条例》,但在对城市规划的理解、城市规划技术法律化等方面有所突破。这主要表现在以下几个方面:

①扩展法律适用范围,确立城市规划区的概念(对城市化普遍性的认识);

②区别对待城市规划与城市规划实施项目,引入城市规划控制的概念;

③引入地域地区(Zoning)、土地区画整理以及指定建筑线等城市规划技术,并将其法律化④。

④确立以推进城市规划的实施为目的的土地及

---

① "赦令"是日本明治时期法规系列中的一种,指不经过作为立法机构的帝国议会等,由天皇直接颁布的法律。此处的"条例"可理解为具有准法律效力的法规文件,与目前日本地方政府颁布的作为地方性法规的条例在概念上有所不同。

② 《东京市区改正土地建筑处置规则》共5条,主要解决伴随城市建设工程项目的实施而产生的土地征用和出让以及规划工程用地中的建设控制问题。

③ 同时颁布的相关法令还有《城市规划法实施令》、《城市规划委员会官制》及《市街地建筑物法实施令》,与1919年《城市规划法》及《市街地建筑物法》组成完整的法规体系。

④ 其中,指定建筑线、地域地区制度中的"地域"及其建筑密度的控制依据同时颁布的《市街地建筑物法》。

建筑物等的征用制度；

⑤创立受益者负担制度。

从依据1919年《城市规划法》实施的城市规划来看，城市基础设施的规划与建设依旧占据了主导地位；土地区画整理作为面状城市开发手法初步解决了大量农业用地向城市用地转化过程中的规划问题；同时，作为对大量单体建设实施控制的"地域地区"制度开始发挥作用。这三种规划手法亦被称为1919年《城市规划法》的三大支柱。

1919年《城市规划法》、《市街地建筑物法》及其相关法令的颁布标志着日本近现代城市规划理念的初步形成和城市规划立法体系的初步建立。其中所确立的法定城市规划的内容、制度（如：地区地域制度、城市规划实施项目等）和建立起的城市规划与建筑法规的关系依然是现行法定城市规划的核心。

（3）特别城市规划法

1923年（大正12年）发生在东京的关东大地震和1945年（昭和20年）结束的第二次世界大战，分别对东京以及以东京为首的日本主要城市造成了大面积的破坏。在这两次自然及人为的灾害发生后，发生过两次城市规划特别立法活动，即1923年《特别城市规划法》与1946年《特别城市规划法》。这两次城市规划特别立法的主要目的均为促进城市在较短时期内的重建，以及利用重建的机会，实现在正常情况下难以在短期内实现的规划内容。因此，土地区画整理被作为主要手段，其实施主体由私人土地主组成的合作社扩展到政府机构或公共团体；实施方式由自愿扩展到强制实施；实施对象由向郊外扩张的城市用地转向建成区。可以认为，正是由于基于两次特别城市规划法的土地区画整理实践使得这一城市开发规划手法得到推广和普及。另外，基于1946年《特别城市规划法》的"绿地地域"虽然在后来城市发展过程中名存实亡，但作为城市规划的手法却具有一定的前瞻性。

此外，第二次世界大战后，日本还颁布了一大批以具体城市为对象的特别城市建设法，如《广岛和平纪念城市建设法》等。其目的主要是通过中央政府在财政上的支持实施规划建设，在规划内容上并无新意。

（4）1968年《城市规划法》

第二次世界大战结束后，随着日本政治格局的改变和城市发展的实际需要，要求修改城市规划法的呼声日渐高涨。但从结果上来看，虽然在20世纪50年代初期有过对城市规划法进行修改的尝试，但最终未能实现，仅仅将1919年《市街地建筑物法》改为1950年《建筑基本法》①。直至1968年，新《城市规划法》颁布实施，同时《建筑基准法》中与城市规划相关的"集团规定"也有了较大改动。因此，战后至1968年的20多年在日本规划史上又被称为城市规划母法（基本法）缺席的时期。

但在这一时期中，日本的城市规划相关立法状况和立法环境有了较大的变化，主要表现在：①城市规划立法活动并未因母法修改的停滞而停止；②城市化的进展使得城市规划立法状况发生了根本性变化。除建筑法规在1950年有了较大的修改，扩充了地域地区种类外②，1950年《道路法》、1956年《城市公园法》、1958年《下水道法》等一批城市基础设施管理法规、作为城市开发手法的1954年《土地区画整理法》，以及1956年《首都圈整备法》、1963年《近畿圈整备法》等区域性规划建设法规，以及促进城市功能向地方城市分散和促进住宅开发建设的法规相继问世。城市及区域规划相关专项立法活动较为活跃，城市规划法规体系趋于完善。

另一方面，战后经济高速发展所出现的城市化现象使得《城市规划法》的立法环境发生了根本性的变化。这表现在：①作为政府行政内容的城市规划由东京等少数核心城市逐渐向大量的地方城市普及，从制度上产生了城市规划由中央集权向地方自治转变的要求；②城市开发建设领域中民间资本的大量渗入使得以城市基础设施为核心的城市规划法规无法对城市用地的有序发展起到有效的控制作用，土地利用控制亟待加强。

---

① 关于《城市规划法》没有得到及时修改的原因，日本城市规划史学界的权威也仅限于猜测，而没有定论（文献4）：236～237。

② 1950年《建筑基准法》中新增的"地域地区"有准工业地域、特别用途地区、高度地区及空地地区。

在此背景下，新《城市规划法》于1968年经国会审议通过，并颁布实施。1970年《建筑基准法》也做出了相应的修改。全面修订后的《城市规划法》及《建筑基准法》所组成的法规体系主要有以下变化：①城市规划行政的权限由中央政府转移至都道府县和市町村地方政府；②新增了城市规划方案编制及审定过程中市民参与的程序；③将城市规划区画分为城市化促进地区和城市化控制区，并增加了与之配套的开发许可制度；④增加、细化了确定及限制城市土地利用的分区种类，并广泛采用容积率作为控制指标。

1968年《城市规划法》虽然在最终颁布内容上仍有一定的遗憾①，但在城市规划现代化以及适应时代发展潮流方面迈出了一大步，是日本城市规划由开发建设型规划真正向引导控制型规划过渡的转折点。

（5）20世纪80年代之后的规划法规修订

在1968年《城市规划法》奠定了日本现行城市规划法规的基础后，随着时代的发展，在20世纪80年代初和90年代初又分别有过两次较大的修订。一次是1980年的修订，新增了"地区规划"等详细规划层次的内容，填补了以往规划法规中缺少详细规划方面内容的空白；另一次是1990年及1992年的修

订，对用地分区进一步进行了细化，将原来的8种扩展到12种，并新设立了三种特别用地分区；增设地区规划的种类，并通过双重设定容积率以促进地区基础设施建设的手法等，进一步扩充了地区规划制度；首次将总体规划（Master Plan）的概念引入城市规划编制体系；设立促进转换利用闲置土地地区制度。

这两次重大修订均反映出高速城市化时代结束后，日本城市规划的重点由大刀阔斧的城市基础设施建设和大规模城市扩张，转向为注重以居住为主的生活环境质量，以及对土地利用实施更加切合实际的合理、细致的控制。

2. 现行城市规划法的内容

（1）现行《城市规划法》概要

现行《城市规划法》由7章，共97条正文和附则组成，表7-8列出了各个章节内的主要内容及其对应条款。其中，第一章总则主要阐述了城市规划的意义、政府及个人的责任和义务，并对作为城市规划法适用范围的城市规划区及规划相关名词进行了界定。

日本现行《城市规划法》内容一览表　　　　　　　　　　　　　　表7-8

章　节	内　　　　容*
第一章 总　则	法律的目的：（1）城市规划的基本理念；（2）国家、地方政府及个人的义务和责任；（3）法律名词的定义；（4）城市规划区；（5）城市规划基础调查
第二章 城市规划	**第一节　城市规划的内容** 城市化地区及城市化控制区（7）、地域地区（8~10）、促进区域（10.2）、促进转换利用闲置土地地区（10.3）、推进受灾城市复兴地区（10.4）、城市设施（11）、城市开发项目（12）、城市开发项目预定地区（12.3）、各种地区规划（12.4~12.7）、城市规划标准（13）、城市规划文件（14） **第二节　城市规划的决定及变更** 城市规划的决定者（15）、举行公开听政会等（16）、城市规划方案的公开阅览等（17）、都道府县知事决定的城市规划（18）、市町村关于城市规划的基本方针（18.2）、市町村决定的城市规划（19）、城市规划的公告（20）、城市规划的变更（21）、建设大臣决定的城市规划（22）、与其他行政机构的协调（23）、建设大臣的指示等（24）、以调查为目的进入私有领地（25）、拔除障碍物及进行钻探等（26）、证件等的携带（27）、伴随进入私有领地的补偿（28）

---

① 有关1968年《城市规划法》及《建筑基准法》法规体系中的问题，石田赖房认为在城市规划程序的民主化方面，以及对土地利用控制的实际效果方面仍存在着较大的问题（日本近代都市计画の百年. 自治体研究社，1987）。

章 节	内 容*
第三章 **城市规划限制**	**第一节（1） 开发行为等的控制** 开发行为的许可（29）、许可申请手续（30）、设计者的资质（31）、公共设施管理者的同意（32）、开发许可的标准（33、34）、许可与不许可的通知（35）、变更的许可等（35.2）、竣工检查（36）、对开发许可地区中建筑活动的限制（37）、终止开发行为时的报告（38）、通过开发行为设置公共设施的管理（39）、公共设施用地的归属（40）、建筑密度的指定（41）、对获得开发许可土地上建筑活动的限制（42）、获得开发许可土地以外土地上建筑活动的限制（43）、开发许可的继承与转让（44~45）、开发登记簿（46、47）、国家及地方政府的援助（48）、开发许可手续费（49）、行政审理与行政诉讼（50~52） **第一节（2） 对城市开发项目预定地区中建筑活动的限制** 对建筑活动的限制（52.2）、土地及建筑物的优先购买等（52.3）、请求收购土地（52.4）、补偿损失（52.5） **第二节 对城市规划设施等用地内建筑活动的限制** 建筑许可（53）、许可标准（54）、许可标准的特例（55）、土地收购（56）、土地的优先购买等（57）、已决定实施者的城市规划设施用地内的特例（57.2）、对建筑活动等的限制（57.3）、土地及建筑物的优先购买等（57.4）、请求收购土地（57.5）、补偿损失（57.6） **第三节 风貌地区内建筑活动等的限制** 对建筑活动等的限制（58） **第四节 对地区规划等地区内建筑活动的限制** 建筑活动等的申报（58.2）、对基于其他法规建筑活动的限制（58.3） **第五节 促进转换利用闲置土地地区内的土地利用措施等** 土地所有者的责任及义务（58.4）、国家与地方政府的责任及义务（58.5）、定为闲置土地的通知（58.6）、闲置土地利用计划的申报（58.7）、劝告等（58.8）、收购闲置土地的协议（58.9）、闲置土地的收购价格（58.10）、闲置土地收购后的利用（58.11）
第四章 **城市规划实施项目**	**第一节 城市规划实施项目的认可等** 实施者（59）、认可及承认的申请（60）、认可及承认申请的义务等（60.2）、补偿损失（60.3）、认可的标准等（61）、城市规划实施项目认可的公告（62）、项目规划的变更（63）、认可的继承（64） **第二节 城市规划实施项目的实施** 建筑活动等的限制（65）、项目实施广而告知的措施（66）、土地及建筑物的优先购买等（67）、请求收购土地（68）、以城市规划实施项目为目的的土地征用及使用（69~73）、维持生计的措施（74）、受益者负担金（75）
第五章 **城市规划中央审议会等**	城市规划中央审议会（76）、城市规划地方审议会（77）、开发审议会（78）
第六章 杂则	（略）
第七章 罚则	（略）

*括号中的数字代表对应条款号，如（1）代表第一条；10.2代表第一条第二款。

　　第二章城市规划主要列出了法定城市规划的内容，以及城市规划编制、审批的程序，是整部法律的核心。

　　第三章城市规划限制等规定了通过城市规划对一定范围内的某种建设活动实施控制，以达到实现城市规划目的的程序和内容。其中，第一节开发行为等的控制所规定的是针对城市化地区和城市化控制区中一定规模以上的开发活动，根据不同的标准，准予开发或不准开发，即"开发许可制"。第二节之后的内容主要是通过对特定地区内开发活动的控制，避免其对城市规划的实施产生障碍，如避免道路、公园等城市设施用地，以及城市规划实施项目用地中的建设等。

　　第四章城市规划实施项目主要涉及以道路、公园为代表的城市设施和土地区画整理、城市再开发等城市开发项目的实施者、审批手续、土地征用及对建筑活动的限制等。

　　第五章城市规划中央审议会则对城市规划的编制、审批至关重要的组织——城市规划中央及地方审议会，以及处理开发许可中所出现异议的开发审查会的组织程序进行了规定。

　　第六章杂则、第七章罚则则分别对上述法律条文中的未尽相关事项以及违反法律时的处罚进行了规定。

此外，作为政令的《城市规划法实施令》、作为省令的《城市规划法实施规则》等，以及建设省城市局局长颁布的一系列《通知》，负责对法律内容进行具体化和解释，是日本城市规划法规体系的重要组成部分。

（2）法定城市规划的内容

《城市规划法》第二章第一节列出了法定城市规划的内容，即：

①城市化地区与城市化控制区；

②地域地区；

③促进区域；

④促进闲置土地转换利用地区；

⑤城市设施；

⑥城市开发项目；

⑦城市开发项目预定地区；

⑧地区规划等。

3. 城市规划相关法规体系

作为母法的城市规划法及其相关法规构成了日本现行城市规划的相关法规体系。该体系主要由三大部分组成，即：与国土规划和区域规划相关的法律；土地利用、税收等方面的法律；作为城市规划法所涉及内容的延伸或细化的法律（图7－18）。

城市规划法作为编制与实施城市规划的依据，在规划对象空间层次上作为国土及区域规划的下级，必须与国土及区域规划法规内容在竖向上衔接。同时，城市规划法主要针对城市规划范围内城市化地区与城市化控制区，对其中的土地利用实施规划与控制，所以必须与其他非城市土地利用的相关法规，如《农用土地法》、《自然森林法》等取得横向协调。另一方面，城市规划法作为城市规划的母法不可能也没有必要将所有涉及城市开发建设的行为准则全部纳入。所以，围绕城市规划法还必须有众多的相关法规将城市规划的内容延伸或细化。这部分法规又可大致分为两类，一类基本上是城市规划法内容的延伸和细化（如：《土地区画整理法》、《城市再开发法》等）；另一类除包含城市规划法内容的延伸和细化或相关内容外，具有除城市规划外的独自对象和内容（如《建筑基准法》）或超越城市规划法的空间层次（如《道路法》等）。

另外，从城市规划法的发展过程来看，建筑法规与城市规划法规的关系最为密切，其制订和重要的内容修改同时进行的情况较为多见。

4. 城市规划法与建筑法规

日本城市规划法中对土地利用的控制是通过基于建筑法规的建筑审批制度实现的，相反，城市规划也为建筑审批提供规划条件上的依据。即由城市规划划定各种土地利用的范围，由建筑法规落实各个范围中的规划意图。从1919年的《城市规划法》与《市街地建筑物法》到现行的《城市规划法》与《建筑基准法》，城市规划法规与建筑法规一直保持着这种相互依存、相互配合的关系。

（1）现行《建筑基准法》

现行《建筑基准法》于1950年颁布，并在之后的实施过程中有过多次较大的改动①。特别是1968年伴随新《城市规划法》的颁布，与城市规划相关的"集团规定"部分有了较大的变化。现行《建筑基准法》由7章，共103条组成（不包括第四章的两个附加章和其中的附加款）。其中，第二章建筑物用地、结构及建筑设备主要对建筑物单体的安全、卫生等作出规定；第三章城市规划区内的建筑物用地、结构及建筑设备主要对城市中建筑物群体的环境卫生、安全等作出规定，所以，该章节的内容又被称为"集团规定"。与城市规划相关的也正是这部分内容。

（2）"集团规定"

现行《建筑基准法》中的"集团规定"主要对建筑物以及建筑物所在用地在以下方面作出限制规定：

①建筑用地与道路的关系（每个地块必须与一定标准以上的道路相接壤）；

②建筑物用途的限制（列出12种用地中，各自限制建设的建筑种类）；

---

① 1950年《建筑基准法》颁布后，于1952、1957、1959、1961、1963、1968、1969、1970、1976、1980、1987、1988、1989、1990年以及1992年进行过较大的修订。

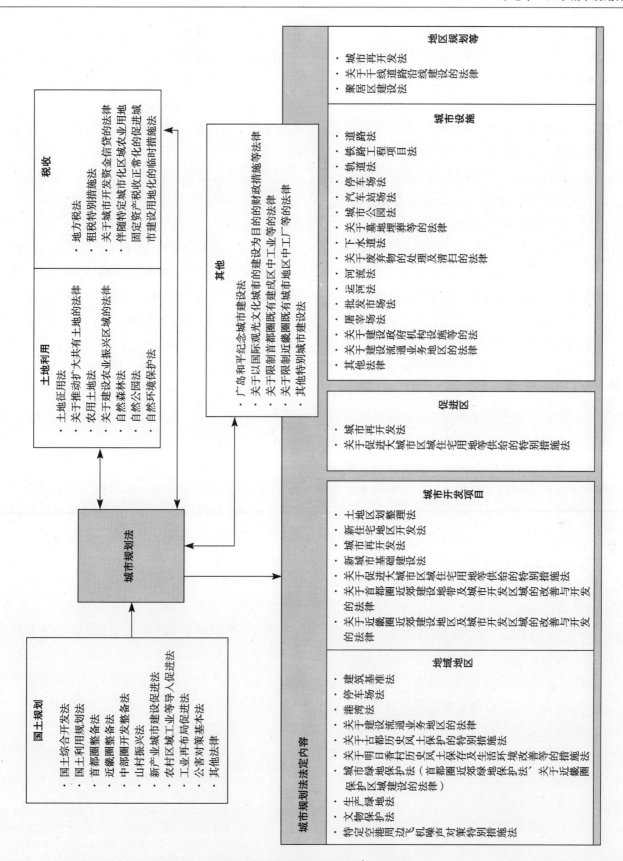

图 7-18　日本城市规划相关法规体系

资料来源：根据建设省都市局都市计画课监修《逐条问答都市计画法の运用〈第 2 次改订版〉》株式会社ぎょうせい，1991. 2~3 图表修改而成

③建筑物位置、形态的限制（包括：道路红线、后退红线、建筑密度、容积率、高度、道路斜线）；

④建筑物构造上的限制（防火地域及准防火地域中的建筑须采用耐火构造等）。

因此，某个具体建筑物的用途、形态等是根据其所在地段的用地分区等地域地区划分和地块形状，以及与周边道路和其他地块的关系具体确定的。通常用地分区规划覆盖整个城市化地区，并标明用途、建筑密度、容积率等最基本的控制指标；而其他的地域地区则根据各自的目的，规定相应的控制指标。

六、日本的城市规划行政管理体制

1. 日本的政体及行政管理体制

日本实行立法、司法、行政相对独立，即所谓"三权分立"的政体。日本现代行政的内容包括两个方面：一是对社会有害行为的制止和基于全民利益的强制执行；一是通过社会基础设施的建设等为国民提供维持最低生活水准的保障。城市规划与城市建设作为各级政府的行政内容之一，也同时兼有这两方面的性质。

日本实行全国统一的立法制度，国会是全国惟一的立法机构。法律即经国会审议通过的法律性文件，如城市规划法、建筑基准法等。由行政机构颁布的法律性文件统称"命令"，其中，由内阁制定的称为"政令"；由各省大臣①制定的称为"省令"；由省内各局长制定的称为"规则"。国会是国家惟一的立法机构，其他法律性文件，只能对执行法律时的详细情况作出规定，以及在法律规定的范围内对法律内容进行补充和具体化。另外，地方政府可以根据宪法所赋予的地方自治权，在与国家法令不发生抵触的前提下，通过地方议会制定地方性法规。这种法规通常被称为"条例"②。

日本的行政机构除中央政府外，按照行政区划的级别分为"都道府县"与"市町村"两级，相当于我国的省、县，统称地方公共团体③。各级政府在相关法律法规的框架内行使包括城市规划在内的行政管理权限。

2. 日本城市规划行政的沿革

日本的城市规划行政体系伴随着近现代城市规划体系的建立而发展完善，在不同时期具有不同的特征。同时，城市规划的决定权或者说城市规划的主导权的归属问题一直是城市规划制度中的争论焦点。

日本的近现代城市规划始于1868年明治维新之后。根据石田赖房的断代法，日本近现代城市规划的历史可以划分为9个时期，即：①追求欧洲风格的城市改造期（1868～1887）；②市区改正④期（1880～1918）；③城市规划制度的确立期（1910～1935）；④第二次世界大战中的城市规划期（1931～1945）；⑤战后复兴城市规划期（1945～1954）；⑥基本法缺席及城市开发期（1955～1968）；⑦新城市规划法期（1968～1985）；⑧反规划期（1982～）⑤。根据上述分期中的描述，可将城市规划行政体系的发展过程概略地分为初创期、中央集权期和地方自治期。

（1）初创期

自1868年明治维新之后至1919年旧城市规划法颁布之间的半个世纪，是日本近现代城市规划从无到有，从城市局部的改造工程到城市整体规划的编制实施，从主要依靠外国技术专家到初步建立起城市规划行政机构的过程。

虽然1872年至1877年间开展的银座砖石建筑一条街的规划与建设，确切地说不能算作城市规划，但它代表了明治政府向西方工业化国家学习包括建筑、城市规划在内的先进技术，实现近代化的决心。当时，在该项工程的规划设计与建设中发挥重要作用的是以大藏省雇用外国人技师 Thomas James Waters

① "省"，日本中央政府机构的名称，相当于我国中央政府的部。建设省＝建设部。

② 原田尚彦、小高刚等著. 有斐阁新书·行政法入门株式会社有斐阁. 1997. 14～17

③ 都道府县包括一都（东京都）、一道（北海道）、两府（大阪府、京都府）和43个县。到1999年4月1日，市町村的总数为3252个，其中包括政令指定城市（类似于我国的计划单列市）12个、市659个、特别区23个、町1990个、村568个。

④ "市区改正"：日本明治时期（1868～1912）的用语，具有城市改造、城市规划的含义。

⑤ 石田赖房. 日本近代都市计画の百年. 自治体研究社. 1987. 9～15

为首的外国技术专家。大藏省和工部省作为国家的机构在规划设计及实施中起到了主导作用。由此也可以看出：国家主导的城市规划与建设是日本近代城市规划行政的出发点。

在日本近代城市规划中，另一项被视为具有开拓意义的事件就是 1888 年《东京市区改正条例》的颁布和以此为根据的大规模城市规划建设活动。该条例第一条规定：市区改正设计以及年度进展计划由设在内务省的"东京市区改正委员会"审议决定；同时，第二条规定：市区改正设计由内务大臣审议决定的方案需通过内阁的认可，由东京府知事公布。因此可以看出：当时城市规划的决定权限主要集中在中央政府的手中。

（2）旧城市规划法下的中央集权期

1888 年《东京市区改正条例》的最初适用对象地区仅限于东京，1918 年其适用范围才扩大到大阪、京都等其他 5 大城市。在该条例颁布 30 年后，近代产业发展的城市数量的增长、大城市向郊外的扩张以及城市问题的表面化，都要求与之相适应的城市规划立法环境。1919 年《城市规划法》以及与之相配套的 1919 年《市街地建筑物法》应运而生。

1919 年城市规划法及建筑法规的出现标志着全国统一的城市规划、建筑制度以及城市规划行政体系的确立。城市规划的决定权由代表国家的中央政府掌握。具体来说，城市规划、城市规划实施项目及其年度计划需经由城市规划委员会审议，由内务大臣决定，并获内阁认可。其中，"城市规划委员会"又分成城市规划中央委员会和城市规划地方委员会，具体的城市规划方案审议由城市所在都道府县一级的"地方委员会"负责。地方委员会由地方政府的长官、国家官员、学者以及都道府县议员、市议员、市长等地方代表组成。地方委员会在内务大臣的监督下，对内务大臣提出的规划方案进行审议。而实际上这些规划方案是由设在内务省的城市规划地方委员会办公室职员编制①。所以，事实上当时城市规划的编制与审定主要操纵在内务省官员的手中，是名副其实的中央集权型城市规划行政。同时制定的 1919 年《市街地建筑物法》也将原来各地不同的建筑法规变为全国统一的体系。

在中央政府中，作为独立的城市规划主管部门，内务省大臣官房城市规划科成立于 1918 年。在此之前，负责东京市区改正相关事务的是内务大臣官房地理课。城市规划科作为同时设立的城市规划调查委员会的办公室，主要从事有关城市规划法规制度的调查等事务，设有 1 名科长和 8 名职员。另外，1919 年《城市规划法》颁布后，在有城市规划编制任务的都道府县中，设置专门审议规划方案的城市规划地方委员会及其作为常设机构的办公室。办公室的职员虽然在各个地方政府机构内负责编制各地方的城市规划方案，但其身份却是内务省的职员，其总人数到 1934 年时达到 323 人（其中技术人员 328 人）。

由此可以看出：日本在本世纪初最初建立起的城市规划行政体系完全掌握在中央政府的手中。

另外，同期的建筑行政权限属于中央及地方的警察机构。

（3）新城市规划法下的地方自治期

在经历了 1923 年关东大地震、第二次世界大战和战后复兴之后，1950 年《建筑基准法》问世，取代了 1919 年《市街地建筑物法》，但其中与城市规划相关的"集团规定"② 内容大部分承袭了旧法，同时作为城市规划母法的新城市规划法也迟迟未能颁布。1968 年新城市规划法终于登场、同时 1970 年建筑基准法中的"集团规定"也有了较大改变。

1968 年《城市规划法》的主要变化体现在：①城市规划行政的权限由中央政府转移至都道府县和市町村地方政府；②增加了城市规划方案编制及审定过程中市民参与的程序；③将城市规划区划分为城市化促进地区和城市化控制区，并增加了与之相关联的开发许可制度；④增加、细化了确定及限制城市土地利用的分区种类，并广泛采用容积率作为控制指标。

第二次世界大战后的日本政体由君主立宪制改为三权分立的较为民主的制度。1947 年颁布的地方

---

① 石田赖房. 日本近代都市计画の百年. 自治体研究社, 1987. 114～115. 123～124

② "集团规定"，相对于建筑法规中对建筑物本身的布局、结构、设备等作出的规定，由于建筑物的用途、形态和与城市道路的关系等与周围环境条件有关，所以关于这方面的条款被称作"集团规定"。

自治法赋予了地方政府较大的自主权。当时较为理想的方案是将城市规划行政的权限全面下放给市町村一级的地方政府，同时将建筑审批行政的权限由中央政府等警察部门合并至市町村一级的城市规划主管部门。但由于中央政府机构之间的权力之争等原因，即使在战后20多年制定的新城市规划法中，城市规划行政的地方自治仍显得不很完善。

简而言之，1968年《城市规划法》和1970年修改后的建筑基准法构成了日本战后至今的城市规划的法律体系，基于该体系的城市规划行政的重点已由中央政府转向为以市町村一级政府为代表的地方政府。

3. 日本城市规划行政的内涵

（1）城市规划行政的职能

如前所述，现代行政主要包括两个方面，即伴随强制手段的对社会秩序的维护和向市民提供最低生活保障。反映在城市规划与建设方面，表现为城市规划的控制职能与城市基础设施建设、城市开发等建设职能。前者主要通过对大量偶发非特定建设活动，如对工业、民用建筑的新建、改建进行控制，达到城市整体的有序发展，同时保障这些建设活动不对城市基础设施等重大项目的建设形成新的障碍；而后者则是通过政府的直接投资对城市活动必不可少的基础设施，如道路桥梁、公园绿地等进行建设，同时配合重点地段的成片开发建设，达到促进城市经济发展、提高市民生活质量的目的。

由于城市规划行政包括强制性内容，所以其编制、审定和实施必须严格遵守得到大多数民众认可的程序。通常这些都以法律法规的形式体现出来[①]。

日本现行的城市规划相关法规体系主要包括三个部分，即由城市规划法、建筑基准法及其相关法规所组成的核心法规；由土地区划整理法、道路法等所组成的相关法规；以及国土利用开发法等区域性相关法规。其中城市规划法与建筑基准法中"集团规定"部分的内容构成了城市规划的基本框架。在这一基本框架下的规划内容、规划决定主体和规划决定程序，构成了城市规划行政或称城市规划依法行政的内涵。

（2）城市规划行政职能的体现方式

城市规划行政职能除规划建设职能外，其规划控制主要体现在城市规划编制审批过程和对城市规划执行的过程中。对于前者，在四中已有专门论述，在此不再赘述；对于后者则主要体现在代表政府的城市规划主管部门对大量一般开发建设活动，按照既定城市规划进行的审批行为中。

城市规划一经决定，对其范围内的开发建设活动具有法律上的约束力。这种约束力按其性质被分为积极约束和消极约束。前者通过对大量私有土地中的开发建设活动实施公共法意义上的控制，以达到实施城市规划的目的，即通常所说的对开发建设活动的审批。后者通过对城市设施用地、城市规划实施项目区及城市规划实施项目预定区域中的建设活动、土地交易进行控制，使这些用地将来易于变为公有土地或公共设施用地。

对建设开发活动的审批主要包括：

①针对土地开发活动中土地形态、性质变更的开发许可。其审批权除某些例外，归都道府县知事或政令指定城市的市长或都道府县知事授权的市町村行政长官；

②针对各种地域地区内建设活动中建筑用途、形态的建筑审批。根据1950年《建筑基准法》，其审批权归市町村的建筑行政部门；

③针对城市规划实施项目促进区中开发建设活动的审批。其审批权除某些例外，归都道府县知事；

④针对地区规划范围内开发建设活动的劝告。在地区规划范围内的开发建设必须事先向所在市町村长提交有关设计内容的报告，如市町村长认为该设计与地区规划内容不符时，可提出修改设计的劝告。但该劝告不具有法律上的约束力。

由此可以看出：在开发建设审批中，以单体建筑为主的大量的日常性建设活动，以及与城市局部地区规划有关的开发建设，其审批权归市町村。而较大规模的土地开发以及与城市核心地段的开发建设相关的审批权归都道府县。

---

① 文中有关描述均基于1968年《城市规划法》的相关条文，不再一一注明。

4. 日本的城市规划行政机构

前面已经提到：日本的行政机构分中央政府、都道府县和市町村三级，在三级政府中均设有相应的城市规划行政部门。

（1）中央政府

在中央政府中，建设省是城市规划的主管部门。建设省下属建设经济局、城市局、河川局、道路局、住宅局和大臣官房（办公厅）以及研究所、国土地理院等外围单位和9个地方支局。其中与城市规划关系最为密切的是城市局和住宅局。城市局下设总务、城市政策、城市规划、城市改建与减灾、道路、区划整理、公园绿地7个直属科和下水道部（含下水道策划、公共下水道和流域下水道3个科）。另外，住宅局中的建筑指导科负责基于建筑基准法的建筑审批活动，与城市规划具有密切关系。由于在日本现行城市规划行政体制中，中央政府基本上不再具有具体规划的决定权，所以建设省的主要工作是制定与城市规划相关的政策、组织相关法规的修订，并通过颁布省令、通知等对相关法规进行详细的界定和解释。另一方面，利用中央政府所掌握的预算，采用补助金等形式积极引导和推动各地方城市的规划与建设活动。

（2）地方政府

在地方政府中，都道府县和市町村在城市规划法所赋予的职能范围内行使各自的行政管理权限。由于各个地方政府所管辖范围、人口规模以及所在地区发展状况、经济水平和面临问题的不同，负责城市规划工作的部门的名称、所属关系和内部结构也各有不同，但总体上可大致分为三个部分，即负责组织规划编制、修订工作的规划部门、负责对单体建筑进行审批的建筑审批部门以及直接从事城市基础设施建设和实施城市开发项目的建设部门。

例如：在东京都，与城市规划和建设相关的有城市规划局、建设局、住宅局、交通局、供水局、下水局等。其中，城市规划局负责组织编制城市的基本规划、土地利用规划、城市建设规划，并负责建筑审批工作；建设局负责都道、桥梁的建设管理，河流、公园绿地的建设以及城市改建、土地区划整理等城市开发项目的实施；其他住宅局、交通局等则负责诸如公共住宅、公共交通等专项建设和经营。城市规划局共有职员503人，下设总务、综合规划、区域规划、设施规划、开发规划、建筑审批6个部和多摩东、西部两个建筑审批事务所。在区域规划部下，设有城市规划、土地利用和公园绿地规划3个科。

又如：在名古屋市下属的局中，与城市规划相关的有：规划局、建筑局、土木局、交通局、供水局和下水道局等。其中，拥有519名职员的规划局下设城市规划部和开发部。城市规划部又下辖城市规划、道路规划和设施规划3个科及其他3个室，负责组织城市规划编制等城市规划的核心工作；开发部则下辖城市建设和区划整理2个科及6个项目派出机构。建筑局共有职员449人，下属3个部，其中，审批部负责建筑审批工作。

（3）城市规划审议会等

虽然不属政府中的常设机构，但在城市规划的编制审定及实施过程中，各级城市规划审议会、开发审查会及建筑审查会都起着举足轻重的作用。其中，设在建设省内的城市规划中央审议会由建设大臣任命的20人以内的委员以及临时委员、专门委员组成。除部分专门委员可由行政机构的职员出任外，其他均为学者（大都为高等院校的教授）。城市规划中央审议会主要负责就城市规划的重要问题进行调查研究和审议、向建设大臣提供咨询以及向有关行政机构提出建议。1968年《城市规划法》实施以来至1987年间共向建设大臣提供咨询报告26件。

城市规划地方审议会设在都道府县，由15~35人的委员、临时委员、专门委员组成。委员由学者、相关行政机构职员、市町村长的代表、都道府县及市町村议会议员组成，由都道府县知事任命。城市规划地方审议会负责就都道府县知事的咨询事项开展调查、审议工作，并可以向有关行政机构提出建议。具体来说，都道府县知事决定的城市规划均需通过该审议会的审议，同时都道府县知事对市町村制定的城市规划表示同意之前，其内容也必须经过该审议会的审议。

另外，虽然城市规划法尚未提供法律依据，但根据地方自治法，在市町村一级行政机构中也可设立城市规划市町村审议会，负责对市町村以及都道府县决定的城市规划内容提出审议意见。

此外，与开发许可相关的开发审查会（设在都道府县）和与建筑审批相关的建筑审查会（设在都道府县及市町村），在城市规划的实施中都发挥着重要的作用。

七、日本城市规划及城市规划管理体制的特征

从1888年《东京市区改正条例》开始，日本的近现代城市规划已走过100多年的历程，通过不断的实践和调整，逐步形成了一个以城市规划立法为依据，以代表政府行为的城市规划编制、审定、实施活动为核心的较为完整的城市规划运作体系。这一体系的特征主要体现在以下几个方面。

1. 城市规划的地位

（1）作为城市建设惟一依据的城市规划

各种城市规划相关法律法规是日本城市规划编制、审批及实施过程中惟一的依据和标准。而城市规划又是判断各种开发建设活动是否合法的惟一依据和标准。这种状况一方面说明城市规划在城市开发建设活动中有着不可替代的重要作用，另一方面也反映出现代法制社会中的社会价值观念。

（2）作为政府重要职能的城市规划

城市规划行政在各级政府，尤其是地方政府中占有非常重要的地位。除作为狭义城市规划行政的规划编制、审定以及对开发活动的控制外，政府还亲自开展、参与城市基础设施、重点地段的开发等重要项目的建设活动。如果将城市物质形态的规划建设整体看作是广义城市规划的话，负责这些事务的部门在地方政府中占有相当大的比重和非常重要的地位。这是由日本现代行政的特点所决定的。

（3）体现社会价值观念的城市规划

日本是私有制国家。体现在城市规划中对私有财产的保护和对公众利益的优先之间形成了矛盾的对立统一。反映在城市规划中处理这一矛盾的态度实际上是社会价值观念的具体体现。从总体上来看，日本城市规划法中以保障公众利益为目的而采取的对私有权益的限制力度较弱[1]，但至少在法律条文

中，在对土地利用的限制、城市设施用地的征用等方面均有所体现。

2. 城市规划的依据

（1）较完善的城市规划法规体系

日本的城市规划相关法规体系是在较长时期内形成的，其中大量的立法活动均发生在本世纪50年代之后。该体系的完整性体现在：与国土、区域规划等宏观规划法规相互衔接、配合，形成各级规划在空间上的整合；城市规划法规与以建筑法规为代表的专项法规合理分工、密切配合，体现出城市法规的综合性；除作为母法的城市规划法本身外，颁布有相应的政令、细则以及通知，形成系列，在保障法律简明扼要和相对稳定的基础上，使运用法律的过程更加灵活和具有可操作性。

当然，日本现行城市规划法规体系中也存在着某些问题，主要表现在：由于许多手法来源于不同国家的规划体系，同时相当一部分内容是1968年《城市规划法》颁布后所追加的，所以，法定规划的部分内容含混、繁琐，缺少条理性[2]；城市规划与建筑法规中存在内容相近的手法[3]。

（2）顺应时代变化的立法

日本城市规划的立法活动与城市化水平的进展以及当时城市发展中面临的问题密切相关。早期的立法内容侧重于作为城市骨架的基础设施的建设与规划，后针对于城市扩张过程中的问题，在1919年《城市规划法》中首次引入作为土地利用一般控制的"地域地区"制度和大面积农田集中转变成城市建设用的实施手法——土地区画整理。而战后伴随城市规划技术的日趋成熟以及城市化速度逐渐趋于缓和的状况，立法内容也逐渐向纵深发展，"用地分区"的细化和具有特定目的的规划手法的出现就是突出的代表。而20世纪70年代末开始，进入90年代更为明显的城市扩张

---

[1] 谭纵波. 日本的地价高涨与城市规划——对中国的启示. 国外城市规划. 1994（2）：42~48

[2] 例如："地域地区"中的大部分内容完全可以合并到"地区规划"中去："地区规划"、"再开发地区规划"等详细规划系列将规划技术手段与规划目的混为一谈等。

[3] 例如基于《城市规划法》的"特定街区"和基于《建筑基准法》的"综合设计"制度。

的相对停滞，更使得城市规划的关注点由城市整体转向局部，由城市外围转向城市内部，1980 年后出现的一系列"地区规划"就是具体的体现。

3. 城市规划的主导权

（1）城市规划主导权趋向地方政府

日本城市规划的主导权由最初的中央政府掌握逐渐转向地方政府，特别是作为基础行政单位的市町村。在主导权转移的过程中，中央政府采取了有保留移交的态度，即从规划能力、大范围区域观点和上级规划优先的角度，对移交给市町村的权限有所保留。现行城市规划行政体制即是这种保留的结果。不过这种状况最近有了新的变化。在 1998 年城市规划法的部分修订中，城市规划决定权进一步由都道府县知事下放给市町村，同时，都道府县知事决定城市规划中，无需建设大臣认可的范围进一步扩大。所以，城市规划决定权由中央政府向地方政府的转移仍是一种趋势。

（2）城市规划专家及社会代表的作用

毫无疑问，城市规划在日本是一种政府行为。但这种行为是建立在法律框架和社会监督之下的。以城市规划中央及地方审议会为代表的审议会、审查会制度就是体现社会监督的重要手段。由于各级审议会、审查会介入从城市规划政策的制定到具体规划的编制审定，乃至规划的实施等各个阶段的活动，其组成人员，尤其是被认为具有中立立场的学者不仅可以从社会公正性的角度，而且可以从规划技术的角度保障城市规划的公平性和权威性。

（3）城市规划的市民参与

城市规划的市民参与是伴随日本战后民主政体的建立而出现的。由于城市规划直接或间接地涉及广大市民包括财产权在内的切身利益，所以城市规划的编制与实施既要在公平、公正的前提下反映广大市民的意见，又要充分得到其理解和支持。在日本现行城市规划体制中，在规划的编制、审定和实施阶段均为市民提供了参与的机会。

（4）城市规划行政与建筑行政相关联的审批体制

由于日本城市规划的立法与相应的建筑立法同时进行，两者相互配合形成完整的规划管理体系，所以地方政府的城市规划部门在城市规划编制审定后，除对一定规模以上的土地开发实施"开发许可"外，并不直接负责以单体建筑为主的具体建设项目的审批。建设项目的审批由建筑审查部门负责。也就是说城市规划部门负责划定范围和制定指标，而建筑审查部门负责审查建筑物的设计是否符合所在范围内的规定指标。

4. 城市规划的内容

（1）三位一体的城市规划

以土地利用规划控制为核心的开发建设控制（地域地区、城市规划限制、开发许可）、城市设施的规划建设（道路桥梁、公园、排水等城市基础设施、学校、医院等公益设施）以及城市开发实施项目（土地区画整理、城市再开发等"面状"开发）三位一体的结构构成了日本城市规划的主体。这种结构使作为城市规划行为主体的政府职能有了较为明确的定位和范围。

另一方面，以城市规划控制与城市规划实施项目的分离为代表的实施手段的明确化，使城市规划本身可以在很大程度上摆脱经济、利益关系等所形成实施可能性的限制。城市规划更加趋于理性和科学。

（2）规划技术地位重要

城市规划技术与伴随规划出现的权益关系的协调是日本城市规划的基本内容，也是整个城市规划法规体系的灵魂。而对城市状况及城市规划实践的调查与把握、对国外先进城市规划技术、思想的借鉴与本地化，以及活跃的学术思想、民主气氛和大量的研究活动，则是规划技术产生与发展的基础。

（3）城市规划内容的立法保障

城市规划立法为以城市规划技术为核心的城市规划内容提供了法律保障。立法被作为城市规划行政的先决条件。在历次立法中，除初期的 1888 年《东京市区改正条例》的内容主要是程序和财源保障方面的内容外，在此后的 1919 年和 1968 年城市规划法以及城市规划法的多次重要修改中，源于西方工业化国家的城市规划技术被积极地引入，并成为法规主体内容的组成部分。可以毫不夸张地说：几乎所有西方主要工业化国家中的重要规划技术，都能找到其在日本不同程度的影响，形成了具有日本特色的技术本位的城市规划内容。

主要参考文献

1. 建设省都市局都市计画课监修. 逐条问答都市计画法の运用〈第2次改订版〉. 株式会社ぎょうせい，1991

2. 大盐洋一郎编著. 日本の都市计画法. 株式会社ぎょうせい，1981

3. 建设省监修、都市行政研究会编集. 日本の都市（平成10年度版）. 第一法规出版株式会社，1999

4. 建设省监修. 日本の都市（昭和60年度版）. 第一法规出版株式会社，1985

5. 建设省监修. 日本の都市（昭和60年度版）. 社团法人建设广报协议会，1983

6. 石田赖房. 日本近代都市计画の百年. 自治体研究社，1987

7. 谭纵波. 日本における地区レベルの物的计画に关する研究（博士学位论文），1989

8. 坂本一洋监修，学阳书房编集部编. 建设·不动产六法. 学阳书房，1999

9. 伊藤滋监修，（财）日本经济研究所，日本开发银行都市研究会. 都市开发その理论と实际. 株式会社ぎょうせい，1990

10. 原田尚彦，小高刚等著. 有斐阁新书·行政法入门. 株式会社有斐阁，1977

11. 坂本一洋监修，学阳书房编集部编. 建设·不动产六法. 学阳书房，1999

12. 都市计画教育研究会编. 都市计画教科书（第2版）. 株式会社章国社，1995

13. 河合信和. 朝日新闻ジャパン·アルマナック1999. 朝日新闻社，1998

14. 都市计画法制研究会编著. 平成2年都市计画法·建筑基准法改正の要点. 住宅新报社，1990

15. 都市计画法制研究会编著. 要说改正都市计画法·建筑基准法（平成4年改正）. 新日本法规出版株式会社，1992

16. 日笠端. 市街化の计画的制御. 共立出版株式会社，1998

第八章　中国与俄罗斯城市规划管理体制比较研究

一、前苏联城市规划管理体制

1. 城市设置标准、城市基本分类和城市化问题

（1）城市及工人镇居民点设置标准

前苏联所有的城市居民点，分为城市和城市型镇。关于居民点列入城市建制的问题，由前苏联最高苏维埃主席团决定；而列入城市型镇建制的问题，由各自治共和国最高苏维埃主席团、州（边区）执行委

员会决定。在把居民点列入城市或城市型镇建制的时候，主要考虑具体的居民人口数量、居民职业特点、居民点的行政—文化等方面的情况，见表8-1。

城市，按其国民经济上的特征（国民经济中的主导性职能、产业）分为：工业城市、港口城市、疗养城市、铁路枢纽城、科学中心城等。按这些城市的行政、政治和文化方面的职能，又分为加盟共和国和自治共和国的首府，边区、州、管辖区和地区的行政中心，以及边区、州和管辖区所属的城市。

前苏联城市及工人镇（城市型镇）居民点的主要设置标准　　　　　　　　　表8-1

加盟共和国	居民点种类	居民人数 （千人）	居民组成：工人、职员及家庭成员	附加条件
俄罗斯联邦共和国	城市	12	不少于85%	要考虑城市行政管理的性质、工业发展的远景、公用福利设施及社会—文化机构网的问题
乌克兰加盟共和国	城市	10	大多数	
摩尔达维亚加盟共和国	城市	10	绝大多数	
塔吉克加盟共和国	城市	10	多数	拥有1万人以上并快速增长的居民点，也列入城市的建制
格鲁吉亚加盟共和国	城市	5	不少于75%	每年去疗养休息的人数不少于常住人口的50%
土库曼加盟共和国	城市	5	不少于66%	
其他加盟共和国	城市	-	-	根据每个居民点的具体情况考虑
俄罗斯联邦共和国	工人镇	3	不少于85%	
俄罗斯联邦共和国	疗养镇	2	-	
乌克兰加盟共和国	城市型市镇	2	高于60%（在区中心不少于50%）	
乌克兰加盟共和国	工人镇	0.5		
摩尔达维亚加盟共和国	城市型市镇	2	不少于70%（在区中心不少于60%）	
摩尔达维亚加盟共和国	工人镇	0.5		
格鲁吉亚加盟共和国	城市型市镇	2	不少于75%	
格鲁吉亚加盟共和国	疗养镇	2	从事农业的不超过60%	
塔吉克加盟共和国	村镇	1	多数	每年去疗养休息的人数不少于常住人口的50%
土库曼加盟共和国	村镇	1	不少于66%	

（2）城市基本分类

城市的基本分类标志，是城市的居民人口数量。因此，城市和农村居民点要根据总体规划预测的规划期设计人口数量，按《城市和农村居民点的规划与修建》国家规范进行分类，见表8-2。

表8-2

居民点类别	人口（千人）	
	城市	农村居民点
特大	1000 以上	——
大	500 以上～1000 以下	5 以上
	250 以上～500 以下	3 以上～5 以下
较大	100 以上～250 以下	1 以上～3 以下
中	50 以上～100 以下	0.2 以上～1 以下
小	20 以上～50 以下	0.05 以上～0.2 以下
	10 以上～20 以下	0.05 以下
	10 以下	

注：小城市类别中包括城市型镇（工人镇）。

（3）城市化问题

工业的高速发展，促进了城市人口的迅速增长。根据人口统计资料，前苏联解体前人口超过27100万人，其中城市人口为17170万人，占总人口的比重62%多。有百万人口以上的大城市20座。俄罗斯在前苏联各加盟共和国中城市化水平最高，从苏联城市化发展历史中也可以看到俄罗斯城市化发展的历程。

回顾前苏联城市化发展的历史进程，根据不同时代的发展特征，可以分为以下几个阶段。

十月革命以前阶段。主要指19世纪到十月革命前，因为再早的历史时期中，城市虽有发展，但是极缓慢，还谈不上"化"，这个阶段又可分为早晚两个时期。

19世纪早期（1811～1867年）。苏联城镇发展的早期由于生产力水平比较低，从事第一产业的人口占了绝大部分，1819年城市人口比重仅占7%，城市人口年增长率仅为1.5%，而同时农村人口增长却快得多，直到1860年代，城市人口比重仍只占10%左右。

19世纪末期到20世纪初（1867～1917年）。由于从19世纪30年代开始的工业革命到80年代已基本结束，工业生产得到了快速发展，农民大量涌入城市寻找工作。这一时期的城市人口增长率有了较大提高，平均年增长率为2.3%。到1897年，城市人口比重上升为15%，到第一次世界大战前的1913年，城市人口占总人口的比重已达18%，城市化步伐较早期快得多。但是，大战爆发后，人们纷纷逃离城市。经济开始衰退，产业发生转移，致使城市人口比重有所下降，直到1917年，也就是十月革命爆发的前期，城市人口比重才重新恢复到18%的水平。由于人口基数较大，尽管城市化水平不高，但绝对城市人口数量也已达到2910万。

上述两个时期是十月革命前沙皇统治时代的城市发展情况，是苏联城市化的早期阶段。虽然在19世纪中叶发生了根本性的产业革命，生产力大大地提高了，但由于沙皇的封建暴虐统治，以及封建农奴制度的存在，严重地阻碍了生产力的发展，阻障了生产力水平的进一步提高，所以，这一阶段的城市发展总的来说是相当缓慢的，在100多年时间里，城市人口比重仅提高11%。

十月革命后阶段。这是前苏联城市发展的根本性转折阶段，城市发展由缓慢向高速发生质变，见表8-3：

前苏联城镇与乡村人口变化表（1897～1975年）　　　　　　表8-3

年份	总人口（万）	城市人口（万）	乡村人口（万）	城市人口百分比（%）	乡村人口百分比（%）
1897	12464.9	1843.6	10621.3	15	85
1917	16300	2910.0	13390	18	82
1922	13610	2200	11410	16	84
1929	15341.1	2873.3	12467.8	19	81

续表

年份	总人口（万）	城市人口（万）	乡村人口（万）	城市人口百分比（％）	乡村人口百分比（％）
1937	16377.2	4663.6	11713.6	28	72
1939	19067.8	6040.9	13026.9	32	68
1950	17854.7	6941.4	10913.3	39	61
1955	19441.5	8626.1	10815.4	44	56
1960	21237.2	10361.9	10875.4	49	51
1965	22962.8	12073	10889.8	53	47
1970	24172	13599.1	10572.9	56	44
1975	25326.1	15311	10015.1	60	40

这个阶段又可分为第二次世界大战战前时期、战争时期和战后时期。

第二次世界大战战前时期（1917～1939年）。这不仅是前苏联人口增长最快的一个时期，1922～1939年的平均增长率达到2％，同时也是城市人口增长最多的时期。1920～1926年，城市人口增长率为3.7％，但由于这一时期前苏联人口增长也很快，城市人口比重相对提高不大。而1926～1939年，这个时期城市人口增长达到了历史的最高点，城市化水平有了飞跃，平均年城市人口增长率达6.5％，到1939年，城市人口比重更达到32％。

二次大战时期（1939～1949年）。由于第二次世界大战的爆发，城市许多建筑和设施被炸毁，致使城市人口高速增长的势头缓慢下来。但在1945年战争结束后，城市恢复建设和工业的发展需要大量的劳动力，促使城市人口增长加快，1939～1950年城市人口平均年增长率为1.3％。1950年全苏城市人口比重已经达到39％。

二次大战以后时期（1950～1979年）。这个时期的前10年城市人口增长率较高，达到4.1％，至1960年城市人口比重已达49％，全国近一半的人口住在城镇。1960年代初期，城市人口比重已较高，城市人口增长逐渐以自然增长为主。尽管如此，城市人口比重仍在不断提高，到1979年城市人口比重已达62％。但近年来提高的速度已明显减缓。

由上述分析介绍可以看出，经过60多年的发展建设，前苏联的城镇发展情况有了明显的变化，城市化水平也有了显著的提高，前苏联的城市发展水平已进入了世界先进国家的行列。在前苏联城市化过程中，除了发展原有的城镇外，还开发了大量新城镇，特别是在开发东部地区的时期。据统计，一共建造了1174座城镇，这一点是苏联所特有的。另外，苏联城镇的规模也有了明显的扩大。1917年超过50万人口的城市仅有2座，而现在则已达40多座，占世界同类规模城市总数的10％以上。同时，到1970年，前苏联100万人以上的大城市的城市人口占城市人口总量的31.4％，就这一点来说，前苏联已成为一个"大城市"国了。

由于各种自然和社会历史原因，前苏联城镇的发展在地区分布上是很不均衡的，西伯利亚和远东，尽管自然资源非常丰富，但那里的气候条件恶劣，人口密度极低，长期得不到合理的开发，因而城市发展非常缓慢，城市数目较少；相反在西部，自然条件优越，土地、森林资源丰富，有较长的人类开发史，人口的密度较高，所以，城市兴起较早，城镇密度和城市化水平都较高，前苏联20个大城市几乎全部集中于此。

虽然前苏联东、西部在城市发展水平、城镇密度方面有较大的差异，但就其城市化程度——城市人口占总人口的比重而言，差异却不明显，甚至有的地区还是东部高于西部。例如，远东地区的城镇人口比例达70％，远高于全国的平均水平。

以上是就前苏联全国城市化水平而言，现在不妨采用由埃·罗塞特提出的分类法对各个加盟共和国的城市化水平作出评价，以便更加具体地了解前苏联城市化的发展状况。这种分类法划分了四个等级：①低等城市化水平，城市人口比重在33%以内；②中等城市化水平，城市人口比重为33%～50%；③高等城市化水平，城市人口比重为50%～60%；④最高等城市化水平，城市人口比重超过66%。现在有必要在这个分类法中再加上一个等级，即最低等城市化水平，其城市人口比重在20%以下。

按照上述分类法，将所有加盟共和国1939～1979年城市化水平状况列于前表。由此表不难看出，各加盟共和国的城市化发展速度均很快。如果1939年前苏联有3个最低等城市化水平的共和国，而高等和最高等城市化水平的加盟共和国一个也没有。但到1979年时已出现了7个高等和3个最高等城市化水平的加盟共和国（拉脱维亚、俄罗斯联邦和爱沙尼亚），尽管它们还处在初期发展阶段。历次人口普查资料都表明，就总体情况而言，前苏联各加盟共和国的城市化水平1939年是低等，1959年是中等，1970年和1978年则是高等。

在前苏联，特大城市尤其是百万人口以上的特大城市发展速度很快，根据1979年的人口普查，它们集中了全国12.6%的人口，20.3%的城市人口和33.5%的大城市人口。表8-4列举了百万人口以上特大城市人口增长总指标。

**前苏联百万人以上特大城市
人口的增长总指标** 表8-4

指 标	年份		
	1959	1970	1979
前苏联人口（百万人）	208.8	241.7	262.4
前苏联城市人口（百万人）	100.0	146.0	163.0
百万人以上特大城市的数量	3	10	18
百万人以上特大城市的人口数量（百万人）	10.5	20.9	33.1
百万人以上特大城市的人口比重（%）			
在总人口中	5.0	8.7	12.6
在城市总人口中	10.5	15.4	20.3
在10万人和10万人以上大城市的总人口中	21.6	27.8	33.5

从上表列举的数据可以看出，前苏联百万人口以上特大城市的数量及其人口在总人口和城市人口中的比重都在不断增长。

2. 城市规划问题

1958年前苏联部长会议国家建设委员会颁布了《城市规划与修建法规》。它是一部城市规划设计技术规范。涉及城市规划的法规及文件还有《苏联城市规划设计手册》，《城市和农村居民点的规划与修建》等。

（1）城市规划的目的和任务

《城市规划与修建法规》规定，城市规划的目的是"根据要不断完善人民的物质福利、发展国民经济和提高我国社会主义文化的总任务，保证为城市居民创造良好的生活条件，为城市工业生产创造必需的条件"。

在《苏联城市规划设计手册》中指出了区域规划和城市总体规划的任务，那就是"促使国民经济建设项目和人口，在全国不同地区，得到合理布局，并体现城市建设的基本原则和决定"。

在前苏联制定国民经济计划和编制城市规划是密不可分的。因此，根据不同等级的经济计划也就有了不同层次的城市规划，如区域规划，州和州内地区级综合区域规划及城市级规划。

1994年最新版俄罗斯建筑法规《城市和农村居民点的规划与修建》是前苏联同名法规的翻版，适用于新城市和农村居民点的规划设计及原有城市和农村居民点的改建，并且包括对其规划与修建的基本要求。这些要求在地域性（共和国级）的定额指标文件中要加以具体化。

城市型镇（城镇、工人镇、疗养点），要按类似小城市人口设计规模的标准进行规划设计。

城市和农村居民点的规划设计，必须依据各加盟共和国和经济区域城镇分布纲要、地域城市建设纲要、区域规划纲要和设计方案，并结合科技进步综合纲要、生产力发展与配置纲要、经济与社会发展设想、基本方针和国家五年计划。此外，还要考虑建立地域—生产综合体的目标综合纲要、地域自然保护综合纲要、保护地域和城镇免遭地理和水文地质活动影响纲要，以及各自治共和国各部委、主管单位、俄罗斯工会中央理事会制定的其他文件等。

在进行城市和农村居民点规划设计时，要把他们看作是俄罗斯人口分布体系及列入其内的各自治共和国、边区和州、自治州和民族区、行政区、集体农庄、国营农场和其他企业人口分布体系的要素，以及州际、区际和农庄之间人口分布体系的要素。与此同时，还应考虑为这些人口分布体系建立完整的社会、生产、工程—交通及其他基础设施，以及远期在人口分布体系中心城市或分中心城市的影响区内发展劳动、文化—生活和娱乐休息类企业及设施。

在城市和农村居民点的规划与修建设计方案中，必须结合国家五年计划、经济与社会发展设想和基本方针以及拟定的 20 年科技进步综合纲要来确定其合理的发展顺序。同时，必须确定超过规划期限的居民点发展远景，其中包括用地发展、功能分区、规划结构、工程—交通基础设施、合理利用自然资源和环境保护方面的原则性方案。

规划设计期一般定为 20 年，而城市规划预测期则为 30 ~ 40 年。

前苏联及现在俄罗斯的城市规划一般分为区域规划、城市总体规划和建筑详细设计。

区域规划是一项重要的设计工作，它的主要目的是在用地上最合理地和协调地进行生产企业、城市和集镇、交通和工程管网，以及居民的群众性休息区等的布局。这项工作要在全面评价建设用地的基础上，考虑地理、经济、建筑规划、工程技术和生态因素等条件后进行。

区域规划设计工作一般分为两类：示意方案和设计方案。两者的区别在于研究的程序、规划用地的大小、待解决任务的特点和对个别问题研究的详细程度等方面均有所不同。

区域规划的示意方案和设计方案分近期和规划（远）期两个主要阶段。近期包括当前和下一个国家五年国民经济发展计划期，即 7 ~ 10 年；规划（远）期为 25 ~ 30 年。区域规划内容包括区域内用地规划的原则性方案和用地经济发展的可能方向，以及对发展远景的预测。

各州、边区、自治共和国都要编制区域规划示意方案。区域规划示意方案是区域规划最普遍的形式，它是联系地域计划和规划设计方案工作的一个重要环节，并是使国家经济区的生产力发展与配置

示意方案过渡到区域规划设计方案的保证。

制定区域规划示意方案的主要任务是：查明州、边区或共和国的自然、土地、劳动力和经济资源，以及在这些地区内发展和安排（布局）工业、农业、交通、民用建筑和文娱—休息设施的可能性；

为用地功能分区和重要的国民经济项目相互协调的综合布局，拟订原则性建议；

确定区域内远景的人口发展规模，依据现有城市和新城镇的发展情况，确定居民点的发展途径，居民点的分布体系和改造农村居民点网的基本方向；

确定居民点间文化—生活服务设施和群众性休息区的远景发展依据；

确定供水、排水、交通和工程管网的远景发展原则；

确定恢复、保护和改善自然景观，布置大型的、长期和短期的休息地区等工作方向，以及确定必要的保护周围环境，即净化空气和水域、消灭主要的污染源的综合措施。

区域规划下一阶段是划分各类不同的国民经济专门化区域，以作为经济区划的依据。

区域规划设计方案涉及不同州、边区、自治共和国的部分用地，这部分用地由一个或一组具有共同的经济联系和统一的用地规划组织的行政区组成。

划定作为区域规划设计对象的区域界限，要和区域规划方案中州、边区或共和国的经济规划区域相适应，并按照主要的国民经济专门化区进行调整。无论何种情况，区界的确定，都要结合考虑行政区的界限。

区域规划设计方案的主要任务是：

在详细分析区域用地的基础上，拟定区域远景发展的功能分区；

查明有利于布置工业和民用建筑、农业生产和居民群众性休息地区的用地，编制后备发展用地的各种资料；

确定现有的和新的工业枢纽、大型工业和农业企业的发展远景；

确定全区和各个居民点的远景人口发展规模，以及人口分布体系规划结构形成与发展的途径；

拟定远景居民点间文化—生活服务设施系统；

拟定远景居民群众性休息地的组织和布局；

制定区内和区际供水、排水、供电、交通、构筑物和其他工程管网等保证措施；

揭示保护区域周围环境的方法，拟定改善卫生条件、保护大气和水域的措施。

特大、大城市和城市集聚集团区域规划设计的主要任务是：

城市和集团内各个部门的综合发展与布局，要与合理地控制中心城市的进一步发展，尽可能分散集聚集团的核心和优先发展外围城市相适应；

形成和发展居民点（组）群体系，以保证地区居民方便地到达中心城市，并建立起居民点间文化—生活服务系统和群众性休息地区；

设置围绕中心城市的绿带，以作为地区绿化体系重要的组成部分；

利用城市各方面有利条件，组织统一的郊区农业基地，以使大型工业中心附近的农业生产集约化；

发展交通、供水、排水、供电和通信等公用系统网；

如果区域内居民密度较高和工业生产大量集中，要考虑保护和改善其周围环境。

（2）城市规划设计程序

城市建设规划设计程序包括以下步骤：

①甲方准备和审批设计任务书；

②从甲方和各部门（设计、科研、计划等部门）收集基础资料；

③设计用地形图；

④准备规划设计地段的踏勘调查；

⑤拟定和比较不同规划设计方案；

⑥整理规划设计的图纸及文字资料；

⑦和各建设主管部门、甲方达成协议，以及批准规划设计。

拟定城市建设规划设计方法的基础是：

仔细研究规划设计地段现状；

综合分析规划设计地段远景发展，包括经济的、社会的、建筑艺术的、工程的、卫生的、生态的等诸因素。

拟定和比较多种不同规划设计方案；

选择最优方案，并研究此方案与该设计阶段所必需的深度。

（3）规划设计任务书

规划设计任务书是设计工作合同正式文件。初步设计任务书通常由设计单位准备，然后由建设和建筑部门加以研究和详细规定，并由甲方负责人批准。

没有规划设计任务书的，拨款银行不办理关于拟定设计资料的预算合同手续。

规划设计任务书的内容因城市建设工作阶段不同而有所区别，但有一系列规定必须在各种任务书反映出来。这些规定是：

提出任务的依据（正式下达的文件、批准的计划、标题目录等）；

规划设计地区的界限及其基本数据（居民人口数量、用地面积大小等）；

要求有符合规划设计需要的地形图的底图（阶段外工作用）；

甲方提供的规划设计基础资料的程序和期限；

同意和审批设计程序。

在拟定区域规划设计方案、大城市影响区的区域规划设计、一些局部地区（游览、休息疗养、自然保护地区等）规划设计的任务书中应补充指明：参照已出版的有关区域规划和其他设计和科研资料，以及已了解的国民经济发展的一些计划数据和设计地段的某些特殊要求（如限制某些城市的发展、保护一些特有的自然环境等）。

在区域规划设计中，除甲方委托给主要设计单位的任务以外，还可由专业设计机构和科研机构分别包干完成总任务中某些单项设计。这样的任务由主要设计单位负责准备和办理手续，而不一定和甲方签署合同。

城镇总体规划和农村居民点规划设计任务书除有关规定的内容外，通常还包括：指明必须考虑居民点用地发展的特殊需要、用地组织结构和功能分区的特殊要求；进行设计时必须有引用的正式文件和已批准的设计资料目录。在任务书中还可以附有城市建设用地参考数据，居住建筑层数与墙体材料的关系，工程设计系统处理的主要原则，以及第一期居住和文化生活建筑的大概面积数量。

在准备拟定详细规划设计任务书时，要明确规定设计地区红线范围内所布置的各项工程的性质（居住建筑类型和层数，公共建筑标准设计的系列和编号，科研、生产、学校等机构），以及地区对公用设施、工程设施和用地工程准备的要求。甲方要事先提出任务完成期限和向设计机构提供现有居住建筑及设计地区用地内的文化—生活设施的初步资料，以及与外部联结的工程管网资料；

小区（街坊）修建规划设计的任务书应明确建设用地的建设期限；准确标明所采用的居住和公共建筑标准设计的编号，或附某些房屋的个别设计的说明，以及指明编制预算所采用的基础资料；根据这些任务书和城市各部门提供的资料，详细说明编制建设用地的工程设施技术要求。

特殊设计任务不需要提供建筑施工图。

拟定阶段外工作任务书时，要简要说明编制设计的目的及其内容（包括最后的图纸比例尺、文字资料目录）。

在某种特殊情况下，可以提出修改已完成的城市建设规划资料。

在按程序修改的任务书中，要指明修改以前完成的设计的原因和对原设计的资料可能利用的大体范围。

（4）规划设计基础资料

规划设计基础资料应是最全面的和可靠的，因为这些资料将决定规划设计的质量。规划设计基础资料一般可分为以下四个方面：

①有关自然条件和人工因素的评定资料；

②有关规划设计地段的历史考证资料，包括有关部门、主管机构、科研机构等以前收集整理的设计资料和审查意见；

③现状评定，包括土地使用、规划结构和分区、居住和公共建筑、公用设施项目、道路系统、交通和工程设施系统等资料；

④基础资料中的地形自然条件等资料，除有关气象、工程地质、水文地质、地质物理现象资料外，还应包括有关森林、绿地地形评定、禁伐区、禁渔区和环境保护状况等方面的资料。人工因素应和各种自然条件同时考虑，诸如在建筑布置和解决环境

保护和改造问题的各种规划措施。与此有关的还有：山脉分水岭、卫生防护区、由于各种不利因素影响的建设限制地段、工程管线走廊（输电线、煤气管等）、铁路支线和公路、历史文化古迹保护区、水源和森林保护区等，以及水体和大气污染等资料。

原始资料的质量取决于获得资料的时间。资料应在下列设计中加以使用：

区域规划方案和设计资料应在完成设计前一年的1月1日前提供；

近郊区、休息区和旅游区的规划设计，城市发展技术经济论证，总体规划和详细规划设计资料应在开始规划设计的同年1月1日前提供，如有可能也可在完成设计的同年1月1日前提供；

修建设计资料应在开始规划设计的前一个月提供；

在说明书中应注明基础资料来源，现状资料说明应附有分析和阐明其在规划设计中必要性的资料。

为了获得各类基础资料，设计机构可组织自己专门的力量来收集；分发书面征询调查表；发给甲方专门的调查表，由甲方就地填写，以及向国家测绘总局或国家地质监察机构办理索取用地地形图手续。

规划设计地形图的准备工作有：

收集该阶段工作必需的地图和平面图；

对其进行技术加工，成为能够满足规划设计过程中所适用的底图；

复制原底图和绘有主要规划设计（为了绘制辅助性图纸）的底图。

地形图底图的比例根据工作阶段（类型）要求确定。

1：25000或小于1：25000比例的地形图，可从国家测绘总局获得。主要规划设计图纸要着色。

从测绘总局获得1：25000或小于1：25000的复制地形图，利用该图作为绘制辅助设计图纸的底图。

1：10000～1：5000的地形平面图根据甲方和测绘总局签订的合同来提供。更大比例的地形图（1：2000～1：500）也同样如此。

在规划设计工作开展以后，由设计总建筑师（或总工程师）领导下的综合工作组对规划设计地段

进行现场踏勘调查，包括对地形和建筑的踏勘、拍照、勾绘简图、设计方案草图等。

踏勘调查的目的是为了核对室内作业所获得的基础资料，以及实地研究用地现状。

现状建筑和地形照片需在规划设计方案过程中，作为工作资料加以运用，并作为规划设计说明的插图。在制定具有众多历史和文化古迹的城市（地区）规划设计时，实物照片显得特别重要。

拟定和比较不同的规划设计方案是城市规划设计最重要的基本方法之一。规划设计方案可分为工作方案和最终方案。

工作方案的比较在进行城市规划设计的每一个阶段都是必须的。它可以使不同规划工作阶段之间的衔接配合得更好。

在区域规划工作中，通常要研究各种原则性方案——国民经济综合发展的不同方式，不同类型居民点的人口分布方案，功能分区和土地使用方案，以及交通组织、工程设施和工程技术保障方案。

在进行城市发展技术经济论证时，从所采用的经济发展指标数据出发，对城市用地发展不同方案加以比较，对这些方案采用的不同建筑层数和居住、工业和文化—生活建筑可能占用的不同用地，拟定城市的不同规划结构、功能分区、交通组织和工程设施的工作方案加以选择。

在已批准的技术经济论证基础上制定的，或是直接一次性制定的总体规划阶段，要完成规划结构（干道系统和划分居住区和规划区）、服务中心的分布和城市交通运输组织系统的不同工作方案的比较。

在总体规划所确定的规划结构基础上进行的局部地区详细规划设计过程中，要准确地确定红线位置，研究整个地区建筑平面和建筑空间处理的不同方案，及工程设施和公用设施的各种可行的技术方案。

一些单个小区（街坊）的修建设计是在详细规划设计确定的红线范围内编制的，根据对甲方提出的住宅和公共建筑类型编制不同方案的比较，在这里主要是更准确地确定各单个建筑的布置，拟定建筑的总平面（居住小区内部通道和步行道路系统，运动场地和服务性场地的布置，汽车停车场和汽车库的布置、绿地和建筑小品的布置），并利用工作模

型寻求与地形相协调的最富有表现力的建筑空间处理，以及小区内部工程管网的最优布置方案。

在已批准的修建设计方案基础上，进行建筑施工图绘制工作。

（5）规划设计方案评定

可以在设计集体、规划设计机构的建筑工程会议上，在州（市）委员会城市建设会议上进行不同工作方案的讨论。讨论过程中，在建筑艺术、技术经济、规划布局和卫生等方面进行不同工作方案评定比较。

在讨论和比较的基础上，经过仔细研究，拟定最终方案，提供给甲方。

在制定区域规划设计和城市发展技术经济依据时，可向甲方介绍工业企业和居民点用地发展的所有不同方案。

城市规划设计方案的评定标准有下列一些特征和指标：

①建筑艺术方面：有无可能把有价值的自然景观因素纳入建筑构图中去，有无水面，空间处理的表现力，建筑色彩和建筑轮廓的处理等；

②规划方面：建筑布置的紧凑性，有无远期发展工业和生活居住用地的后备用地，上、下班交通所耗用的时间，居住区与休息场地联系的方便程度；

③卫生方面：居住区位置与主导风向，及卫生防护带的相互关系；位于相对不好的日照和通风条件下的居住建筑所占比重；在坡地安排居住、休息和体育用地的坡向；设计方案实施对周围环境的影响程度；

④技术经济方面：居住和文化—生活建筑、交通设施、工程设施和用地工程准备等的基本投资；管理费用；征用农业用地费用；居住总面积密度指标；文化—生活服务设施、绿地、私人交通工具存放地点等提供的方便程度；工程管线的长度和居住建筑工程设施的单位造价；每平方米居住面积或总面积的造价；每公顷用地工程准备的投资数量。

不同方案的比较采用客观的（单位：千卢布）和主观的指标体系对比法。为了进行主观的评定，采用假定的等级系统（通常为 1~5 级），并预先规定等级划分原则。在讨论不同方案时，常采用专家鉴定的方法，即通过从有关部门主要专家那里得到

口头或书面的意见来评定。

（6）规划设计说明书

按照有关建筑法规规定提出的总要求，以及根据多年城市规划设计实践的规范，进行城市规划设计的图、文资料整理。

向甲方提供的规划设计资料，一般由图纸和文字两部分组成。

文字部分包括有附录的说明书，而在小区修建规划设计阶段还应包括实施预算。规划设计说明书应扼要和准确，它包括在规划设计中引用的基础资料和文件的目录。

从城市规划设计实践中，形成了在说明书中应阐明问题的程序（一般编写顺序）：

①序言（谁是甲方，根据什么文件进行规划设计，规划设计方案的主要基本原则，编制设计方案和达成协议的过程，设计人员名单）；

②由于规划和卫生方面的理由而限制建设的地区，自然条件和因素的简要评定（包括气候、山脉、工程地质、水文地质条件、限制和禁止建设的矿产、矿物建筑材料等地区）；

③简要的历史和现状评定，包括地区发展的经济依据，居住人口，居住用地总面积，文化—生活服务设施和工程设施，以及公用设施总的水平；

④用地发展条件的评定（对土地资源、现状土地使用、农业用地的耕作条件，以及对作为近期和远景开发用地分析的描述）；

⑤用地功能分区和规划结构的原则（包括绿化和组织休息用地等问题）；

⑥建筑规划布局和建筑空间构思；

⑦居住建筑；

⑧文化—生活服务设施的组织；

⑨道路系统和交通运输；

⑩工程设施、用地工程准备和公用设施、环境保护和改善的建议；

⑪建设顺序；

⑫综合技术经济指标；

⑬附件（规划设计的建筑规划方案和技术任务书的副本；公函和其他说明和论证设计的一些个别问题的副本；规划设计方案的初步协议资料）。

说明书的每个章节应包括对该问题现状简短的叙述和分析，规划设计方案的结论和说明。

图纸部分包括主要图纸和辅助图纸、插图以及模型。

按照有关建筑法规，编制各类城市规划设计所完成的主要图纸和辅助图纸目录。

城市规划设计阶段外的图纸资料，是根据规划设计任务确定的，应包括每项工作的主要图纸和辅助图纸。

所有主要图纸应制成彩色的，而辅助图纸可以是彩色的，或是尺寸为 18cm×24cm 的黑白照片（利用彩色石印印刷或晒蓝图）。照片装订在设计说明书中或单独的相簿里。

纸图上必须标明图号、比例尺、方向，而在必要时还要加上风向玫瑰图。在所有图纸的右下角安排规划设计机构的图记或者图纸的名称和完成日期等。

在规划设计中是否要插图资料，由设计单位决定。

在规划设计过程中（或施工过程中）完成的规划和建筑模型与设计图都要交给甲方。

（7）城市和居民点规划设计各阶段和阶段外工作内容。见表 8−5。

表 8−5

各阶段和阶段外工作的一般特性	城市建设规划设计各阶段和阶段外工作名称	图纸比例
具有解决国民经济问题因素的规划设计工作	规划设计阶段	
	区域规划方案	1：300000
		1：100000
	区域规划设计	1：50000
		1：25000①
	近郊区和绿化区的规划设计	1：50000
		1：25000

续表

各阶段和阶段外工作的一般特性	城市建设规划设计各阶段和阶段外工作名称	图纸比例
	阶段外工作	
	大城市影响区区域规划设计	1:100000
		1:50000
	大城市地区组群式人口分布方案	1:50000
		1:25000
	游览、休养、自然环境保护地区规划设计	1:200000
		1:25000②
	大型企业城市建设用地选择技术经济论证	1:100000
		1:25000
具有建筑空间处理因素的规划设计工作	规划设计阶段	
	城市总体规划	
	（1）城市发展的技术经济论证	1:25000
		1:10000
	（2）城市总体规划	1:10000
		1:5000
	农村居民点规划和建筑设计	1:2000
	近期建设规划	1:10000
		1:5000
	详细规划设计	1:2000
		1:5000
	城市工业区（市政公用仓库区）规划设计	1:2000
	阶段外工作	
	市区、市中心规划设计	1:5000
	城市建筑群（市中心、广场、街道、滨河路等）的规划和建筑设计	1:1000
具有技术处理因素和编制综合财政预算计算书的规划设计工作	阶段外工作	1:5000
	新建与扩建的大型企业的《居住和文化生活建筑》部分的技术设计	1:2000
附有本年度预算的技术和施工设计	规划设计阶段	
	修建规划设计	1:1000
	房屋标准设计或个体设计的施工图	1:500

注：① 地区用地范围大的容许将比例缩小到1:100000。

　　② 取决于地区用地大小。

（8）规划设计机构

城市规划设计的编制由前苏联国家建设委员会下属的国家民用建筑工程委员会、各加盟共和国、各自治共和国国家建筑工程管理处、州（边区）政府、市政府管辖的规划设计机构进行。个别例外的，可由得到国家民用建筑工程管理处同意的规划设计机构（院、所）进行。规划设计机构在下列条件下开始工作：

①规划设计项目列入本年度规划设计机构工作计划并经上级机构批准的；

②通过各自治共和国国家计划下达规划设计工作期限的；

③和甲方签订正式合同的，并由国家建设银行拨给经费的。

城市规划设计的甲方单位是：

市政府、州（边区）、代表各自治共和国的建筑工程事业局（管理局）；

工业企业管理处；

代表有关部和主管部门的总管理局，或者根据部、局的委托，起总规划设计师作用的规划设计机构的代表。

甲方单位：

①将任务书交给规划设计机构，由规划设计机构进行设计任务书编制，任务书按规定的手续批准（见表8－6）；

②办理规划设计合同手续和开始拨给经费；

③在由工作进度表规定的期限内，将地形图底图转交给规划设计机构，地形图底图在设计开始时按设计所需要的比例尺要求校正，并转交所有需要的基础资料；

④对规划设计进程、完成规划设计和勘察工作期限进行监督；

⑤按规定的协议和审定程序呈报完成的规划设计。

（9）规划设计拨款要求

在前苏联计划经济体制下，城市规划工作属于国家行为，因此才有了这一特别要求，规划设计拨款要求如下：

区域规划设计和近郊区规划设计费用由国家预算经费支付；

城市发展技术经济论证、总体规划、居住区和小区详细规划、近期建设规划费用通常也由国家预算经费支付。由于工业企业、动力、交通和其他设施的建设而新建和大规模扩建的城镇规划设计费用，一般由上述建设单位经费支付；

修建规划和建筑施工图设计费用，由基本建设经费和地方预算经费支付。

区域规划和城市建设各项规划设计工作，在甲方和规划设计机构签订直接的（总的）和分包的合同后，开始拨给经费。在合同中应附有规划设计工作的预算书，基础资料表格和完成各个阶段设计或整个设计的进度表，以及按规定程序批准的设计任务书等。

列入合同的规划设计预算费用取决于：

①规划设计和建设勘察工作费用的汇总价格；

②根据预计和实际劳动工时，计算规划设计费用的方法。

在根据汇总价格编制的规划设计预算经费中，还应补允包括收集资料、勘察现场、签订设计合同和批准规划设计而进行的生产性出差的费用（根据出差时间长短和交通等费用来计算）。

（10）规划设计同意和审批程序

规划设计取得同意和审批程序原则上按国家建设委员会有关建筑法规的规定办理。个别情况考虑规划设计的不同特点，可根据甲方和各自治共和国国家建筑工程管理处的要求，并考虑规划设计的特点加以规定。

甲方委派规划设计鉴定委员会和交给规划设计机构由城市建设委员会（建筑技术委员会）审核规划设计资料后作出的正式结论。规划设计机构按甲方同意的方式向相应的各级机关分发图纸和说明书等规划设计资料，以取得他们的同意。甲方接受经正式同意的规划设计资料副本。

经所有相关管理机构同意的规划设计由甲方送交相应的上级机关批准。

规划设计工作类型和取得同意、审批的机构一览表　　　　　　　　　　　　　　表8－6

规划设计工作类型	审批机构	取得同意的机构
区域规划方案和设计	（1）加盟（自治）共和国部长会议 （2）州（边区）执行委员会	加盟（自治）共和国国家计划委员会； 共和国和前苏联的各工业部； 加盟（自治）共和国农业部、水利土壤部、卫生部； 州（边区）执行委员会； 州（边区）计划委员会、州建设和建筑事业管理局、州卫生保健和农业管理局、加盟共和国卫生部和农业部、加盟共和国建筑工程管理处；
近郊区规划设计	见表末注4	同区域规划方案和设计；

续表

规划设计工作类型	审批机构	取得同意的机构
大城市影响区规划设计	加盟（自治）共和国部长会议	加盟（自治）共和国国家计划委员会、加盟（自治）共和国农业部和卫生部、加盟（自治）共和国国家建筑工程管理处或州建筑工程事业管理局、州（边区）执行委员会、市执行委员会
大城市地区人口分布规划（城市的聚合）	加盟（自治）共和国部长会议	
局部功能地区的规划设计（休息、旅游）	加盟共和国部长会议或由它委托省（边区）执行委员会	加盟共和国国家计划委员会或省（边区）计划委员会、全苏工会中央理事会、加盟共和国卫生部、林业部、农业部、加盟共和国国家建筑工程管理处或州（边区）建筑工程事业管理局、州（边区）执行委员会（如果前苏联部长会议批准）
大型企业选择城市建设用地的技术经济论证	前苏联部长会议	前苏联国家计划委员会、发包的工业企业所属的部、前苏联部长会议国家建设委员会下属国家民用建筑工程管理处、加盟共和国建筑工程管理处、前苏联卫生部和农业部
加盟共和国首都和 50 万人口以上城市的总体规划和城市发展技术经济论证	前苏联部长会议或各加盟共和国部长会议	国家民用建筑工程管理处、前苏联国家计划委员会、前苏联卫生部卫生防疫总局、国家建设技术监察局、加盟共和国各工业部和主管部门、有关加盟共和国各部和主管部门（其中包括加盟共和国国家建筑工程管理处、卫生部、住宅和公用事业部、农业部）、州（边区）执行委员会
建筑法规 345-66《关于编制城市规划和建筑计划的规定》第一号目录中列举的城市总体规划（小于 50 万人口的城市以及所有新城市）	各加盟共和国部长会议	国家民用建筑工程管理处、加盟共和国建筑工程管理处和国家计划委员会、加盟共和国有关各部和主管部门（其中包括卫生部、住宅和公用事业部、农业部）、国家建设技术监察局、全苏和加盟共和国交通部相应的各局、省（边区）执行委员会
各自治共和国首都、州（边区）的中心、工业城市、共和国直属城市，以及包括在建筑法规 345-66 规定第二号目录中的所有其他城市	各加盟共和国部长会议	加盟共和国国家建筑工程管理处、国家计划委员会、共和国有关部和主管部门、州（边区）执行委员会、市执行委员会
前面未列入的城市总体规划	（1）各自治共和国部长会议、州（边区）执行委员会、划分州或边区的加盟共和国内	自治共和国或州（边区）所属建筑工程事业管理局、自治共和国国家计划委员会、州（边区）计划委员会、共和国和省（边区）卫生保健公用事业管理局、市执行委员会
	（2）地区执行委员会（共和国内没有划分州的）	加盟共和国国家建筑工程管理处、国家计划委员会、卫生部、住宅和公用事业部、市执行委员会
近期建设规划	州（边区）执行委员会，有时是市执行委员会	州（边区）建筑工程事业管理处、州（边区）计划委员会、州（边区）卫生保健和公用事业管理局、市执行委员会和所属各处，城市建设总承包单位
详细规划设计	居住区由市执行委员会审批，大城市和州（边区）中心的市中心区由州（边区）执行委员会审批	市执行委员会所属建筑工程事业管理处、市卫生防疫站、内务部消防署、市公用事业处、客运交通管理局
城市工业区和公用仓库区规划设计	市执行委员会	市执行委员会各处：建筑工程事业管理处、公用事业处、卫生防疫站包括在工业区组成内的有关各加盟共和国和全苏各部工业企业、内务部消防署
城市规划区（片区）规划设计	市执行委员会	同详细规划设计
城市公共中心规划设计 ①加盟（自治）共和国首都市	加盟（自治）共和国部长会议	加盟（自治）共和国国家计划委员会、加盟共和国国家建筑工程管理处（自治共和国建筑工程事业管理局）、加盟自治共和国卫生部、住宅和公用事业部
②州（边区）中心城市	州（边区）执行委员会	省（边区）计划委员会、州（边区）执行委员会所属建筑工程事业管理处、州（边区）卫生防疫站、省（边区）公用事业处 市执行委员会各处

续表

规划设计工作类型	审批机构	取得同意的机构
③其他城市 城市建筑群规划与建筑设计	市执行委员会 市执行委员会	省（边区）执行委员会所属建筑工程事业管理处、前苏联建筑师协会分部、市属卫生防疫站、内务局市汽车检查局 技术设计总规划机构、市执行委员会及所属各处
新建或扩建大型工业企业《居住和文化——生活建筑》部分的修建规划设计	发包的工业企业所属部的管理总局	发包单位和承包单位的生产技术部门
建筑技术和技术施工设计	发包的工业企业所属部的管理总局	

注：

①区域规划方案和设计、近郊区规划设计和与此类似的规划设计工作，以及所有居民点总体规划所包括的铁路交通发展部分，应取得前苏联交通部的同意，或取得由它委托的有关线路管理局的同意。而有关海运和内河航运发展部分，应取得前苏联海运部和各加盟共和国有关内河航运管理机构的同意，或取得由它委托的有关流域航行管理局。

②在有矿产的用地上制定的区域规划方案和设计、近郊区规划设计和其他规划设计工作，以及位于靠近这样的矿产的所有居民点总体规划要经过各加盟共和国城市建设技术监察总局所属州管理局的同意。

③在有众多历史文化古迹，具有重要历史意义的城市，编制城市总体规划、市区和市中心规划、详细规划和城市建筑群规划，及进行建筑设计时，要经过加盟共和国文化部和有关历史文化古迹保护机构的同意。

④城市近郊区规划设计取得同意和审定的程序，和城市总体规划一样。

（11）城市总建筑师责任制

长期以来，前苏联一直采取以总建筑师责任制为核心的城市规划和建设管理制度，并且在实践中不断予以完善和加强。现在俄罗斯仍然坚持此项制度。

根据前苏联国家建设委员会民用建筑委员会1972年批准的《城市总建筑师工作条例》的规定，城市总建筑师要领导城市的规划和建设工作，并对以下工作承担全部（全权）责任：

①提高建筑艺术水平；

②制订和实现城市总体规划；

③搞好居住区和工业区的规划和建设工作；

④采用正确的住宅和公共建筑设计方案，要充分满足房屋和构筑物的建筑艺术要求和使用要求，考虑当地的自然气候条件，在保证取得最大投资效益的情况下，实现工业化施工；

⑤搞好郊区的规划和建设。

城市总建筑师不仅是城市规划和建设的领导者、组织者，而且要直接参与城市总体规划和重要建筑的规划编制及设计工作。所以，苏联曾有人把他比喻成特殊的"城市建设交响乐队的总指挥"或"交响乐总谱的作者"。可见总建筑师在领导城市建设工作中的重要作用和地位。

城市总建筑师肩负如此重任，自然要求他具有很高的专业水平和很强的组织能力，这是很关键的。但是，要搞好城市规划和建设，总建筑师首先要依靠他所领导的建筑规划管理总局或总建筑师处的专家们的集体力量。因此，又要求他能善于领导以他为首的建筑管理机构。

为了做好这方面的工作，城市总建筑师配有若干名分管各项城市建设工作的副手。此外，他在工作中要依靠各规划设计处、室的领导人和各区的区总建筑师。

如在莫斯科和列宁格勒（现改回原称圣彼得堡），城市分成为若干个行政区。规划设计院的设计室分别同各行政区"挂钩"，各室做各自负责的行政区的规划和修建方案，并对形成各行政区的建筑风貌负责。最后由总体规划室综合。各行政区的详细规划方案批准以后，就成为解决各区规划建设问题的原始根据。在规划编制过程中，如果在具体的规划设计问题上或者在组织工作上遇到矛盾，一般都要由总建筑师本人，或由他请示市政府研究解决。

在前苏联，一般规定由负责规划、设计工作的建筑处、室负责及时制订本规划区内当前建设的规划设计预算文件。有关当前建设的管理组织工作，即建设拨地、监督检查划拨出的土地使用情况等，均由区总建筑师担当。区总建筑师负责一个行政区的规划建设工作，或者，如果建设工程量不大，还可以负责若干个行政区。

在莫斯科，每个行政区都设区总建筑师。他们协助区政府领导工作，成为联系区建筑规划管理局和市建筑规划管理总局的纽带。区总建筑师由市总建筑师直接领导，但同时他们的工作又都要与莫斯科有关规划、建筑设计局内相应的规划、建筑处、室的设计工作结合。这些规划、建筑处、室的领导要和区总建筑师共同商量，准备送审方案和解决本行政区内规划和建设中存在的各种问题。

根据前苏联的经验，总建筑师和各规划、建筑处、室的领导结合起来进行规划设计管理和组织工作，对于实现城市总体规划或个别地区的建筑布局规划往往会起决定性的作用。许多与城市建筑布局规划有关的重要规划问题以及某些大型建筑物和构筑物的规划设计，就是在这样的协同工作中提出来的，并得到很好解决。总建筑师在与这些负责人协同工作中，要同他们定期开会，共同审查规划设计方案材料，研究和解决当前面临的问题。所以，总建筑师在这方面，也要投入不少时间和精力。

在城市规划中，各城市中的总体规划科学研究设计院具有特殊的地位。由于总体规划院要编制整个市区和郊区的规划，因此这个机构在解决广泛的城市规划建设中带根本性的创作问题和组织问题时，起着主导作用。总建筑师依靠这个机构，就有可能跟各个区建筑、规划设计处、室的活动协调一致。

总建筑师还要经常关注建筑规划管理总局有关当前建设的管理、规划设计方案的鉴定和审查以及与保护古建筑有关的建筑工程监督检查工作。

根据有关法令，市政府有权以各种有效的方式对建设工程的进展、质量以及是否按规划要求配套建设等情况进行经常性监督。原则上说，政府的各局、处都有责任监督城市建设，使规划得以实现，但主要的还是城市总建筑师处（局），首先又是城市总建筑师的责任。

城市总建筑师个人，要承担监督执行总体规划，实现居住区、小区综合配套建设和保证建设工程质量的责任。总建筑师的监督工作，从建设项目批准施工时开始，中间还要组织规划、建筑设计人员进行监督，直到最后竣工验收，他要负责监督建设工程的进度和质量，使工程按要求进行。

为了使总建筑师能顺利完成建设项目监督任务，总建筑师被授权：

①可以不受约束地干预市辖区内一切建筑工程项目（民用、工业建筑等）；

②有权参加建成项目的验收工作；

③对不经批准随意建设的工程，以及不符合城市建设规划原则、不遵守设计要求、技术条件和建筑规范的建设项目，经请示市政府同意后，可勒令其停工；

④如遇事故危险，总建筑师可立即命令停工，同时将情况报告市政府、自治共和国的国家建筑工程检查机关和上级建筑施工管理部门；

⑤根据规定程序，有权向有关部门提出对破坏城市建设规划、违反现行建筑法规和随意施工的肇事者追究行政和刑事责任的意见。

总建筑师在采取各种组织措施、技术措施对建筑工程质量（包括综合配套建设）进行监督的过程中，要依靠市国家建筑工程检查局城市建设检查处的帮助。总建筑师领导的市城市建设检查处要经常检查市区、郊区范围所有民用、工业建筑的建设进度和质量情况，而不管这些建设项目属谁管辖。市城市建设检查处处长是总建筑师的副手。

一般情况下，总建筑师要将有关划拨土地的建议、建设规划第一期方案、居住区、小区和新建筑群的建设规划方案、城市总体规划和郊区规划方案报请市政府审查批准。为落实某项城建措施而制定的规定、办法，也要报请市政府审核。此外，总建筑师作为市政府的成员之一，还要参与解决有关城市发展的各种问题。

总建筑师除了在地方上要和方方面面的地方政府领导机关保持联系外，还要同领导市建筑规划管理总局的中央领导单位（国家建委和民用建筑委员会等）保持联系。有些重要的城市建设文件，例如城市的总体规划、中心区或者其他重要城市建设综合体的建筑设计方案，要由总建筑师上报国家有关领导机关审查。例如列宁格勒瓦西里耶夫岛上的新滨海区规划，因为关系到城市的历史中心面向海岸发展的大问题，所以该规划曾在前苏联国家建委民用建筑委员会的会议上审查研究了两次。莫斯科和其他一些大城市的中心区的规划建设方案，也都曾在前苏联国家建委民用建筑委员会上进行过审查和评议。在各种讨论会上，总建筑师都应当维护所负责城市的利益。

当然，在上报重大的城市建设规划方案之前，总建筑师应当组织有关专家进行讨论。有关建设计划的问题，要与社会学家和计划工作者一起研究。

在前苏联，市政府基本上只管市区，郊区一般属州政府管辖。所以，总建筑师在落实和城市发展有关的郊区规划和建设问题时，需要与州建筑规划管理局协商解决，其中有些重大问题还要提交州和市政府进行审议。

总建筑师最后一项重要的组织活动，就是组织公众参与审议城市建设规划方案、各行政区的大型公共建筑和构筑物的规划建设方案，以及某些纪念性建筑的规划设计方案。这种公众审议活动通常都有建筑师协会、美术家协会等社会团体参加。

综上所述，前苏联通过立法赋予城市总建筑师以很大的责任和权力。一般情况下，地方规划设计

部门制订的各种规划设计方案都应报请市总建筑师审查，规划设计工作置于总建筑师的监督之下。然而，由于总建筑师是否应任副市长职务的问题长期来没有得到解决，在实际工作中，总建筑师最后往往要听命于主管城市建设的副市长的安排，因此，一些规划、建筑设计机构就有可能不经与总建筑师商量，就直接请示副市长批准。如果这位副市长不熟悉规划、建筑专业，就有可能作出不妥当的决定。

所以，一些专家坚持总建筑师应担任副市长职务的主张。认为只有这样，总建筑师才能真正有职有权，彻底改变"顾问"的地位，使城市规划和建设工作真正置于行家、专家的领导之下，从而保证提高规划设计工作的质量，搞好城市建设。

莫斯科建筑规划管理总局共拥有 1.4 万名职工，其中规划、建筑设计人员约有 1 万人，全市平均每 1 万人口为 12 人。根据收集到的资料分析，莫斯科建筑规划管理总局所管辖的规划设计研究机构一共有 7 个，即：①莫斯科总体规划科学研究设计院；②莫斯科第一设计局（负责市政、公用和居住建筑设计）；③莫斯科第二设计局（负责公共建筑设计）；④莫斯科第三设计院（负责文化—生活设施和森林公园保护带内市政、民用和居住建筑设计）；⑤莫斯科休息卫生体育设施科学研究设计院；⑥莫斯科标准试验设计科学研究设计院；⑦北切尔塔诺沃远景样板居住区设计局。

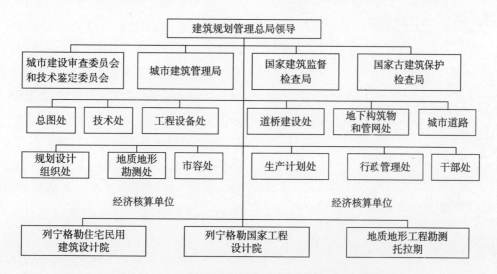

图 8-1　列宁格勒市政府建筑规划管理总局机构设置

前苏联未解体时，莫斯科建筑规划管理总局下属的一个院、局，在职能上相当于北京市城市规划管理局的一个处，但在人员力量上大大超过了后者。例如，总体规划科学研究设计院主要负责莫斯科总体规划、分区规划、行政区规划、城镇规划等，全院共有1000人左右；第一设计局主要负责新开发区的规划设计和预算，并配合总体规划科学研究设计院从事有关总体规划详细化的工作，全局大约有十四五个设计处室。为搞好重点试验居住区北切尔塔诺沃的建设，还单独成立了一个设计局。这个机构带有临时的性质，目的是为了把试验工程有始有终地搞好，在相当长的一段时间里有一个专门的班子来组织领导该区的规划和建设工作。

图8-2 10万人以上的城市中的建筑规划管理局机构形式

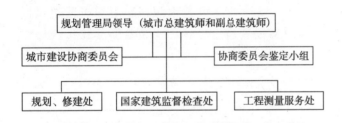

50万人以上的城市中的建筑规划管理局机构形式

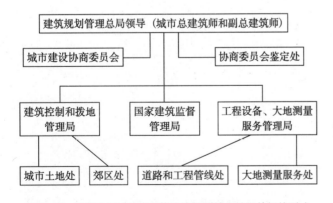

图8-3 100万人以上城市的建筑规划管理总局的机构形式

附：《苏联建筑百科全书》有关城市总体规划的定义：

城市总体规划确定城市远景发展的主要方向，即城市建设项目发展的假设、远景人口规模、所需用地数量和城市用地发展方向、城市用地功能分区、街道及干道网、公共中心的布置和绿地系统等。

城市总体规划是一个城市的规划设计（规划设计的主要图纸）。在城市总体规划上显示：城市的边界；居住用地，要表示它的层数分区、居住区和居住小区的划分；工业区仓库区的布置和总的规划结构；行政公共中心及主要公共建筑的布置；现有的和设计的城市交通网，主要交通干道、街道、滨河路、广场、桥梁、跨线桥、大型停车场、车库、电车与无轨电车场的分布；铁路地界；水运和空运交通，要标出的码头、飞机场和火车站等；各种形式绿地的布置，最重要的体育建筑物和构筑物，大型工程构筑物——给水、排水、热力、煤气、电力等；工业与居住建筑备用地。城市总体规划是控制城市建设和实现城市改建措施的建筑艺术、技术及法律的依据。

在前苏联，除编制确定城市发展基础的城市总体规划外，作为规划设计的组成部分，还要编制最近若干年内城市第一期建设布置示意图。城市总体规划是在区域规划的基础上，按照国民经济的远景发展计划编制的。在编制特大城市的总体规划时，还应编制其郊区规划示意图。

3. 城乡土地管理问题

（1）土地管理工作的两个阶段

第一阶段，土地管理工作的探索、研究阶段。该阶段是从十月革命胜利后到1960年代。在这一时期，前苏联学者主要着手研究关于土地立法的问题。例如，1921年的《苏联土地法》，1928年的《俄罗斯苏维埃联邦社会主义共和国土地法》，1948年的《苏联水资源法基本问题》，1958年的《农业用地管理》和《土地法》，1960年的《苏联森林法》等。这一时期，虽然出版了多部土地法方面的专著，但仍处于探索时期，尚未形成一部比较完善的土地立法。

第二阶段，实行土地立法管理阶段。1960年代以后，前苏共中央开始重视土地资源的合理利用和保护，采取依法管理的办法。1968 年 12 月 13 日，前苏联最高苏维埃主席团通过了《苏联和各加盟共和国基本土地法》，这是一部比较完善的土地立法，它标志着苏联实行土地立法管理工作的开始。

（2）土地管理机构的两个层次

第一层次是土地管理的最高权力机构。这些权力机构是前苏联各加盟共和国部长会议和自治共和国部长会议，以及地方人民代表苏维埃执委会。它们拥有土地的调拨权，并解决争地问题。

第二层次是农业用地和城市用地管理机构，1950 年代就建立了这样的机构。1970 年代以后，又设置了土地使用与土地规划管理总局（隶属农业部），在各加盟共和国、各自治共和国、边区、州也纷纷设立了土地使用、保护和管理机构，负责农业用地的管理。在各大、中城市还设置了城市建设总局或城市公用事业局，负责农业用地的管理。与此同时，前苏联还设置了国家土地资源科学研究院，在各自治共和国、州等也相应设置了土地规划设计研究所。

（3）土地管理机构及其职能

1980 年 1 月 7 日前苏联最高苏维埃主席团颁布的《关于修改和补充苏联与各加盟共和国土地基本法》中的命令规定，由前苏联部长会议、各加盟共和国部长会议、各自治共和国部长会议、地方人民代表苏维埃执行委员会与宪法专门授权的国家机构是国家城乡土地管理的权力机构与管理机构，对土地利用与保护负有具体职责。根据《苏联与各加盟共和国土地基本法》规定，前苏联在调节土地关系方面的职权是：统一支配国家土地资源；制定土地使用和土地规划的基本条例；制定合理利用全国土地资源的远景计划，以满足农业生产和其他国民经济部门的需要；制定全苏土地改良措施和提高土壤肥力计划；确定国家对土地使用的监督作用；制定全苏统一的国家土地统计、国家土地使用登记制度和地籍调查程序，以及确定编制前苏联土地年度平衡表的办法。下为前苏联各级土地管理机构及其职能情况。

①农业用地管理机构及其职能

前苏联在全国范围内设立了一系列的农业用地管理机构：前苏联农业部土地利用与土地整治管理总局，各加盟共和国农业部土地利用、土地规划、护田造林和土地保护管理总局（局）；各自治共和国农业部土地利用、土地规划、护田造林和土地保护管理局（处）；边区和州劳动者代表苏维埃执行委员会农业管理局；地区劳动者代表苏维埃执行委员会农业管理局土地规划总（主任）工程师小组等。

前苏联农业部土地利用与土地整治管理总局局长和副局长分别兼任前苏联土地利用与保护的国家主任监察员和国家副主任监察员的职务。各加盟共和国农业部土地利用、土地规划、护田造林和土地保护管理总局（局）局长和副局长分别兼任各加盟共和国土地利用与保护的国家主任监察员和国家副主任监察员之职。各自治共和国农业部土地利用、土地规划、护田造林和土地保护管理局（处）局长和副局长以及各边区、省劳动者代表苏维埃执行委员会农业管理局局长和副局长（总工程师）分别兼任各自治共和国、边区、省的土地使用与保护的国家主任监察员和国家副主任监察员的职务。各地区劳动者代表苏维埃执行委员会农业管理局土地规划主任工程师，兼任土地利用与保护和国家监督土地使用问题的国家地区监察员。

前苏联各级农业用地管理机构的基本职能是：

a. 调查用地单位用地情况，必要时将调查结果汇编成正式文件；

b. 要求所有用地单位提出有关报告和文件；

c. 向企业、组织和机关推荐正确使用和保护土地的建议，向各地区和市劳动者代表苏维埃执行委员会管理委员会提出破坏土地法令的证明文件，以便追究违法者的行政、刑事责任；

d. 制定土地利用计划，监督土地的使用；

e. 进行土地的分配与再分配；

f. 研究和绘制土地资源图；

g. 应用经济杠杆刺激土地的合理利用；

h. 解决土地纠纷等问题。

②城市用地管理机构及其职能

城市界限范围内的一切土地归市劳动者代表苏维埃支配。制定和改变城市界限的办法，城市区域土地经营规划，提供和收回用地办法与使用地段的条件等，均由各加盟共和国法律确定。

城市建筑总局（或城市公用事业局）是管理城市用地的机构，其基本职能是：

a. 规划新的和调整现有土地使用范围，消除地段零乱交错和土地安排方面的不当之处，在区域规划方案的基础上变更用地界限；

b. 查明国民经济各部门新用地；

c. 确定与变更城市。居民区和农村居民点的界限；

d. 分配与征收土地；

e. 进行土地规划工作，包括进行土地资源的勘测与考察工作；

f. 监督、协调、综合解决土地资源的合理利用问题；

g. 考虑国民经济各部门功能用地的特点；

h. 协调、解决土地纠纷问题等。

前苏联城市用地的主要类型有：建筑用地；公用事业用地；部分农业用地及其他附属用地；城市林地及绿地；铁路、公路、水运等各种交通设施用地及矿业用地等。

新建与扩建现有城市的居住区应选择非农业用地或不适于作为农田的土地；配置工业企业、建筑物（或交通设施）只准许在未覆盖森林或灌木丛地和价值低的林地进行。上述各种用地面积的大小，应遵守建筑密度标准。占用土地的多少以保证居民劳动、生活和休息为最佳条件。城市用地总的宗旨是高度保持自然环境的完好状态，确保消除各种建筑设施、企业对居民区和环境的有害影响。

城市绿地是城市环境的重要组成部分，其主要功能有：制造氧气，净化空气，调节小气候，降低噪声，增进居民健康，以及满足居民美学需要与保护人类的生产、生活环境。前苏联城市绿地类型有三种：一是公共利用的绿地（街道两旁的草坪、林荫道、街心花园、公园、树林）；二是限制利用的绿地（住宅、学校、生产综合体等单位单独设立的绿地）；三是专门种植的绿色地带（各种防护林带、水源涵养林、大面积的花园和苗圃等）。

城市郊区是扩大市区范围的储备用地和居民旅游休息地。前苏联城市郊区用地包括：各种公园、浴场、自然保护区、果园及绿化林带；休养所、招待所、体育馆、少先队及儿童夏令营设施；卫星城和郊区居民点；各机关团体的农业用地；通往其他城市的交通干线、设施；不能配置在市区的其他设施、水源保护区等用地。

凡位于农村居民点规定界限范围内的一切土地，均为农村居民点土地。村劳动者代表苏维埃，对村居民点范围内的一切用地进行监督。

③使用与收回土地的程序

前苏联的土地一直是以划拨方式提供使用的，这是由它实行的计划经济体制所决定的。土地的划拨，是按照前苏联和各加盟共和国法律规定的程序，根据加盟共和国或自治共和国部长会议的决议，或根据有关各级劳动者代表苏维埃执行委员会的决议进行。对那些适于农业需要的土地，首先提供给农业企业、组织和机构；将非农业用地，或不适于农业的土地，或贫瘠的农业用地，提供给工业企业、住房、铁路、公路、输电线路和管道干线使用。集体农庄、国营农场和其他土地使用单位的土地使用权，由国家颁发土地使用证书，其格式由前苏联部长会议规定。

因国家或社会需要收回全部土地或部分土地，要根据各加盟共和国、自治共和国部长会议的决议，或有关各级劳动者代表苏维埃执行委员会的决议进行。要求收回土地用于非农业用途的企业、组织和机构，有责任在设计工作开始前就工程项目的位置和拟收回场地的大致面积，预先征得国家监督土地使用机构（即土地管理机构）的同意。收回集体农庄使用的部分土地，须经集体农庄庄员大会或代表大会同意；收回国营农场、企业、组织和机构使用的土地，则需经前苏联或加盟共和国有关主管部和主管机关的同意方可进行。

（4）土地管理的法令、制度、政策与措施

自苏维埃政权诞生之日起，前苏联相继制定了一系列与土地管理有关的法规、制度和政策。特别是自1960年代中期以来，前苏联更为注重土地资源的管理与保护。前苏联部长会议和最高苏维埃主席团制定、通过和批准的土地使用、保护与管理法令、条例、决议和措施主要有：

①政策、法规：《苏联与各加盟共和国土地基本法》是前苏联非常重要的一部土地立法，自1969年7月1日起生效，一直沿用。该土地法规定：苏联的土地是国家所有的全民财产，只供使用，禁止以直接或间接方式破坏土地所有制的行为。该法规定了前苏联、各加盟共和国在调节土地关系方面的职权，用地单位的权力与义务，国家与社会需要征收土地的规则，国家监督土地使用的任务，以及追究违反土地立法的责任等。《关于修改与补充苏联与各加盟共和国土地基本法》的命令，使上述土地立法纲要更为完善，进一步重申和强调了国家对土地资源利用与保护的管理权力。前苏联最高苏维埃主席团1970年5月14日通过的《关于对违反土地立法追究行政责任的法令》规定，对损害土地、污染土地、不合理利用土地，以及不采取改善和保护土壤措施的用地单位，要追究其行政责任。

前苏联最高苏维埃主席团1970年发布的《关于加强消除杂草的命令》规定，如果土地使用者不采取消除杂草的措施，则由地区、市劳动者代表苏维埃执委会管理委员会，根据有关规定的法律程序处以罚款。

②条例：1970年5月14日前苏联部长会议通过了第325号决议。批准《国家监督土地使用条例》。该条例规定：设立前苏联农业用地的各级土地管理机构，并确定其应执行的职能。该会议还任命了前苏联各级土地使用与保护的国家主任监察员和副主任监察员。他们行使的主要权力有：对现有土地使用不佳的用地单位，向有关机关提出停止使用的建议；对采取保护土地、提高土壤肥力措施的用地单位，向有关机关提出予以奖励的建议；用地单位向其提供使用土地的各种材料和报告；检查保护土地和划拨使用地段措施的实施情况；对破坏土地法的用地单位提出追究责任的建议等。此外，前苏联部长会议还通过了以下有关条件：1974年7月26日公布的《苏联农业部关于土地规划系统实施国家监督土地使用条例细则》，1977年5月16日公布的《因开采矿藏和泥炭、地质勘探、建筑和其他作业被破坏土地再耕种的基本条例》，1977年2月18日公布

的《关于因采矿藏和泥炭、地质勘探、建筑和其他作业破坏土壤覆盖层的企业、组织与机关向土地使用者移交可再耕种土地程序的条例》。后一条例作了以下规定：向有关土地使用者移交土地的程序：凡从事各种作业的企业、组织和机关，对其所占用的农田和林地，应使其达到适于农业、林业和渔业的使用状态；而拨用的其他土地，应使其达到适于规定用途的使用状态；土地再耕种的验收移交委员会的组成；由地（区）市劳动者代表苏维埃执行委员会任命的委员会办理土地移交手续。

③决议：前苏联部长会议于1974年8月9日通过了《关于国家或公共需要拨地赔偿土地使用者的亏损和农业生产损失的决议》。它规定由市区劳动者代表苏维埃执行委员会成立评论委员会，确定有关占地或临时占地而造成的农业生产损失。1976年6月2日还通过了《关于开采矿藏与泥炭、地质勘探、建筑和其他作业后，土地再耕种、土壤耕作层的保存与合理利用的决议》。该项决议规定：凡从事采矿、工业或建设以及破坏土壤覆盖层的其他有关作业的企业、组织和机关，必须剥离、保存和搬运土壤耕作层到再耕种土地上，或其他低产田上；必须投入部分自有资金从事农田基本建设，使其适宜于农业、林业、渔业或规定用途的使用状态，并根据国家土地规划设计院的设计方案实施。

④措施：土地管理措施，大致可概括为以下几个方面：

a. 土地的立法管理。前面已经讲了一些法律、法规及法令，此处不多说。总之前苏联有一整套土地管理方法，以法管理土地是非常有效的，土地管理以法作为武器，有利于土地合理使用。

b. 经济手段的管理。大多数前苏联经济学家认为，社会主义条件下消除了绝对地租，而保留着级差地租，土地使用者（企业或个体公民）与土地所有者（国家）之间产生的地租关系，应该是保证生产者在合理利用土地资源获得经济利益的工具。因此他们认为建立征收农业土地补偿费的制度，以此来补偿投放在被征收地段上的费用和开垦新土地代替征收土地的支出，是有益于土地资源管理的。

c. 土地的经济评价。主要内容：一是土地质量

评价，即土地对农业生产的适用性的评价；二是土地局部评价，即耕种某种作物的收益；三是收益评价；四是土地的价值评价——土地价格。除把土地作为农业资源进行评价外，还把土地作为国民经济各部门的资源进行评价。前苏联采用基本指标系统对土地进行评价，主要是一般年度级差地租，土地补偿费用和土地收获量。

（5）土地管理人才的培养和使用

前苏联的一些高等院校都设有土地规划管理系，因而为国家培养了大批土地规划、土地管理的专业人材。与此同时，还举办各种培训班，培养有实践经验的土地管理干部，提高其专业素质。

为稳定土地管理干部，使其学有所用，各加盟共和国、自治共和国、省、边区、州及地区的土地管理机构，均确定出各自所需的人员编制。在地区农业机构的人员编制中，还增补土地规划师的编制。

为加强土地管理人材的培养，前苏联部长会议国家职业技术教育委员会和各加盟共和国部长会议还决定，扩大中等农业技术学校的教育和生产基地，组织农林土壤改良工作的工人培训班。而且，在莫斯科还成立了国家土地资源科学研究院，并由该院编写科学方法指南。在一些加盟共和国也相继设立国家土地规划设计院。

（6）土地管理方面的教训

①1960年代以前对土地资源保护问题重视不够。1960年代以前，前苏联偏重土地资源的开发，而在一定程序上忽视了对土地资源的保护、防止土壤免遭风和水的侵蚀和土壤污染方面的工作，致使1960年代水土流失较为严重，受水侵蚀的耕地和饲料地达1.5亿亩以上，每年被水冲刷的土壤达5～6亿t，尤其是两次黑风暴的受灾面积达6000万亩以上，仅1963年受黑风暴影响的耕地就达30亿亩，对农田造成很大损失。从那以后，前苏联才重视土地管理工作，并采取相应的有效措施，加强对土地资源的严格保护。

②土地管理机构分别设置容易造成某些纠纷。前苏联由于分设农业用地和城市用地管理机构，因而不利于对城乡用地进行统一管理，并出现了国民经济各部门之间或各部门内部的用地纠纷问题。

③城市用地管理还很薄弱。前苏联从未有过一部比较完善的城市规划法，以解决城市用地问题。尽管前苏联有关立法对此问题有所涉及，但对城市用地的管理还没有明确、详细的法律规定。

二、俄罗斯城市规划管理体制

前苏联解体后一段时间里，俄罗斯城市建设规划方面仍采用了原来的一些法律和标准，但1998年4月8日俄罗斯国家杜马通过，同年4月22日联邦议会批准了《俄罗斯联邦城市建设法》。该法对前苏联城市建设规划管理方面的法律、规定进行了总结，对城市建设规划的某些定义进行了重新修订，对城市和农村居民点的类型划分、俄罗斯联邦城市建设规划管理部门、行政主体城市建设规划管理部门、地方自治机构城市建设规划管理部门的权力和职责，及城市建设文件要进行国家鉴定等进行了法律界定，旨在保证城市建设规划管理按法律进行，避免人为干扰。

1. 城市和农村居民点类型划分

根据俄罗斯联邦城市建设法，俄罗斯城市和农村居民点分为城市（市和城市型镇）和农村（村、集镇、庄园等）两类。按照居民点不同的人口规模，城市和农村居民点相应分为：超特大城市——人口300万以上；超大城市——人口100～300万；特大城市——人口25～100万；大城市——人口10～25万；中等城市——人口5～10万；小城市和城市型镇——人口5万；特大农村居民点——人口5000以上；大农村居民点——人口1000～5000；中等农村居民点——人口200～1000；小农村居民点——人口少于200。

另外，根据城市建设法，还规定了城市建设活动需要特别管理的居民点：莫斯科—俄罗斯联邦首都、圣彼得堡（列宁格勒）、俄罗斯联邦行政主体中心城市（相当于我国的省会城市）、历史居民点、有历史和文化古迹的居民点、实行特别管理制度的城市和农村居民点，如军事城镇、不对外的地区，及国家自然保护区、国家公园、国家自然公园等内的居民点等。

2. 城市建设规划管理方面俄罗斯联邦执行权力机构和地方自治机构组织系统

城市建设规划管理方面的俄罗斯联邦执行权力机构包括：俄罗斯联邦建筑和城市建设规划管理机构；行政主体建筑和城市建设规划管理机构（包括地区建筑和城市建设规划管理机构）；城市建设和设计文件国家鉴定机构。

城市和农村居民点等地方建筑和城市建设规划管理机构，按照地方自治的规定组建，并且在符合有关规定的情况下，开展自己的工作。

3. 联邦建筑和城市建设规划管理机构的权力与职责

俄罗斯联邦建筑和城市建设规划管理机构负责向俄罗斯联邦政府提出完善城市建设规划方面的法律和其他标准法律文件建议，及其法律文件方案；保障俄罗斯联邦人口分布系统总体规划方案的编制；组织编制俄罗斯联邦地区发展城市建设规划方案；参与编制俄罗斯联邦目标纲要和社会经济发展纲要；制定俄罗斯联邦城市建设文件编制、协商、鉴定和批准办法；编制俄罗斯联邦城市建设规划方面的标准、规章等技术文件；批准和出版上述文件；制定国家城市建设标准和规章编制、登记、审查、批准和实施办法；对城市建设法律和规章等的执行进行监督；保障国家城市建设文件鉴定的正常进行；组织安排城市建设和设计文件国家鉴定机构的工作；实施城市建设和设计文件编制工作执照制度（联同联邦建筑师协会）；保证市民和建设组织获得有关城市建设信息；参加城市建设等方面的国际合作工作。

4. 联邦行政主体建筑和城市建设规划管理机构的权力与职责

根据俄罗斯联邦有关法律和规定，联邦行政主体建筑和城市建设规划管理机构负责编制主体城市建设发展规划；进行城市建设方面的科研工作和编制有关城市建设文件；根据地方自治机构下达的任务进行科研工作；协调地方建设单位的工作；发放

城市建设和设计文件设计工作执照（联同俄罗斯建筑师协会地方分会）；完成建设工程勘测、地形、地质和地图绘制工作；与俄罗斯联邦及行政主体执行权力机构协商，对有关城市建设发展规划文件的编制和实施进行监督。

另外，行政主体建筑和城市建设规划管理机构还要对有关城市建设文件、地区社会经济发展目标纲要中的城市建设章节、工程、交通和公用基础设施设计方案等组织国家鉴定；组织行政主体范围内的城市建设和设计方案编制竞赛；管理国家城市建设志、城市建设工程勘测档案；审查确定和改变城市和农村居民点等的地界，特别管理地区城市建设项目界；对城市和农村居民点土地利用和保护实行国家监督；与土地资源和土地整治委员会共同进行国家土地登记；组织进行将国有土地转为市属及个人利用和租赁的工作；为市民和建设单位提供有关城市建设信息。

5. 地方自治机构建筑和城市建设规划管理部门在城市和农村居民点城市建设方面的权力与职责

地方自治机构建筑和城市建设规划管理部门，要根据市、区有关城市建设规定，保证城市和农村居民点发展规划等城市建设文件的编制、鉴定、审查，并提交杜马等批准；进行城市建设方面的科研工作；参与地区综合城建发展规划方案，工程、交通和公用基础设施发展规划方案编制及设计；参与社会经济发展纲要的审查和协商；对城市建设文件的编制和实施进行监督，并就城市建设文件与国家相关机构、地方自治机构进行协商；保证地方自治管理机构的建设规章及其他标准等法律文件的编制；按规定办法，准备不动产项目建设许可证发放文件，以及对建设工程勘测工作进行登记；对城市建设文件（项目申请）发放城市建设任务书；组织建筑艺术风貌等设计竞赛；对城市和农村居民点等建筑规划等进行登记；对国家城市建设志，以及工程勘测等档案实施管理；参与建设用地选址，现有建筑改造或公用设施完善等工作，以及建设项目用地地界的确定；参与地方自治机构关于提供不动产项目建设用地决定的准备工作，以及相关图表、

文字资料的准备工作；改变建设红线及其他建筑管理线、建筑高度、建筑群轴、工程管线等，以及参与确定用地地界；协商城市和农村居民点，以及城市近郊区农业用地文件；参与城市和农村居民点等不动产项目登记工作；参与土地竞卖与拍卖文件的准备工作；向市民通报环境状况等信息；审查市民、法人有关进行城市建设活动的申请；在自己的权限范围内，监督城市和农村居民点土地利用和保护工作；对遵守俄罗斯联邦城市建设法，以及其他标准等法律文件情况进行监督；参与城市建设方面的国际合作。

6.《俄罗斯联邦城市建设法》关于城市和农村居民点总体规划方面的规定

（1）城市和农村居民点总体规划是关于城市和农村居民点发展的城市规划文件，编制其总体规划要符合俄罗斯联邦、联邦主体有关编制办法。总体规划是各种城市建设文件编制的基础，要考虑市民和国家的利益，确定生活环境形成的条件，确定其发展的方向和范围、用地区划，以及工程、交通和公用基础设施的发展目标，提出对保护历史文化古迹，特别要保护的自然用地的生态和卫生及安全方面的要求。

（2）城市和农村居民点总体规划要：① 根据社会经济发展，自然气候条件，城市或农村居民点居民人口等特点确定地区发展方向；② 确定用地的各种功能区和限制区；③ 确定保护城市和农村居民点免受工程、交通和公用基础设施发展影响的措施；④ 确定城市或农村居民点建设与非建设用地的关系；⑤ 确定城市或农村居民点发展后备用地；⑥ 确定城市或农村居民点发展的其他措施。

另外，城市和农村居民点总体规划还要包括有关设置居民点界，以及旨在居民点用地综合发展，保护资源方面的建议。

（3）城市和其郊区总体规划可以在各地方自治机构之间达成的协议基础上，作为单独文件进行编制。

（4）人口5万人以下的城市总体规划和农村居民点总体规划，可以与居民点用地规划设计方案一起编制。

（5）编制历史居民点总体规划时，要考虑居民点发展控制方案和历史文化保护区方案。

（6）城市和农村居民点总体规划由相应的地方自治机构编制和批准。市和其郊区总体规划由相应的俄罗斯联邦主体国家权力机构批准。莫斯科、圣彼得堡总体规划由两市国家权力机构编制和批准，并要符合俄罗斯联邦城市建设法的有关要求。

（7）城市和农村居民点总体规划在其批准前，应予公布，并与有关的俄罗斯联邦执行权力机构、主体执行权力机构、地方自治机构、专门授权的国家、生态鉴定机构，以及有关的组织和居民进行协商。

城市或农村居民点总体规划编制任务书，要考虑国家的利益，确定要与之协商的俄罗斯联邦执行权力机构、主体执行权力机构等有关部门的名单，在与其协商后编制并批准上述居民点总体规划。

（8）城市或农村居民点新总体规划编制阶段，原批准的部分总体规划仍然有效，但不能与有关建设规章相矛盾。

（9）俄罗斯联邦城市建设法改变后，城市或农村居民点总体规划也必须进行变动。

（10）俄罗斯联邦主体参与实施城市或农村居民点总体规划的办法，要根据与相关地方自治机构达成的协议确定。

7. 有关城市建设规划文件要进行国家鉴定的规定

根据俄罗斯联邦城市建设法，城市建设规划文件在批准前要进行国家鉴定。城市建设规划文件进行国家鉴定，旨在确定城市建设规划文件是否符合俄罗斯联邦、联邦主体、地方自治机构有关的法规和要求。城市建设规划文件的国家鉴定由俄罗斯联邦和有关地区的鉴定机构进行。

俄罗斯联邦级国家鉴定是指对联邦特别管理的城市进行的建设项目，以及其他用联邦资金、联邦吸引主体资金合作完成的城市建设规划和科学研究工作进行的鉴定。

地方级国家鉴定是指对主体、地方自治机构完成的城市建设规划文件、科研工作，以及工程、交通和公用事业、用地发展等规划建设方案进行的国家鉴定，鉴定其是否符合俄罗斯联邦、主体、地方自治机构的有关法规和要求。

国家鉴定机构在作出有关的城市建设规划和设计文件决议时，应事先与国家生态鉴定机构、土地资源和土地整治委员会、专门授权的历史文化古迹保护机构、国家矿藏局、国家矿业（产）局、卫生防疫局、矿藏保护局，以及其他有关国家机构进行协商。城市建设规划和设计文件国家鉴定机构作出的同意鉴定（决定）是批准各类城市建设规划和设计文件的基础。

8. 关于莫斯科市发展总体规划的内容、编制和通过程序法（下称总体规划法）

这是一个俄罗斯联邦主体的有关城市发展总体规划的法，从一个侧面反映了对总体规划的重视。

《关于莫斯科市发展总体规划的内容、编制和通过程序法》是根据《莫斯科市章程》于 1997 年 12 月 10 日编制完成的。该总体规划法是莫斯科城市建设法规的重要组成部分，规定了莫斯科市发展总体规划的内容、编制、审查和通过程序。

该总体规划法指出，编制莫斯科市发展总体规划的目的是提高莫斯科市的城市环境质量，降低人类活动带来的对自然环境的不良影响，以及保护历史文化遗产。下面简介其主要内容：

（1）总体规划的用途

莫斯科市发展总体规划（以下简称总体规划）是莫斯科市城市建设发展的基本规划文件。总体规划编制时，要考虑莫斯科市履行俄罗斯联邦首都的职能，以及莫斯科市与莫斯科州的相互关系。

（2）总体规划法使用的基本概念

总体规划法使用下列基本概念：

①城市建设发展——由于城市建设和其他活动的开展，而改变城市环境，其目的和结果是提高城市的生活质量和城市可持续发展；

②自然综合体用地——特别自然保护用地，以及城市其他可以承担自然保护、形成环境、环境保护、卫生保健、休息、构成景观等功能的用地，或

者改造后能够履行上述功能的后备发展用地；

③城市建设规划——莫斯科市各行政区、区和其他单位用地的城市建设发展规划文件；

④城市建设投资方案——符合总体规划的单独用地，以及形成城市建设用地和改造用地的城市建设发展方案。

（3）总体规划的内容

总体规划的内容包括：

①莫斯科市城市建设发展基本方向；

②莫斯科市城市建设区划；

③首要城市建设设施纲要。

根据莫斯科市社会和经济发展长期远景计划，莫斯科市城市建设发展基本方向确定：

①莫斯科城市建设发展生态要求；

②莫斯科历史文化遗产保护和恢复要求；

③城市规划和建筑空间结构；

④城市交通和工程基础设施发展基本方向；

⑤自然综合体用地保护和发展基本方向；

⑥居住、生产和公共用地城市建设发展基本方向；

⑦莫斯科历史中心城市建设发展基本方向；

⑧解决莫斯科城市建设综合性问题基本方向。

莫斯科市城市建设区划规定：

①各种用地功能使用要求；

②各种用地建筑设计要求；

③各种用地景观组织要求。

首要城市建设设施纲要规定：

①城市建设、设施完善和交通及工程基础设施纲要的基本指标；

②最重要的城市建设投资方案；

③首要城市建设设施投资规模和来源。

（4）总体规划方案的编制

由莫斯科市财政划拨经费，莫斯科政府负责总体规划方案的编制。

莫斯科政府审查总体方案，并在大众媒体上公布方案的基本内容。方案公布后一个月内，莫斯科居民、各区议会、社会组织（协会）、法人均可向莫斯科政府提出对总体规划方案的意见和建议。

当总体规划方案与各区议会意见出现分歧时，

可根据各区议会的要求，由莫斯科政府组织有各区议会代表参加的协商委员会。

考虑协商委员会提出的各种意见、建议，以及修正案后，莫斯科政府通过总体规划方案。

· （5）总体规划方案的协商与鉴定

在符合本法第4章规定的情况下，莫斯科政府将已通过的总体规划方案提交俄罗斯联邦政府，以协商莫斯科市履行俄罗斯联邦首都职能的部分问题。在协商总体规划方案时，与俄罗斯联邦政府意见出现分歧时，要根据1993年4月15日4802—1号文件"俄罗斯联邦首都地位法"，通过协商程序解决。

总体规划方案要由俄罗斯联邦国家生态鉴定机构和国家城市建设鉴定机构审查鉴定。

莫斯科政府要将总体规划方案提交莫斯科州政府，以审查涉及莫斯科州利益的部分问题。

（6）总体规划的通过程序

莫斯科政府批准协商后的总体规划方案，并在已获批准的总体规划的基础上，制定莫斯科市发展总体规划法草案。莫斯科市长将莫斯科市发展总体规划法草案，连同已获莫斯科政府批准的总体规划附本提交莫斯科市杜马。

当对莫斯科市发展总体规划法草案出现意见分歧时，莫斯科市杜马和莫斯科政府共同成立由莫斯科市杜马和莫斯科政府人数相等代表参加的协商委员会。

莫斯科政府批准补充了协商委员会提出的某些意见后的莫斯科市发展总体规划法草案，并由莫斯科市长提交莫斯科市杜马予以通过。

莫斯科市长签署已由莫斯科市杜马通过的莫斯科市发展总体规划法，并连同总体规划的基本内容公布于众。

上一期总体规划有效期期满一年后，才可通过新设计期总体规划。

在莫斯科市长倡议和获得莫斯科市杜马三分之二多数票同意的情况下，可以提前停止执行正在实施的总体规划，并提前编制新的总体规划。

（7）总体规划的实施程序

根据莫斯科市发展总体规划法，莫斯科政府、各区议会通过编制和实施莫斯科各行政区、区和其他用地单位的城市建设规划，城市建设投资方案，建设、改造和设施完善规划及纲要，以及通过进行建筑调整和城市土地利用，以保证总体规划的实施。

莫斯科政府对莫斯科城市建设发展情况进行监督，四年内不少于一次向市杜马提交有关总体规划实施进展情况报告。

莫斯科政府要向莫斯科市民通告有关总体规划实施进展情况信息。

（8）总体规划的调整

根据对总体规划实施监督的结果，莫斯科政府制定有关其调整决定。

可以调整莫斯科市发展总体规划法通过的首要建设设施纲要，但不能在通过总体方案后的4年内，或者最近一次调整的4年内，以及晚于上一期纲要实施期期满后一年提前进行。也可以调整莫斯科市发展总体规划法通过的莫斯科城市建设发展基本方向条例和莫斯科城市用地区划条例，但不能在总体规划通过8年内，或者最近一次调整的8年内提前进行。但可以根据莫斯科市长的倡议和莫斯科市杜马的决定，提前调整总体规划。

调整总体规划要符合本法第4、5章的有关规定。调整莫斯科市发展总体规划法草案要符合本法第6章的规定。

（9）总体规划的监督程序

莫斯科市长对莫斯科政府和各区议会实施总体规划工作进行监督。

在审查莫斯科用地单位城市建设发展规划，城市建设投资方案，城市用地建设、改造和设施完善规划和纲要时，莫斯科市国家监督和鉴定机构要监督上述规划、方案是否符合总体规划。

9. 市场经济条件下的俄罗斯城市建设规划管理体制（以莫斯科市为例）

前苏联解体后，俄罗斯城市建设和规划工作也发生了某些变化，尤其反映在市一级行政部门上。如莫斯科市城市建设与规划工作由市第一副市长负责，市府一级主要设有建筑和城市建设委员会、总体规划发展局和土地委员会。

建筑和城市建设委员会负责制定莫斯科城市建

设政策，负责城市建筑艺术风貌的形成。监督城市发展总体规划的实施，监督建筑和城市建设各种设计方案，以及市政府委托性设计工作的质量，协调与交通和市政设施发展的关系。

该委员会下设建筑规划管理局，设计准备和勘测设计工作协调局，公共建筑与设施设计局，总体规划科研设计院，各类建筑设计院、文物保护与利用监督局、土地关系和城市建设委员会，各类建筑公司。

总体规划发展局负责确定城市社会经济平衡发展前景，监察总体规划实施过程，建立环境整治纲要，准备城市发展战略，中期（五年）和短期（两年）发展纲要，制定城市建设政策和科技保障规定，研究城市建设有关文件。

该局下设城市发展纲要编制处，总体规划科学系统保障处，莫斯科市和地区发展监控处。

土地委员会负责制定和调整有关土地经济法律，负责城市建设用地规划和用地选择组织工作，完善土地有偿使用制度，研究城市土地评价标准，负责办理土地使用许可证，研究土地使用申请，制定有关建设和地区改造方面的土地文件，制定土地税率和其他土地使用手续文件，对违反既定建设期限，未经批准使用土地行为进行罚款。

现在俄罗斯编制城市总体规划、分区规划等不再按以前那样，国家下达计划指标、指令，即行政命令进行，而是根据市场经济规律，按有关法律、规定、标准编制和管理。对各种规划设计方案的编制、建设项目方案的设计、申请建设许可证等都有明确的法律规定和办法。建设单位都要与有关的管理组织签订相应的多个协议书。要进行某一项城市建设活动，建设单位首先要查找国家、市、区等法律、规定、办法。在这种管理体制下，各联邦主体、城市等的城市建设、规划管理机构的工作方向和内容也发生了某些变动，逐渐走向"协议管理"。下面简单介绍莫斯科市城市建设和规划管理体制的一些情况。

针对市场经济条件下，城市建设规划方面出现的变化，为适应新形势和行业管理特点，1996年前后，莫斯科市政府颁布了一系列城市规划、建设法规和标准，主要有1996年1月31日的《简化莫斯科市原始许可文件办理办法》，2000年4月11日的《莫斯科市建设项目预设计和设计准备统一程序条例》，以及1998年莫斯科市建设委员会编辑的《莫斯科市设计和建设原始许可文件办理办法》（亦可称建设项目许可证申办办法）。以上法规、办法实际中成为该市规划设计方案、建设项目申报、审批等管理的主要文件。其中对各级城市规划、建设管理部门的权限、职责、文件处理时间、建设项目应履行的手续、应填的表格、与有关部门应签订的协议书、需要进行的鉴定等都作出了明确的规定。并且无论是普通市民、建设单位，还是管理者（机构）都可依上述法规、办法申办、审批建设项目，有法可查，有据可依，既便于顺利进行建设项目申办，又使管理制度简明化。这样可以大大减少长官意志、人治管理城市建设和规划工作现象的发生。

根据《莫斯科市建设项目预设计和设计准备统一程序条例》的规定，该市城市规划设计方案、建设项目从最初申报到最终获得建设许可证，实际中分为预设计和设计准备；办理建设项目原始许可文件（各管理机构协商预设计和设计文件）两个阶段。

①建设项目预设计准备阶段

从大的方面来说，它包括：a. 制定城市总体规划（有关内容及规定前面已讲过，此处不再赘述），制定城市建设条例，即莫斯科城市章程，以及编制城市功能、景观、区划方案，一般图纸比例为1：25000。b. 根据上述文件，编制市辖各行政区城市建设规划方案，图纸比例为1：10000。莫斯科市行政建制有10个行政区，作为编制各级规划方案主管单位的莫斯科总体规划科学研究设计院也就设置了10个相应的行政区规划设计室，负责编制各自负责的行政区城市建设发展规划。而作为城市建设规划主要管理部门的市城市建筑规划管理总局也为管理方便，成立了10个行政区规划管理处，1个处负责1个行政区的建设项目、规划方案审批。市规划院还要负责编制居住区和大型（重要）建设项目安排（布局）规划方案；市建筑规划管理总局与有关单位协商审批建设和改造地区市政工程保障方案。c. 根据以上文件，编制行政区辖区城市建设规划方案，图纸比例为1:2000，区用地规划方案，图纸比例为1:2000，并进行区内建设项目安排（布局）规划方案的城市建设论证。d. 在以上文件基础上，进行具体建设项目的"原始许可文件"办理工作，即为申报规划设计方案、建设项目取得建设许可证打基础。

预设计准备的各项工作，都要由具有相应工作职能执照的法人、组织完成。执照由莫斯科市城市建设活动（工作）执照中心颁发。预设计工作主要由莫斯科总体规划研究设计院等专门规划院所完成。

新建项目、改造项目的预设计准备工作的具体内容包括：a. 编制项目安排（布局）方案，进行项目城市建设论证，审查项目是否符合城市总体规划、分区规划和有关城市建设法规，要考虑项目建设的可行性、项目用地区的综合发展方向，城市建设、历史文化、社会经济、卫生保健和生态环境方面的要求，以及建设项目周围环境，总之论证的目的是：准确无误地确定建设项目的规模和规划设计方案（方法），确定其最佳的建设模式和可能获得的最大经济效益。b. 建设项目预设计城市建设研究。内容包括研究各类图表和文字资料，即确定项目的规划、建设方法，要考虑项目地区的社会经济、文化生活等方面的现状、绿化水平、用地地界、地区其他项目安排（布局）、项目的各项技术经济指标，还要研究项目的市政工程保障方案等。c. 项目预设计建筑艺术研究，即制定项目的建筑艺术形成方法，内容包括研究各种设计图表和文字资料，要确定项目用地区其他项目安排（布局），以及项目的体量空间形成方法和技术经济指标。d. 新建项目用地模式选择研究，即项目所选择的地块是否为最佳，内容包括图表和文字资料，要确定项目安排（布局）的最佳规划方法、各项公用设施是否完善，以及项目的技术经济指标等。

在进行上述四项工作时，要与建设项目所在行政区的区长，或区长授权的副区长，地区议会协商（必要时），与行政区、市卫生防疫检查监督局、市地质测量托拉斯地下设施处、市环境保护委员会协商，并签定某些协议书和取得若干委托市有关部门办理原始许可文件的委托书，如区财产土地关系和

城市建设委员会会议关于原始许可文件办理决定记录摘要，关于用地选址决定记录摘要等。预设计研究结果要上报市建委审查。预设计准备工作的最终目的就是取得上述委托协议书和"摘要"，即有行政主管领导签字的原始许可文件办理决定。

建设项目预设计完成，并取得所需要的协议书，"摘要"亦可称为许可决定后，则可携上述文件，去市土地委员会办理有关土地使用权协议书，取得有关自然保护机构的许可文件。如果缺少上述文件中的某一项文件，则可被认为是预设计无效，下面的建设项目申请等将无法进行。到此为止，就可以认为是完成了到市建设委员会、市建筑规划管理总局申办建设项目许可证前应完成的全部工作。而依上所述，这一阶段工作质量的高低对于能否申办下来建设许可证非同小可。

②建设项目办理原始许可文件阶段

第一阶段工作完成后，包括到市国家城市建设登记局办理建设项目注册登记证明，建设单位可以到市建设委员会填写建设项目申请书，携预设计文件、"摘要"、土地使用权协议书等去市建筑规划管理总局建设项目原始许可文件办理中心，获取原始许可文件。

建设项目原始许可文件办理中心隶属市建筑规划管理总局，中心主任即为总局局长兼任，可见对此项工作的重视程度。中心对建设单位递交的申请书、预设计文件等进行审查，为建设单位办理许可文件。许可文件包括：对建设项目布局、体量空间规划设计方法的基本要求和建议；项目用地地界（范围）；项目初步技术经济指标；各协商单位提出的对设计和建设组织的建设要求和建议；根据生态和卫生保健方面的规定及要求，确定的项目布局、功能用途、使用条件，市政工程保障方面的条件及可行性文件；进行项目对周围环境影响研究的要求等。

一般性项目办理原始许可文件的期限为3个月。如果项目的预设计、设计工作不够完善，则要进行补充或再与相应管理机构进行协商，或通知项目建设地区居民有关情况，并与之讨论。这种情况下，原始许可文件办理的时间可以延长。

另外，对于原始许可文件来说，还要附有建设项目设计草案，项目研究协议书，设计条件协议书，协商组织协议书，项目市政工程保障协议书，绿化补偿协议书，自然保护协议书（由市自然保护委员会做出的国家生态鉴定书）等。市建筑委员会负责审查预设计、设计文件，原始许可文件办理决定纪要摘要、考古学研究协议书和目测景观分析协议书（此两项为城市历史地区建设项目必须签订协议书），项目建设地区社会、文化、生活设施发展预测，日照时间和自然通风条件预测等。

另外，对于竞标项目，中标者还要编制项目实施总预算，市政府行政部门有关招投标的法律文件，以及土地租赁使用协议书等。

若是改造和历史文化古迹（建筑）恢复（修复）项目，还要获得由市历史文化古迹保护和利用委员会下发的允许进行改造和恢复工作的计划任务书。

为保证建设单位就建设项目与有关专业管理机构协商工作的正常进行，简化项目设计和建设原始许可文件办理程序，加快项目的审批速度，根据市长1996年5月6日令成立了专门的城市建设协议书办理（准备）工作组。该工作组的工作目标和任务是：审查莫斯科市内和森林公园保护带内的建设项目布局、签订各种城市建设协议书，确定和批准为编制项目设计文件提出的设计条件等。副市长负责监督该工作组工作。工作组成员单位有：市建设委员会、市卫生保健防疫检查监督中心、市土地委员会、市环境和自然资源保护委员会、市国家防火局、市国家历史文化文物保护与利用监督管理局、市民防和紧急情况事务部、市森林公园地区生产联合公司等。

如遇重要项目，还要请市经济政策发展司、市政府第一副市长管理处负责人，以及项目所在行政区负责城市建设的副区长参加有关审查和协商工作。

该工作组长为市建委主任，副组长为市建委副主任。该工作组定期（每两星期一次）审查、协商申报项目文件，并由工作组组长批准各工作组成员单位（亦可称协商组织成员单位）与建设单位签订协议书。

另外，在城市建设协议办理（准备）工作组审查工作中，工作组成员单位要分别与建设项目申报单位签订若干份协议书，如要与市环境和自然资源保护委员会、市国家卫生保健防疫检查监督中心、市森林公园地区生产联合体、市财产管理委员会、市土地委员会、市历史文化文物保护与利用监督管理局签订有关协议书。最后除上述协议书外，建设单位还要获得一份由工作组各成员单位（亦可称协商单位）联合签署的"城市建设协议书"。其内容除包括建设项目所在行政区、区、地址、所有权单位（人）、项目建设类别、功能、甲方（建筑单位）等外，主要分成四部分：第一部分项目基础文件，包括市政府、行政区区长令（决定），确定财产和土地关系的文件（要附项目所用土地面积图），与市政府或行政区区长签订的协议书。第二部分项目技术经济指标：建筑用地面积、建筑面积、项目总用地面积、层数、公用设施面积、绿化补偿面积等。第三部分要签字的有关管理机构（协商组织）名单。第四部分项目设计条件等文件，其中包括原始许可文件补充文件：有关技术协议和研究资料、历史文化研究资料、地质研究资料、工程建设勘测资料，以及设计要求建议等。另外还要附有1∶2000的项目设计草图（案），设计条件协议书，不动产项目研究协议书和作为办理"城市建设协议书"基础文件的与莫斯科总体规划研究设计院院长签订的项目安排城市建设论证书，与项目工程保障局局长签订的项目工程保障协议书、市建筑规划管理总局副局长批准的关于设备安装、土地利用和街区内工程项目城市建设协议书等。

另外，针对建设项目与城市有关市政管线（道）连接的复杂性，根据市长1996年5月12日令还专门成立了建设项目市政工程保障协议办理（准备）工作组。工作组于1997年9月4日调整了组成成员，为了加强该组工作，改由市建筑规划管理总局局长任组长。该工作组成员单位有：市地质测量和制图工程托拉斯、市热力局、市动力局、市瓦斯局、市排水局、市上下水道局。工作组的任务是：审查莫斯科市内和森林公园保护带内建设项目各种管线（道）与市主干管线（道）连接的设计文件，审查市建筑规划管理总局有关建设项目安排和土地利用建议，与建设单位签订市政工程保障协议书。工作组通过的决定，要形成合同。工作组集体办公每月不少于1次，并要在接到有关建设项目申请文件后7天内作出决定。协议书经组长批准后，送回市建筑规划管理总局原始许可文件办理中心。另外，工作组组长还要保证工作组正常工作，每月将工作组成员单位与建设单位签订的协议书（亦为工作组作出的决定）上报给兼市政发展综合体主任的市政府第一副市长批准。

在建设单位取得了整（全）套原始许可文件后，即可根据有关管理机构（协商组织）提出的项目设计指标，进行建筑方案设计。建筑方案设计完成后，携所有文件、协议书等去市国家城市建设鉴定委员会，进行设计方案鉴定。鉴定内容主要包括审查所有文件、协议书、方案等是否符合俄罗斯联邦、莫斯科市有关法律、规定、办法、标准。如果建设项目对周围环境及生态有不良好影响，或者可能带来不良影响，则建设单位还要请市自然保护委员会进行生态鉴定。建设项目施工图要由有设计执照的专业设计单位设计。若符合有关文件和协议书要求，施工图可由建设单位自行批准。

最后，建设单位携带所有文件、协议书等送市国家城市建设检查监督局、市行政技术检查局审查，若文件等均符合有关规定，则可取得建设许可证。

以上规划设计方案、单个建设项目从申请、签协议书、审查、批准，直到最后取得建设许可证，按规定最长期限为25周，若遇特殊情况，时间可以延长。

附：市建筑规划管理总局原始许可文件办理中心与行政区建筑规划管理局职权范围

根据1998年5月24日莫斯科市政府第一副市长令，该市确定了市建筑规划管理总局原始许可文件办理中心与行政区建筑规划管理局的职权范围。

市建筑规划管理总局原始许可文件办理中心：在预设计阶段履行委托人的职能（必要时）；收集整理区建筑规划管理局缺少的市有关协商组织的协议书；确定城市建设协议书的形式；收集建设项目与市工程管线（道）连接的条件；准备和办理工程保

障协议书；形成投资关系；检查、出版、登记全套原始许可文件等。

行政区建筑规划管理局：保证草案（图）的编制；办理设计条件协议书和项目用地研究协议书；必要时履行预设计委托人的职能；在一定条件下，收集包括市自然保护委员会在内的市有关协商组织的协议书；确定城市建设协议书的形式；收集建设项目与市工程管线（道）连接的条件；准备和办理工程保障协议书。

另外，行政区区长负有监督区建筑规划管理局按时完成工作的责任，负责城市建设工作的副区长有责任办理原始许可文件，监督和调整区建筑规划管理局办理原始许可文件工作，副区长领导在区建筑规划管理局基础上成立的区原始许可文件办理中心的工作。

10. 公民参与讨论城市建设规划和设计方案办法

1998年1月22日莫斯科市长签署了《公民参加讨论与城市土地利用有关的城市建设规划、设计方案和决定办法》市长令，旨在鼓励和吸引公民参与城市规划管理，并使之法规化。该办法的主要内容包括：

（1）公民参加城市建设规划和设计方案符合俄罗斯宪法，莫斯科城市章程等法规。

（2）行政区区长、区议会、用地改造与重组规划和设计方案设计人、委托人应保证公民参加讨论。

在审批城市建设规划和设计方案（包括详细规划、单体建筑设计方案）时，有关土地利用管理机构应保证公民在通过前参加讨论。

在协商城市建设规划和设计方案时，区议会要保证公民参与审查城市建设决定，监督编制作为决定组成部分的社会和人口状况分析章节，以及建设（改造）项目对社会产生不良后果防止措施的分析章节，就以上问题与行政区区长协商。所作出的最后协商决定应研究与公民讨论的结果，提出保证今后实现优先发展项目的建议。

在城市建设规划和设计方案协议书中，市建设委员会和市国家鉴定委员会要明确项目的用途、设计方法的特点，考虑对现时社会和人口现状及防止建设（改造）项目带来不良后果的分析。

（3）权力机构和有关管理组织要与规划和设计方案的设计者共同组织分布设计方案的主要内容，或者以其他信息形式通知公民在何处、什么时候可以了解规划和设计方案的有关内容，以及参加讨论的办法和期限。

总体规划方案、总体规划现实化方案的主要内容由市建设委员会在市政府官方出版物上公布。市建设委员会组织公众讨论，以及展示已获批准的总体规划材料。

设计方案委托人与市建设委员会和主要编制人（组织）共同组织公众讨论和展示总体规划中最重要的城市建设设计方案。

已获批准的市辖各行政区发展城市建设规划方案的主要内容要在行政区大众信息媒体上公布。行政区区政府与市建设委员会负责出版、展示规划材料和组织公众讨论。

已获批准的行政区区属地区发展规划方案的主要内容要在区大众信息媒体上公布。区议会与市建设委员会负责出版、展示规划材料和组织公众讨论。

有关编制和批准详细规划、建设（改造）、公用设施、用地绿化和地区发展规划确定的单个项目设计方案的信息要在地区大众信息媒体上公布，设计委托人和设计单位共同组织材料展示和公众讨论。

有关编制和批准单体建筑和公用设施设计方案的信息，要在项目有关地区大众信息媒体上公布，并在方案实施地，通过文字材料等通知居民。地区议会和设计委托人（单位）共同组织设计方案讨论。

规划和设计方案在计划实施前，其主要内容要公布和展示，其讨论和进行协商程序要有足够的时间，用以调解可能出现的意见分歧。

（4）规划和设计方案讨论的方法和时间，以及审查办法由行政区区长确定，并与区议会议长协商，要符合现行法规，考虑市民利益。

规划和设计方案的讨论要在社会调查的基础上进行，法定讨论的办法包括：公民以书面形式递交修改或调整建议；在大众媒体上讨论；召开大会或代表会议。

（5）若对规划和设计方案出现争执时，区长和

区议会议长可以与市建设委员会、各协商组织一起，成立协商委员会，人员包括市民代表、规划和设计方案的设计委托人，以及有关市行政管理机构人员。协商委员会成立的目的是审查产生争执基础的城市建设决定是否符合有关标准文件的要求，防止在法律上破坏公民的财产权等。规划和设计方案协商讨论后作出的决定，是通过有关社会文化类项目设计和建设决定的根据。

（6）协商委员会协商讨论规划和设计方案后，要通知有关居民规划和设计方案改动的内容，若居民不同意改动内容或有其他意见，则有权按照有关城市法规、办法向市有关行政管理机构反映，此时要有独立进行的指出改动内容违反现行法规的鉴定协议书。

（7）市政府审查规划和设计方案后，市政府作出有关解决争执问题的最后决定。

11. 新的土地类别划分和管理办法

前苏联时期，作为加盟共和国之一的俄罗斯一直使用前苏联《苏联与各加盟共和国土地基本法》，但到了1991年4月25日，时任俄罗斯联邦最高苏维埃主席的叶利钦签署了《俄罗斯联邦土地法》。前苏联解体后，俄罗斯对原土地法进行了比较大的修订，并于1993年12月13日和12月24日两次由总统叶利钦发布2162号和2287号总统令，由此1993年4月28日重新公布的4888－1号俄罗斯法律、新的《俄罗斯联邦土地法》开始实施。该法的显著特点之一就是：原来计划经济体制下，旧的城市土地无偿划拨的制度不再执行，取而代之的是，根据城市发展、市场经济发展的需要和城市总体规划的安排，对城市建设用地实行控制，建设单位所需各种建设用地，除国家建设项目需要外，要与城市土地行政主管部门和土地所有者等协商解决，全部有偿使用。该土地法共分15章，除总则外，主要涉及土地所有者、使用者、租赁者的权利与义务、土地性质划分、土地补偿、破坏土地法的责任等。现将有关情况简单介绍如下。

（1）土地法的任务

俄罗斯联邦土地法的任务是，协调各种土地关

系，保证土地合理利用和保护土地，为在土地上进行经营活动和各种合理发展形式创造条件，恢复土壤肥力，保护和改善自然环境，保护公民、企事业单位和组织的土地权。

（2）土地分类

城市、工人、旅游、别墅类镇和农村居民点的土地分为：1/城市、镇和农村建设用地；2/公共用地；3/农业类用地；4/自然保护、保健、休息和历史文化类用地；5/林地和城市森林；6/工业、交通、通信、广播、电视、信息和航天、电力、国防等用地。

城市、镇和农村居民点界，按照有关法律，由批准城市、镇和农村居民点总体规划、建筑规划方案等的机构确定和改变。在符合城市、镇和农村居民点总体规划和有关建设规划方案的情况下，所有城市、镇和农村居民点土地均可利用。城市、镇和农村居民点总体规划（建设规划方案）确定工业、居住和其他类建设、市政和休息用地的安排及利用基本方向。

（3）各种用地构成及用途

城市、镇和农村居民点用地——由建成区用地和属于居住、文化生活、工业、宗教及其他类建筑和设施用地构成。上述用地可以提供给企事业等单位建设工业、生产、住宅、文化生活、宗教和其他类建筑和设施，以及提供给公民个人用于住宅建设。

公共用地——由用作交通道路（广场、街道、胡同、滨河路），以及用于满足市民文化生活需要的公园、森林公园、街心花园、小花园、林荫路、游泳池等、保存未处理工业废物和生活垃圾的垃圾场、垃圾处理场和其他为满足城市、镇和农村居民点需要的用地组成。以上用地可在符合其用地规划和目的时，进行大规模建设，以及建设临时性轻型建筑和设施（帐篷、商亭等）。

自然保护、保健、休息和历史文化类用地——在以上地区，禁止进行所有违背其性质的建设活动，其中的林地与林地和城市森林类用地利用相同，主

要用于景观、自然和动物保护，以及组织居民休息，保护土地免受风、雨等侵害。

工业、交通、通信、广播、电视、信息和航天、电力、国防类用地——供有关单位进行符合其性质的建设。但用地规模要符合有关标准或设计技术文件。

农业类用地——包括耕地、花园、葡萄园、菜园、草牧场等，可由国营农场、集体农庄及个人等进行农业以及城市经济所需要的活动。

（4）农业用地转作非农业需要申请办法

为城市工业建设和其他非农业需要时，只有在特殊情况下，即与履行国际义务、研究有价值的矿产种类，建设文化和历史、卫生保健、教育、道路、通信、输电线及其他线性设施等有关项目，同时安排上又缺少用地时，才可提供农业用地。要进行其他建设项目，建设单位要与土地所有者、使用者、租赁者协商赎买或租赁。取得其同意后，携与他们达成的协议书（书中要计算土地所有者等的农业生产损失和补偿办法等）、用地规模、建筑性质和使用期限（赎买时不需要此内容）等资料，向具有停止土地使用和提供土地权力的地方行政管理部门申请农业用地。在进行占地量大的项目建设，或要占用少数民族农业用地时，有时还要经过群众投票同意。但一般不允许占用特别有价值的用地，包括科研和教学机构的试验田、自然保护区、具有历史文化意义的区域以及特别保护用地。城市建设用地申请办法及程序见本章九、市场经济条件下的俄罗斯城市建设规划管理体制（以莫斯科市为例）。

（5）私人土地使用权、所有权的转移转让

私人用地转作城市建设用地，或转移转让给企事业单位，或转移转让给个人使用和所有时，要进行土地使用权、所有权的转移转让。此时，要重新发放新的土地使用权、所有权证明文件。若土地使用权、所有权转移转让给若干个单位或个人时，要按照单位或个人所获得的面积，分别发给土地使用权、所有权证明文件。

附表1 建设项目预设计和设计工作流程图

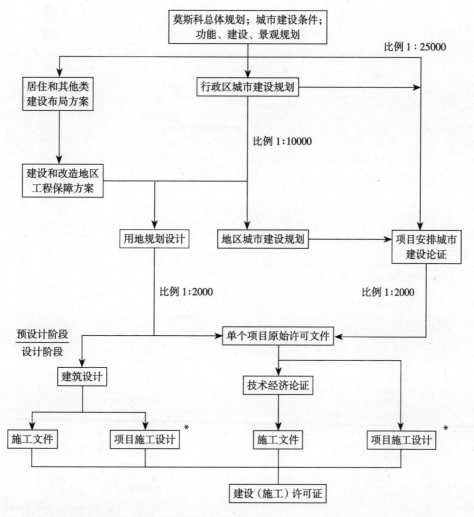

*只单一设计时，在项目施工设计阶段签订国家鉴定委员会协议书

附表2 原始许可文件办理中心准备设计和建设原始许可文件工作表

（符合批准的预设计文件，安排项目时）根据 1996 年 12 月 26 日第一副市长令

	工 作 名 称	工 作 期 限（星期）											
		1	2	3	4	5	6	7	8	9	10	11	12
1	审查编制原始许可文件申请，形成委托	▬											
2	编制城市建设协议书			▬	▬								
2.1	用地中项目安排			▬									
2.2	编制草案			▬	▬								
2.3	协商草案												
	地下设施处			▬									
	市总体规划院			▬									
	区政府			▬									
	市历史文化古迹保护与利用局			▬									
2.4	编制用地研究协议书			▬	▬								
2.5	编制设计条件协议书				▬								
	协商城市建设协议材料		（必要时）										
	市卫生保健防疫中心					▬							
	市环保委					▬							
	市自然保护委					▬							
	市国家防火局					▬							
	市土地委					▬							
	市财产委					▬							
	市民防和紧急情况部					▬							
4	编制工程保障协议书							▬	▬	▬			
4.1	编制草案							▬					
4.2	收集和研究连接城市管线技术条件 完成人：市上下水通局												
	市地质测量和制图工程托拉斯地下设施处							▬	▬				
	市动力股份公司							▬	▬				
	市动力局热力网							▬	▬				
	市排水局							▬	▬				
	市瓦斯局							▬	▬				
5	办理设计许可证											▬	
6	形成整套文件及交给建设单位（委托人）											▬	

附表3　莫斯科市建筑规划管理总局主要处室设置情况

局　长

副局长	副局长
局民办公室	中央（心）区规划管理处
秘书处	北区规划管理处
工业项目管理处	东北区规划管理处
住宅项目管理处	东区规划管理处
城建注册处	东南区规划管理处
目测景观分析处	南区规划管理处
计划处	西南区规划管理处
公用设施处	西区规划管理处
交通处	西北区规划管理处
会计室	泽列诺格勒规划管理处
原始许可文件办理中心	

附表4　莫斯科总体规划科学研究设计院机构设置表
（院长科罗塔耶夫批准）

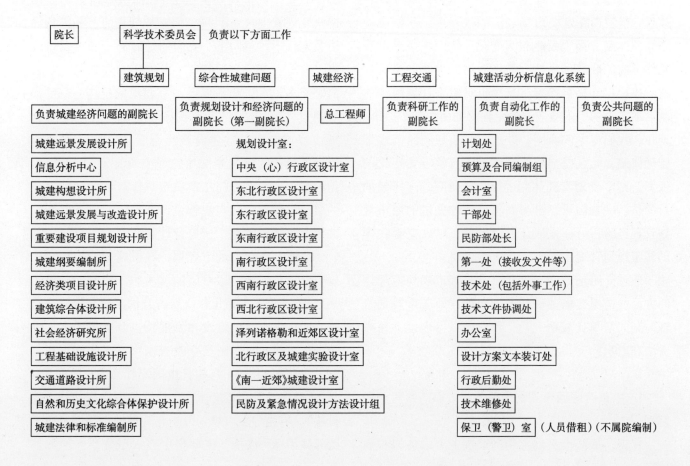

三、中国俄罗斯城市规划管理体制比较研究

城市规划管理是一门科学和系统工程，事关城市的发展和建设的成败。因此，世界各国和城市都非常重视城市规划管理工作，都根据本国的社会制度、城市国民经济发展总体水平和经济发展计划等制定和形成了自己的、各国不尽相同的城市规划管理体制。俄罗斯的城市规划管理体制有其自身的特点，我国的规划管理体制也是根据具体国情制定的，有自己的特色。同时，我国的城市规划管理体制又受到前苏联城市规划管理体制非常大的影响，在 20 世纪 50 年代，前苏联的城市规划专家来我国传授经验，指导我们编制城市规划。可以说我国的城市规划管理体制很大程度上是借鉴了前苏联的体制，同时也就具有了较浓厚的前苏联规划管理体制的某些特征。

改革开放以来，我们在城市规划管理体制方面，为适应城市改革开放和市场经济发展的需要，进行了某些改革，取得了一定的成效。另外，前苏联解体后，俄罗斯在走向市场经济的过程中，其城市规划管理体制方面也发生很大变化。他们一是继承和延续了前苏联好的做法，如仍使用过去的许多合理的法律规定和标准指标，其次也对原来计划经济体制下不完善的、不适应形势变化的方面进行了改革。现在，我们将中俄两国，也包括前苏联的城市规划管理体制，尤其是前苏联解体后进行了重大变化的俄罗斯城市规划管理体制进行比较研究，这样做的目的是：一方面可以学习到国外比较先进的城市规划管理经验，另一方面还可以借鉴，用以完善我国的城市规划管理体制。

通过介绍前苏联、俄罗斯有关城市规划管理体制方面的情况，以及进行中国和俄罗斯城市规划管理体制的简单比较研究后，我们可以得出以下几点看法和启示：

1. 中俄两国城市规划管理体制方面的共同点和区别

首先，从城市规划的编制层次上看，中国和俄罗斯两国都要经过编制区域规划、城市总体规划和详细规划、建筑方案设计等若干阶段，各种专业规划要服从于总体规划；

其次，从城市总体规划审批程序上看，中国和俄罗斯两国都实行市人民代表大会、城市杜马最终批准制度。城市总体规划编制工作，都要由所在城市政府划拨专项资金，并负责协调；市规划院具体主持编制；总体规划编制完成后，上报人民代表大会、城市杜马审查同意，并最终批准。为将城市总体规划的编制、审批工作纳入正规化和法规化的轨道，俄罗斯的许多城市还制定了专门的法律，如莫斯科就有《关于莫斯科发展总体规划的内容、编制和通过程序法》。这样在法律上保证了各方面、各层次上责任明确，互不干扰和扯皮，便于总体规划的编制、审查、批准。但遗憾的是，我们还没有这方面的法律文件；

第三，从城市规划管理机构的设置上看，中国和俄罗斯两国的城市，都成立了负责城市建设和规划管理的专职机构，我国叫城市规划管理局（北京称作北京市城市规划委员会），而俄罗斯则称城市建筑规划管理（总）局。但在规划局的上一级领导机关上就不尽相同了。我国的规划局一般直属市政府（作为首都，情况特殊，北京市在规划局与市政府之间多了个协调各部委在京建设的机构——首都规划委员会办公室），而在俄罗斯城市建筑规划管理（总）局则由市建设委员会管辖（关于莫斯科建设委员会的情况本文第二章有介绍）。同时，两国的城市也都有专门从事城市总体规划编制和设计的单位，我们叫城市规划设计研究院，而俄罗斯则称城市总体规划科学研究设计院；

第四，从有关城市规划、城市规划管理法律法规上看，我国制定了专门的《中华人民共和国城市规划法》，许多城市也相应有符合国家城市规划法精神，适合自己城市建设和发展特点及需要的地方性规划法，而俄罗斯则至今没有国家意义的城市规划法，只有 1998 年 4 月 8 日由国家杜马通过，同年 4 月 22 日俄罗斯联邦议会批准的《俄罗斯联邦城市建设法》，有指导城市规划编制和管理城市规划及建设的具体指标和法规，主要集中在《俄罗斯（原称苏

联）建筑法规》中，如 1994 年重新修改后颁布的俄罗斯《城市和农村居民点的规划与修建》建筑法规。该法规包括了城市和农村居民点规划和修建的基本原则、办法，以及指标要求等。我国的《城市规划法》是原则性的，而俄罗斯的《城市和农村居民点的规划与修建》则为具体指导性的、指标性的，两者有重大不同。另外，根据俄罗斯国家建筑法规，2000 年 1 月 25 日莫斯科政府正式批准了《莫斯科市规划和建设设计标准及法规》，使城市的规划和建设工作有标准和指标可循，城市规划管理部门在进行城市规划管理、审批规划和建设方案时有法可依。我们只有居住区"千人指标"和各行业专业指标，至今还没有这样完整、系统、综合性的法规文件。

2. 具体化《城市规划法》，制定《中国城市村镇规划与建设指标》

需要说明的是，如上所述，俄罗斯迄今为止，没有制定具有原则性和法规性的国家级城市规划法。但是为什么他们的城市规划编制，包括修建性规划方案的编制和规划管理工作却也进行得秩序井然呢？究其原因是他们有可以说比较完善（备）的、包括了对所有规划和建设行为都有明确规定的建筑法规体系，即《俄罗斯建筑法规》。该法规对城市建设和规划所涉及的方方面面，都有非常清楚的条文规定和具体详尽的指标，很容易操作实施和照章管理。俄罗斯的建筑法规制定和实施已有多年，并且现在还在不断修订、补充和完善。

另外，在研究俄罗斯《城市和农村居民点的规划与修建》和《城市规划设计手册》时，可以从我国的《城市规划法》中找出类似的内容，如关于制定城市和居民点规划的原则、目的、任务，城市设置标准等。另外，俄罗斯的上面两个文件还包括了对城市和居民点规划和修建的具体要求等，而我国的规划法则没有细到如此程度，缺少此方面的内容。在俄罗斯城市建设和规划管理工作中，如果掌握了上述法规、手册的规定和要求就很容易编制城市规划，以及管理、审批各种类型城镇和居民点的规划，并且根据有关原则和规定及指标，从具体规划的审批开始，到以后的规划实施，在管理上非常容易操

作。另外，执法检查时，谁违规了，很容易发现和制止。我国有原则性的、适用于全国的城市规划法，没有全国通用的、具体可行的、与俄罗斯上述两个法规和手册类似的城市规划指标体系。这说明，我们在城市建设和规划管理方面的法规和城市规划指标体系，还有进一步完善的必要。我们的法规还要规定，不同地区，其执行的规划指标可以有一定的弹性和灵活性。北京和天津等省市已经制定了符合本市市情和特点的城市和居住区规划与建设指标，即我们平时所说的"千人指标"，如北京市的《新建改建居住区公共服务设施配套建设指标》。一旦我们的国家级建设指标确定后，就要将其作为政策性文件固定下来，使其具有法律性。另外，该类建设指标还要不断根据国家和城市经济水平的发展，以及居民生活水平的提高等情况而变化，进行局部修订和完善。俄罗斯的《城市和农村居民点的规划与修建》就经过了不下四次修编，每次修编都使其变得更趋合理和完备。因此，建议尽快制定符合我国国情的《中国城市村镇规划与建设指标》。

3. 城市总建筑（规划）师与专家领导城市规划管理

早在 1972 年前苏联国家建设委员会就正式批准了《城市总建筑师工作条例》，并在全联盟实行，以此为标志建立了以城市总建筑师责任制为核心的城市规划和建设管理制度。这一点对于城市建设和规划管理工作来说至关重要，是一个具有里程碑意义的举措。这一制度的优点和长处在于：保证了前苏联，包括俄罗斯联邦在内的城市建设和规划管理工作走上了由专家和内行人领导和管理的道路，这样做可以大大减少、避免和杜绝有些不懂城市建设规律、不懂城市规划的行政领导过多干预城市规划和管理工作，不负责任地瞎指挥的官僚主义作风等情况的发生，进而减少不必要的、人为造成的城市建设损失。

根据有关城市总建筑师的条例规定，城市总建筑师责任重大，不仅要领导和组织城市规划和城市建设及管理工作，而且还要直接参加城市、城镇等总体规划的编制和重要的规划建设项目的设计及审

批（本文第二章有细述）。在俄罗斯，现在还有人把城市总建筑师比喻为"城市建设交响乐队的总指挥"。能够在这样重要的岗位上工作，通常说明总建筑师的专业水平是很高的，组织能力是非常强的。

根据俄罗斯多年实施总建筑师责任制的经验，为保证总建筑师更好地履行其工作职能，顺利开展工作，要为其组织城市建设委员会（现在在俄罗斯城市中，总建筑师一般都担任城市建设委员会主任），或城市建筑规划管理总局（苏联时期是如此），或总建筑师局（处）。另外，各城市所辖行政区也要配备相应的、对市总建筑师负责的区总建筑师。这样，市、区都有总建筑师，就可以保证全市的城市规划和规划管理工作都由专家来领导。市总建筑师和区总建筑师，在行政上他们既是领导与被领导、互相监督、互相负责的关系，在业务上他们还是相互理解的同行关系。由于有了市、区总建筑师，保证了市和区两级规划建设和规划管理工作协调开展。

虽然我国的城市，从规划管理角度上看，也都建立了市级和区级城市规划管理局，也都有各自局的总规划（建筑）师。但是，他们的责任只限于对报批的重点建筑项目及大的规划设计方案进行审查和指导，提审批建议。从责任上说，我们的总规划（建筑）师只是局一级技术干部，远没有俄罗斯城市总建筑师那样大的权力，包括对规划和建筑设计方案拥有的直接否决权。我们的局总规划（建筑）师们基本上也没有自己的工作班子，其副手——副总规划（建筑）师和区总规划（建筑）师也不对其直接负责，工作上主要是主抓和侧重配合，协商和协作的关系。最后，在行政领导职务上，我们的总规划（建筑）师只是享受副局级待遇和某些业务技术方面的权力，而俄罗斯的总建筑师却都是市、区建设委员会的主任（注：前苏联时期是市、区建筑规划管理总局的局长担任市、区总建筑师，现在市建筑规划管理总局归口市建设委员会领导，其局长为市建设委员会的第一副主任，协助市总建筑师进行建筑规划管理和审批）。从上面的介绍可以看出，严格意义上讲，我国的总规划（建筑）师与俄罗斯的总建筑师在领导权力和责任等方面，其意义完全不同。

关于俄罗斯城市行政区一级总建筑师的职责问题，他除了领导和负责本区的规划建设和规划管理工作外，如遇一些大的规划建设项目在其管辖的区域进行建设时，可以直接找市总建筑师请示、汇报，并请其审查酌定。由于区总建筑师工作在区里，他对那里的情况非常了解，并对其所管理的区内建设工作负责，拥有建设项目审查权和否决权。区内要进行项目建设，是否可行，都要先经他审定，任何建设项目过了他这道关后，才能再上报到市里，即市总建筑师那里。这样，一般由区总建筑师上报的规划和建设项目设计方案比较容易通过，一般不会出现大的纰漏。另外，市总建筑师也比较容易领导和指导各区的建设和规划管理工作，不必事无巨细。他会有更多的时间处理其他更重要的事情，而且还会避免工作的盲目性，增加工作的准确性，以及减少因为对下面具体情况不甚了解，而乱下结论的现象，以及杜绝出现区总建筑师与市总建筑师缺少沟通和请示，而随意批项目，进而破坏城市总体规划的情况。总之，市总建筑师和区总建筑师相互通情况、相互支持、相互信任、相互依赖，对城市规划和规划管理工作会产生积极的影响。区总建筑师要自觉地接受和协助市总建筑师工作，其工作要成为区规划管理局联系市建设委员会的纽带和桥梁。

按照俄罗斯的经验，若市总建筑师安排在市建设委员会，或城市规划管理总局内，则总建筑师是当然的主任或局长。我国若也参照实行城市总建筑（规划）师负责制，总建筑（规划）师总体负责城市的规划和建设工作，则也可以将其设在市建设委员会或市规划局（委员会）内。委员会或局的副总建筑（规划）师以及所属各处室要对总建筑（规划）师负责，并且各处室也要根据工作需要，对应和联系城市的一个行政区，或者若干个行政区，与区里的规划管理部门和区总建筑（规划）师保持密切的工作关系，与他们日常的规划和规划管理工作结合，与其共同准备区里上报市里——市城市建筑规划管理总局的有关送审方案，以及解决区里出现的建设和规划管理方面的其他问题。

建立城市总建筑（规划）师负责制，对于我们来说是新生事物，以前从未有过实践。但是通过上面对俄罗斯实行总建筑师制度的介绍和实行总建筑师制度的益处来看，个人认为，在我国借鉴和学习，进行实验试行是很有必要的，是学习国外先进的城市规划管理经验，用来完善我们的规划管理体制的一个体现。在有具体的城市规划条例和建设法规的情况下，并实行总建筑（规划）师责任制后，总建筑（规划）师的作用，会随着城市的建设发展，越来越显得重要和突出。由于总建筑（规划）师对于城市规划的编制、审定、实施，包括对具体的修建性规划方案负有重要的责任，因此，选好人是非常关键的。一但确定好了总建筑（规划）师，就要敢于信任他们，赋予其应有的权力，发挥其应有的作用。但是在放手让总建筑（规划）师工作的同时，也要注意对其进行行政和业务工作监督，防止出现总建筑（规划）师独断专行、个人说了算的情况。综上所述，在我国推行城市总建筑（规划）师制度，可以说是对城市规划和建设工作实行法规化管理，以及专家、内行管理城市的一个重大步骤和举措。因此建议：是否可以学习俄罗斯城市总建筑（规划）师的经验，进一步推动我国城市规划和城市规划管理工作走专家、内行领导和管理的道路，先在若干中、小城市进行实行城市总建筑（规划）师责任制的工作试点，取得一定成效后，再逐步向全国推广。

4. 深化总体规划，加快我国城市区划工作步伐

在莫斯科访问时发现，一是该市已经编制完成并通过了新的一轮城市发展总体规划（2000—2020年）；二是正在加快城市区划编制工作。区划是将总体规划细化和具体化的重要步骤，对于落实总体规划意义重大。这一方面说明，俄罗斯在新一轮城市总体规划编制方面远远快于我国，其城市发展的速度比我国快，另一方面也说明，俄罗斯在使城市规划适应市场经济快速发展需要方面，做得也比我国快和好。实际中我们许多城市对城市总体规划在许多地方和方面，进行了不少（不小）的修改，总图中规划绿地被蚕食，建筑红线被移动，用地性质被改变。另外，由于编制年代的原因，规划的许多内容，也已经不能与市场经济和城市建设的高速发展相适应了，因此有时还常出现规划师被动地为适应

开发商的某种需要而做规划方案的情况。

根据与有关规划人员座谈发现，莫斯科的区划近似于我国的控制性详细规划，也基本等同于美国的 zoning，即在行政区的基础上，再把城市划分成若干个小区（据官方资料，莫斯科分为 129 个小区；但又据今年 11 月 20 日中国工程院专家与俄罗斯建筑科学院专家座谈时，该院副院长瓦瓦金介绍说，分为 137 个小区），对每个小区的土地利用和开发活动进行预设计，包括区编码、确定土地使用性质、建筑密度、建筑高度、建筑体量规模等指标条件。一旦区划工作完成并通过，成为正式的法规性文件，该市的城市规划工作将会上一个新台阶，城市规划管理也将随之更容易，更有法可依。我国城市一般都编制了城市总体规划，但区划工作还没有全面开展，虽然一些城市，如北京市做了市中心区的控制性详细规划，但其经验却很难推广。因为该控规，客观地讲比较粗，其深度和细致程度，与国外城市的区划差别较大，并非真正意义上的"详细规划"，实行起来很难准确地对建设项目进行"控制"。建议：学习国外城市，包括学习俄罗斯莫斯科城市区划工作的经验，尽快在我国城市以编制完成的城市总体规划的基础上，深入一步开展城市区划工作，使城市规划编制和城市规划管理工作上一个层次，使城市规划更易于管理，工作透明度更大。

5. 借鉴"工作组"审批规划经验，使我国城市规划管理体制更趋科学化

通过以上介绍，可以了解到莫斯科在规划管理体制方面，尤其在审批建设项目上进行了较大的变革。为了更好地适应市场经济快速发展和城市建设步伐加快的需要，由原来较单一的规划建设项目只由市建筑规划管理总局独家审批，其他相关管理部门（土地、环保、水电气等部门）单纯配合的情况，改变为由市建筑规划管理总局牵头，各相关管理部门共同参与，联合审批制度。这样做，实践上克服了一家独揽审批大权，客观上造成项目审批过于简单化，可能不够全面和科学的弊端。具体做法是：该市在市建筑规划总局专门建立了两个专业审批组，即由市建设委员会主任、市总建筑师任组长的城市

建设协议办理工作组。工作组成员单位包括市土地委员会、文保局、环保局等；由市建筑规划总局局长任组长的市政工程保障协议办理组。工作组成员单位包括市热力局、市上下水局、市瓦斯局和地质测量部门等。前一个组负责审查和协商申报项目的各种文件，确定土地关系，提出项目的各种技术指标条件，即我们通常所说的规划要点等。后一个组则负责审查建设项目各种管线与城市主干管线连接的条件（两个组的详细情况见本文第二章）。这样做，表面上看起来审批形式复杂了，参与审批的单位多了，建设单位还要与两个组（实际上为各工作组成员单位）签定协议书，且审批时间延长了许多，但从实际效果来说，建设项目审批的准确程度大大提高，各相关管理单位参与项目审批，使项目安排，其建设规模、工程保障等方面问题都一次性得到解决，审批的程序、办法更加合理。在建设单位分别与两个工作组签定完协议书后，就再也不必像从前那样，出了规划局的门，再去别的管理部门办理其他手续了。这种体制，真正的意义是：从根本上简化了建设项目的申报审批程序，加快了审批的速度，建设单位可在规划局一次办好所有手续，不但没有增加，反而节省了建设单位的时间。

另外，莫斯科市还有一个规定就是，建设项目在去市建筑规划规划总局申报审批前，首先还要得到建设项目所在区有关规划管理部门的同意，取得有关允许建设协议书，既先要过区规划局这一关。这一点非常重要，是保证市建筑规划规划总局在项目审批时，首先参考区规划局的意见，然后再作出决定，进而减少审批失误的重要环节。另一方面，一旦建设项目获得最终批准，实施时相关区的管理部门也好配合工作。反之，若不先经过区规划局把关，建设项目就被市规划局批准了，如果该项目安排在区里又恰恰不合适，甚至是极不合理，再行复议，讨论，则耗费时间不说，改正或推翻市规划局的不慎重失误（决定）谈何容易。这不仅是工作的不当，给区里带来损失，而且造成市里安排项目的被动，造成国家损失。

现在我国许多城市，尽管有的申报程序进行了简化，但还没有像莫斯科市那样实行联合审批（办公）。尽管在审批大的规划（区、乡、镇、居住区等）方案、重要项目时，要召开联席会，如北京市就是由首都规划委员会办公室牵头，主要有市规划局（现称市规划委员会）、市规划院等单位参加的会议联合审批，但别的管理部门只是做配角，很难发挥其专业管理作用。因此，建议：充分认识莫斯科市两个工作组联合审批规划和建设项目的优点，并学习引进，可先在一些城市试点，如切实有效，则可再扩大推行。

6. 制定法规，鼓励市民参与城市规划的编制和管理

莫斯科市在增加城市规划管理工作的透明度，鼓励群众参与城市规划和城市规划管理方面有其独特的地方，主要是首先有法律保障，如该市颁布了《关于莫斯科市发展总体规划的内容、编制和通过程序法》，其中第四章总体规划的编制中就规定，城市总体规划方案编制完成后，市政府要在大众媒体上公布其基本内容，一个月内，市民及各社会团体、组织均可向政府提出对总体规划方案的意见和建议。另外，其第7章还规定市政府要经常向市民通告有关总体规划实施进展情况的信息。这也是增加规划透明度的一个体现。除此之外，莫斯科市还在1998年1月22日开始实施由卢日科夫市长签署的《关于市民参加与城市土地利用有关的城市建设规划、设计方案和决定讨论办法》。该办法规定，城市总体规划、各行政区发展规划、详细规划、旧城改造规划、绿化规划等要在市、区大众媒体上公布；建筑设计方案要在项目建设所在地向居民展示。有关行政管理部门、规划编制者、设计者及建设单位等要组织市（居）民讨论，并且与之协商；在具体规划、方案实施前，尽可能解决居民提出的不同意见和分歧。该市还在总体规划研究设计院附近建设了专门的城市建设规划展览馆，展出总体规划的基本内容和各行政区、专业规划方案等，方便市民参观、了解有关情况，提意见和建议。

相比莫斯科，我们在这方面有不小的差距，缺少有关市民参与城市规划编制和规划管理的法律规定。另外，我们编制城市总体规划时，虽然也召开各方专家参加的座谈会，论证规划可行性，提修改

意见和建议，但却极少开过大型的群众性讨论会，只是办临时性的、为期几周的展览，且颇具走过场之嫌。这样就造成规划工作的透明度不够。另外在编制、审批具体建筑规划设计时，包括居住区（小区）规划或旧城改造规划方案时，更少听取当地居民的意见和要求，更谈不上方案协商了。这样就造成了工作上的被动，如群众不了解规划，对规划有意见，有的规划或建筑设计方案使群众的正当权益受到损害，其合理要求又得不到满足，于是他们就到规划管理机关，甚至市、区政府上访告状，直接影响那里的工作。另外，我国城市中，除上海等少数几个城市外，大多数城市都没有专门的城市建设规划展览馆，或曰城市总体规划展览馆，缺少常设宣传城市总体规划的地方。群众要了解规划工作十分困难。请群众参与城市规划管理工作只停留在报纸宣传和口头上。因此建议：尽快制定市民参与城市规划编制和城市规划管理的法律或条例，使市民参与法制化，有法可依，打破只有几家专业规划设计机构和规划行政管理部门几家闭门设计、关门管理的不正常现象；在有条件的城市中号召建设建筑规划展览馆，将城市建设成就和总体规划的主要内容，包括有关的城市规划模型向广大市民展示，请他们提意见、建议，借此一方面宣传了城市总体规划，增加了规划的透明度，另一方面也可调动群众了解、参与规划和规划管理工作的积极性，并使我们的规划和规划管理工作更具广泛的群众性。这点可以保证使我们的城市规划编制和城市规划管理工作更加科学化、规范化，使我国的规划管理体制改革步伐进一步加快。

主要参考文献

《苏联城市规划设计手册》

《苏联建筑法规——城市和农村居民点的规划与修建》

《苏联建筑百科全书》

《俄罗斯联邦城市建设法》

《俄罗斯联邦土地法》

《俄罗斯》——陈艳、王宪举著

《关于莫斯科市发展总体规划内容、编制和通过程序法》

《莫斯科市设计与建设原始文件办理条例》

《莫斯科建设项目预设计准备工作统一程序条例》

《莫斯科城市规划与建设》——冯文炯编译

附录一　本书各部分报告的分工

第一部分　社会主义市场经济条件下城乡规划工作框架总报告

　　　　　负责人：陈晓丽

　　　　　撰写人：高中岗（第一、二、五、七章）

　　　　　　　　　张　兵（第三、四、六章）

第二部分　城乡规划工作框架部分专题报告

　第一章　城市规划编制体系（负责人：张兵）

　第二章　城市规划管理体制（负责人：高中岗）

　第三章　城市规划法制体系（负责人：高中岗）

　第四章　区域规划的发展与完善（负责人：吕斌）

第三部分　中外城市规划管理体制比较研究

　第一章　中外城市规划管理体制对比分析·总报告（负责人：高中岗　张兵）

　第二章　法国的国别报告

　第三章　美国的国别报告

　第四章　德国的国别报告

　第五章　瑞士的国别报告

　第六章　澳大利亚的国别报告

　第七章　日本的国别报告

　第八章　俄罗斯的国别报告

　　　　　（各国别报告负责人见附录三）

附录二 《社会主义市场经济条件下城乡规划工作框架》子课题分工情况

课题总负责人

    陈晓丽　建设部

    周日良　建设部

课题技术负责人

    高中岗　建设部

    张　兵　中国城市规划设计研究院

总报告

    牵头：高中岗　建设部

          张　兵　中国城市规划设计研究院

子课题1

    城市规划工作的回顾评价及改革的动因分析

    牵头：王　凯　中国城市规划设计研究院

子课题2

    市场经济国家城市规划管理体制比较

    牵头：高中岗、张　兵、王彦芳，"比较研究"课题小组

子课题3

    城市规划作用与职能的研究

    牵头：张　兵　中国城市规划设计研究院

子课题4

    规划编制方面的专题研究

    牵头：苏则民、周　岚　南京市城市规划局

子课题5

    规划管理及实施方面的专题研究

    牵头：雷　翔、汤志平、周建军、周　卫

子课题6

    法律保障方面的专题研究（规划的法制化和法规体系的建立）

    牵头：上海市城市规划局和同济大学建筑、城规学院

子课题7

    区域规划的发展和完善

    牵头：吕　斌　北京大学

协作：江苏省城市规划设计研究院
　　　广东省建设厅
　　　浙江省城乡规划设计研究院
子课题 8
　　行政体系的协调及政策手段的完善
　　牵头：朱京海　辽宁省建设厅

附录三 《中外城市规划管理体制比较研究》子课题分工情况

课题总负责人

    陈晓丽　建设部

    沈建国　建设部

课题技术负责人

    高中岗　建设部

    张　兵　中国城市规划设计研究院

    王彦芳　建设部外事司

课题总报告负责人

    高中岗　建设部

    张　兵　中国城市规划设计研究院

子课题 1

    德国国别报告：《德国的城市规划体系》

    负责人：吴志强　同济大学

子课题 2

    法国国别报告：《法国的城市规划体系》

    负责人：吴志强　同济大学

子课题 3

    瑞士国别报告：《瑞士规划管理体制研究》

    负责人：高中岗　建设部

           张　兵　中国城市规划设计研究院

子课题 4

    美国国别报告：《美国城市规划体系研究》

    负责人：孙　晖　大连理工大学

           梁　江　大连理工大学

子课题 5

    英国国别报告：《英国的城乡规划体系》

    负责人：唐子来　同济大学

子课题 6

    澳大利亚国别报告：《澳大利亚城市规划管理体制研究》

    负责人：孟晓晨　北京大学

子课题7

日本国别报告：《日本的城市规划与管理》

负责人：谭纵波　清华大学

子课题8

俄罗斯国别报告：《中国与俄罗斯城市规划管理体制比较研究》

负责人：周长兴　北京市城市规划设计研究院

韩林飞　北京大学

王彦芳　建设部

后 记

1997年"两会"期间，江泽民总书记在听取代表发言时，提出希望建设部能够就国内外城市发展与规划开展比较，更好地把握我国城市发展的整体方向。随后，建设部向中央提交了题为《中外城市与城市化对比研究》的报告，工作得到了中央领导同志的肯定。不久，《中华人民共和国城市规划法》的修改工作开始启动。应部领导的要求，为了更好地配合建设部的重点工作，当时的城市规划司（现城乡规划司）组织了国内的规划管理、规划设计部门以及高校科研机构，开展了《社会主义市场经济条件下城市规划工作框架》的课题研究，目的在于围绕社会主义市场经济体制条件下城乡规划工作的总体思路，做出比较全面和具有一定前瞻性的研究和把握。

有关城乡规划工作框架的整个研究基于广泛的调查分析，采取边做研究、边做试点的方式，工作先后持续四年，开展了"建国以来特别是改革开放以来规划工作的回顾总结"、"城市规划工作变革的动因和趋势"、"中外城市规划管理体制比较研究"、"城市规划的作用与地位"、"城市规划编制体系"、"城市规划法制体系"、"城市规划行政体系的协调和政策手段的完善"、"城市规划实施管理"、"区域规划的发展和完善"等多个子课题研究，并在此基础上形成了"城市规划工作框架研究总报告"。所有子课题的设立，都针对建立社会主义市场经济体制以来城市规划领域出现的热点问题和容易混淆的问题，以期澄清认识，理清思路，并且立足长远，来思考、研究、构建符合我国国情的空间规划工作体系。

与此同时，建设部领导要求相关部门进一步落实中央指示精神，把中外对比工作深入下去。由城市规划司司长陈晓丽和外事司（现国际合作司）副司长沈建国牵头，又向建设部科技司单独申请了《中外城市规划管理体制比较研究》的课题，1998年科技司正式批准立项，并得到重点课题资助。这是国内第一次由中央政府主管部门组织开展的、最为系统和全面的中外城市规划管理体制比较研究。

在此期间，城市规划司和外事司合作，从全国几所高校和科研设计单位抽调一批学术研究活跃并有国际交流背景的专业人员，对美国、法国、德国、瑞士、澳大利亚、日本、俄罗斯、英国等国展开国别研究，在已有资料的基础上，建设部还为此组织了课题组人员分别出访有关国家，在外事司的努力下，出访人员得到了各国政府主管部门的大力支持和协作配合，从而收集到了大量第一手资料，使《中外城市规划管理体制比较研究》课题取得了较为丰硕的成果。2004年，建设部主编出版《国外城市化概况》一书时，应该书编写组的要求，本课题的部分成果部分内容也收入了该书中。

今天，我们将整个研究成果汇集成册出版。付梓之际，我们要衷心感谢全国所有直接、间接参与和支持过这项工作的规划界同仁，无论他们是在基层的管理部门，还是身处规划科研和教学单位，都能够在繁忙工作的同时，对建设部组织的这项规模庞大的工作研究抱以极大的热忱，倾心投入，不计得失，正是这样的理解和支持使课题的开展能够顺利进行。

全书内容安排分为三个部分：第一部分，社会主义市场经济条件下城市规划工作框架总报告；第二部分，收录了四篇工作框架研究的专题报告；第三部分，中外城市规划管理体制比较研究的总报告和主要的国别报告。在编辑成书时，考虑到全书的章节编排结构和一些系统性的问题，或者同现实政策的关系，有些子课题组完成的专题报告没有收入本书中，但这些成果所包含的许多有价值的观点都已经吸收到总报告中间。

在这里我们要对撰写这些分报告的同志以及他们所在的工作单位表示感谢！

大家可以看到，整个工作研究成稿于多年前，不少观点也是在当时的工作背景下形成的，其中免不了有一些值得进一步研究和探讨的内容。请读者不吝赐教。

感谢中国建筑工业出版社副总编张慧珍，以及责任编辑陆新之，他们为两个课题的出版贡献了非常重要的观点和建议，也使出版过程非常顺利！

陈晓丽

2007 年 6 月